Walter Strampp

Analysis
mit Mathematica und Maple

Walter Strampp

Analysis mit Mathematica und Maple

Repetitorium und Aufgaben
mit Lösungen

Prof. Dr. Walter Strampp
Gh-Universität Kassel
FB 17 Mathematik/Informatik
Heinrich-Plett-Str. 40
34109 Kassel
strampp@hrz.uni-kassel.de

ISBN-13: 978-3-528-06977-3   e-ISBN-13: 978-3-322-80305-4
DOI: 10.1007/978-3-322-80305-4

Vorwort

Der vorliegende Übungsband besteht aus den beiden Hauptteilen Analysis im $\mathbb{R}^1$ und Analysis im $\mathbb{R}^n$ und beschäftigt sich mit der Differential- und Integralrechnung für Funktionen von einer und von mehreren Veränderlichen. In der Integralrechnung wird der Riemannsche Integralbegriff zugrunde gelegt. Der erste Teil des Buches dient dem Auf- und Ausbau der Grundlagen der Analysis. Computeralgebrasysteme erleichtern Routinerechnungen, dienen aber auch wesentlich dem begrifflichen und inhaltlichen Verständnis. Mathematica und Maple sind die Computeralgebrasysteme mit der größten Verbreitung. Man hätte die Rechnungen natürlich auch mit einem anderen geeigneten System machen können.

Das Buch besteht aus drei Komponenten.

- Repetitorium:
  Jeder Abschnitt beginnt mit einem kurzen Abriß der Theorie. Hierbei werden Definitionen und Sätze nicht besonders gekennzeichnet. Es soll ein Leitfaden für die Wiederholung gegeben werden und Werkzeuge für konkrete Aufgaben bereitgestellt werden. Die eingeführten Begriffe werden zur Erleichterung der Orientierung auf der Randspalte hervorgehoben. (ca. 20% des Buchumfangs).

- Aufgaben mit Lösungen:
  Die Aufgaben reichen in drei Stufen von der Einübung über die Festigung eines Begriffs bis zu anwendungsorientierten Problemstellungen. Sie wurden in Lehrveranstaltungen und Klausuren erprobt. Die angegeben Lösungen sollten als Vorschläge und Hinweise verstanden werden, die oft ergänzt, optimiert und abgekürzt werden können. Mit der Aufgabenstellung wird stets ein Übungsziel (operative Festigung eines Begriffs) oder ein Lernziel (Umgang mit einem Begriff im Kontext) verbunden. Diese Ziele werden jeweils auf der Randspalte komprimiert. (ca. 60% des Buchumfangs).

- Mathematica und Maple-Notebooks:
  Der Einsatz von Mathematica und Maple ist als Unterstützung für das interaktive Selbststudium gedacht und soll Anregungen und Vorschläge für eigene Experimente geben. Durch den Umgang am Rechner werden die Begriffe der konkreten Anwendung zugänglich gemacht. Mathematica- und Maple-Rechnungen werden jeweils durch die Symbole ⬡ und 🍁 auf der Randspalte gekennzeichnet. Die verwendeten Mathematica- und Maple-Befehle werden ebenfalls hervorgehoben. Im Text werden typische Anwendungssituationen der Befehle kurz erläutert. Bei völlig identischen Befehlen wird nur die Erläuterung des Mathematica-Befehles gegeben. Der Einsatz von Mathematica und Maple wurde so einfach wie nur möglich gestaltet, damit diese Softwarepakete den Charakter von Hilfsmitteln behalten und nicht ein Buch über Mathematica und Maple entsteht. Die durchgeführten Rechnungen wurden insbesondere bei umfangreichen Standardanwendungen nicht in den Text aufgenommen, können aber in den Materialien im Netz eingesehen werden. (ca. 20% des Buchumfangs).

Für die mathematischen Begriffe, sowie für die Mathematica- und Maple-Befehle wird jeweils ein eigenes Verzeichnis am Ende des Buches angelegt.

Der theoretische Hintergrund wird durch die Bücher:

**W. Strampp: Höhere Mathematik mit Mathematica,
Band I und II,**

vermittelt, an die sich der Theorieteil stark anlehnt.

Die Aufgabenstellungen sowie die Mathematica- und Maple-Rechnungen werden ins Netz gestellt, so daß der Benutzer leicht zu jeder Aufgabe die entsprechenden Computerrechnungen auffinden und ergänzen kann:

```
http://www.db.informatik.uni-kassel.de/~strampp/
```

```
http://vieweg.de/welcome/downloads/supplements.htm
```

In der Kombination aus Buch und Netz entsteht somit ein flexibles, modernes Lernmittel zur Wiederholung und Einübung des Stoffs von zentralen Gebieten der Analysis.

Man kann auch so mit dem Material arbeiten, daß man zuerst die Aufgabenstellung im Netz anschaut. Wenn man damit nichts anzufangen weiß, können als nächstes die theoretischen Werkzeuge aus den entsprechenden Abschnitten herangezogen werden. Dann kann nachgesehen werden, ob Mathematica- bzw. Maple-Rechnungen hilfreich sind. Zum Schluß können die selbst gefundenen mit den angegeben Lösungen verglichen werden.

Mein Dank gilt den Herren Daniel Bock und Stefan Schüler für viele wertvolle Hilfen bei der inhaltlichen Ausrichtung und äußeren Gestaltung des Buches. Meiner Tochter Pia danke für die Unterstützung bei den Schreib- und Rechenarbeiten. Herrn Schwarz vom Verlag Vieweg gebührt mein Dank für die Förderung dieses Buches während seiner ganzen Entstehung.

Inhaltsverzeichnis

Teil I

Grundlagen der Analysis

1 Reelle Zahlen

1.1 Rechnen mit reellen Zahlen

Das Rechnen im Körper der reellen Zahlen $\mathbb{R}$ unterliegt den Körperaxiomen:

1) Grundgesetze der Addition:

1a) $a + b = b + a$, (Kommutativgesetz).

1b) $a + (b + c) = (a + b) + c$, (Assoziativgesetz).

1c) $a + 0 = a$, (Existenz des Nullelements).

1d) $a + (-a) = 0$, (Existenz des inversen Elements).

2) Grundgesetze der Multiplikation:

2a) $a \cdot b = b \cdot a$, (Kommutativgesetz).

2b) $a \cdot (b \cdot c) = (a \cdot b) \cdot c$, (Assoziativgesetz).

2c) $a \cdot 1 = a$, (Existenz des Einselements).

2d) $a \cdot a^{-1} = 1$, (Existenz des inversen Elements für $a \neq 0$).

3) Distributivgesetz:

$$a \cdot (b + c) = a \cdot b + a \cdot c.$$

Körperaxiome

Folgende Schreibweisen sind üblich:

$$a \cdot b = ab, \quad a^n = \underbrace{a\,a \cdots a}_{n\text{-mal}}, \quad a^0 = 1,$$

$$a^{-1} = \frac{1}{a}, \quad b\,a^{-1} = \frac{b}{a}, \quad a \neq 0.$$

Schreibweisen für Produkte

Als Folgerungen erhält man die Vorzeichenregeln:

Vorzeichenregeln

$$1.) \quad -(-a) = a \, ,$$

$$2.) \quad -(a + b) = -a - b \, ,$$

$$3.) \quad (-a)\,b = a\,(-b) = -a\,b \, ,$$

$$4.) \quad (-a)(-b) = a\,b \, .$$

Als weitere Folgerung ergeben sich die Regeln für die Bruchrechnung:

Regeln für die Bruchrechnung

$$1.) \quad \frac{a}{b} + \frac{c}{d} = \frac{a\,d + b\,c}{b\,d} \, , \qquad b \neq 0, d \neq 0 \, ,$$

$$2.) \quad \frac{a}{b}\frac{e}{d} = \frac{a\,e}{b\,d} \, , \qquad b \neq 0, d \neq 0 \, ,$$

$$3.) \quad \frac{\frac{a}{b}}{\frac{c}{d}} = \frac{a\,d}{b\,c} \, , \qquad b \neq 0, c \neq 0, d \neq 0 \, .$$

Zunächst gilt für nichtnegative ganze Zahlen:

Regeln für Potenzen mit ganzzahligen Exponenten

$$1.) \quad \left(a^n\right)^m = a^{n\,m} \, ,$$

$$2.) \quad a^n\,a^m = a^{n+m} \, ,$$

$$3.) \quad \frac{a^n}{a^m} = a^{n-m} \, , \qquad a \neq 0, n \geq m \, ,$$

$$4.) \quad (a\,b)^n = a^n\,b^n \, ,$$

$$5.) \quad \left(\frac{a}{b}\right)^n = \frac{a^n}{b^n} \, , \qquad b \neq 0 \, ,$$

$$6.) \quad \left(\frac{1}{a}\right)^n = \frac{1}{a^n} = a^{-n} \, , \qquad a \neq 0 \, .$$

(1.—5. kann auf alle ganzen Zahlen erstreckt werden, wobei man Divisionen durch 0 natürlich vermeiden muß).

> 1.) $\left(\sqrt[n]{a}\right)^n = a$, $a \geq 0, n \in \mathbb{N}$,
>
> 2.) $\sqrt[m]{\sqrt[n]{a}} = \sqrt[nm]{a}$,
>
> 3.) $\sqrt[n]{a}\,\sqrt[m]{a} = \sqrt[nm]{a^{n+m}}$,
>
> 4.) $\sqrt[n]{a}\,\sqrt[n]{b} = \sqrt[n]{ab}$,
>
> 5.) $\dfrac{\sqrt[n]{a}}{\sqrt[n]{b}} = \sqrt[n]{\dfrac{a}{b}}$, $b > 0$.
>
> Man schreibt auch: $\sqrt[n]{a} = a^{\frac{1}{n}}$ und $\sqrt[n]{a^m} = a^{\frac{m}{n}}$.

Regeln für Wurzeln

Aufgabe 1.1 Man vereinfache den folgenden Ausdruck durch Anwendung der Körperaxiome:

$$(a + b)^2 + (a - b)^2 + 2\,(a + b)\,(b - a)\,.$$

Terme umformen

Lösung: Ausmultiplizieren ergibt:

$$
\begin{aligned}
&(a + b)^2 + (a - b)^2 + 2\,(a + b)\,(b - a)\\
&= (a + b)^2 + (a - b)^2 - 2\,(a + b)\,(a - b)\\
&= a^2 + 2\,a\,b + b^2 + a^2 - 2\,a\,b + b^2 - 2\,(a^2 - b^2)\\
&= 4\,b^2\,.
\end{aligned}
$$

Mathematica: Mit Simplify werden Ausdrücke vereinfacht. Mit Expand werden die Klammern aufgelöst und anschließend wird zusammengefaßt.

$$\mathbf{Simplify}[(a + b)^2 + (a - b)^2 + 2(a + b)(b - a)]$$
$$4b^2$$

$$\mathbf{Expand}[(a + b)^2 + (a - b)^2 + 2(a + b)(b - a)]$$
$$4b^2$$

Simplify
Expand

Maple:

```
> simplify((a+b)^2+(a-b)^2+2*(a+b)*(b-a));
```

$$\mathrm{Simplify}((a + b)^2 + (a - b)^2 + 2\,(a + b)\,(b - a)) = 4\,b^2$$

```
> expand((a+b)^2+(a-b)^2+2*(a+b)*(b-a));
```

$$\mathrm{Expand}((a + b)^2 + (a - b)^2 + 2\,(a + b)\,(b - a)) = 4\,b^2$$

simplify
expand

Nenner rational machen

Aufgabe 1.2 Man fasse folgenden Ausdruck zusammen:

$$\frac{1}{2}(\sqrt{3}-3)-\frac{1}{\sqrt{3}-1}.$$

Lösung: Wir erweitern den zweiten Term mit $\sqrt{3}+1$:

$$\frac{1}{2}(\sqrt{3}-3)-\frac{1}{\sqrt{3}-1}=\frac{1}{2}(\sqrt{3}-3)-\frac{\sqrt{3}+1}{(\sqrt{3}-1)(\sqrt{3}+1)}$$

$$=\frac{1}{2}(\sqrt{3}-3)-\frac{1}{2}(\sqrt{3}+1)=-2.$$

Mathematica:

$$\mathbf{Simplify[\frac{1}{2}(\sqrt{3}-3)-\frac{1}{\sqrt{3}-1}]}$$
$$-2$$

Maple:

```
> simplify((1/2)*(sqrt(3)-3)-1/(sqrt(3)-1));
```

$$\mathrm{Simplify}(\frac{1}{2}\sqrt{3}-\frac{3}{2}-\frac{1}{\sqrt{3}-1})=-2$$

Mit Wurzeln und Potenzen rechnen

Aufgabe 1.3 Man vereinfache den Bruch:

$$\frac{\left(a^{\frac{3}{2}}b^{-\frac{5}{4}}\right)^5}{\left(a^{\frac{5}{8}}\sqrt{b^{\frac{5}{3}}}\right)^2}.$$

Lösung: Mit den Rechenregeln für Wurzeln ergibt sich:

$$\frac{\left(a^{\frac{3}{2}}b^{-\frac{5}{4}}\right)^5}{\left(a^{\frac{5}{8}}\sqrt{b^{\frac{5}{3}}}\right)^2}=\frac{a^{\frac{15}{2}}a^{-\frac{5}{4}}}{b^{\frac{25}{4}}b^{\frac{5}{3}}}=\frac{a^{\frac{25}{4}}}{b^{\frac{95}{12}}}.$$

Mathematica: Der Bruch wird unmittelbar nach der Eingabe vereinfacht.

$$\frac{(a^{3/2}b^{-5/4})^5}{(a^{5/8}\sqrt{b^{5/3}})^2}$$
$$\frac{a^{25/4}}{b^{95/12}}$$

Maple:

```
> (a^(3/2)*b^(-5/4))^5/(a^(5/8)*sqrt(b^(5/3)))^2;
```

$$a^{\frac{25}{4}}\, b^{-\frac{95}{12}}$$

Aufgabe 1.4 Seien $a > 0$ und $b \neq 0$. Man fasse die Brüche zusammen:

$$\frac{(b\,a)^{19}\,a^{12}}{b^{12}\left(\sqrt{a^3}\right)^{13}} - \frac{\left(\sqrt{a}\right)^{10}}{b^7}\,.$$

Mit Potenzen und Wurzeln rechnen

Lösung: Umformen ergibt:

$$\frac{(b\,a)^{19}\,a^{12}}{b^{12}\left(\sqrt{a^3}\right)^{13}} - \frac{\left(\sqrt{a}\right)^{10}}{b^7} = \frac{a^{31}\,b^{19}}{a^{18}\,\sqrt{a^3}\,b^{12}} - \frac{a^5}{b^7} = \frac{a^{13}\,b^7}{\sqrt{a^3}} - \frac{a^5}{b^7}$$

$$= \frac{a^{13}\,b^{14} - a^5\,\sqrt{a^3}}{\sqrt{a^3}\,b^7} = \frac{a^5\left(a^8\,b^{14} - \sqrt{a^3}\right)}{\sqrt{a^3}\,b^7}$$

$$= \frac{a^5\left(a^{\frac{13}{2}}\,b^{14} - 1\right)}{b^7}\,.$$

Mathematica:

$$\text{Simplify}\left[\frac{(ba)^{19}a^{12}}{b^{12}\left(\sqrt{a^3}\right)^{13}} - \frac{\left(\sqrt{a}\right)^{10}}{b^7}\right]$$

$$\frac{a^5\left(-1 + a^5\sqrt{a^3}\,b^{14}\right)}{b^7}$$

Maple:

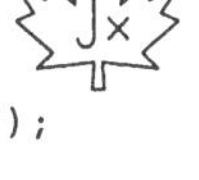

```
> simplify((b*a)^19*a^12/(b^12*sqrt(a^3)^13)-sqrt(a)^10/b^7);
```

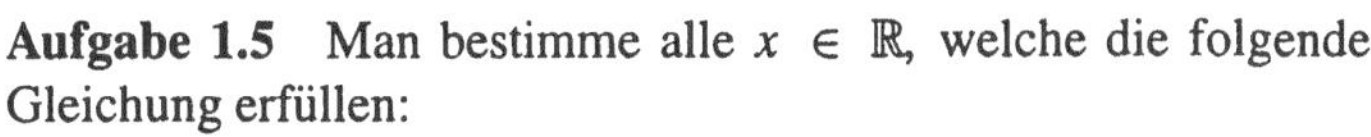

$$\text{Simplify}\left(\frac{a^{31}\,b^7}{(a^3)^{13/2}} - \frac{a^5}{b^7}\right) = \frac{a^5\,(a^8\,b^{14} - \sqrt{a^3})}{\sqrt{a^3}\,b^7}$$

Aufgabe 1.5 Man bestimme alle $x \in \mathbb{R}$, welche die folgende Gleichung erfüllen:

$$17\,a + b\,x = 2\,x + 3\,.$$

Lineare Gleichungen mit Parametern lösen

Dabei sind a und b beliebige reelle Zahlen.

Lösung: Wir bringen die Gleichung in die lösungsäquivalente Form:

$$(2 - b)\,x = 17\,a - 3$$

und unterscheiden folgende Fälle:

1.) $b \neq 2$: Durch Dividieren finden wir die Lösung $x = \dfrac{17a - 3}{2 - b}$.

2.) $b = 2$: Hier gilt a
$$\begin{cases} = \dfrac{3}{17} & , \quad \text{alle } x \in \mathbb{R} \text{ sind Lösungen} \\[2mm] \neq \dfrac{3}{17} & , \quad \text{es gibt keine Lösung}. \end{cases}$$

Solve

Mathematica: Mit der Solve-Funktion kann man Gleichungen lösen. Eine Gleichung muß mit einem doppelten Gleichheitszeichen eingegeben werden. Man kann in einer Option angeben, nach welcher Variablen die Gleichung aufgelöst werden soll.

$$\mathbf{Solve}\big[\mathbf{17a + bx == 2x + 3,\, x}\big]$$
$$\left\{\left\{x \to -\dfrac{-3 + 17a}{-2 + b}\right\}\right\}$$

solve

Maple: Mit der Solve-Funktion kann man Gleichungen lösen. Eine Gleichung wird mit einem einfachen Gleichheitszeichen eingegeben. Man kann in einer Option angeben, nach welcher Variablen die Gleichung aufgelöst werden soll.

```
> solve(17*a+b*x=2*x+3,x);
```

$$\text{Solve}(17a + bx = 2x + 3,\, x) = -\dfrac{17a - 3}{b - 2}$$

Lineare Gleichungen mit Parametern lösen

Aufgabe 1.6 Seien $a, b, c \in \mathbb{R}$ mit $a \neq b$. Für welche $x \in \mathbb{R}$ gilt die Beziehung:
$$\frac{ax + c}{ax - c} = \frac{a + b}{a - b}.$$

Lösung: Zunächst muß der Nenner $ax - c \neq 0$ sein, und wir erhalten durch Multiplikation mit $ax - c$ und $a - b$ auf beiden Seiten:

$$(a - b)(ax + c) = (a + b)(ax - c).$$

Dies ist gleichbedeutend mit: $2a(bx - c) = 0$. Wir unterscheiden die Fälle:
1.) $a = 0$: Die Beziehung gilt für alle $x \in \mathbb{R}$.
2.) $a \neq 0$: Die Beziehung gilt für alle $x \in \mathbb{R}$ mit $bx - c = 0$.
Dies bedeutet, wir haben eine einzige Lösung: $x = \dfrac{c}{b}$ wenn $b \neq 0$ ist. Ist jedoch $b = 0$, so erfüllen alle $x \in \mathbb{R}$ die Beziehung, sofern zusätzlich $c = 0$ gilt. Andernfalls wird die Beziehung von keiner reellen Zahl erfüllt.

1.2 Das Summenzeichen

Mit dem Assoziativgesetz der Addition führen wir das Summenzeichen ein:

$$\sum_{k=1}^{n} a_k = a_1 + \cdots + a_n.$$

Summenzeichen

Rechenregeln für den Umgang mit dem Summenzeichen ergeben sich aus den Körperaxiomen:

1.) $\displaystyle\sum_{k=1}^{n} a_k = \sum_{j=1}^{n} a_j\,,$

2.) $\displaystyle\sum_{k=1}^{n} a_k = \sum_{k=1+l}^{n+l} a_{k-l}\,,$

3.) $\displaystyle\sum_{k=1}^{n} a_k = \sum_{k=1}^{m} a_k + \sum_{k=m+1}^{n} a_k\,,$

4.) $\displaystyle\sum_{k=1}^{n} a_k + \sum_{k=1}^{n} b_k = \sum_{k=1}^{n} (a_k + b_k)\,,$

5.) $\displaystyle a \sum_{k=1}^{n} a_k = \sum_{k=1}^{n} a\,a_k\,.$

6.) $\displaystyle\sum_{i=1}^{m} a_i \sum_{j=1}^{n} b_j = \sum_{i=1}^{m} \sum_{j=1}^{n} a_i\,b_j = \sum_{j=1}^{n} \sum_{i=1}^{m} a_i\,b_j\,.$

Rechnen mit dem Summenzeichen

Der binomische Satz stellt eine typische Formulierung mit dem Summenzeichen dar:

Für $a, b \in \mathbb{R}$ und $n \in \mathbb{N} \cup 0$ gilt:

$$(a + b)^n = \sum_{k=0}^{n} \binom{n}{k} a^{n-k} b^k.$$

Binomischer Satz

Hierin werden die Binomialkoeffizienten benützt.

Binomialkoeffizient

> Für $n, k \in \mathbb{N} \cup 0$ und $n \geq k$ wird der Binomialkoeffizient durch
>
> $$\binom{n}{k} = \frac{n!}{k!(n-k)!}$$
>
> erklärt mit der Fakultät: $n! = \prod_{k=1}^{n} k = 1 \cdot 2 \cdot 3 \cdots n$ und $0! = 1$.
> In Produktschreibweise lautet der Binomialkoeffizient:
>
> $$\binom{n}{k} = \frac{n \cdot (n-1) \cdot (n-2) \cdots (n-k+1)}{1 \cdot 2 \cdot 3 \cdots k},$$
>
> $$\binom{n}{0} = 1, \qquad \binom{n}{1} = n.$$

Die Binomialkoeffizienten besitzen zwei grundlegende Eigenschaften:

Eigenschaften der Binomialkoeffizienten

> $$\binom{n}{k} = \binom{n}{n-k}, \qquad \binom{n}{k-1} + \binom{n}{k} = \binom{n+1}{k}.$$

Man ordnet die Binomialkoeffizienten zweckmäßigerweise im Pascalschen Dreieck an:

Pascalsches Dreieck

$$
\begin{array}{ccccccccccccc}
 & & & & & & \binom{0}{0} & & & & & & \\
 & & & & & \binom{1}{0} & & \binom{1}{1} & & & & & \\
 & & & & \binom{2}{0} & & \binom{2}{1} & & \binom{2}{2} & & & & \\
 & & & \binom{3}{0} & & \binom{3}{1} & & \binom{3}{2} & & \binom{3}{3} & & & \\
 & & & \vdots & \vdots & \vdots & \vdots & \vdots & \vdots & \vdots & & &
\end{array}
$$

Mit dem Summenzeichen umgehen

Aufgabe 1.7 Man vereinfache folgende Ausdrücke:

$$\sum_{k=2}^{n} \frac{1}{k+2} - \sum_{k=4}^{n+2} \frac{1}{k-2}, \quad n \geq 2,$$

$$\sum_{k=2}^{n+1} \left(\frac{1}{k+2} - \frac{1}{k-1} \right), \quad n \geq 1.$$

Lösung: Wir verschieben den Summationsindex:

$$\sum_{k=2}^{n}\frac{1}{k+2} - \sum_{k=4}^{n+2}\frac{1}{k-2} \;=\; \sum_{k=6}^{n+4}\frac{1}{k-2} - \sum_{k=4}^{n+2}\frac{1}{k-2}$$

$$=\; \frac{1}{n+1}+\frac{1}{n+2}-\frac{1}{2}-\frac{1}{3}\,.$$

Wie oben bekommen wir durch Verschieben des Summationsindex:

$$\sum_{k=2}^{n+1}\left(\frac{1}{k+2}-\frac{1}{k-1}\right) \;=\; \sum_{k=2}^{n+1}\frac{1}{k+2} - \sum_{k=2}^{n+1}\frac{1}{k-1}$$

$$=\; \sum_{k=2}^{n+1}\frac{1}{k+2} - \sum_{k=-1}^{n-2}\frac{1}{k+2}$$

$$=\; \frac{1}{n+1}+\frac{1}{n+2}+\frac{1}{n+3}-1-\frac{1}{2}-\frac{1}{3}$$

$$=\; -\frac{n\,(11\,n^2+48\,n+49)}{6\,(n+1)\,(n+2)\,(n+3)}\,.$$

Mathematica: Mit Sum kann man Summen berechnen. Dabei werden der Laufindex und die Summationsgrenzen in einer Option angegeben.

Sum

$$\sum_{k=2}^{n+1}\left(\frac{1}{k+2}-\frac{1}{k-1}\right)$$

$$-\frac{n(49+48n+11n^2)}{6(1+n)(2+n)(3+n)}$$

Maple: Mit Sum kann man Summen berechnen. Dabei werden der Laufindex und die Summationsgrenzen in einer Option angegeben. Vereinfachungen des Ergebnisses muß man mit Simplify vornehmen.

sum

```
> simplify(sum(1/(k+2)-1/(k-1),k=2..n+1));
```

$$\sum_{k=2}^{n+1}\left(\frac{1}{k+2}-\frac{1}{k-1}\right) = -\frac{1}{6}\frac{(11\,n^2+48\,n+49)\,n}{(n+2)\,(n^2+4\,n+3)}$$

Aufgabe 1.8 Man vereinfache (für $n \geq 1$):

$$\sum_{k=0}^{n-1}(2\,k+1)^2 - \sum_{k=1}^{n+1}(2\,k-1)^2\,.$$

Mit dem Summenzeichen umgehen

Lösung: Wir schreiben:

$$\sum_{k=0}^{n-1}(2k+1)^2 - \sum_{k=1}^{n+1}(2k-1)^2$$

$$= 1 + \sum_{k=1}^{n-1}(2k+1)^2 - \sum_{k=1}^{n-1}(2k-1)^2 - (2n-1)^2 - (2(n+1)-1)^2$$

$$= 1 + \sum_{k=1}^{n-1}\left((2k+1)^2 - (2k-1)^2\right) - (2n-1)^2 - (2(n+1)-1)^2$$

$$= 1 - (2n-1)^2 - (2(n+1)-1)^2 + 8\sum_{k=1}^{n-1}k\,.$$

Durch Summieren geeigneter Paare folgt:

$$\sum_{k=1}^{n-1}k = \frac{(n-1)\,n}{2}$$

und insgesamt:

$$\sum_{k=0}^{n-1}(2k+1)^2 - \sum_{k=1}^{n+1}(2k-1)^2$$

$$= 1 - (2n-1)^2 - (2(n+1)-1)^2 + 4n(n-1)$$

$$= -4n^2 - 4n - 1$$

$$= -(2n+1)^2\,.$$

Mathematica:

$$\mathbf{Simplify}\Big[\sum_{k=0}^{n-1}(2k+1)^2 - \sum_{k=1}^{n+1}(2k-1)^2\Big]$$

$$-(1+2n)^2$$

Maple:

```
> simplify(sum((2*k+1)^2,k=0..n-1)-sum((2*k-1)^2,k=1..n+1)
```

$$\mathrm{Simplify}\Big(\big(\sum_{k=0}^{n-1}(2k+1)^2\big) - \big(\sum_{k=1}^{n+1}(2k-1)^2\big)\Big) = -4n - 1 - 4n^2$$

Definition der Fakultät anwenden

Aufgabe 1.9   Man berechne die Summe:

$$\sum_{k=1}^{n} k\,k!\,.$$

Lösung: Mit der Umformung

$$k\,k! = ((k+1)-1)\,k! = (k+1)\,k! - k! = (k+1)! - k!$$

folgt:

$$\sum_{k=1}^{n} k\,k! = \sum_{k=1}^{n} ((k+1)! - k!) = (n+1)! - 1\,.$$

Mathematica: Fakultäten können direkt mit dem Ausrufezeichen eingegeben werden. Die vorliegende Summe kann nicht ermittelt werden.

Maple: Fakultäten können direkt mit dem Ausrufezeichen eingegeben werden.

```
> sum(k*k!,k=1..n);
```

$$\sum_{k=1}^{n} kk! = (n+1)\,n! - 1$$

Aufgabe 1.10   Man vereinfache folgende Ausdrücke:

$$\sum_{k=0}^{n} \binom{n}{k}\,, \qquad \sum_{k=0}^{n} (-1)^k \binom{n}{k}\,.$$

Den binomischen Satz anwenden

Lösung: Nach dem binomischen Satz gilt für $(1+1)^n$ und $(1-1)^n$:

$$2^n = (1+1)^n = \sum_{k=0}^{n} \binom{n}{k}\, 1^{n-k}\, 1^k = \sum_{k=0}^{n} \binom{n}{k}$$

und

$$0 = (1-1)^n = \sum_{k=0}^{n} \binom{n}{k}\, 1^{n-k}\, (-1)^k = \sum_{k=0}^{n} (-1)^k \binom{n}{k}\,.$$

Mathematica: Binomialkoeffizienten werden mit der Funktion Binomial berechnet.

$$\sum_{k=0}^{n} \mathbf{Binomial[n, k]} \qquad\qquad \sum_{k=0}^{n} (-1)^k \mathbf{Binomial[n, k]}$$

$$2^n \qquad\qquad\qquad\qquad 0$$

Binomial

Maple:

```
> sum(binomial(n,k),k=0..n);
```

$$\sum_{k=0}^{n} \mathrm{Binomial}(n, k) = 2^n$$

binomial

```
> sum((-1)^k*binomial(n,k),k=0..n);
```

$$\sum_{k=0}^{n} (-1)^k \, \mathrm{Binomial}(n,k) = 0$$

<table><tr><td>Symbolische Ausdrücke mit
dem Binomischen Satz
auswerten</td><td>

Aufgabe 1.11   Man zeige:

$$\left(1 - \frac{a}{3}\right)^6 = 1 - 2a + \frac{5a^2}{3} - \frac{20a^3}{27} + \frac{5a^4}{27} - \frac{2a^5}{81} + \frac{a^6}{729}.$$

</td></tr></table>

Lösung: Nach dem binomischen Satz gilt:

$$
\begin{aligned}
\left(1 - \frac{a}{3}\right)^6 &= \sum_{k=0}^{6} \binom{6}{k} 1^k \left(-\frac{a}{3}\right)^{6-k} \\
&= \binom{6}{0}\left(-\frac{a}{3}\right)^6 + \binom{6}{1}\left(-\frac{a}{3}\right)^5 + \binom{6}{2}\left(-\frac{a}{3}\right)^4 \\
&\quad + \binom{6}{3}\left(-\frac{a}{3}\right)^3 + \binom{6}{4}\left(-\frac{a}{3}\right)^2 + \binom{6}{5}\left(-\frac{a}{3}\right)^1 \\
&\quad + \binom{6}{6}\left(-\frac{a}{3}\right)^0 .
\end{aligned}
$$

Wir entnehmen die Binomialkoeffizienten dem Pascalschen Dreieck:

$$
\begin{array}{ccccccccccccc}
 & & & & & & 1 & & & & & & \\
 & & & & & 1 & & 1 & & & & & \\
 & & & & 1 & & 2 & & 1 & & & & \\
 & & & 1 & & 3 & & 3 & & 1 & & & \\
 & & 1 & & 4 & & 6 & & 4 & & 1 & & \\
 & 1 & & 5 & & 10 & & 10 & & 5 & & 1 & \\
1 & & 6 & & 15 & & 20 & & 15 & & 6 & & 1
\end{array}
$$

und erhalten:

$$
\begin{aligned}
\left(1 - \frac{a}{3}\right)^6 &= 1^6 - 6 \cdot 1^5 \frac{a}{3} + 15 \cdot 1^4 \frac{a^2}{3^2} \\
&\quad - 20 \cdot 1^3 \frac{a^3}{3^3} + 15 \cdot 1^2 \frac{a^4}{3^4} - 6 \cdot 1^1 \frac{a^5}{3^5} + 1^0 \frac{a^6}{3^6} \\
&= 1 - 2a + \frac{5a^2}{3} - \frac{20a^3}{27} + \frac{5a^4}{27} - \frac{2a^5}{81} + \frac{a^6}{729}.
\end{aligned}
$$

Expand

Mathematica: Der Klammerausdruck wird mit Expand potenziert.

$$\mathbf{Expand}\left[\left(1 - \frac{\mathbf{a}}{\mathbf{3}}\right)^{\mathbf{6}}\right]$$

$$1 - 2a + \frac{5a^2}{3} - \frac{20a^3}{27} + \frac{5a^4}{27} - \frac{2a^5}{81} + \frac{a^6}{729}$$

Maple:

```
> expand((1-a/3)^6);
```

$$\text{Expand}\left(\left(1 - \frac{a}{3}\right)^6\right) = 1 - 2a + \frac{5a^2}{3} - \frac{20a^3}{27} + \frac{5a^4}{27} - \frac{2a^5}{81} + \frac{a^6}{729}$$

expand

Aufgabe 1.12 Man berechne mit Hilfe des Binomischen Satzes:

$$1.1^4, \quad 0.999^6.$$

Zahlenwerte mit dem
Binomischen Satz berechnen

Lösung: Wir schreiben $1.1 = 1 + 0.1$ bzw. $0.999 = 1 - 0.001$ und bekommen:

$$
\begin{aligned}
1.1^4 &= (1 + 0.1)^4 = \sum_{k=0}^{4} \binom{4}{k} 1^k \, 0.1^{4-k} \\
&= \binom{4}{0} 0.1^4 + \binom{4}{1} 0.1^3 + \binom{4}{2} 0.1^2 + \binom{4}{3} 0.1^1 + \binom{4}{4} 0.1^0
\end{aligned}
$$

bzw.

$$
\begin{aligned}
0.999^6 &= (1 - 0.001)^6 = \sum_{k=0}^{6} \binom{6}{k} 1^k \, (-0.001)^{6-k} \\
&= \binom{6}{0} (-0.001)^6 + \binom{6}{1} (-0.001)^5 \\
&\quad + \binom{6}{2} (-0.001)^4 + \binom{6}{3} (-0.001)^3 \\
&\quad + \binom{6}{4} (-0.001)^2 + \binom{6}{5} (-0.001)^1 \\
&\quad + \binom{6}{6} (-0.001)^0.
\end{aligned}
$$

Wir entnehmen die Binomialkoeffizienten wieder dem Pascalschen Dreieck
und erhalten:

$$1.1^4 = 0.0001 + 4 \cdot 0.001 + 6 \cdot 0.01 + 4 \cdot 0.1 + 1 = 1.4641$$

bzw.

$$
\begin{aligned}
0.999^6 &= 0.001^6 - 6 \cdot 0.001^5 + 15 \cdot 0.001^4 \\
&\quad -20 \cdot 0.001^3 + 15 \cdot 0.001^2 - 6 \cdot 0.001 + 1 \\
&= 994014980014994001 \cdot 10^{-18}.
\end{aligned}
$$

Mathematica: Zahlenausdrücke werden direkt ausgewertet. Das Ergebnis wird exakt in Form einer rationalen Zahl geliefert.

$$1.1^4 \qquad\qquad \left(1 - \frac{1}{1000}\right)^6$$

$$1.4641 \qquad\qquad \frac{994014980014994001}{1000000000000000000}$$

Maple:

```
> 1.1^4;                        > (1-1/1000)^6;
```

$$1.4641 \qquad\qquad \frac{994014980014994001}{1000000000000000000}$$

1.3   Die Anordnung der reellen Zahlen

Zusätzlich zur Körperstruktur haben wir in $\mathbb{R}$ eine Ordnungsrelation:

Kleinerrelation

> Für reelle Zahlen a und b trifft genau eine der folgenden drei Relationen zu: $a < b$, $a = b$, $b < a$.

Für die Kleinerrelation gelten die Anordnungsaxiome:

Anordnungsaxiome

> **1.)** $a < b$ und $b < c \implies a < c$
> (Transitivitätsgesetz).
>
> $a \quad < \quad b \quad < \quad c$
>
> **2.)** $a < b \implies a + c < b + c$
> (Gesetz von der Monotonie der Addition).
>
> $a \quad a+c \quad b \quad b+c$
>
> **3.)** $a < b$ und $0 < c \implies a\,c < b\,c$
> (Gesetz von der Monotonie der Multiplikation).
>
> $a \quad a{\cdot}c \quad b \quad b{\cdot}c$

Mit der Kleinerrelation führen wir die Größerrelation sowie die Kleiner-oder-gleich- und Größer-oder-gleich-Relation ein:

Kleiner-oder-gleich- und Größer-oder-gleich-Relation

> $a > b \iff b < a$,
> $a \leq b \iff a < b$ oder $a = b$,
> $a \geq b \iff a > b$ oder $a = b$.

Für den Umgang mit Ungleichungen stellen wir folgende Regeln zusammen:

$$1.) \quad a < b \iff -b < -a,$$

$$2.) \quad a < b \ \text{und} \ c < 0 \implies ac > bc,$$

$$3.) \quad a \neq 0 \implies a^2 > 0,$$

$$4.) \quad ab < 0 \iff \begin{array}{l} a < 0 \ \text{und} \ b > 0 \\ \text{oder} \\ a > 0 \ \text{und} \ b < 0, \end{array}$$

$$5.) \quad a < b \ \text{und} \ 0 < ab \implies \frac{1}{a} > \frac{1}{b}.$$

Rechnen mit Ungleichungen

Jeder reellen Zahl wird ein Betrag zugeordnet.

$$|a| = \begin{cases} a & , \ a \geq 0, \\ -a & , \ a < 0. \end{cases}$$

Betrag

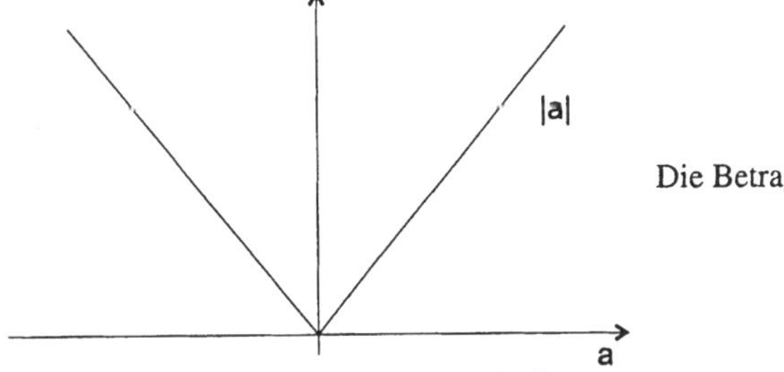

Die Betragsfunktion

Der Betrag besitzt folgende Eigenschaften:

$$1.) \quad |a| \geq 0, \quad |a| = 0 \iff 0,$$

$$2.) \quad |-a| = |a|,$$

$$3.) \quad \sqrt{a^2} = |a|,$$

$$4.) \quad |ab| = |a|\,|b|,$$

$$5.) \quad |a + b| \leq |a| + |b|, \quad \big||a| - |b|\big| \leq |a + b|.$$

Eigenschaften des Betrags

Die Eigenschaften 5.) werden als Dreiecksungleichung bzw. umgekehrte Dreiecksungleichung bezeichnet. Mit den Ordnungsrelationen beschreiben wir die Lösbarkeit einer quadratischen Gleichung:

Quadratische Gleichungen

Die Gleichung: $x^2 - a = 0$, $\quad a \geq 0$, besitzt die Lösungen $x = \pm\sqrt{a}$.

Die Gleichung: $x^2 - a = 0$, $\quad a < 0$, besitzt keine Lösung in $\mathbb{R}$.

Die Lösungen der Gleichung $x^2 + a_1 x + a_0 = 0$ erhält man nach der Umformung:

$$\left(x + \frac{a_1}{2}\right)^2 - \frac{a_1^2}{4} + a_0 = 0$$

mit $x + \dfrac{a_1}{2} = w$ aus der Gleichung:

$$w^2 - \left(\frac{a_1^2}{4} - a_0\right) = 0.$$

Verschwindende Nenner und negative Radikanten vermeiden

Aufgabe 1.13 Man überlege sich, für welche $a, b \in \mathbb{R}$ der folgende Ausdruck erklärt ist, und vereinfache ihn:

(a) $\quad \sqrt{a^2 - (a-b)^2} - \dfrac{(a+b)^2}{\sqrt{a^2 - (a-b)^2}},$

(b) $\quad \dfrac{a}{b - \dfrac{a+b}{a\left(1 - \frac{a+b}{b-a}\right)}}.$

Lösung: **(a)** Zunächst schreibt man: $a^2 - (a-b)^2 = (2a - b)\,b$ und entnimmt zwei Fälle:

$$a > \frac{b}{2} \quad \text{und} \quad b > 0 \quad \text{bzw.} \quad a < \frac{b}{2} \quad \text{und} \quad b < 0,$$

in denen der Radikant postiv ist und nicht durch Null dividiert wird. Wir vereinfachen in diesen Fällen wie folgt:

$$\sqrt{a^2 - (a-b)^2} - \frac{(a+b)^2}{\sqrt{a^2 - (a-b)^2}} = \frac{(2a-b)\,b - (a+b)^2}{\sqrt{(2a-b)\,b}}$$

$$= \frac{-a^2 - 2b^2}{\sqrt{(2a-b)\,b}}.$$

Simplify

Mathematica: Simplify überläßt es dem Benutzer, auf Ausnahmefälle Rücksicht zu nehmen.

$$\text{Simplify}\left[\sqrt{a^2 - (a-b)^2} - \frac{(a+b)^2}{\sqrt{a^2 - (a-b)^2}}\right]$$

$$\frac{-a^2 - 2b^2}{\sqrt{(2a-b)b}}$$

Maple:

```
> simplify(sqrt(a^2-(a-b)^2)-(a+b)^2/sqrt(a^2-(a-b)^2));
```

$$\text{Simplify}\left(\sqrt{2\,a\,b - b^2} - \frac{(a+b)^2}{\sqrt{2\,a\,b - b^2}}\right) = -\frac{2b^2 + a^2}{\sqrt{b\,(2\,a - b)}}$$

simplify

Lösung: **(b)** Ist $a \neq 0$ und $a \neq b$, dann ergibt:

$$\frac{a+b}{a\left(1 - \frac{a+b}{a-b}\right)} = \frac{1}{2}\left(1 - \frac{b^2}{a^2}\right).$$

Ist $b - \dfrac{1}{2}\left(1 - \dfrac{b^2}{a^2}\right) = \dfrac{b^2 + 2\,a^2\,b - a^2}{2\,a^2} \neq 0$, dann bekommen wir insgesamt:

$$\frac{a}{b - \frac{a+b}{a\left(1 - \frac{a+b}{b-a}\right)}} = \frac{2\,a^3}{b^2 + 2\,a^2\,b - a^2}.$$

Die Bedingung: $b^2 + 2\,a^2\,b - a^2 \neq 0$ ist gleichbedeutend mit der Bedingung $(b + a^2)^2 \neq a^4 - a^2$ Diese ist gegenstandslos, wenn $|a| < 1$ und äquivalent zu $b \neq -a^2 \pm |a|\sqrt{a^2 - 1}$, wenn $|a| > 1$.

Mathematica:

$$\mathbf{Simplify}\left[\frac{\mathbf{a}}{\mathbf{b} - \dfrac{\mathbf{a+b}}{\mathbf{a}\left(1 - \frac{\mathbf{a+b}}{\mathbf{b-a}}\right)}}\right]$$

$$\frac{2a^3}{b^2 + a^2(-1 + 2b)}$$

Maple:

```
> simplify(a/(b-(a+b)/(a*(1-(a+b)/(b-a)))));
```

$$\text{Simplify}\left(\frac{a}{b - \frac{a+b}{a\left(1 - \frac{a+b}{b-a}\right)}}\right) = 2\,\frac{a^3}{2\,b\,a^2 - a^2 + b^2}$$

Aufgabe 1.14 Welche $x \in \mathbb{R}$ erfüllen folgende Ungleichung:

Ungleichungen lösen

(a) $13\,x - 2 < 16\,x - 5$,

(b) $\dfrac{3\,x + 5}{x + 2} < 4$,

(c) $x^2 + 3\,x + 2 \leq 0$.

Lösung: **(a)** Durch Anwenden der Anordnungsaxiome bringen wir die Ungleichung in die einfachere Form:

$$13x - 2 \; < \; 16x - 5$$
$$3 \; < \; 3x$$
$$1 \; < \; x.$$

Nun liest man sofort ab, daß alle $x > 1$ die Ungleichung erfüllen.

Mathematica: Solve kann keine Ungleichungen lösen.

Solve

Maple: Mit Solve können auch Ungleichungen bearbeitet werden. Mit RealRange wird ein Lösungsintervall auf der (reellen) Zahlengeraden angezeigt. Open besagt, daß der Eckpunkt nicht dazu gehört.

solve

```
> solve(13*x-2<16*x-5);
```

$$\text{Solve}(13x - 2 < 16x - 5) = \text{RealRange}(\text{Open}(1), \infty)$$

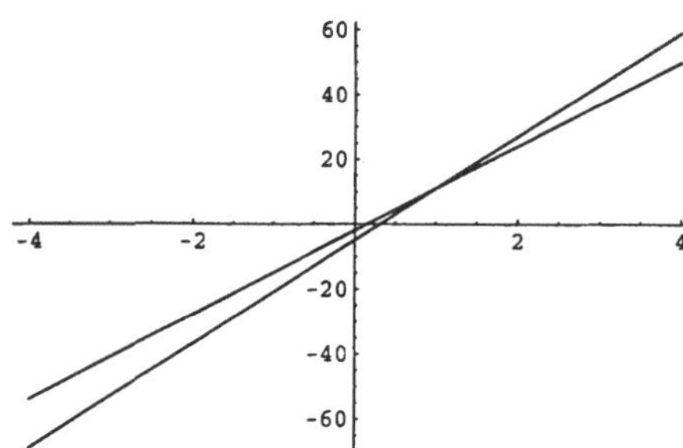

Die Ungleichung
$13x - 2 < 16x - 5$.
Für $x > 1$ verläuft die
Gerade
$f_1(x) = 13x - 2$
unterhalb der Geraden
$f_2(x) = 16x - 5$.

Lösung: **(b)** Die Stelle $x = -2$ muß ausgeschlossen werden. Nun unterscheiden wir die Fälle $x < -2$ und $x > -2$. Sei $x < -2$:

$$\frac{3x + 5}{x + 2} \; > \; 4$$
$$3x + 5 \; > \; 4(x + 2)$$
$$3x + 5 \; > \; 4x + 8$$
$$-3 \; > \; x.$$

Sei $x > -2$:

$$\frac{3x + 5}{x + 2} \; < \; 4$$
$$3x + 5 \; < \; 4(x + 2)$$
$$3x + 5 \; < \; 4x + 8$$
$$-3 \; < \; x.$$

Das heißt, alle $-3 < x$ und $x > -2$ erfüllen die Ungleichung.

Maple:

```
> solve((3*x+5)/(x+2)<4);
```

$$\text{Solve}(\frac{3x + 5}{x + 2} < 4) = (\text{RealRange}(-\infty, \text{Open}(-3)),$$
$$\text{RealRange}(\text{Open}(-2), \infty))$$

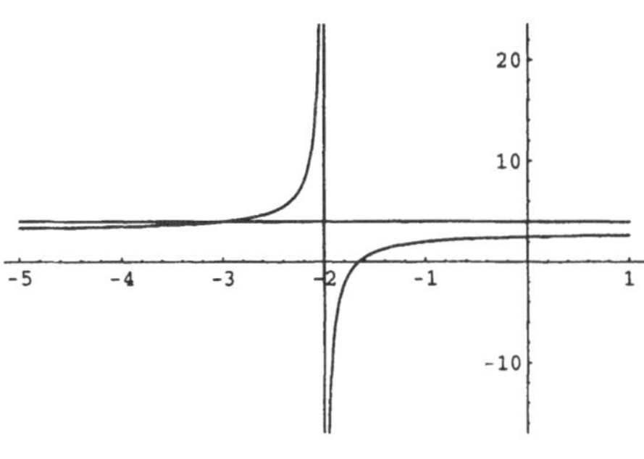

Die Ungleichung
$$\frac{3x + 5}{x + 2} < 4.$$
Für $-3 < x$ und $x > -2$ verläuft die Funktion
$$f_1(x) = \frac{3x + 5}{x + 2}$$
unterhalb der Geraden
$$f_2(x) = 4.$$

Lösung: (c) Wir überlegen zuerst:

$$x^2 + 3x + 2 \leq 0 \iff \left(x + \frac{3}{2}\right)^2 \leq -2 + \frac{9}{4} = \frac{1}{4}.$$

Letzteres ist gleichbedeutend mit:

$$-\frac{1}{2} \leq x + \frac{3}{2} \leq \frac{1}{2},$$

so daß die Lösungen der Ungleichung lauten: $-2 \leq x \leq -1$.

Maple:

```
> solve(x^2+3*x+2<=0);
```

$$\text{Solve}(x^2 + 3x + 2 \leq 0) = \text{RealRange}(-2, -1)$$

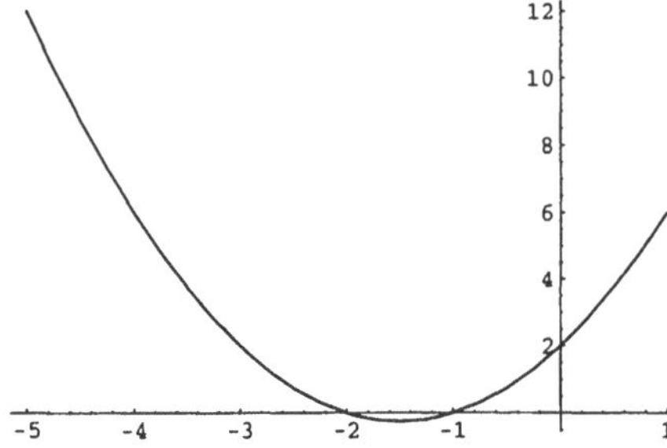

Die Ungleichung
$$x^2 + 3x + 2 \leq 0.$$
Für $-2 \leq x \leq -1$ verläuft die Parabel
$$f(x) = x^2 + 3x + 2$$
unterhalb der x-Achse.

Aufgabe 1.15 Für welche $x \in \mathbb{R}$ gilt die Beziehung:

Betragsgleichungen lösen

(a) $|x + 3| = 4$,

(b) $|x + 2| = 3x - 3$.

(c) $x^2 - 3x + 8 = |2x + 1|$.

Lösung: (a) Nach Definition des Betrages ist:

$$|x + 3| = \begin{cases} x + 3 & , \quad x \geq -3 \\ -x - 3 & , \quad x < -3 \end{cases}$$

Also bekommen wir folgende Bedingung:

$$x + 3 = 4, \quad x \geq -3, \quad \text{oder} \quad -x - 3 = 4, \quad x < -3.$$

Das heißt, die Beziehung gilt für $x = 1$ und $x = -7$.

Abs

abs

Mathematica: Der Betrag einer reellen Zahl wird mit Abs berechnet.

$$\textbf{Solve[Abs[x+3] == 4]}$$
$$\{\{x \to -7\}, \{x \to 1\}\}$$

Maple:

```
> solve(abs(x+3)=4);
```

$$\text{Solve}(|x+3| = 4) = 1, -7$$

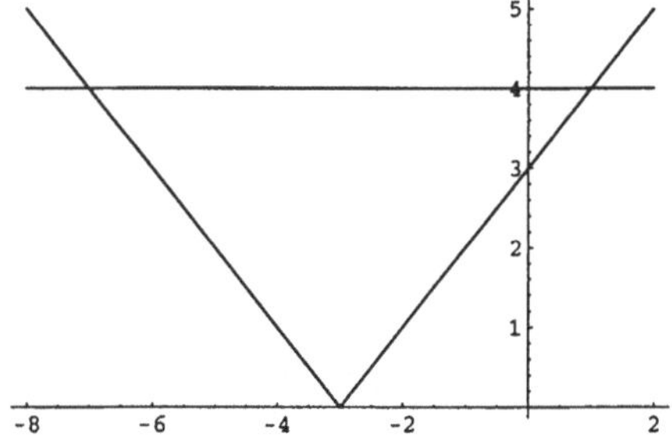

Die Gleichung
$|x+3| = 4$. Für
$x = -7$ und $x = 1$
schneiden sich die
Funktionen
$f_1(x) = |x+3|$ und
$f_2(x) = 4$.

Lösung: (b) Wir unterscheiden wieder die Fälle:

$$|x+2| = \left\{ \begin{array}{ll} x+2 & , \quad x \geq -2 \\ -x-2 & , \quad x < -2 \end{array} \right.$$

und bekommen folgende Bedingung:

$$x+2 = 3x-3, \quad x \geq -2, \quad \text{oder} \quad -x-3 = 3x-3, \quad x < -3$$

$$\text{bzw.} \quad x = \frac{5}{2}, \quad x \geq -2, \quad \text{oder} \quad x = \frac{1}{2}, \quad x < -3 \, .$$

Das heißt, die Beziehung wird für $x = \frac{5}{2}$ erfüllt.

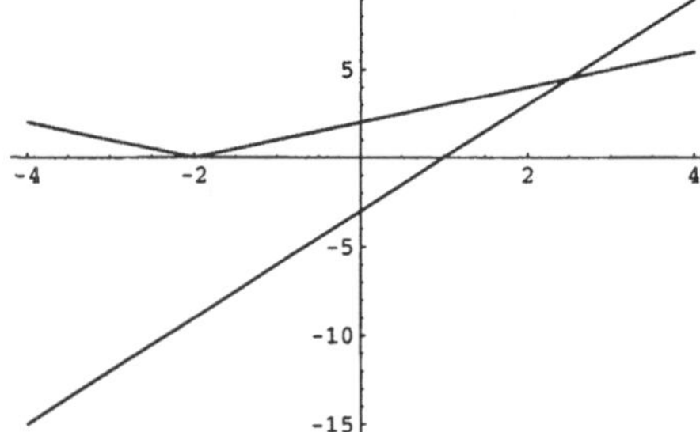

Die Gleichung
$|x+2| = 3x-3$.
Für $x = \frac{5}{2}$ schneiden
sich die Funktionen
$f_1(x) = |x+2|$ und
$f_2(x) = 3x-3$.

(c) Man überzeugt sich leicht davon, daß $x = \frac{1}{2}$ keine Lösung darstellt. Ist $x < \frac{1}{2}$, so lautet die Beziehung: $x^2 - 3x + 8 = -(2x+1)$. Ist $x > \frac{1}{2}$, so lautet die Beziehung: $x^2 - 3x + 8 = 2x + 1$. Im ersten Fall schreiben wir:

$$x^2 - x + 9 = \left(x - \frac{1}{2}\right)^2 - \left(\frac{1}{4} - 9\right) = 0$$

und im zweiten Fall

$$x^2 - 5x + 7 = \left(x - \frac{5}{2}\right)^2 - \left(\frac{25}{4} - 7\right) = 0.$$

In beiden Fällen haben wir keine Lösung.

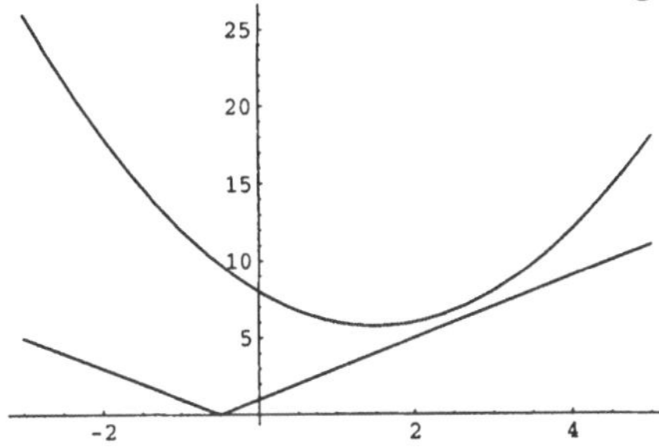

Die Gleichung
$x^2 - 3x + 8 = |2x+1|$.
Die Parabel
$f_1(x) = x^2 - 3x + 8$
und die Funktion
$f_2(x) = |2x + 1|$
schneiden sich nicht.

Aufgabe 1.16 Sei $a > 0$. Für welche $x \in \mathbb{R}$ gilt die Beziehung:

(a) $|x + a| + |x - a| = a$,

(b) $\left|\frac{|x - |x||}{x}\right| = a$.

Betragsgleichungen mit
Parametern lösen

Lösung: (a) Wir unterscheiden die Fälle $x \geq a$ und $x < a$. Im ersten Fall lautet die Beziehung:

$$x + a + x - a = a, \quad x \geq a, \quad \text{bzw.} \quad x = \frac{a}{2}, \quad x \geq a.$$

Im zweiten Fall lautet die Beziehung:

$$x + a - (x - a) = a, \quad a > x \geq -a,$$

oder

$$-(x + a) - (x - a) = a, \quad -a > x.$$

Dies bedeutet $2a = a$, $a > x \geq -a$, oder $-2x = a$, $-a > x$. Das heißt, die Beziehung wird von keinem $x \in \mathbb{R}$ erfüllt.

(b) Die Zahl $x = 0$ kommt nicht in Frage, und wir können die Beziehung schreiben als:

$$|x - |x|| = a\,|x|.$$

Nun gilt: $x - |x| = \begin{cases} 0 & , \quad x > 0 \\ 2x & , \quad x < 0 \end{cases}$ also:

$$|x - |x|| = \begin{cases} 0 & , \quad x > 0 \\ -2x & , \quad x < 0 \end{cases}$$

Die Beziehung lautet schließlich:

$$0 = ax, \quad x > 0, \quad \text{oder} \quad -2x = -ax, \quad x < 0.$$

Damit können nur dann Lösungen existieren, wenn $a = 2$ ist, und zwar sind dann alle $x < 0$ Lösungen.

Minimum und Maximum
zweier Zahlen mit dem Betrag
ausdrücken

Aufgabe 1.17 Man zeige für alle $a, b \in \mathbb{R}$:

$$\frac{a + b - |b - a|}{2} = \min(a, b), \qquad \frac{a + b + |b - a|}{2} = \max(a, b).$$

Lösung: Im Fall $a = b$ gilt $\min(a, b) = \max(a, b) = a$, und die Behauptung ist bewiesen. Im Fall $b > a$ formen wir mit $|b - a| = b - a$ um:

$$\begin{aligned}
a + b - |b - a| &= 2a, \\
\frac{a + b - |b - a|}{2} &= a = \min(a, b)
\end{aligned}$$

und

$$\begin{aligned}
a + b + |b - a| &= 2b, \\
\frac{a + b - |b - a|}{2} &= b = \max(a, b).
\end{aligned}$$

Im Fall $b < a$ formen wir mit $|b - a| = -(b - a)$ um:

$$\begin{aligned}
a + b - |b - a| &= 2b, \\
\frac{a + b - |b - a|}{2} &= b = \min(a, b)
\end{aligned}$$

und

$$\begin{aligned}
a + b + |b - a| &= 2a, \\
\frac{a + b - |b - a|}{2} &= a = \max(a, b).
\end{aligned}$$

Ungleichungen aus
Eigenschaften von Quadraten
herleiten

Aufgabe 1.18 Man zeige für alle $a, b \in \mathbb{R}$, $a \neq 0$, $b \neq 0$:

$$\left| \frac{a}{b} + \frac{b}{a} \right| \geq 2.$$

Lösung: Aus $(|a| - |b|)^2 \geq 0$ schließen wir:

$$2\,|a|\,|b| \leq |a|^2 + |b|^2 = a^2 + b^2 \quad \text{und} \quad 2\,|a\,b| \leq |a^2 + b^2|.$$

Durch Umformen ergibt sich nun:

$$\begin{aligned}
2 \quad &\leq \quad \frac{|a^2 + b^2|}{|a\,b|} \\
&= \quad \left| \frac{a^2 + b^2}{a\,b} \right| \\
&= \quad \left| \frac{a}{b} + \frac{b}{a} \right|.
\end{aligned}$$

Aufgabe 1.19   Man zeige für alle $a, b \in \mathbb{R}$:

$$|a| + |b| \leq |a + b| + |a - b| .$$

Dreiecksungleichung anwenden

Lösung: Wir setzen $u = a + b$ und $v = a - b$. Dann liefert die Dreiecksungleichung mit $u + v = 2a$:

$$|u + v| = 2|a| \leq |u| + |v| = |a + b| + |a - b| .$$

Mit $u - v = 2b$ ergibt sich wieder aus der Dreiecksungleichung:

$$|u - v| = 2|b| \leq |u| + |v| = |a + b| + |a - b| .$$

Durch Addition der beiden letzten Ungleichungen bekommen wir:

$$2|a| + 2|b| \leq 2(|a + b| + |a - b|) ,$$

und die Behauptung folgt.

1.4   Vollständige Induktion

Das Grundgesetz von der vollständigen Induktion zieht das Beweisprinzip der vollständigen Induktion nach sich:

> Vorgelegt werde eine Aussage (Behauptung): $A(n)$ über die natürlichen Zahlen $\mathbb{N}$. Die Aussage $A(n)$ ist richtig, wenn
>
> 1.) $A(1)$ gilt, (Induktionsanfang),
>
> 2.) $A(n) \implies A(n + 1)$ gilt, (Induktionsschritt).

Beweis durch vollständige Induktion

Aufgabe 1.20   Man beweise durch vollständige Induktion:

(a) $\displaystyle \sum_{k=1}^{n} k = \frac{n(n + 1)}{2} ,$

(b) $\displaystyle \sum_{k=1}^{n} k^2 = \frac{n(n + 1)(2n + 1)}{6} .$

Summenformeln durch vollständige Induktion beweisen

Lösung: (a) Für $n = 1$ gilt:

$$\sum_{k=1}^{1} k = 1 = \frac{1\,(1+1)}{2}\,,$$

womit der Induktionsanfang gemacht ist.

Wir nehmen nun an, die Behauptung sei für ein $n > 1$ richtig und schreiben:

$$\sum_{k=1}^{n+1} k = \sum_{k=1}^{n} k + n + 1\,.$$

Mit der Induktionsannahme folgt:

$$\begin{aligned}
\sum_{k=1}^{n+1} k &= \frac{n\,(n+1)}{2} + n + 1 = \frac{n\,(n+1) + 2\,(n+1)}{2} \\[2mm]
&= \frac{(n+1)\,((n+1)+1)}{2}\,.
\end{aligned}$$

Damit ist auch der Induktionschritt vollzogen.

(b) Induktionsanfang: Für $n = 1$ gilt

$$\sum_{k=1}^{1} k^2 = 1 = \frac{1 \cdot 2 \cdot 3}{6}\,.$$

Induktionsschritt: Unter der Annahme, daß die Behauptung für ein $n > 1$ gilt, ergibt sich

$$\begin{aligned}
\sum_{k=1}^{n+1} k^2 &= \sum_{k=1}^{n} k^2 + (n+1)^2 \\[2mm]
&= \frac{n\,(n+1)\,(2n+1)}{6} + (n+1)^2 \\[2mm]
&= \frac{n\,(n+1)\,(2n+1) + 6\,(n+1)^2}{6} \\[2mm]
&= \frac{(n+1)\,(n\,(2n+1) + 6\,(n+1))}{6} \\[2mm]
&= \frac{(n+1)\,(n\,(2n+3) + 4n + 6)}{6} \\[2mm]
&= \frac{(n+1)\,(n+2)\,(2n+3)}{6}\,.
\end{aligned}$$

Mathematica:

$$\sum_{k=1}^{n} k^2$$

$$\frac{1}{6} n(1+n)(1+2n)$$

Maple: Das Ergebnis wird mit Factor faktorisiert.

```
> factor(sum(k^2,k=1..n));
```

$$\text{Factor}\left(\sum_{k=1}^{n} k^2\right) = \frac{n\,(n+1)\,(2\,n+1)}{6}$$

Aufgabe 1.21   Man beweise durch vollständige Induktion:

(a) $\displaystyle\sum_{k-1}^{n} k\,(k+1) = \frac{n\,(n+1)\,(n+2)}{3}$,

(b) $\displaystyle\sum_{k=1}^{n} \frac{1}{k\,(k+1)} = 1 - \frac{1}{n+1}$.

> Summenformeln durch
> vollständige Induktion
> beweisen

Lösung: (a) Für $n=1$ gilt:

$$\sum_{k=1}^{1} k\,(k+1) = 2 = \frac{1 \cdot 2 \cdot 3}{3} \,.$$

Der Induktionsschritt ergibt sich wie folgt:

$$\begin{aligned}
\sum_{k=1}^{n+1} k\,(k+1) &= \sum_{k=1}^{n} k\,(k+1) + (n+1)\,(n+2) \\[2mm]
&= \frac{n\,(n+1)\,(n+2)}{3} + (n+1)\,(n+2) \\[2mm]
&= \frac{n\,(n+1)\,(n+2) + 3\,(n+1)\,(n+2)}{3} \\[2mm]
&= \frac{(n+1)\,(n+2)\,(n+3)}{3} \,.
\end{aligned}$$

(b) Für $n=1$ gilt:

$$\sum_{k=1}^{1} \frac{1}{k\,(k+1)} = \frac{1}{2} = 1 - \frac{1}{2} \,.$$

Der Induktionsschritt ergibt sich wie folgt:

$$\begin{aligned}
\sum_{k=1}^{n+1} \frac{1}{k\,(k+1)} &= \sum_{k=1}^{n} \frac{1}{k\,(k+1)} + \frac{1}{(n+1)\,(n+2)} \\[2mm]
&= 1 - \frac{1}{n+1} + \frac{1}{(n+1)\,(n+2)} \\[2mm]
&= 1 - \frac{(n+2)-1}{(n+1)\,(n+2)} = 1 - \frac{1}{n+2} \,.
\end{aligned}$$

Mathematica:

$$\sum_{k=1}^{n} \frac{1}{k(k+1)}$$

$$\frac{n}{1+n}$$

Maple:

```
> sum(1/(k*(k+1)),k=1..n);
```

$$\sum_{k=1}^{n} \frac{1}{k\,(k+1)} = -\frac{1}{n+1} + 1$$

Summenformeln durch
vollständige Induktion
beweisen

Aufgabe 1.22 Man beweise durch vollständige Induktion, daß für alle $n \geq 0$ und $q \in \mathbb{R}, q \neq 1$ gilt:

(a) $\displaystyle\sum_{k=0}^{n} q^k = \frac{1 - q^{n+1}}{1 - q}$.

(b) $\displaystyle\sum_{k=0}^{n} k\,q^k = \frac{q - (n+1)\,q^{n+1} + n\,q^{n+2}}{(1-q)^2}$.

Lösung: **(a)** Für $n = 0$ gilt:

$$\sum_{k=0}^{0} q^k = q^0 = 1 = \frac{1 - q^{0+1}}{1 - q} .$$

Der Induktionsschritt ergibt sich wieder durch Addition des $n + 1$-ten Summanden:

$$\sum_{k=0}^{n+1} q^k = \sum_{k=0}^{n} q^k + q^{n+1} = \frac{1 - q^{n+1}}{1 - q} + q^{n+1} = \frac{1 - q^{(n+1)+1}}{1 - q} .$$

(b) Für $n = 0$ gilt:

$$\sum_{k=0}^{0} k\,q^k = 0\,q^0 = 0 = \frac{q - (0+1)\,q^{0+1} + 0\,q^{0+2}}{(1-q)^2} .$$

Der Induktionsschritt ergibt sich analog zu (a):

$$\begin{aligned}
\sum_{k=0}^{n+1} k\,q^k &= \sum_{k=0}^{n} k\,q^k + (n+1)\,q^{n+1} \\[2mm]
&= \frac{q - (n+1)\,q^{n+1} + n\,q^{n+2}}{(1-q)^2} + (n+1)\,q^{n+1} \\[2mm]
&= \frac{q - (n+1)\,q^{n+1} + n\,q^{n+2}}{(1-q)^2} + (n+1)\,\frac{(1-q)^2\,q^{n+1}}{(1-q)^2} \\[2mm]
&= \frac{q - ((n+1)+1)\,q^{(n+1)+1} + (n+1)\,q^{(n+1)+2}}{(1-q)^2} .
\end{aligned}$$

Mathematica:

$$\sum_{k=0}^{n} kq^k$$

$$\frac{q(1 - q^n - nq^n + nq^{1+n})}{(-1 + q)^2}$$

Maple:

```
> simplify(sum(k*q^k,k=0..n));
```

$$\text{Simplify}\left(\sum_{k=0}^{n} kq^k\right) = \frac{q^{n+2}n - q^{n+1}n - q^{n+1} + q}{(q - 1)^2}$$

Aufgabe 1.23   Man beweise durch vollständige Induktion:

(a) $2^n > 2n$, $n > 2$,

(b) $\sum_{k=0}^{n} \frac{1}{k!} \le 3 - \frac{1}{2^{n-1}}$, $n > 1$.

Ungleichungen durch
vollständige Induktion
beweisen

Lösung: (a) Induktionsanfang: $n = 3$. Offenbar gilt:

$$2^3 = 8 > 2 \cdot 3 = 6.$$

Induktionschritt: Sei für $n > 3$ die behauptete Ungleichung richtig. Dann
folgt:

$$2^{n+1} = 2 \cdot 2^n > 2 \cdot 2n,$$

und mit

$$2 \cdot 2n = 2n + 2n > 2n + 2 = 2(n + 1)$$

vollenden wir den Induktionsschluß.

(b) Induktionsanfang: $n = 2$. Offenbar gilt:

$$\sum_{k=0}^{2} \frac{1}{k!} = 2 + \frac{1}{2} = 3 - \frac{1}{2^{2-1}}.$$

Der Induktionschritt erfolgt ähnlich wie bei Summenformeln:

$$\begin{aligned}
\sum_{k=0}^{n+1} \frac{1}{k!} &= \sum_{k=0}^{n} \frac{1}{k!} + \frac{1}{(n+1)!} \\
&\le 3 - \frac{1}{2^{n-1}} + \frac{1}{(n+1)!} \\
&\le 3 - \frac{1}{2^{n-1}} + \frac{1}{2^n} \\
&= 3 - \frac{1}{2^n}.
\end{aligned}$$

In einer Nebenrechnung müßte man sich streng genommen wieder durch
vollständige Induktion von der Gültigkeit von

$$(n + 1)! \geq 2^n, \quad n \geq 3,$$

überzeugen.

Table
N

Mathematica: Die linke und die rechte Seite der Ungleichung werden in
Abhängigkeit von n definiert. Mit Table wird eine Liste von Zahlen gebildet
und mit N ein dezimaler Näherungswert für eine Zahl berechnet. Mit einer
Option kann die Stellenzahl festgelegt werden.

$$a[n\_] := \sum_{k=0}^{n} \frac{1}{k!}; \; s[n\_] := 3 - \frac{1}{2^{n-1}};$$

Table[N[a[n]], {n, 1, 10}]

{2., 2.5, 2.66667, 2.70833, 2.71667, 2.71806, 2.71825,

2.71828, 2.71828, 2.71828}

Table[N[s[n]], {n, 1, 10}]

{2., 2.5, 2.75, 2.875, 2.9375, 2.96875, 2.98438, 2.99219,

2.99609, 2.99805}

seq
evalf

Maple: Die linke und die rechte Seite der Ungleichung werden in Abhängigkeit von n definiert. Mit Seq wird eine Liste von Zahlen gebildet und mit
Evalf ein dezimaler Näherungswert für eine Zahl berechnet. Mit einer Option kann die Stellenzahl festgelegt werden.

```
> a:=sum(1/k!,k=0..n):
> s:=3-1/(2^(n-1)):
> evalf(seq(a,n=1..10),5);
```

2.0000, 2.5000, 2.6667, 2.7083, 2.7167, 2.7181, 2.7183,

2.7183, 2.7183, 2.7183

```
> evalf(seq(s,n=1..10),5);
```

2., 2.5000, 2.7500, 2.8750, 2.9375, 2.9688, 2.9844,

2.9922, 2.9961, 2.9980

2 Folgen

2.1 Begriff der Folge

Folgen reeller Zahlen sind Funktionen, welche die natürlichen Zahlen in die reellen Zahlen abbilden.

> Eine Folge $\{a_n\}$ ist eine Zuordnung, die jedem $n \in \mathbb{N}$ eine Zahl $a_n \in \mathbb{R}$ zuordnet. Das Bildelement a_n heißt Folgenglied mit dem Index n.
> Als Folgen werden auch solche Zuordnungen bezeichnet, die jedem $n \geq m$, $m \in \mathbb{Z}$, eine Zahl $a_n \in \mathbb{R}$ zuordnen.

Folge

Zur Veranschaulichung einer Folge geht man auf die Zahlengerade oder in die Ebene:

> Man kann sich eine Folge $\{a_n\}$ veranschaulichen, indem man die Zahlen a_n auf der Zahlengerade abträgt oder indem man ihren Graphen in der Ebene zeichnet:
>
> $$\{(n, a_n) \mid n \in \mathbb{N}\}.$$

Veranschaulichung einer Folge

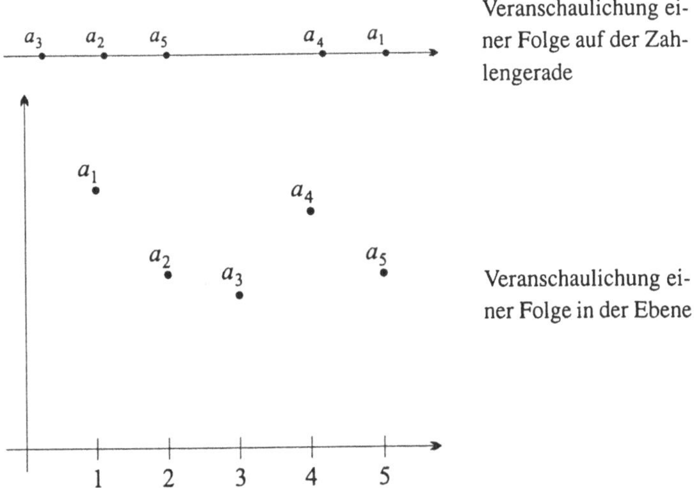

Veranschaulichung einer Folge auf der Zahlengerade

Veranschaulichung einer Folge in der Ebene

Folgen, die sich innerhalb gewisser Schranken bewegen, heißen beschränkt.

Beschränkte Folge

Eine Folge $\{a_n\}$ heißt nach unten bzw. oben beschränkt, wenn es eine Zahl $s \in \mathbb{R}$ bzw. $S \in \mathbb{R}$ gibt, so daß für alle n gilt: $s \le a_n$ bzw. $a_n \le S$. Eine Folge a_n heißt beschränkt, wenn es ein $S_B \in \mathbb{R}$ gibt, so daß $|a_n| \le S_B$ für alle n gilt.

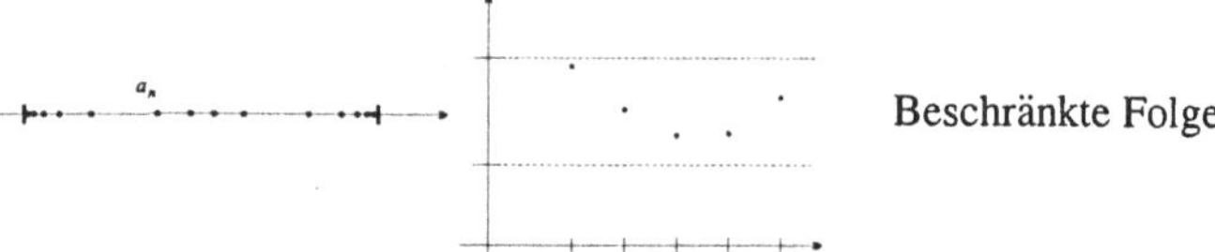

Beschränkte Folge

Folgen, die stets anwachsen oder stets fallen heißen monoton.

Monotone Folge

Eine Folge $\{a_n\}$ heißt monoton wachsend bzw. monoton fallend, wenn für alle n gilt: $a_n \le a_{n+1}$ bzw. $a_n \ge a_{n+1}$. Eine Folge $\{a_n\}$ heißt streng monoton wachsend bzw. streng monoton fallend, wenn für alle n gilt: $a_n < a_{n+1}$ bzw. $a_n > a_{n+1}$.

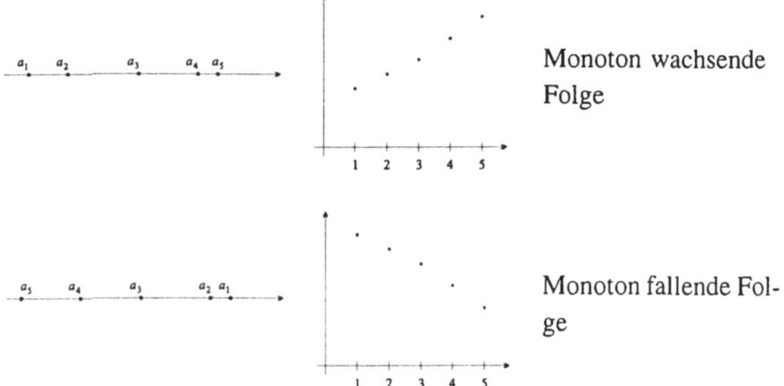

Monoton wachsende Folge

Monoton fallende Folge

Eigenschaften von Folgen erkennen

Aufgabe 2.1 Man untersuche die Folgen $\{a_n\}_{n=1}^{\infty}$ auf Beschränktheit und Monotonie:

(a) $a_n = \frac{1}{n^2}$,

(b) $a_n = \frac{(-1)^n}{n}$,

(c) $a_n = \sqrt{3 + \frac{2}{n}}$,

(d) $a_n = \cos\left(\frac{n\pi}{3}\right)$,

(e) $a_n = \begin{cases} 1 & , \quad \text{für gerades } n \\ \frac{1}{n} & , \quad \text{für ungerades } n \end{cases}$

Lösung: (a) Die Folge ist beschränkt: $0 < a_n \le 1$. Außerdem ist die Folge streng monoton fallend:

$$a_n = \frac{1}{n^2} < \frac{1}{(n+1)^2} = a_{n+1}.$$

(b) Die Folge ist beschränkt: $-1 \le a_n \le \frac{1}{2}$, aber nicht monoton.

(c) Die Folge ist beschränkt: $0 < a_n \leq \sqrt{5}$. Außerdem ist die Folge streng monoton fallend:

$$3 + \frac{2}{n} < 3 + \frac{2}{n+1} \implies \sqrt{3 + \frac{2}{n}} < \sqrt{3 + \frac{2}{n+1}} \, .$$

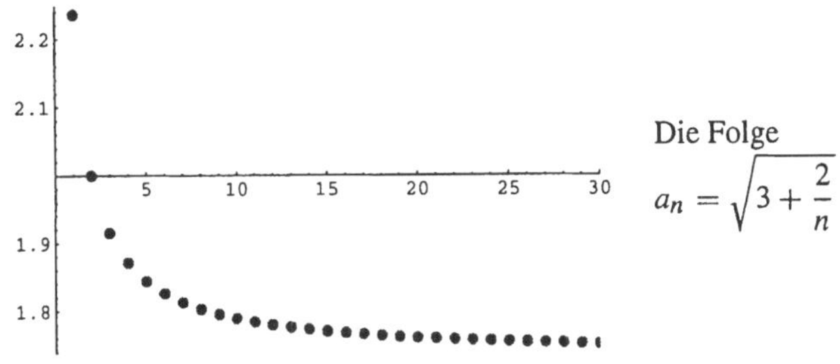

Die Folge
$$a_n = \sqrt{3 + \frac{2}{n}}$$

(d) Die Folge ist beschränkt: $-1 \leq a_n \leq 1$, aber nicht monoton.

(e) Die Folge ist beschränkt: $0 < a_n \leq 1$, aber nicht monoton.

Aufgabe 2.2 Man zeige, daß die rekursiv definierte Folge:

$$a_{n+1} = \frac{1}{2}\left(a_n + \frac{b}{a_n}\right), \quad a_0 = b,$$

für jedes $b > 0, b \neq 1$ folgende Eigenschaften besitzt: $a_n > \sqrt{b}$ und $a_{n+1} < a_n$ für $n \geq 1$.

Aus Rekursionsformeln Eigenschaften von Folgen herleiten

Lösung: Man sieht sofort, daß $a_n > 0$ gilt. Wegen $b \neq 1$ ist $a_0 - \sqrt{b} = b - \sqrt{b} \neq 0$. Damit bekommt man $a_n > \sqrt{b}$ durch die folgende Überlegung, die sowohl den Induktionsanfang $a_1 > \sqrt{b}$ als auch den Induktionsschluß liefert:

$$
\begin{aligned}
a_{n+1} - \sqrt{b} &= \frac{1}{2}\left(a_n + \frac{b}{a_n}\right) - \sqrt{b} = \frac{1}{2}\frac{a_n^2 - 2a_n\sqrt{b} + \sqrt{b}^2}{a_n} \\
&= \frac{1}{2}\frac{(a_n - \sqrt{b})^2}{a_n} \\
&> 0 \, .
\end{aligned}
$$

Mit $\sqrt{b} < a_n$ bzw. $b < a_n^2$ ergibt sich dann:

$$a_{n+1} = \frac{1}{2}\left(a_n + \frac{b}{a_n}\right) < a_n \, .$$

Wir können die Rekursionsvorschrift auch schreiben als:

$$a_n = \frac{1}{2}\left(a_{n-1} + \frac{b}{a_{n-1}}\right), \quad a_0 = b \, .$$

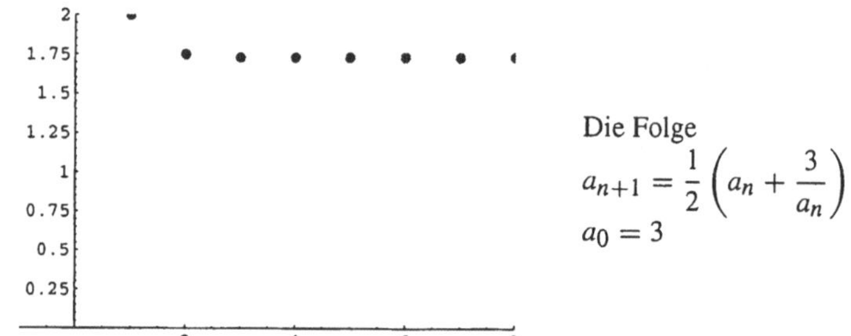

Die Folge
$$a_{n+1} = \frac{1}{2}\left(a_n + \frac{3}{a_n}\right),$$
$$a_0 = 3$$

Mathematica: Die Folge wird in Abhängigkeit von n definiert (mit einem Unterstrich $n\_$).

$$a[0] = b;\; a[n\_] := \frac{1}{2}\left(a[n-1] + \frac{b}{a[n-1]}\right)$$

Together[a[2]]   **Together[a[3]]**

$$\frac{1 + 6b + b^2}{4(1 + b)} \qquad \frac{1 + 28b + 70b^2 + 28b^3 + b^4}{8(1 + b)(1 + 6b + b^2)}$$

Together[a[4]]

$$(1 + 120b + 1820b^2 +$$
$$8008b^3 + 12870b^4 + 8008b^5 + 1820b^6 + 120b^7 + b^8)/$$
$$(16(1 + b)(1 + 6b + b^2)(1 + 28b + 70b^2 + 28b^3 + b^4))$$

proc

Maple: Zur Definition der Folge in Abhängigkeit von n wird mit Proc gearbeitet.

```
> a:=proc(n) (1/2)*(a(n-1)+b/a(n-1)) end;
> a(0):=b;
```

$$a := \mathbf{proc}(n)\; 1/2 \times a(n-1) + 1/2 \times b/a(n-1)\; \mathbf{end}$$
$$a(0) := b$$

```
> simplify(a(2));
```

$$\frac{1}{4}\,\frac{b^2 + 6b + 1}{b + 1}$$

```
> simplify(a(3));
```

$$\frac{1}{8}\,\frac{b^4 + 28b^3 + 70b^2 + 28b + 1}{(b + 1)(b^2 + 6b + 1)}$$

```
> simplify(a(4));
```

$$\frac{1}{16}\,\frac{120b + 1820b^2 + 8008b^3 + 12870b^4 + 120b^7 + 1820b^6 + 8008b^5 + b^8 + 1}{(b + 1)(b^2 + 6b + 1)(b^4 + 28b^3 + 70b^2 + 28b + 1)}$$

Aufgabe 2.3   Man zeige, daß die rekursiv definierte Folge:

$$a_{n+1} = a_n + \frac{b}{a_n}, \quad a_0 > 0,$$

Aus Rekursionsformeln
Eigenschaften von Folgen
herleiten

für jedes $b > 0$ streng monoton wächst und nicht nach oben beschränkt ist.

Lösung: Offensichtlich ist $a_n > 0$ und damit auch $\frac{b}{a_n} > 0$. Die Monotonie folgt nun sofort wegen:

$$a_{n+1} = a_n + \frac{b}{a_n} > a_n \,.$$

Gäbe es eine Schranke S: $a_n \leq S$, $n \in \mathbb{N} \cup \{0\}$, dann bekäme man mit der Monotonie:

$$a_{n+1} \geq a_n + \frac{h}{S} \geq a_{n-1} + 2\frac{h}{S} \cdots \geq a_0 + n\frac{h}{S} \,.$$

Dies steht aber im Widerspruch zur Beschränktheit.

Mathematica:

$$\mathbf{a[0]} := \frac{1}{2};$$

$$\mathbf{a[n\_]} := \mathbf{a[n-1]} + \frac{3}{4\mathbf{a[n-1]}}$$

$$\mathbf{Table[N[a[n]], \{n, 1, 10\}]}$$

$\{2., 2.375, 2.69079, 2.96952, 3.22208, 3.45485, 3.67194,$

$3.87619, 4.06968, 4.25397\}$

Maple:

```
> a:=proc(n) a(n-1)+(3/4)/a(n-1) end;
> a(0):=1/2;
```

$$a := \mathbf{proc}(n)\, a(n-1) + 3/4 \times 1/a(n-1)\, \mathbf{end}$$

$$a(0) := \frac{1}{2}$$

```
> seq(evalf(a(n),5),n=1..10); n:='n':
```

$2., 2.3750, 2.6908, 2.9695, 3.2221, 3.4549, 3.6719,$

$3.8762, 4.0697, 4.2540$

Aus einer rekursiven Darstellung eine explizite herleiten

Aufgabe 2.4   Man zeige, daß die rekursiv definierte Folge:

$$a_{n+2} = 2\,a_{n+1} + a_n\,, \quad a_0 = 3\,, a_1 = 4$$

die Gestalt annimmt:

$$a_n = \frac{3 + \sqrt{\tfrac{1}{2}}}{2}\left(1 + \sqrt{2}\right)^n + \frac{3 - \sqrt{\tfrac{1}{2}}}{2}\left(1 - \sqrt{2}\right)^n\,,$$

indem man den Ansatz $a_n = q^n$ macht.

Lösung: Durch die Rekursionsvorschrift wird die Folge eindeutig festgelegt. Sie stellt diejenige Lösung von $a_{n+2} - 2\,a_{n+1} - a_n = 0$ dar, die $a_0 = 3\,, a_1 = 4$ erfüllt. Mit dem Ansatz $a_n = q^n$ bekommen wir:

$$q^{n+2} - 2\,q^{n+1} - q^n = 0 \quad \text{bzw.} \quad q^2 - 2\,q - q = 0\,,$$

also $q_1 = 1 + \sqrt{2}\,, \quad q_2 = 1 - \sqrt{2}$. Die Rekursionsfolge kann somit nur die Gestalt

$$a_n = c_1\left(1 + \sqrt{2}\right)^n + c_2\left(1 - \sqrt{2}\right)^n\,,$$

mit Konstanten c_1 und c_2 annehmen. Die Konstanten bestimmen sich schließlich aus

$$\begin{aligned}
a_0 &= c_1 + c_2 = 3\,,\\
a_1 &= c_1\left(1 + \sqrt{2}\right) + c_2\left(1 - \sqrt{2}\right) = 3\,,
\end{aligned}$$

zu $c_1 = \dfrac{3 + \sqrt{\tfrac{1}{2}}}{2}\,, \quad c_2 = \dfrac{3 - \sqrt{\tfrac{1}{2}}}{2}\,.$

Mathematica:

$$a[0] := 3;\; a[1] := 4;$$

$$a[n\_] := 2a[n - 1] + a[n - 2]$$

$$\textbf{Table}[a[n],\, \{n,\, 0,\, 10\}]$$

$$\{3, 4, 11, 26, 63, 152, 367, 886, 2139, 5164, 12467\}$$

$$\textbf{Table}\Big[\textbf{Expand}\big[\tfrac{1}{2}\big(3 + \sqrt{\tfrac{1}{2}}\big)(1 + \sqrt{2})^k + \tfrac{1}{2}\big(3 - \sqrt{\tfrac{1}{2}}\big)(1 - \sqrt{2})^k\big],$$

$$\{k,\, 0,\, 10\}\Big]$$

$$\{3, 4, 11, 26, 63, 152, 367, 886, 2139, 5164, 12467\}$$

Maple:

```
> a:=proc(n) 2*a(n-1)+a(n-2) end;
> a(0):=3; a(1):=4;
```

$$a := \textbf{proc}(n)\, 2 \times a(n - 1) + a(n - 2)\, \textbf{end}$$

$$a(0) := 3$$

$$a(1) := 4$$

```
> seq(a(n),n=0..10); n:='n':
```

$$3, 4, 11, 26, 63, 152, 367, 886, 2139, 5164, 12467$$

```
> seq(expand((1/2)*(3+sqrt(1/2))*(1+sqrt(2))^k
  +(1/2)*(3-sqrt(1/2))*(1-sqrt(2))^k),k=0..10);
```

$$3, 4, 11, 26, 63, 152, 367, 886, 2139, 5164, 12467$$

2.2 Konvergente Folgen

Folgen, die einem Grenzwert zustreben, nennt man konvergent:

> Eine Folge $\{a_n\}$ heißt konvergent gegen den Grenzwert $a \in \mathbb{R}$, wenn es zu jeder reellen Zahl $\epsilon > 0$ einen Index $n_\epsilon \in \mathbb{N}$ gibt, so daß für alle Indizes $n > n_\epsilon$ gilt:
>
> $$|a_n - a| < \epsilon.$$
>
> Man schreibt: $\lim\limits_{n \to \infty} a_n = a$.

Konvergente Folge

Die Konvergenz einer Folge kann man sich folgendermaßen in der Ebene veranschaulichen:

> Gibt man einen ϵ-Streifen um den Grenzwert a:
>
> $$\{(x, y) \mid a - \epsilon < y < a + \epsilon\}$$
>
> in der Ebene vor, so müssen alle Punkte (n, a_n) bis auf endlich viele Ausnahmen in diesem Streifen liegen.

Graph einer konvergenten Folge

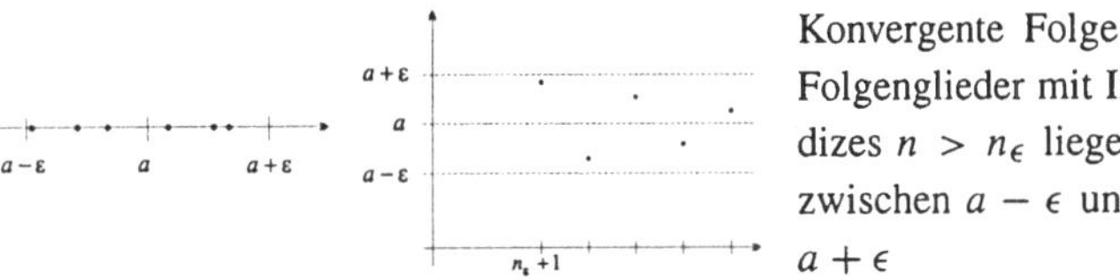

Konvergente Folge. Folgenglieder mit Indizes $n > n_\epsilon$ liegen zwischen $a - \epsilon$ und $a + \epsilon$

Wenn eine Folge in bestimmmter Art über alle Schranken wächst oder unter alle Schranken fällt, spricht man von Konvergenz gegen $-\infty$ bzw. $+\infty$.

> Eine Folge $\{a_n\}$ heißt konvergent gegen den Grenzwert $-\infty$ bzw. $+\infty$, wenn es zu jedem $\epsilon > 0$ ein $n_\epsilon \in \mathbb{N}$ gibt, so daß für alle $n > n_\epsilon$ gilt: $a_n < -\epsilon$ bzw. $a_n > \epsilon$. Man schreibt:
> $$\lim\limits_{n \to \infty} a_n = -\infty \quad \text{bzw.} \quad \lim\limits_{n \to \infty} a_n = +\infty.$$

Konvergenz gegen $-\infty$ bzw. $+\infty$

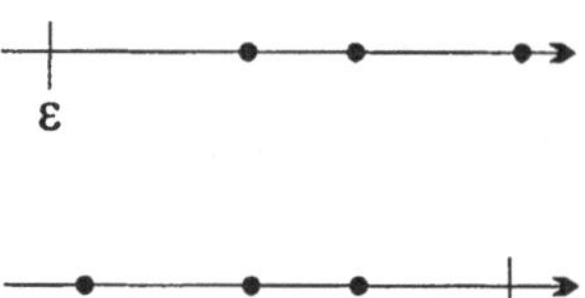

Konvergenz einer Folge gegen $\pm\infty$. Folgenglieder mit Indizes $n > n_\epsilon$ liegen rechts von ϵ bzw. links von $-\epsilon$

Aus der Konvergenz folgt stets die Beschränktheit:

Beschränktheit konvergenter Folgen

Jede gegen einen Grenzwert $a \in \mathbb{R}$ konvergente Folge $\{a_n\}$ ist beschränkt.

Mit dem Grenzwertbegriff umgehen

Aufgabe 2.5   Gegeben seien die Folgen:

(a) $a_n = \frac{2}{n}$,

(b) $a_n = \frac{(-1)^n}{2n+1}$,

(c) $a_n = \frac{n}{3n-2} - \frac{1}{3}$.

Man bestimme jeweils ein $n_{0.01}$, so daß $|a_n| < 0.01$ für alle $n > n_{0.01}$.

Lösung: **(a)** Ist $n > n_{0.01} = 200$, so gilt:

$$|a_n| = \frac{2}{n} < \frac{2}{200} = 0.01.$$

(b) Ist $n > n_{0.01} = 50$, so gilt:

$$|a_n| = \frac{1}{2n+1} < \frac{1}{101} < 0.01.$$

(c) Ist $n > n_{0.01} = 23$, so gilt:

$$|a_n| = \frac{2}{9n-6} < \frac{2}{201} < 0.01.$$

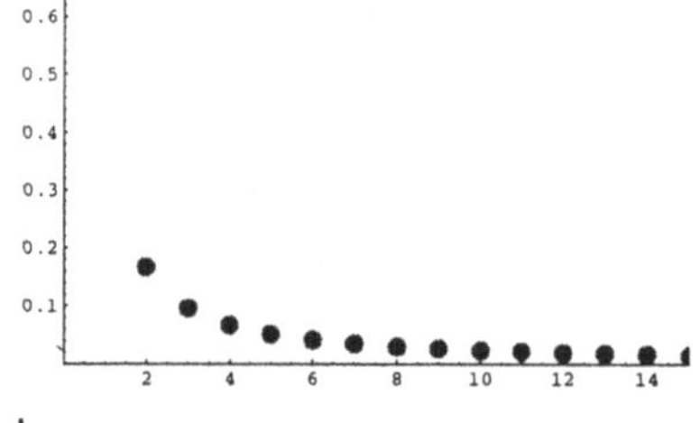

Die Folge

$$a_n = \frac{n}{3n-2} - \frac{1}{3}$$

Mit dem Grenzwertbegriff bei rekursiv definierten Folgen umgehen

Aufgabe 2.6   Man betrachte die rekursiv definierte Folge:

$$a_{n+1} = \frac{1}{2}\left(a_n + \frac{2}{a_n}\right), \quad a_0 = 2,$$

und bestimme ein $n_{0.0001}$, so daß $|a_n - \sqrt{2}| < 0.0001$ für alle $n > n_{0.0001}$.

Lösung: Die Folge ist streng monoton fallend und durch $\sqrt{2}$ nach unten beschränkt. Aus

$$a_{n+1} - \sqrt{2} = \frac{1}{2} \frac{(a_n - \sqrt{2})^2}{a_n} \quad \text{und} \quad \frac{1}{a_n} < \frac{1}{\sqrt{2}} < 1$$

schließen wir:

$$a_{n+1} - \sqrt{2} < \frac{1}{2} (a_n - \sqrt{2})^2 \, .$$

Hieraus folgt: $a_2 - \sqrt{2} < \frac{1}{2} (a_1 - \sqrt{2})^2$, und durch erneutes Anwenden der Ungleichung: $a_3 - \sqrt{2} < \frac{1}{2^2} (a_1 - \sqrt{2})^{2^2}$, bzw. allgemein:

$$a_{n+1} - \sqrt{2} < \frac{1}{2^n} (a_1 - \sqrt{2})^{2^n} \, .$$

Wir berechnen leicht $a_1 = \frac{3}{2}$ und bekommen wegen $0 < \frac{3}{2} - \sqrt{2} < 1$:

$$a_n - \sqrt{2} < \frac{1}{2^{n-1}}$$

für $n \geq 1$. Wir können nun $n_{0.0001}$ so wählen, daß gilt: $2^{n_{0.0001} - 1} > 10^4$.

Aufgabe 2.7 Man bestimme den Grenzwert der Folge:

$$a_n = \frac{1}{n} \sum_{k=1}^{n} \frac{1}{k} \, .$$

Grenzwert an Hand der Definition bestimmen

Lösung: Ist $\epsilon > 0$ vorgegeben, dann gehen wir zu $\tilde{\epsilon} = \frac{2}{3} \epsilon$ über und wählen $n_{\tilde{\epsilon}} \in \mathbb{N}$ mit: $n_{\tilde{\epsilon}} \geq \frac{1}{\tilde{\epsilon}}$. Für $n > n_{\tilde{\epsilon}}$ bekommt man zunächst:

$$\frac{1}{n} \sum_{k=1}^{n} \frac{1}{k} = \frac{1}{n} \sum_{k=1}^{n_{\tilde{\epsilon}}} \frac{1}{k} + \frac{1}{n} \sum_{k=n_{\tilde{\epsilon}}+1}^{n} \frac{1}{k} < \frac{1}{n} n_{\tilde{\epsilon}} + \frac{1}{n} (n - n_{\tilde{\epsilon}}) \frac{1}{n_{\tilde{\epsilon}}} \, .$$

Ist ferner $n > \frac{2 n_{\tilde{\epsilon}}}{\tilde{\epsilon}}$ und $n > 2 n_{\tilde{\epsilon}}$, so gilt: $\frac{1}{n} n_{\tilde{\epsilon}} < \frac{\tilde{\epsilon}}{2}$ und

$$\frac{1}{n} (n - n_{\tilde{\epsilon}}) \frac{1}{n_{\tilde{\epsilon}}} = \left(1 - \frac{n_{\tilde{\epsilon}}}{n}\right) \frac{1}{n_{\tilde{\epsilon}}} < \tilde{\epsilon} \, .$$

also:

$$|a_n| < \frac{3 \tilde{\epsilon}}{2} = \epsilon$$

für $n > n_\epsilon = \max\{\frac{2 n_{\tilde{\epsilon}}}{\tilde{\epsilon}}, 2 n_{\tilde{\epsilon}}\}$ und $\lim_{n \to \infty} a_n = 0$.

Mathematica: Mit Limit werden Grenzwerte von Folgen berechnet. In einer Option wird angegeben, daß der Index gegen Unendlich streben soll. Der obige Grenzwert kann nicht ermittelt werden.

Limit

Maple: Mit Limit werden Grenzwerte von Folgen berechnet. In einer Option wird angegeben, daß der Index gegen Unendlich streben soll.

`limit`

```
> a:=(1/n)* sum(1/k,k=1..n ):
> evalf(seq(a,n=1..10),5); n:='n' :

  1., .75000, .61111, .52083, .45667,
  .40833 ,.37041 ,.33973 ,.31433 ,.29290

> limit((1/n)* sum(1/k,k=1..n),n=infinity);
```

$$\lim_{n \to \infty} \frac{\sum_{k=1}^{n} k^{-1}}{n} = 0$$

2.3   Sätze über konvergente Folgen

Mit Hilfe von einigen wenigen Sätzen können Grenzwertwertbestimmungen oft auf die Kenntnis der Grenzwerte einfacherer Folgen zurückgeführt werden.

Konvergenz der Summen-, Produkt- und Quotientenfolge

> Aus $\lim\limits_{n \to \infty} a_n = a$ und $\lim\limits_{n \to \infty} b_n = b$ folgt:
>
> $$\lim_{n \to \infty} a_n + b_n = a + b \quad \text{und} \quad \lim_{n \to \infty} a_n b_n = a\,b.$$
>
> Ist ferner $b \neq 0$, so gilt:
>
> $$\lim_{n \to \infty} \frac{a_n}{b_n} = \frac{a}{b}.$$

Eine weitere wichtige Möglichkeit stellt die Einschachtelung dar.

Einschachtelung einer Folge

> Aus $\lim\limits_{n \to \infty} a_n = a$, $\lim\limits_{n \to \infty} b_n = a$, und der Ungleichung: $a_n \leq c_n \leq b_n$ folgt:
>
> $$\lim_{n \to \infty} c_n = a.$$

Man kann auch an gewissen Eigenschaften einer Folge ablesen, ob sie konvergiert.

Konvergenz monotoner Folgen

> Jede monoton wachsende (monoton fallende) nach oben (nach unten) beschränkte Folge $\{a_n\}$ ist konvergent.
> Eine monoton wachsende (monoton fallende) nicht nach oben (nicht nach unten) beschränkte Folge $\{a_n\}$ ist konvergent gegen $+\infty$ $(-\infty)$.

Einige wichtige konvergente Folgen sind:

$$\lim_{n\to\infty} x^n = 0, \quad |x| < 1, \qquad \lim_{n\to\infty} \sqrt[n]{x} = 1, \quad x > 0,$$

$$\lim_{n\to\infty} \sqrt[n]{n} = 1, \qquad \lim_{n\to\infty} \frac{x^n}{n!} = 0, \quad x \in \mathbb{R}.$$

Einige wichtige konvergente Folgen

Aufgabe 2.8 Man bestimme die Grenzwerte der Folgen:

Grenzwertsätze anwenden

(a) $a_n = \dfrac{3n+5}{5n^2+8n-1}$,

(d) $a_n = \dfrac{5n}{\sqrt{n^2+2}}$,

(b) $a_n = \dfrac{n^3-6n^2+1}{5n^3+6n+2}$,

(e) $a_n = \dfrac{n^2+3n+n\,\sin(n)}{n^3}$,

(c) $a_n = \dfrac{n^3+n}{2n}$,

sofern sie existieren.

Lösung: **(a)** Aus $a_n = \dfrac{\frac{3}{n} + \frac{5}{n^2}}{5 + \frac{8}{n} - \frac{1}{n^2}}$ folgt $\lim\limits_{n\to\infty} a_n = 0$.

(b) Aus $a_n = \dfrac{1 - \frac{6}{n} + \frac{1}{n^3}}{5 + \frac{6}{n^2} + \frac{2}{n^3}}$ folgt $\lim\limits_{n\to\infty} a_n = \dfrac{1}{5}$.

(c) Die Folge $a_n = \dfrac{n^2}{2} + \dfrac{1}{2}$ ist streng monoton wachsend und nicht nach oben beschränkt: $\lim\limits_{n\to\infty} a_n = +\infty$.

Mathematica:

$$\text{Limit}\left[\frac{n^3 + n}{2n}, n \to \infty\right]$$
$$\infty$$

Maple:

```
> limit((n^3+n)/(2*n),n=infinity);
```

$$\lim_{n\to\infty} \frac{n^3 + n}{2n} = \infty$$

Lösung: **(d)** Aus $a_n = \dfrac{5}{\sqrt{1 + \frac{2}{n^2}}}$ folgt $\lim\limits_{n\to\infty} a_n = 5$.

(e) Aus $a_n = \dfrac{1}{n} + \dfrac{3}{n^2} + \dfrac{\sin(n)}{n^2}$ folgt wegen $|\sin(n)| \leq 1$: $\lim\limits_{n\to\infty} a_n = 0$.

Mathematica:

$$\text{Limit}\left[\frac{n^2 + 3n + n\sin[n]}{n^3}, n \to \infty\right]$$

$$\text{Limit}\left[\frac{3n + n^2 + n\sin[n]}{n^3}, n \to \infty\right]$$

Maple:

```
> limit((n^2+3*n+n*sin(n))/(n^3),n=infinity);
```

$$\lim_{n\to\infty} \frac{n^2 + 3\,n + n\sin(n)}{n^3} = 0$$

Grenzwert durch Einschachtelung bestimmen

Aufgabe 2.9 Seien $a > 0$ und $b > 0$ beliebige reelle Zahlen und $l, j \in \mathbb{N}$. Man bestimme den Grenzwert der Folge:

$$a_n = \sqrt[n]{a\,n^l + b\,n^j}\,.$$

Lösung: Wir schätzen ab:

$$(a + b)\,n^{\underline{k}} < a\,n^l + b\,n^j < (a + b)\,n^{\overline{k}},$$

wobei $\underline{k} = \min\{a, b\}$ und $\overline{k} = \max\{a, b\}$. Hieraus bekommen wir mit der Monotonie der Wurzelfunktion:

$$\sqrt[n]{(a + b)\,n^{\underline{k}}} < a_n < \sqrt[n]{(a + b)\,n^{\overline{k}}}\,.$$

Mit den Sätzen über konvergente Folgen und den bekannten Grenzwerten: $\lim\limits_{n\to\infty} \sqrt[n]{a + b} = 1$, $\lim\limits_{n\to\infty} \sqrt[n]{n} = 1$ erhält man schließlich:

$$\lim_{n\to\infty} a_n = 1\,.$$

Mathematica:

$$\mathbf{Limit}\big[(5n^3 + 2n^7)^{1/n}, n \to \infty\big]$$
$$1$$

Maple:

```
> limit((5*n^3+2*n^7)^(1/n),n=infinity);
```

$$\lim_{n\to\infty} \left(5\,n^3 + 2\,n^7\right)^{n^{-1}} = 1$$

Wurzelausdruck umformen, bekannte Grenzwerte benutzen

Aufgabe 2.10 Man bestimme den Grenzwert der Folge:

$$a_n = \sqrt{n + 1} - \sqrt{n}\,.$$

Lösung: Wir schreiben:

$$a_n = \frac{(\sqrt{n + 1} - \sqrt{n})\,(\sqrt{n + 1} + \sqrt{n})}{\sqrt{n + 1} + \sqrt{n}} = \frac{1}{\sqrt{n + 1} + \sqrt{n}}$$

und bekommen hieraus: $\lim\limits_{n\to\infty} a_n = 0\,.$

Mathematica:

$$\mathbf{Limit}\big[\sqrt{n + 1} - \sqrt{n}, n \to \infty\big]$$
$$0$$

Maple:

```
> limit(sqrt(n+1)-sqrt(n),n=infinity);
```

$$\lim_{n\to\infty} \sqrt{n+1} - \sqrt{n} = 0$$

Aufgabe 2.11   Man bestimme den Grenzwert der Folge:

$$a_n = \sqrt{n^2 - 2n} - \sqrt{n^2 - 3n}\,.$$

Wurzelausdruck umformen,
bekannte Grenzwerte benutzen

Lösung: Wir schreiben:

$$
\begin{aligned}
a_n &= \frac{(\sqrt{n^2 - 2n} - \sqrt{n^2 - 3n})\,(\sqrt{n^2 - 2n} + \sqrt{n^2 - 3n})}{\sqrt{n^2 - 2n} + \sqrt{n^2 - 3n}} \\[2mm]
&= \frac{n}{\sqrt{n^2 - 2n} + \sqrt{n^2 - 3n}} \\[2mm]
&= \frac{1}{\sqrt{1 - 2\frac{1}{n}} + \sqrt{1 - 3\frac{1}{n}}}\,.
\end{aligned}
$$

Hieraus liest man sofort ab: $\displaystyle \lim_{n\to\infty} a_n = \frac{1}{2}$.

Mathematica:

$$\mathbf{Limit}\!\left[\sqrt{\mathbf{n^2 - 2n}} - \sqrt{\mathbf{n^2 - 3n}},\, \mathbf{n} \to \infty\right]$$

$$\frac{1}{2}$$

Maple:

```
> limit(sqrt(n^2-2*n)-sqrt(n^2-3*n),n=infinity);
```

$$\lim_{n\to\infty} \sqrt{n^2 - 2n} - \sqrt{n^2 - 3n} = \frac{1}{2}$$

Aufgabe 2.12   Man zeige, daß gilt:

$$\lim_{n\to\infty} \sqrt[n]{n!} = \infty\,.$$

Fakultät nach unten abschätzen

Lösung: Sei $m > 1$ eine beliebig große natürliche Zahl. Für $n > m$ bekommen wir:

$$n! = n\,(n-1)\,\cdots\,(m+1)\,m!\,.$$

Hieraus folgt:

$$n! > (m+1)^{n-m}\,m! = \frac{(m+1)^n\,m!}{(m+1)^m} \quad \text{bzw.} \quad \sqrt[n]{n!} > \frac{(m+1)\,\sqrt[n]{m!}}{\sqrt[n]{(m+1)^m}}\,.$$

Wegen $\lim\limits_{n\to\infty} \sqrt[n]{m!} = \lim\limits_{n\to\infty} \sqrt[n]{(m+1)^m} = 1$ konvergiert die rechte Seite gegen $m+1$. Damit gibt es für jedes $\epsilon > 0$ ein n_ϵ, so daß für alle $n > n_\epsilon$ gilt: $\sqrt[n]{n!} > m + 1 - \epsilon$.

Mathematica: Der Grenzwert kann nicht ermittelt werden.

Maple:

```
> limit(n!^(1/n),n=infinity);
```

$$\lim_{n\to\infty} n!^{\frac{1}{n}} = \infty$$

Summenformel benutzen und Grenzwert bestimmen

Aufgabe 2.13   Man bestimme den Grenzwert der Folge:

$$a_n = \frac{1}{n^2} + \frac{2}{n^2} + \cdots + \frac{n}{n^2}\,.$$

Lösung: Wir schreiben:

$$a_n = \frac{1}{n^2} \sum_{k=1}^{n} k = \frac{1}{n^2}\, \frac{n\,(n+1)}{2} = \frac{1}{2}\left(1 + \frac{1}{n}\right)\,.$$

Hieraus folgt sofort: $\lim\limits_{n\to\infty} a_n = \dfrac{1}{2}\,.$

Mathematica:

$$\mathbf{Limit}\left[\frac{\sum_{k=1}^{n} k}{n^2},\, n \to \infty\right]$$

$$\frac{1}{2}$$

Maple:

```
> limit(sum(k/n^2,k=1..n),n=infinity);
```

$$\lim_{n\to\infty} \sum_{k=1}^{n} \frac{k}{n^2} = \frac{1}{2}$$

Grenzwert aus einer Rekursionformel herleiten

Aufgabe 2.14   Man zeige, daß die rekursiv definierte Folge:

$$a_{n+1} = a_n^2 + \frac{1}{4}, \quad a_1 = \frac{1}{4},$$

konvergiert und bestimme ihren Grenzwert.

Lösung: Die Folge ist wegen:

$$a_{n+1} - a_n = a_n^2 - a_n + \frac{1}{4} = \left(a_n - \frac{1}{2}\right)^2 \ge 0$$

monoton wachsend. Aus $a_1 = \dfrac{1}{4}$ und der Annahme $a_n < \dfrac{1}{2}$ ergibt sich:

$$a_{n+1} = a_n^2 + \frac{1}{4} < \frac{1}{4} + \frac{1}{4} = \frac{1}{2}\,.$$

Also existiert ein Grenzwert $a > 0$. Nach den Sätzen über konvergente Folgen muß a die Gleichung:

$$a = a^2 + \frac{1}{4} \iff \left(a - \frac{1}{2}\right)^2 = 0$$

erfüllen. Somit gilt:

$$\lim_{n \to \infty} a_n = \frac{1}{2}.$$

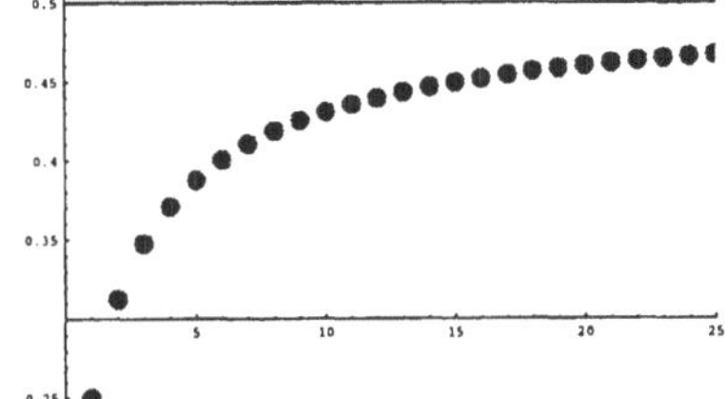

Die Folge
$$a_{n+1} = a_n^2 + \frac{1}{4},$$
$$a_1 = \frac{1}{4}.$$

Mathematica:

$$a[1] = \frac{1}{4};\ a[n_-] := a[n-1]^2 + \frac{1}{4}$$

$$\text{Table}\big[N[a[n]], \{n, 1, 10\}\big]$$

$$\{0.25, 0.3125, 0.347656, 0.370865, 0.387541, 0.400188,$$
$$0.41015, 0.418223, 0.424911, 0.430549\}$$

Maple:

```
> a:=proc(n) a(n-1)^2+1/4 end;
  a(1):=1/4;
```

$$a := \mathbf{proc}(n)\, a(n-1)^2 + 1/4 \,\mathbf{end}$$
$$a(1) := \frac{1}{4}$$

```
> seq(evalf(a(n),5),n=1..10); n:='n':
```

$$.25000, .31250, .34766, .37086, .38754, .40019,$$
$$.41015, .41822, .42491, .43055$$

2.4 Reihen als Folgen

Zu einer gegebenen Folge $\{a_n\}$ kann man durch Aufsummieren der n ersten Folgenglieder eine neue Folge erklären:

> **Reihe**
>
> Sei $\{a_n\}$ eine Folge. Die Folge der Teilsummen $\{s_n\}$:
>
> $$s_n = \sum_{\nu=1}^{n} a_\nu$$
>
> heißt (unendliche) Reihe. Anstelle der Folge der Teilsummen schreiben wir einfach:
>
> $$\sum_{\nu=1}^{\infty} a_\nu \,.$$

Die Konvergenz einer Reihe wird über die Konvergenz der Teilsummen erklärt:

> **Grenzwert einer Reihe**
>
> Die Reihe $\sum_{\nu=1}^{\infty} a_\nu$ heißt konvergent gegen den Grenzwert (die Summe) a, wenn
>
> $$\lim_{n \to \infty} s_n = a \,.$$
>
> Dafür ist nun ebenfalls die kürzere Schreibweise üblich:
>
> $$\sum_{\nu=1}^{\infty} a_\nu = a \,.$$

Aus dem Cauchy-Kriterium ergibt sich die:

> **Notwendige Bedingung für die Konvergenz einer Reihe**
>
> Wenn die Reihe $\sum_{\nu=1}^{\infty} a_\nu$ konvergiert, dann ist a_ν eine Nullfolge.

Von den Sätzen über konvergente Folgen können die folgenden Aussagen sofort hergeleitet werden:

> **Multiplikation mit Konstanten und Summation von Reihen**
>
> Aus $\sum_{\nu=1}^{\infty} a_\nu = a$ und $\sum_{\nu=1}^{\infty} b_\nu = b$,
>
> folgt:
>
> $$\sum_{\nu=1}^{\infty} c\,a_\nu = c\,a \,, \qquad \sum_{\nu=1}^{\infty} (a_\nu + b_\nu) = a + b \,.$$

Wir geben einige wichtige Reihen an:

$$\sum_{\nu=0}^{\infty} q^{\nu} = \frac{1}{1-q}, \quad |q| < 1.$$

Geometrische Reihe

Die harmonische Reihe wächst über alle Schranken.

Die harmonische Reihe ist divergent:

$$\sum_{\nu=1}^{\infty} \frac{1}{\nu}.$$

Harmonische Reihe

Durch die folgende Reihe wird die Eulersche Zahl eingeführt:

$$\sum_{\nu=0}^{\infty} \frac{1}{\nu!} = \lim_{n \to \infty} \left(1 + \frac{1}{n}\right)^n = e$$

Eulersche Zahl

Aufgabe 2.15 Man zeige, daß die folgende Reihe gegen die Summe 1 konvergiert:

$$\sum_{\nu=1}^{\infty} \frac{1}{\nu\,(\nu+1)}.$$

Teilsummen einer Folge berechnen, Grenzwert bilden

Lösung: Wir bringen die Teilsummen in die Form:

$$s_n = \sum_{\nu=1}^{n} \frac{1}{\nu\,(\nu+1)} = \sum_{\nu=1}^{n} \left(\frac{1}{\nu} - \frac{1}{\nu+1}\right) = 1 - \frac{1}{n+1}.$$

Nun folgt leicht: $\displaystyle\sum_{\nu=1}^{n} \frac{1}{\nu\,(\nu+1)} = \lim_{n \to \infty} s_n = 1.$

Mathematica: Mit Sum kann man unendliche Reihen aufsummieren. Man gibt an, daß die obere Sumationsgrenze Unendlich sein soll.

$$\sum_{k=1}^{\infty} \frac{1}{k(k+1)}$$

$$1$$

Sum

Maple:

```
> sum(1/(k*(k+1)),k=1..infinity);
```

$$\sum_{k=1}^{\infty} \frac{1}{k\,(k+1)} = 1$$

sum

Monotoniekriterium auf Folge
der Teilsummen anwenden

Aufgabe 2.16 Man zeige, daß die Reihe $\sum_{\nu=0}^{\infty} \frac{1}{\nu^2+1}$ konvergiert und gebe eine Abschätzung für die Differenz:

$$\sum_{\nu=n+1}^{\infty} \frac{1}{\nu^2+1} = \sum_{\nu=0}^{\infty} \frac{1}{\nu^2+1} - \sum_{\nu=0}^{n} \frac{1}{\nu^2+1}.$$

Lösung: Die Teilsummen sind offenbar streng monoton wachsend. Aus der Ungleichung:

$$\begin{aligned}
s_n &= \sum_{\nu=0}^{n} \frac{1}{\nu^2+1} \\
&< \frac{3}{2} + \sum_{\nu=2}^{n} \frac{1}{\nu^2-1} < \frac{3}{2} + \sum_{\nu=2}^{n} \frac{1}{(\nu-1)\,\nu} \\
&= \frac{3}{2} + \sum_{\nu=1}^{n-1} \frac{1}{\nu\,(\nu+1)} = \frac{5}{2} - \frac{1}{n}
\end{aligned}$$

entnimmt man die Beschränktheit der Teilsummen und somit ihre Konvergenz. Mit einer ähnlichen Überlegung bekommen wir:

$$\begin{aligned}
\sum_{\nu=n+1}^{m} \frac{1}{\nu^2+1} &< \sum_{\nu=n+1}^{m} \frac{1}{\nu^2-1} < \sum_{\nu=n+1}^{m} \frac{1}{(\nu-1)\,\nu} \\
&= \sum_{\nu=n}^{m-1} \frac{1}{\nu\,(\nu+1)} = \frac{1}{n} - \frac{1}{m-1}.
\end{aligned}$$

Nimmt man den Grenzübergang $m \to \infty$ vor, so ergibt sich:

$$\sum_{\nu=n+1}^{\infty} \frac{1}{\nu^2+1} \le \frac{1}{n}.$$

Mathematica:

$$\text{rs}[\text{n\_}] := \sum_{k=n+1}^{\infty} \frac{1}{k^2+1}; \ \text{os}[\text{n\_}] := \frac{1}{n}$$

Table[N[rs[n]], {n, 1, 10}]

{0.576674, 0.376674, 0.276674, 0.217851, 0.179389,

0.152362, 0.132362, 0.116977, 0.104782, 0.0948812}

Table[N[os[n]], {n, 1, 10}]

{1., 0.5, 0.333333, 0.25, 0.2, 0.166667, 0.142857, 0.125,

0.111111, 0.1}

Maple:

```
> rs:= n-> sum(1/(k^2+1),k=n+1..infinity);
```

$$rs := n \to \sum_{k=n+1}^{\infty} \frac{1}{k^2+1}$$

```
> os:= n->1/n;
```

$$os := n \to \frac{1}{n}$$

```
> seq(evalf(rs(n),5),n=1..10); n:='n':
```

$$.57668, .37668, .27668, .21786, .17939, .15236,$$
$$.13236, .11698, .10478, .094882$$

```
> seq(evalf(os(n),5),n=1..10); n:='n':
```

$$1., .50000, .33333, .25000, .20000, .16667, .14286,$$
$$.12500, .11111, .10000$$

Aufgabe 2.17 Man zeige, daß für die Teilsummen s_{2^n} der harmonischen Reihe folgende Abschätzung gilt:

$$s_{2^n} = \sum_{\nu=1}^{2^n} \frac{1}{\nu} \geq 1 + \frac{1}{2}\, n\,.$$

Unbeschränktes Wachstum der harmonischen Reihe mit speziellen Teilsummen nachweisen

Lösung: Wir überlegen zunächst:

$$\sum_{\nu=2^{n-1}+1}^{2^n} \frac{1}{\nu} \geq \left(2^n - 2^{n-1}\right) \frac{1}{2^n} = 1 - 2^{-1} = \frac{1}{2}$$

und bekommen dann:

$$s_{2^n} = \sum_{\nu=1}^{2^n} \frac{1}{\nu} = 1 + \sum_{\nu=2^0+1}^{2^1} \frac{1}{\nu} + \sum_{\nu=2^1+1}^{2^2} \frac{1}{\nu} + \cdots + \sum_{\nu=2^{n-1}+1}^{2^n} \frac{1}{\nu}$$

$$\geq 1 + \frac{1}{2}\, n\,.$$

Aufgabe 2.18 Man betrachte die Folge $a_n = \dfrac{n^n}{n!}$ und zeige:

$$\lim_{n\to\infty} \frac{a_{n+1}}{a_n} = e \quad \text{und} \quad \lim_{n\to\infty} \sqrt[n]{a_n} = \lim_{n\to\infty} \frac{n}{\sqrt[n]{n!}} = e\,.$$

Eigenschaften der Eulerschen Zahl benutzen

Lösung: Umformen des Quotienten ergibt:

$$\frac{a_{n+1}}{a_n} = \frac{(n+1)^{n+1}}{(n+1)!} \frac{n!}{n^{n+1}}\, n = \left(1 + \frac{1}{n}\right)^n \left(1 + \frac{1}{n}\right) \frac{n}{n+1}\,.$$

Hieraus liest man sofort die erste Behauptung ab. Ist $\epsilon > 0$ vorgegeben, dann gibt es einen Index n_ϵ mit $e - \epsilon < \dfrac{a_{n+1}}{a_n} < e + \epsilon$ für alle $n \geq n_\epsilon$. Damit folgt:

$$(e - \epsilon)^{n-n_\epsilon}\, a_{n_\epsilon} < a_n < (e + \epsilon)^{n-n_\epsilon}\, a_{n_\epsilon},$$

bzw.

$$(e - \epsilon)\sqrt[n]{\frac{a_{n_\epsilon}}{(e-\epsilon)^{n_\epsilon}}} < \sqrt[n]{a_n} < (e + \epsilon)\sqrt[n]{\frac{a_{n_\epsilon}}{(e-\epsilon)^{n_\epsilon}}}.$$

Dies ergibt die zweite Behauptung.

Mathematica: Die obigen Grenzwerte können nicht ermittelt werden.
Maple:

```
> a:= n-> n^n/n!;
```

$$a := n \rightarrow \frac{n^n}{n!}$$

```
> limit(a(n+1)/a(n),n=infinity);
```

$$\lim_{n \to \infty} \frac{(n + 1)^{(n+1)}\, n!}{(n + 1)!\, n^n} = e$$

```
> limit(a(n)^(1/n),n=infinity);
```

$$\lim_{n \to \infty} \left(\frac{n^n}{n!}\right)^{\left(\frac{1}{n}\right)} = e$$

Notwendige Bedingung für die Konvergenz einer Reihe beachten

Aufgabe 2.19   Konvergiert die folgende Reihe:

$$\sum_{\nu=0}^{\infty} \frac{3\,\nu^2 + 2\,\nu - 1}{4\,\nu^2 + 3\,\nu + 1}.$$

Lösung: Wegen:

$$\frac{3\,\nu^2 + 2\,\nu - 1}{4\,\nu^2 + 3\,\nu + 1} = \frac{3 + 2\frac{1}{\nu} - \frac{1}{\nu^2}}{4 + 3\frac{1}{\nu} + \frac{1}{\nu^2}}$$

gilt:

$$\lim_{\nu \to \infty} \frac{3\,\nu^2 + 2\,\nu - 1}{4\,\nu^2 + 3\,\nu + 1} = \frac{3}{4}.$$

Damit wird keine Nullfolge aufsummiert, und die Reihe kann nicht konvergieren.

3   Funktionen

3.1   Der Funktionsbegriff

Eine Vorschrift ordne jedem Element x aus einer Teilmenge D von $\mathbb{R}$ genau eine reelle Zahl $y = f(x)$ zu.

> Durch die Menge D und die Zuordnungsvorschrift:
>
> $$f : x \longrightarrow f(x), \quad x \in D,$$
>
> wird eine Funktion von D nach $\mathbb{R}$ gegeben. Die Menge D heißt Definitionsbereich. Die Menge $f(D) = \{y \in W \mid y = f(x), x \in D\}$ stellt den Wertebereich dar.

Funktion, Definitionsbereich und Wertebereich

Zur graphischen Darstellung einer Funktion führen wir den Graphen ein.

> Sei $f : D \longrightarrow \mathbb{R}, x \longrightarrow f(x)$, eine Funktion. Die Teilmenge:
>
> $$\mathrm{graph}(f) = \{(x, y) \in D \times f(D) \mid x \in D, y = f(x)\}$$
>
> des cartesischen Produkts $D \times \mathbb{R}$ heißt Graph der Funktion f.

Graph

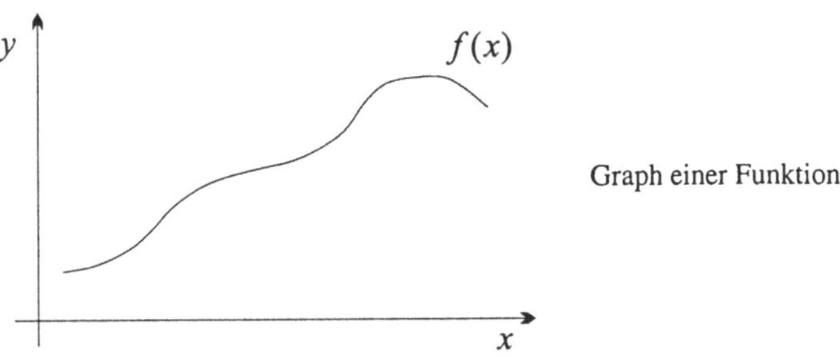

Graph einer Funktion

Haben zwei Funktionen denselben Definitionsbereich, dann können Summen, Produkte und Quotienten gebildet werden.

Summe, Produkt und Quotient von Funktionen

Seien $f : D \longrightarrow \mathbb{R}$ und $g : D \longrightarrow \mathbb{R}$, $D \subseteq \mathbb{R}^n$ zwei Funktionen mit einem gemeinsamen Definitionsbereich. Dann erklären wir folgende Funktionen:

$$f + g : D \longrightarrow \mathbb{R}, \quad (f + g)(x) = f(x) + g(x),$$

$$f g : D \longrightarrow \mathbb{R}, \quad (f g)(x) = f(x) g(x),$$

$$\frac{f}{g} : D \backslash M \longrightarrow \mathbb{R}, \quad \left(\frac{f}{g}\right)(x) = \frac{f(x)}{g(x)},$$

wobei $M = \{x \in D \mid g(x) \neq 0\}$.

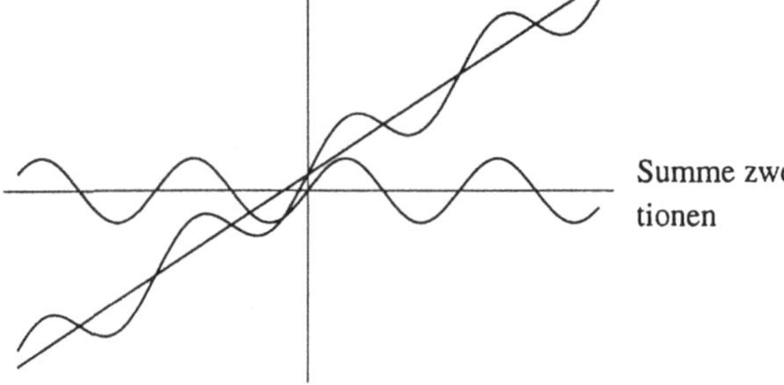

Summe zweier Funktionen

Unter gewissen Voraussetzungen können zwei Zuordnungen nacheinander ausgeführt werden.

Verkettung

Seien $f : D_f \longrightarrow \mathbb{R}$ und $g : D_g \longrightarrow \mathbb{R}$ Funktionen mit $f(D_f) \subseteq D_g$. Dann ist die Verkettung $g \circ f : D_f \longrightarrow \mathbb{R}$ erklärt durch: $g \circ f : x \longrightarrow g(f(x)), x \in D_f$, $(g \circ f)(x) = g(f(x))$.

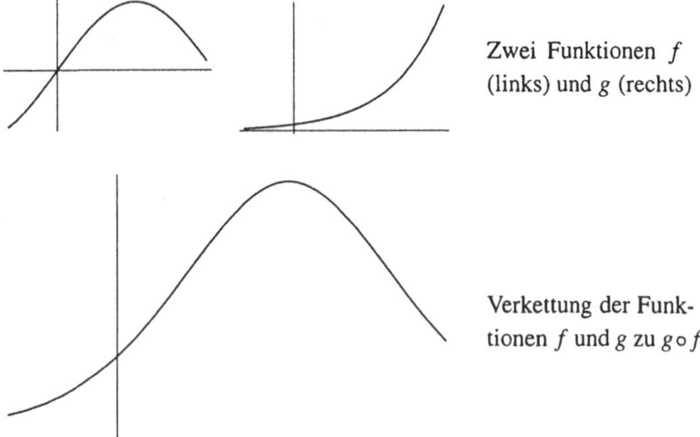

Zwei Funktionen f (links) und g (rechts)

Verkettung der Funktionen f und g zu $g \circ f$

Aufgabe 3.1   Auf welchem maximalen Definitionsbereich lassen sich folgende Funktionen erklären:

(a) $f(x) = \sqrt{2\,|x| - 3}$,

(b) $f(x) = \sqrt{x^2 - 5\,x + 6}$,

(c) $f(x) = \dfrac{x+1}{|x-1|}$.

Funktionen auf maximalen
Definitionsbereich erstrecken

Lösung: **(a)** Wir sorgen dafür, daß der Radikand positiv ist, und bekommen:

$$2\,|x| - 3 \geq 0 \quad \Longleftrightarrow \quad |x| \geq \frac{3}{2},$$

d. h. $D = \left\{ x \in \mathbb{R} \;\middle|\; x \leq -\dfrac{3}{2}, x \geq \dfrac{3}{2} \right\}$. Die Funktionsvorschrift lautet für

$x \leq -\dfrac{3}{2}$: $f(x) = \sqrt{-2\,x - 3}$ und für $x \geq \dfrac{3}{2}$: $f(x) = \sqrt{2\,x - 3}$.

Mathematica: Mit dem Befehl Plot kann man Funtionen zeichnen. In einer Option wird angegeben, über welchem Intervall die Funktion gezeichnet werden soll. Mit Show werden mehrere Graphiken zusammen ausgegeben.

Plot
Show

$$\mathbf{g1} := \mathbf{Plot}\!\left[\sqrt{2\mathbf{Abs}[x] - 3},\, \left\{x, -5, -\tfrac{3}{2}\right\}\right];$$

$$\mathbf{g2} := \mathbf{Plot}\!\left[\sqrt{2\mathbf{Abs}[x] - 3},\, \left\{x, \tfrac{3}{2}, 5\right\}\right];$$

$$\mathbf{Show}[\{\mathbf{g1}, \mathbf{g2}\}];$$

Maple: Mit dem Befehl Plot kann man Funtionen zeichnen. In einer Option wird angegeben, über welchem Intervall die Funktion gezeichnet werden soll. Mit Plots[display] werden mehrere Graphiken zusammen ausgegeben.

plot

```
> g1:=plot(sqrt(2*abs(x)-3),x=-5..-3/2):
> g2:=plot(sqrt(2*abs(x)-3),x=3/2..5):
> plots[display]([g1,g2]);
```

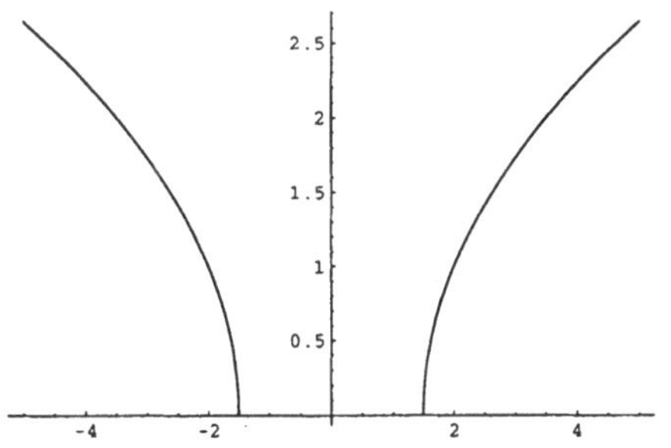

Die   Funktion
$$f(x) = \sqrt{2|x| - 3}$$

Lösung: **(b)** Wiederum benötigen wir einen positiven Radikanden und bekommen:

$$x^2 - 5\,x + 6 = \left(x - \frac{5}{2}\right)^2 - \frac{1}{4} \geq 0,$$

d. h. $D = \{x \in \mathbb{R} \mid x \leq 2, \quad x \geq 3\}$.

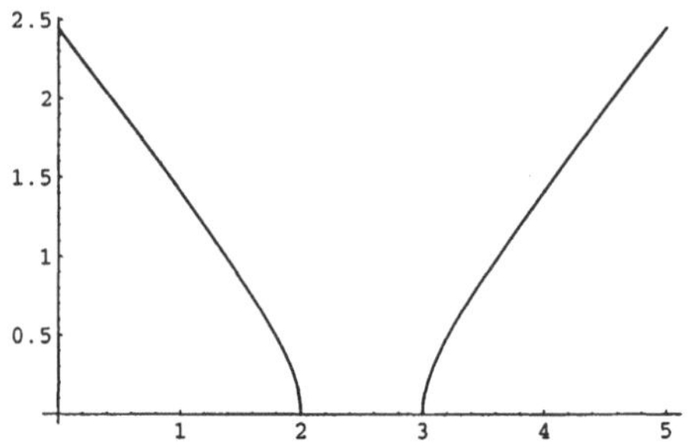

Die Funktion
$$f(x) = \sqrt{x^2 - 5x + 6}$$

(c) Hier darf der Nenner nicht verschwinden, d. h. $D = \{x \in \mathbb{R} \mid x \neq 1\}$. Die Funktionsvorschrift lautet für $x < 1$: $f(x) = \dfrac{x+1}{1-x}$ und für $x > 1$:

$$f(x) = \frac{x+1}{x-1} \, .$$

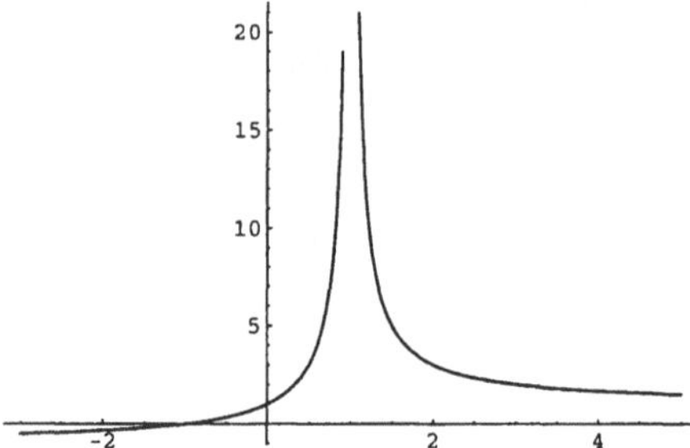

Die Funktion
$$f(x) = \frac{x+1}{|x-1|}$$

Definitionsbereich und Wertebereich bestimmen

Aufgabe 3.2   Auf welchem maximalen Definitionsbereich lassen sich folgende Funktionen erklären, und wie lautet dann ihr Wertebereich:

(a) $f(x) = \frac{1}{1+x^2}$,

(b) $f(x) = |x-3|$,

(c) $f(x) = 3 - 2\sqrt{x}$.

Lösung: **(a)** Die Funktion kann für alle $x \in \mathbb{R}$ erklärt werden: $D = \mathbb{R}$. Es gilt für alle x: $0 < \dfrac{1}{1+x^2} \leq 1$. Andererseits besitzt für jedes $0 < y \leq 1$ die Gleichung

$$\frac{1}{1+x^2} = y \quad \Longleftrightarrow \quad x^2 = \frac{1}{y} - 1$$

zwei Lösungen in $\mathbb{R}$, d. h. $f(D) = \{y \in \mathbb{R} \mid 0 < y \leq 1\}$.

(b)   Die Funktion kann wieder für alle $x \in \mathbb{R}$ erklärt werden: $D = \mathbb{R}$. Es gilt für alle x: $0 \leq |x-3|$. Andererseits haben wir für jedes $0 \leq y$ zwei Lösungen der Gleichung $|x-3| = y$, nämlich $x = y+3$ und $x = -y+3$, d. h. $f(D) = \{y \in \mathbb{R} \mid 0 \leq y\}$.

(c) Hier muß $x \geq 0$ sein: $D = \{x \in \mathbb{R} \mid 0 \leq x\}$. Es gilt für alle x: $3 - 2\sqrt{x} \leq 3$, und die Gleichung $3 - 2\sqrt{x} = y$ besitzt für alle $y \leq 3$ die Lösung $x = \left(\dfrac{3-y}{2}\right)^2 \geq 0$. Also haben wir den Wertebereich: $f(D) = \{y \in \mathbb{R} \mid y \leq 3\}$.

Aufgabe 3.3 Man bestimme die Funktionen $f + g$, $f\,g$ und $\dfrac{f}{g}$

für: $f(x) = \dfrac{1}{x} - x, x \neq 0$, $g(x) = x^2 - x - 2$.

Summe, Produkt und Quotient zweier Funktionen bestimmen

Lösung: Der gemeinsame Definitionsbereich von f und g ist $\mathbb{R}\setminus\{0\}$. Dort können wir die Summenfunktion bilden:

$$(f + g)(x) = \frac{1}{x} + x^2 - 2x - 2, x \neq 0,$$

und die Produktfunktion

$$(f\,g)(x) = -x^3 + x^2 + 3x - 1 - \frac{2}{x}, x \neq 0.$$

Bei der Quotientenfunktion müssen die Nullstellen von g aus dem gemeinsamen Definitionsbereich von f und g herausnehmen. Die Nullstellen von g berechnet man unschwer zu $-1, 2$, so daß sich mit $x^2 - x - 2$ ergibt:

$$\left(\frac{f}{g}\right)(x) = \frac{\frac{1}{x} - x}{x^2 - x - 2} = -\frac{x^2 - 1}{x(x^2 - x - 2)} = \frac{1 - x}{x(x-2)}, x \neq -1, 0, 2.$$

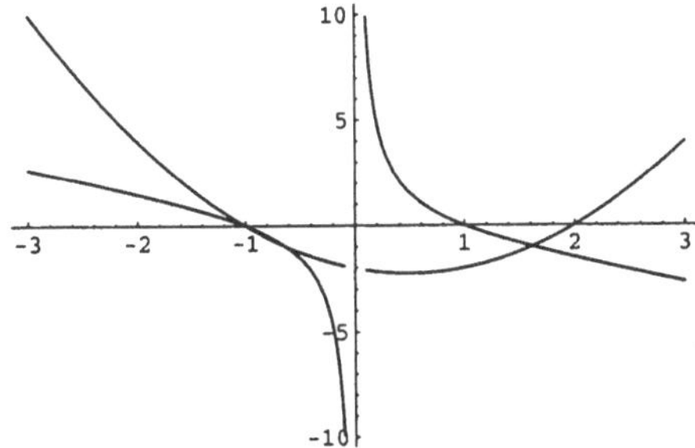

Die Funktionen
$f(x) = \dfrac{1}{x} - x$
und
$g(x) = x^2 - x - 2$

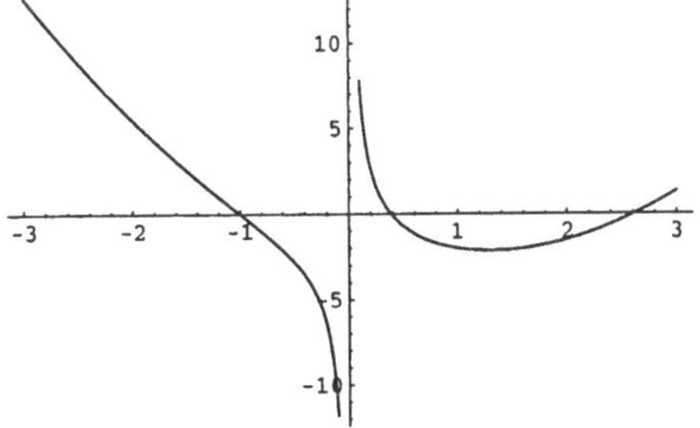

Summe der Funktionen
$f(x) = \dfrac{1}{x} - x$
und
$g(x) = x^2 - x - 2$

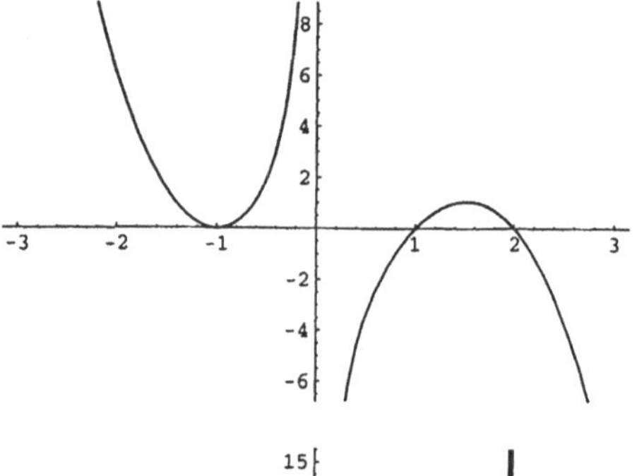

Produkt der Funktionen
$$f(x) = \frac{1}{x} - x$$
und
$$g(x) = x^2 - x - 2$$

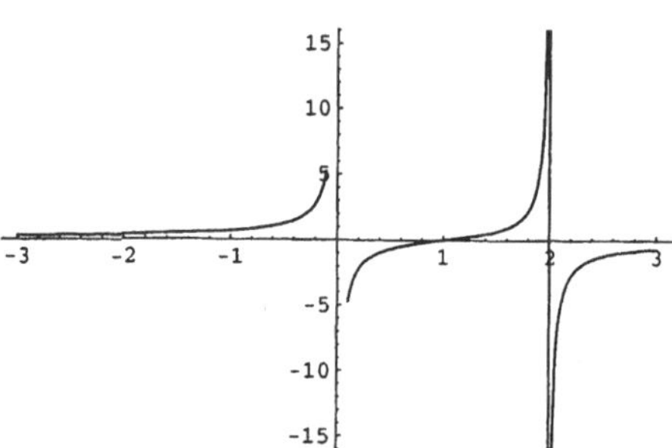

Quotient der Funktionen
$$f(x) = \frac{1}{x} - x$$
und
$$g(x) = x^2 - x - 2$$

Funktionen verketten

Aufgabe 3.4   Man gebe - soweit möglich - die Verkettungen $f \circ g$ und $g \circ f$ für folgende Funktionen an:

(a) $f(x) = 5x - 1$, $x \in [0, 1]$, $g(x) = \sqrt{1 - x^2}$, $x \in [-1, 1]$,

(b) $f(x) = x - 3$, $x \in \mathbb{R}$, $g(x) = \dfrac{1 - x}{x}$, $x \in \mathbb{R}$, $x \neq 0$.

Lösung: **(a)** Es ergibt sich:
$$(f \circ g)(x) = 5\, g(x) - 1 = 5\sqrt{1 - x^2} - 1\,, -1 \leq x \leq 1\,, \text{ und}$$
$$(g \circ f)(x) = \sqrt{1 - f(x)^2} = \sqrt{1 - (5x - 1)^2}\,, 0 \leq x \leq \frac{2}{5}\,.$$

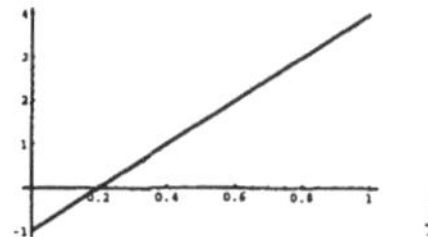 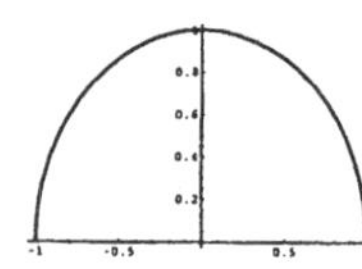

Die   Funktionen
$f(x) = 5x - 1$, $x \in [0, 1]$,
$g(x) = \sqrt{1 - x^2}$,
$x \in [-1, 1]$.

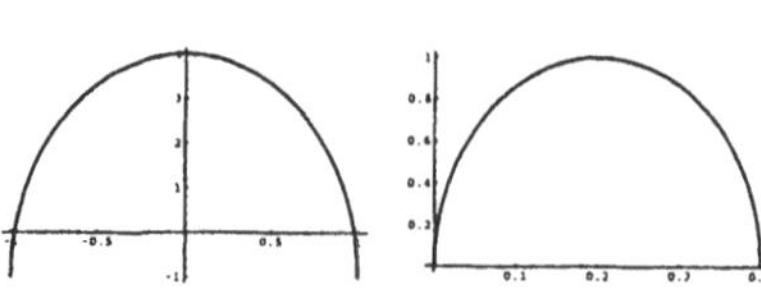

Die Verkettung
$f \circ g$, $x \in [-1, 1]$,
und
$g \circ f$, $x \in [0, \frac{2}{5}]$,
der Funktionen
$f(x) = 5x - 1$,
$g(x) = \sqrt{1 - x^2}$

(b) Es ergibt sich: $(f \circ g)(x) = g(x) - 3 = \dfrac{1}{x} - 4$, $x \neq 0$, und

$$(g \circ f)(x) = \frac{1 - f(x)}{f(x)} = \frac{1}{x - 3} - 1, \quad x \neq 3.$$

Mathematica: Eine Funktion wird in Abhängigkeit von x definiert (mit einem Unterstrich x_-). Man kann anschließend die Funktion an einem beliebigen Argument auswerten. 

$$\mathbf{f[x_-] := x - 3; g[x_-] := \frac{1 - x}{x}}$$

$$\mathbf{f[g[x]]}$$
$$-3 + \frac{1 - x}{x}$$

$$\mathbf{g[f[x]]}$$
$$\frac{4 - x}{-3 + x}$$

Maple: Eine Funktion f wird in Abhängigkeit von x definiert (mit einem Pfeil $x \to f(x)$). Man kann anschließend die Funktion an einem beliebigen Argument auswerten. 

```
> f:=x->x-3;g:=x->(1-x)/x;
```

$$f := x \to x - 3 \quad g := x \to \frac{1 - x}{x}$$

```
> f(g(x));
```

$$\frac{1 - x}{x} - 3$$

```
> g(f(x));
```

$$\frac{4 - x}{x - 3}$$

3.2 Eigenschaften von Funktionen

Folgende Eigenschaften charakterisieren Zuordnungen:

> Die Funktion $f : D \longrightarrow W \subseteq \mathbb{R}$, $\quad f : x \longrightarrow f(x)$ heißt injektiv (umkehrbar eindeutig), wenn für alle $x_1, x_2 \in D$ gilt:
>
> $f(x_1) = f(x_2) \Rightarrow x_1 = x_2$, bzw. $x_1 \neq x_2 \Rightarrow f(x_1) \neq f(x_2)$.

Injektive Funktion

Die Zuordnungvorschrift einer injektiven Funktion kann umgekehrt werden.

Umkehrfunktion

> Sei $f : D \longrightarrow f(D)$ eine injektive Funktion. Die Funktion $f^{-1} : f(D) \longrightarrow D$ erklärt durch $f^{-1}(y) = x \iff y = f(x)$ heißt Umkehrfunktion von f.

Man erhält den Graphen der Umkehrfunktion, indem man den Graphen der Funktion an der ersten Winkelhalbierenden spiegelt.

Graph der Umkehrfunktion

> Liegt der Punkt (x, y) im Graphen von f, so liegt der Punkt (y, x) im Graphen von f^{-1}.

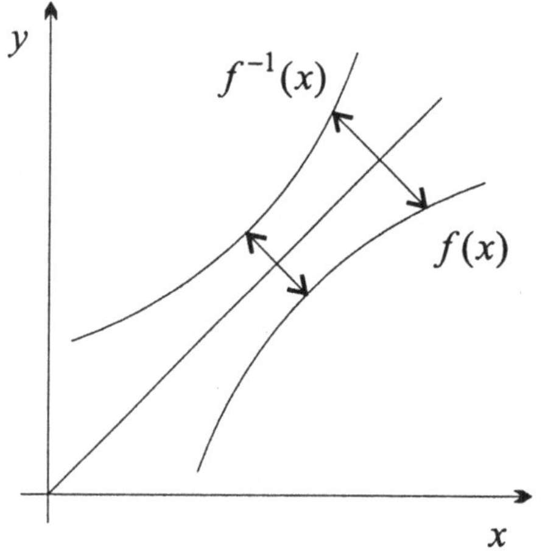

Graph der Umkehrfunktion durch Spiegelung an der ersten Winkelhalbierenden

Wir geben einige wichtige Klassen reeller Funktionen an. Funktionen können in ihrem Wachstum beschränkt sein.

Beschränkte Funktion

> Die Funktion $f : D \longrightarrow \mathbb{R}$ heißt nach unten bzw. oben beschränkt, wenn es ein $s \in \mathbb{R}$ bzw. $S \in \mathbb{R}$ gibt, so daß
>
> $$s \leq f(x) \quad \text{bzw.} \quad f(x) \leq S$$
>
> für alle $x \in D$ gilt. f heißt beschränkt, wenn es ein $S_B \in \mathbb{R}$ gibt, so daß $|f(x)| \leq S_B$ für alle $x \in D$ gilt.

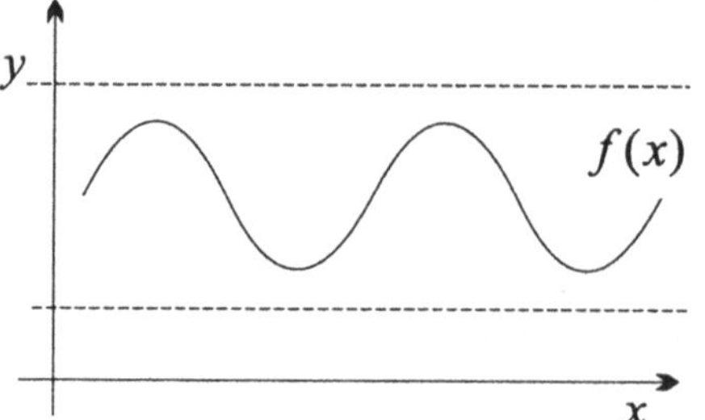

Beschränkte Funktion

Funktionen können in regelmäßiger Weise wachsen oder fallen.

> Die Funktion $f : D \longrightarrow \mathbb{R}$, $D \subseteq \mathbb{R}$, heißt monoton fallend
> bzw. wachsend, wenn für alle $x_1, x_2 \in D$ gilt:
>
> $$x_1 < x_2 \Longrightarrow f(x_1) \leq f(x_2) \quad \text{bzw.} \quad f(x_1) \geq f(x_2).$$
>
> f heißt streng monoton fallend bzw. streng monoton wachsend,
> wenn für alle $x_1, x_2 \in D$ gilt:
>
> $$x_1 < x_2 \Longrightarrow f(x_1) > f(x_2) \quad \text{bzw.} \quad f(x_1) < f(x_2).$$

Monotone Funktion

Monoton fallende
(links) und monoton
wachsende Funktion
(rechts)

Funktionen können gewisse Symmetrien aufweisen.

> Sei $D = [-a, a] \subseteq \mathbb{R}$ oder $D = \mathbb{R}$ und $f : D \to W$ eine
> reellwertige Funktion. Dann heißt die Funktion f gerade, falls
> $f(-x) = f(x)$ für alle $x \in D$ gilt. Ist $f(-x) = -f(x)$ für alle
> $x \in D$ erfüllt, so nennt man die Funktion f ungerade.

**Gerade und ungerade
Funktionen**

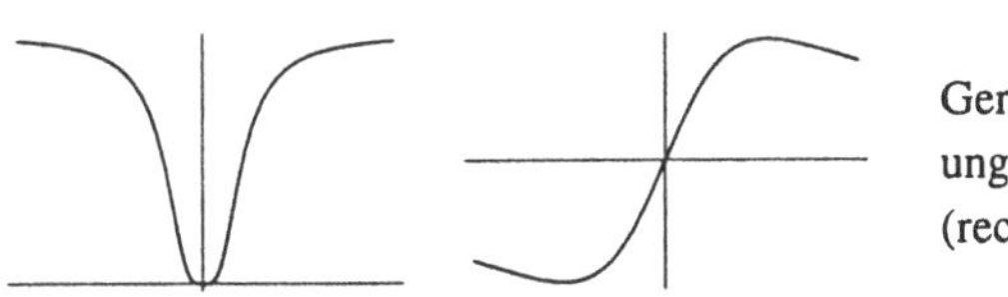

Gerade (links) und
ungerade Funktion
(rechts)

Aufgabe 3.5 Man bestimme die Umkehrfunktion folgender
Funktionen :

(a) $f(x) = 3x + 8, \quad x \in \mathbb{R}$,

(b) $f(x) = x^2 - 5x + 6, \quad x \geq \frac{5}{2}$,

(c) $f(x) = \dfrac{1}{x} - x, \quad x < 0$.

Umkehrfunktionen berechnen

Lösung: (a) Löst man $y = 3x + 8$ nach x auf, so erhält man: $x = \dfrac{y - 8}{3}$ und:

$$f^{-1}(y) = \frac{y - 8}{3}, \quad y \in \mathbb{R}.$$

(b) Die Gleichung $y = x^2 - 5x + 6$ hat zwei Lösungen:

$$x = \frac{5}{2} \pm \sqrt{y + \frac{1}{4}}.$$

Da wir die Lösung mit $x \geq \dfrac{5}{2}$ benötigen, gilt:

$$f^{-1}(y) = \frac{5}{2} + \sqrt{y + \frac{1}{4}}, \quad y \geq 0.$$

(c) Die Gleichung $y = \dfrac{1}{x} - x$, $x < 0$ kann umgeformt werden zu: $x^2 + x\,y - 1 = 0$ mit den Lösungen

$$x = -\frac{y}{2} \pm \sqrt{\frac{y^2}{4} + 1}.$$

Wegen $x < 0$ ergibt sich schließlich: $f^{-1}(y) = -\dfrac{y}{2} - \sqrt{\dfrac{y^2}{4} + 1}$, $y \in \mathbb{R}$.

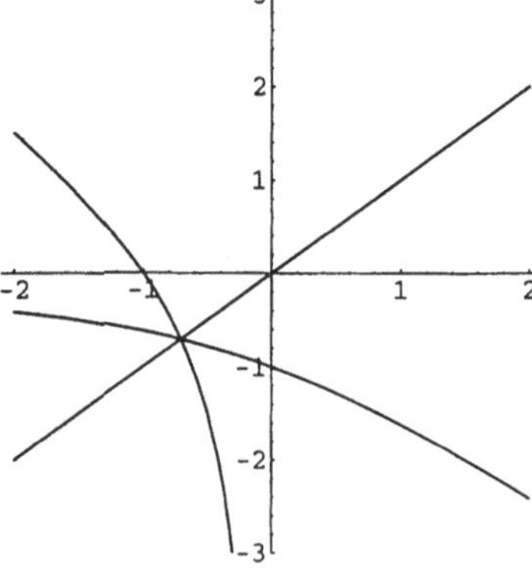

Die Funktion
$$f(x) = \frac{1}{x} - x, x < 0.$$
und ihre Umkehrfunktion
$$f^{-1}(x) = -\frac{x}{2} - \sqrt{\frac{x^2}{4} + 1},$$
$$x \in \mathbb{R}.$$

Mathematica:

$$\mathbf{Solve}\Big[\mathbf{y} == \frac{1}{\mathbf{x}} - \mathbf{x}, \mathbf{x}\Big]$$

$$\Big\{\big\{x \to \frac{1}{2}(-y - \sqrt{4 + y^2})\big\}, \big\{x \to \frac{1}{2}(-y + \sqrt{4 + y^2})\big\}\Big\}$$

Maple:

```
> solve(y=(1/x)-x,{x});
```

$$\{x = -\frac{1}{2}\,y + \frac{1}{2}\sqrt{y^2 + 4}\}, \quad \{x = -\frac{1}{2}\,y - \frac{1}{2}\sqrt{y^2 + 4}\}$$

Aufgabe 3.6 Sei $n \geq 2$ und $f(x) = x^n$. Man gebe eine geeignete Umkehrfunktion von f an und löse die Gleichung $x^n = a$ für beliebiges $a \in \mathbb{R}$.

Umkehrfunktion und Lösung einer Gleichung unterscheiden

Lösung: Schränkt man f auf $\mathbb{R}_{\geq 0}$ ein, so bekommt man die Funktion $x \longrightarrow x^n$ mit dem Definitionsbereich $\mathbb{R}_{\geq 0}$ und dem Wertebereich $\mathbb{R}_{\geq 0}$. Diese Funktion kann invertiert werden mit der Vorschrift $x \longrightarrow \sqrt[n]{x}$. Ist $x \geq 0$, so versteht man unter $\sqrt[n]{x} = y$ diejenige nichtnegative Zahl, die $y^n = x$ erfüllt.

1.) Ist n gerade, so besitzt f den Definitionsbereich $D = \mathbb{R}$ und den Wertebereich $f(D) = \mathbb{R}_{\geq 0}$. Die Funktion

$$f : \mathbb{R}_{\geq 0} \longrightarrow \mathbb{R}_{\geq 0}, \quad x \longrightarrow x^n$$

besitzt die Umkehrfunktion

$$f^{-1} : \mathbb{R}_{\geq 0} \longrightarrow \mathbb{R}_{\geq 0}, \quad x \longrightarrow \sqrt[n]{x}.$$

(Man hätte genauso gut die Umkehrfunktion $x \longrightarrow -\sqrt[n]{-x}$ der Einschränkung $f : \mathbb{R}_{\leq 0} \longrightarrow \mathbb{R}_{\geq 0}, x \longrightarrow x^n$ erklären können).

2.) Ist n ungerade, so besitzt f den Definitionsbereich $D = \mathbb{R}$ und den Wertebereich $f(D) = \mathbb{R}$. Hier besitzt f folgende Umkehrfunktion: $f^{-1} : \mathbb{R} \longrightarrow \mathbb{R}$ mit

$$f^{-1}(x) = \begin{cases} \sqrt[n]{x} & , \quad x \geq 0 \\ -\sqrt[n]{-x} & , \quad x < 0 \end{cases}$$

Allgemein bekommen wir mit der obigen Definition der n-ten Wurzel folgende Lösungen von $x^n - a = 0$:

$a \geq 0$:

$$x = \begin{cases} \pm\sqrt[n]{a} & , \quad n \quad \text{gerade} \\ \sqrt[n]{a} & , \quad n \quad \text{ungerade} \end{cases}$$

$a < 0$:

$$\begin{aligned} \text{keine Lösung} & \quad , \quad n \quad \text{gerade} \\ x = -\sqrt[n]{-a} & \quad , \quad n \quad \text{ungerade} \end{aligned}$$

Aufgabe 3.7 Man untersuche folgende Funktionen auf Beschränktheit und Monotonie:

Funktionen auf Beschränktheit und Monotonie untersuchen

(a) $f(x) = 3x + 6, \quad x \in \mathbb{R}$,

(b) $f(x) = \sqrt{|x|}, \quad -1 \leq x \leq 1$,

(c) $f(x) = x^2 + 2x, \quad x \in \mathbb{R}$,

(d) $f(x) = \sqrt{1 - x^2}, \quad -1 \leq x \leq 1$,

(e) $f(x) = \frac{1}{1+x^2}, \quad x \in \mathbb{R}$.

Lösung: (a)   Die Funktion ist nicht beschränkt und auf ganz $\mathbb{R}$ streng monoton wachsend.

(b)   Die Funktion ist beschränkt: $0 \le \sqrt{|x|} \le 1$,   für $|x| \le 1$. Im Intervall $[-1, 0]$ ist f streng monoton fallend und im Intervall $[0, 1]$ ist f streng monoton wachsend.

(c)   Die Funktion ist nicht beschränkt. Wegen $f(x) = (x + 1)^2 - 1$ ist f im Intervall $-\infty, 1]$ streng monoton fallend und im Intervall $[1, \infty)$ streng monoton wachsend.

(d)   Die Funktion ist beschränkt: $0 \le \sqrt{1 - x^2} \le 1$,   für $|x| \le 1$. Im Intervall $[-1, 0]$ ist f streng monoton wachsend und im Intervall $[0, 1]$ ist f streng monoton fallend.

(e)   Die Funktion ist beschränkt: $0 \le \dfrac{1}{1 + x^2} \le 1$,   für $x \in \mathbb{R}$. Im Intervall $(-\infty, 0]$ ist f streng monoton wachsend und im Intervall $[0, \infty)$ ist f streng monoton fallend.

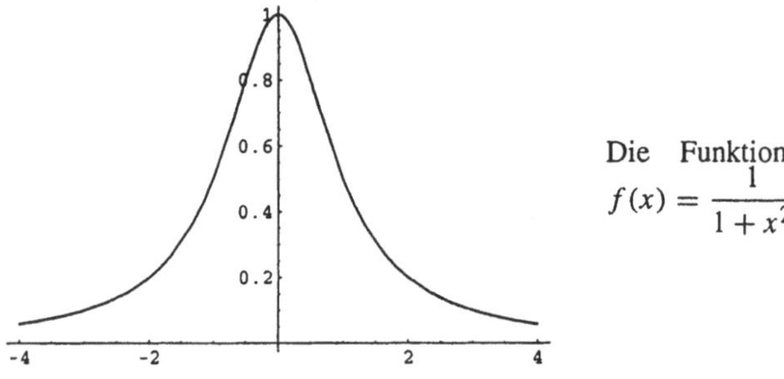

Die   Funktion
$$f(x) = \frac{1}{1 + x^2}$$

Funktionen auf Symmetrien untersuchen

Aufgabe 3.8   Sind folgende Funktionen gerade, ungerade oder keines von beiden:

(a) $f(x) = -2x + 6$, $x \in \mathbb{R}$,

(b) $f(x) = \sqrt{|x^3|}$, $x \in \mathbb{R}$,

(c) $f(x) = x^3 + 2x$, $x \in \mathbb{R}$,

(d) $f(x) = x - \dfrac{1}{1 + x^2}$, $x \in \mathbb{R}$.

Lösung: (a)   Die Funktion ist weder gerade noch ungerade:

$$f(x) - f(-x) = -4x, \quad f(x) + f(-x) = 12.$$

(b)   Die Funktion ist gerade: $\sqrt{|x^3|} = \sqrt{|-x^3|}$.

(c)   Die Funktion ist ungerade: $x^3 + 2x = -\left(-x^3 - 2x\right)$.

(d)   Die Funktion ist weder gerade noch ungerade:

$$f(x) - f(-x) = 2x, \quad f(x) + f(-x) = -\frac{2}{1 + x^2}.$$

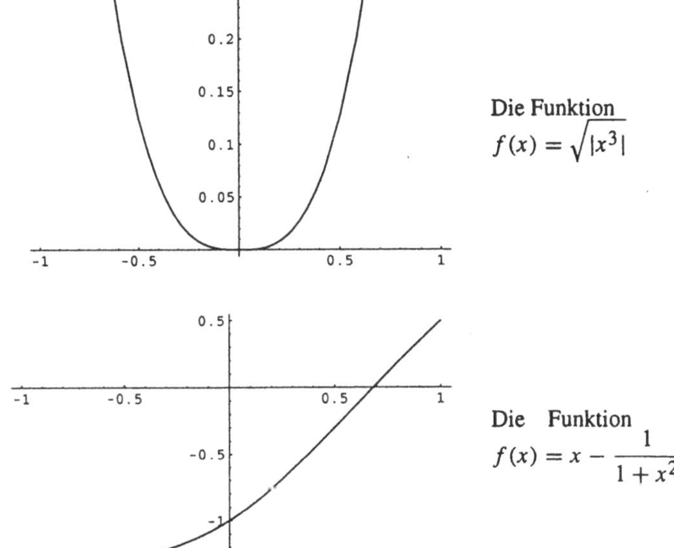

Die Funktion
$$f(x) = \sqrt{|x^3|}$$

Die Funktion
$$f(x) = x - \frac{1}{1 + x^2}$$

3.3 Rationale Funktionen

Polynome mit reellen Koeffizienten stellen Funktionen von $\mathbb{R}$ nach $\mathbb{R}$ dar.

Seien a_0, a_1, ..., a_n mit $a_n \neq 0$ reelle Zahlen. Dann heißt die durch

$$f(x) = a_n x^n + a_{n-1} x^{n-1} + \cdots + a_1 x + a_0$$

gegebene Funktion $f : \mathbb{R} \longrightarrow \mathbb{R}$ (reelles) Polynom. Die Zahlen a_0, a_1, ..., a_n heißen Koeffizienten, a_n heißt Hauptkoeffizient und a_0 absolutes Glied. Ist $a_n \neq 0$, so heißt das Polynom vom Grad n.

Reelles Polynom

Zwei Polynome unterschiedlicher Grade stellen stets verschiedene Funktionen dar.

Koeffizientenvergleich

> Sind zwei Polynome vom Grad n
>
> $$f(x) = a_n x^n + a_{n-1} x^{n-1} + \cdots + a_1 x + a_0 ,$$
> $$g(x) = b_n x^n + b_{n-1} x^{n-1} + \cdots + b_1 x + b_0$$
>
> gleich, (das heißt $f(x) = g(x)$ für alle $x \in \mathbb{R}$), dann stimmen die Koeffizienten paarweise überein: $a_j = b_j$ für alle $j = 0, \dots , n$.

Die Suche nach den Nullstellen reeller Polynome führt zwangsläufig in die komplexe Ebene.

Algebraische Gleichung n-ten Grades

> Eine algebraische Gleichung n-ten Grades:
> $$\sum_{k=0}^{n} a_k z^k = 0, \quad a_k \in \mathbb{C},$$
> besitzt nach dem Fundamentalsatz der Algebra genau n Nullstellen in $\mathbb{C}$. (Dabei werden mehrfache Nullstellen entsprechend ihrer Vielfachheit gezählt)

Nullstellen können durch Abspalten von Linearfaktoren evident gemacht werden.

Abspalten von Linearfaktoren

> Sei $p(z) = \sum_{k=0}^{n} a_k z^k , a_n \neq 0 , a_k \in \mathbb{C}$, ein Polynom vom Grad $n \geq 1$ mit der Nullstelle z^*. Dann gibt es ein Polynom $r(z)$ vom Grad $n - 1$ (mit Koeffizienten aus $\mathbb{C}$), so daß für alle $z \in \mathbb{C}$ gilt:
> $$p(z) = (z - z^*)\, r(z) .$$

Die Quotienten zweier Polynome spielen ebenfalls eine große Rolle.

Gebrochen rationale Funktion

> Der Quotient $f(x) = \dfrac{p(x)}{q(x)}$ zweier Polynome $p(x)$ und $q(x)$ heißt gebrochen rationale Funktion. Ist der Grad des Nennerpolynoms $q(x)$ größer als der Grad des Zählerpolynoms $p(x)$, so heißt f echt gebrochen, ansonsten unecht gebrochen. Der Definitionsbereich von f wird gegeben durch $D = \mathbb{R} \backslash \{ x \in \mathbb{R} \, | \, q(x) \neq 0 \} .$

Oft ist es zweckmäßig eine gebrochen rationale Funktion als Summe von Polynomen und sogenannten Partialbrüchen darzustellen.

Das Nennerpolynom $q(x)$ möge die Faktorisierung besitzen:

$$q(x) = (x - x_1)^{k_1} \cdots (x - x_n)^{k_n} \cdot$$

$$(x^2 - (z_1 + \bar{z}_1)x + z_1\bar{z}_1)^{l_1} \cdots$$

$$(x^2 - (z_m + \bar{z}_m)x + z_m\bar{z}_m)^{l_m},$$

dann läßt sich die echt gebrochen rationale Funktion: $f(x) = \dfrac{p(x)}{q(x)}$ folgendermaßen in eine Summe von Partialbrüchen zerlegen:

$$f(x) = \sum_{\nu=1}^{n} \sum_{\mu=1}^{k_\nu} \frac{a_{\nu\mu}}{(x - x_\nu)^\mu}$$

$$+ \sum_{\rho=1}^{m} \sum_{\sigma=1}^{l_\rho} \frac{b_{\rho\sigma}\, x + c_{\rho\sigma}}{(x^2 - (z_\rho + \bar{z}_\rho)\, x + z_\rho\, \bar{z}_\rho)^\sigma}.$$

Partialbruchzerlegung

Aufgabe 3.9 Das Polynom:

$$p(x) = x^3 - 3x - 2$$

besitzt die Nullstelle $x_1 = -1$. Man bestimme die weiteren Nullstellen von p.

Linearfaktor durch Koeffizientenvergleich und Horner-Schema abspalten

Lösung: Wir wollen zuerst den Linearfaktor $x + 1$ abspalten mit dem Ansatz:

$$x^3 - 3x - 2 = (x + 1)\,(a\,x^2 + b\,x + c)\,, \quad a\,,b\,,c \in \mathbb{R}.$$

Ausmultiplizieren ergibt:

$$x^3 - 3x - 2 = a\,x^3 + (b + a)\,x^2 + (c + b)\,x + c\,.$$

Der Koeffizientenvergleich liefert die Bedingungen:

$$a = 1\,, b + a = 0\,, c + b = -3\,, c = -2\,.$$

Dieses System besitzt genau eine Lösung: $a = 1$, $b = -1$, $c = -2$, also

$$p(x) = (x + 1)\,(x^2 - x - 2)\,.$$

Der Linearfaktor $x + 1$ kann auch mit dem Horner-Schema abgespalten werden:

$$
\begin{array}{r|rrr|r}
p & 1 & 0 & -3 & -2 \\
x = -1 & 0 & -1 & 1 & -2 \\
\hline
& 1 & -1 & -2 & 0 = p(2)
\end{array}
$$

Die weiteren Nullstellen lassen sich nun leicht bestimmen, indem man die Gleichung $x^2 - x - 2 = 0$ löst. Dies ergibt:

$$x_{2,3} = \frac{1}{2} \pm \sqrt{\frac{1}{4} + 2}, \quad \text{bzw.} \quad x_2 = 2, x_3 = -1.$$

Mathematica:

$$\mathbf{Solve\big[x^3 - 3x - 2 == 0\big]}$$
$$\{\{x \to -1\}, \{x \to -1\}, \{x \to 2\}\}$$

Maple:

```
> solve(x^3 - 3*x -2=0, x);

        2, -1, -1
```

Abspalten eines Linearfaktors durch Polynomdivision

Aufgabe 3.10 Das Polynom: $p(x) = x^3 + x - 2$ besitzt die Nullstelle $x_1 = 1$. Man bestimme die weiteren Nullstellen von p.

Lösung: Wir nehmen die Abspaltung des Linearfaktors durch Polynomdivision vor:

$$
\begin{array}{llllllll}
(x^3 & & +x & -2) & : & (x & -1) & = x^2 + x + 2 \\
\underline{-(x^3} & \underline{-x^2)} & & & & & & \\
& x^2 & +x & -2 & & & & \\
& \underline{(x^2} & \underline{-x)} & & & & & \\
& & 2x & -2 & & & & \\
& & \underline{-(2x} & \underline{-2)} & & & & \\
& & & 0 & & & &
\end{array}
$$

Dies ergibt die Zerlegung:

$$p(x) = (x - 1)(x^2 + x + 2)$$

und die weiteren Nullstellen x_2 und x_3 durch Lösen von $x^2 + x + 2 = 0$. Schreibt man dies als:

$$\left(x + \frac{1}{2}\right)^2 = -\frac{1}{2} - 2,$$

so ergeben sich die beiden komplexen Nullstellen: $x_{2,3} = -\frac{1}{2} \pm \frac{\sqrt{7}}{2} i$.

Mathematica: Man kann eine gebrochen rationale Funktion durch Simplify vereinfachen. Der Befehl PolynomialDivision ist für die Polynomdivision mit Rest besser geeignet. Man gibt Zähler- und Nennerpolynom ein und erhält das Divisionsergebnis sowie den Rest.

Simplify

PolynomialDivision

$$\mathbf{Simplify\Big[\frac{x^3 + x - 2}{x - 1}\Big]}$$
$$2 + x + x^2$$

$$\textbf{PolynomialDivision}\big[\mathbf{x^3 + x - 2, x - 1, x}\big]$$

$$\{2 + x + x^2, 0\}$$

$$\textbf{Solve}\big[\mathbf{x^3 + x - 2 == 0}\big]$$

$$\left\{\{x \to 1\}, \left\{x \to \tfrac{1}{2}(-1 - i\sqrt{7})\right\}, \left\{x \to \tfrac{1}{2}(-1 + i\sqrt{7})\right\}\right\}$$

Maple: Man kann eine gebrochen rationale Funktion durch Simplify vereinfachen. Beim Befehl Prem gibt man Zähler- und Nennerpolynom ein und erhält den Rest.

simplify
prem

```
> simplify((x^3+x-2)/(x-1));
```

$$\mathrm{Simplify}\!\left(\frac{x^3 + x - 2}{x - 1}\right) = x^2 + x + 2$$

```
> prem(x^3+x-2,x-1,x);
```

$$\mathrm{Prem}(x^3 + x - 2,\, x - 1,\, x) = 0$$

```
> solve(x^3 +x -2=0);
```

$$1,\; -\frac{1}{2} + \frac{\sqrt{-1}\sqrt{7}}{2},\; -\frac{1}{2} - \frac{\sqrt{-1}\sqrt{7}}{2}$$

Aufgabe 3.11 Durch Polynomdivision stelle man fest, ob die Polynome:

Durch Polynomdivision gemeinsame Nullstellen finden

$$p(x) = x^3 + 2x + 3 \quad \text{und} \quad q(x) = x^2 + 3x + 2$$

eine gemeinsame Nullstelle besitzen können.

Lösung: Wir dividieren:

$$
\begin{array}{llll}
(x^3 & +2x & +3) &:\quad (x^2 \quad +3x \quad +2) \;=\; x - 3 + \frac{9x+9}{x^2+3x+2}\\
\underline{-(x^3 \quad +3x^2 \quad +2x)} & & \\
\quad\quad -3x^2 & & +3\\
\underline{\quad -(3x^2 \quad -9x \quad -6)} & & \\
\quad\quad\quad\quad 9x & +9
\end{array}
$$

Dies ergibt die Darstellung:

$$\frac{x^3 + 2x + 3}{x^2 + 3x + 2} = x - 3 + \frac{9x + 9}{x^2 + 3x + 2},$$

bzw.

$$p(x) = (x - 3)\,q(x) + 9x + 9.$$

Besitzen p und q nun eine gemeinsame Nullstelle, so muß diese auch als Nullstelle des Restes $9x + 9$ auftauchen. Als gemeinsame Nullstelle kommt also nur $x_0 = -1$ in Frage. In der Tat rechnet man leicht nach, daß sowohl $p(-1) = 0$ als auch $q(-1) = 0$ gilt.

Mathematica:

$$\mathbf{PolynomialDivision}\left[x^3 + 2x + 3,\, x^2 + 3x + 2,\, x\right]$$

$$\{-3 + x,\, 9 + 9x\}$$

Maple:

```
> prem(x^3+2*x+3,x^2+3*x+2,x);
```

$$\mathrm{Prem}(x^3 + 2x + 3,\, x^2 + 3x + 2,\, x) = 9 + 9x$$

Partialbruchzerlegung einer echt gebrochenen Funktion

Aufgabe 3.12   Man zerlege die folgende gebrochen rationale Funktion in Partialbrüche: $f(x) = \dfrac{1}{x^4 - 1}$.

Lösung: Wir betrachten zuerst das Nennerpolynom: $q(x) = x^4 - 1$, welches offenbar die beiden reellen Nullstellen $x_{1,2} = \pm 1$ besitzt. Die auf der Hand liegende Faktorisierung:

$$x^4 - 1 = (x^2 - 1)(x^2 + 1) = (x + 1)(x - 1)(x^2 + 1)$$

führt auf die folgende Gestalt der Partialbruchzerlegung:

$$f(x) = \frac{a_1}{x + 1} + \frac{a_2}{x - 1} + \frac{b_1 x + c_1}{x^2 + 1}.$$

Hieraus ergibt sich:

$$f(x) = \frac{a_1(x - 1)(x^2 + 1) + a_2(x + 1)(x^2 + 1)}{x^4 - 1} + \frac{(b_1 x + c_1)(x^2 - 1)}{x^4 - 1}$$

und durch Koeffizientenvergleich im Zähler:

$$a_1 + a_2 + b_1 = 0,$$
$$-a_1 + a_2 + c_1 = 0,$$
$$a_1 + a_2 - b_1 = 0,$$
$$-a_1 + a_2 - c_1 = 1,$$

mit der Lösung: $a_1 = -\dfrac{1}{4},\, a_2 = \dfrac{1}{4},\, b_1 = 0,\, c_1 = -\dfrac{1}{2}$. Also:

$$f(x) = -\frac{1}{4}\,\frac{1}{x + 1} + \frac{1}{4}\,\frac{1}{x - 1} - \frac{1}{2}\,\frac{1}{x^2 + 1}.$$

Mathematica: Mit Apart wird die Partialbruchzerlegung durchgeführt.

Apart

$$\mathbf{Apart}\left[\frac{1}{x^4 - 1}\right]$$

$$\frac{1}{4(-1 + x)} - \frac{1}{4(1 + x)} - \frac{1}{2(1 + x^2)}$$

Maple: Die Partialbruchzerlegung kann mit Convert und der Option Parfrac durchgeführt werden.

```
> convert(1/(x^4-1),parfrac,x);
```

$$\text{Convert}\left(\left(x^4 - 1\right)^{-1}, \text{Parfrac}, x\right) = \frac{1}{4x - 4} - \frac{1}{4x + 4} - \frac{1}{2x^2 + 2}$$

convert(...,parfrac)

Aufgabe 3.13 Man zerlege die folgende unecht gebrochene rationale Funktion in Partialbrüche:

$$f(x) = \frac{x^6 - 2x - 1}{(x - 2)^2 (x^2 + 2x + 3)} = \frac{x^6 - 2x - 1}{x^4 - 2x^3 - x^2 - 4x + 12}.$$

Partialbruchzerlegung einer unecht gebrochenen Funktion

Lösung: Durch Polynomdivision wird zunächst die Funktion f als Summe eines Polynoms und einer echt gebrochen rationalen Funktion dargestellt. Wir bekommen im ersten Divisionsschritt:

$$x^6 - 2x - 1$$
$$= x^2 (x^4 - 2x^3 - x^2 - 4x + 12)$$
$$+ 2x^5 + x^4 + 4x^3 - 12x^2 - 2x - 1,$$

im zweiten Divisionsschritt:

$$2x^5 + x^4 + 4x^3 - 12x^2 - 2x - 1$$
$$= 2x (x^4 - 2x^3 - x^2 - 4x + 12)$$
$$+ 4x^4 + 2x^3 + 8x^2 - 24x + x^4$$
$$+ 4x^3 - 12x^2 - 2x - 1$$
$$= 2x (x^4 - 2x^3 - x^2 - 4x + 12)$$
$$+ 5x^4 + 6x^3 - 4x^2 - 26x - 1$$

und im dritten Divisionsschritt:

$$5x^4 + 6x^3 - 4x^2 - 26x - 1$$
$$= 5 (x^4 - 2x^3 - x^2 - 4x + 12)$$
$$+ 10x^3 + 5x^2 + 20x + 60 + 6x^3 - 4x^2 - 26x - 1$$
$$= 5 (x^4 - 2x^3 - x^2 - 4x + 12)$$
$$+ 16x^3 + x^2 - 4x^2 - 6x - 1.$$

Insgesamt ergibt sich:

$$f(x) = x^2 + 2x + 5 + \frac{16x^3 + x^2 - 6x - 1}{(x - 2)^2 (x^2 + 2x + 3)}.$$

Da der zweite Faktor im Nenner keine reellen Nullstellen besitzt, zerlegt man den echt gebrochenen Summanden gemäß dem Ansatz:

$$\frac{16x^3 + x^2 - 6x - 1}{(x-2)^2\,(x^2+2x+3)} = \frac{a_1}{x-2} + \frac{a_2}{(x-2)^2} + \frac{b_1 x + c_1}{x^2+2x+3}\,.$$

Bringen wir die Brüche auf der rechten Seite wieder auf den gemeinsamen Nenner:

$$\frac{16x^3 + x^2 - 6x - 1}{(x-2)^2\,(x^2+2x+3)} = \frac{(a_1 + b_1)\,x^3}{(x-2)^2\,(x^2+2x+3)}$$

$$+ \frac{(a_2 - 4b_1 + c_1)\,x^2}{(x-2)^2\,(x^2+2x+3)} + \frac{(-a_1 + 2a_2 + 4b_1 - 4c_1)\,x}{(x-2)^2\,(x^2+2x+3)}$$

$$+ \frac{-6a_1 + 3a_2 + 4c_1}{(x-2)^2\,(x^2+2x+3)}\,,$$

so liefert der Koeffizientenvergleich im Zähler das Gleichungssystem:

$$\begin{aligned}
a_1 + b_1 &= 16 \\
a_2 - 4b_1 + c_1 &= 1 \\
-a_1 + 2a_2 + 4b_1 - 4c_1 &= -6 \\
-6a_1 + 3a_2 + 4c_1 &= -1
\end{aligned}$$

mit der Lösung:

$$a_1 = \frac{1736}{121}\,,\ a_2 = \frac{59}{11}\,,\ b_1 = \frac{200}{121}\,,\ c_1 = \frac{272}{121}\,.$$

Faßt man zusammen, so ergibt sich:

$$f(x) = x^2 + 2x + 5 + \frac{1736}{121}\,\frac{1}{x-2} + \frac{59}{11}\,\frac{1}{(x-2)^2} + \frac{\frac{200}{121}x + \frac{272}{121}}{x^2+2x+3}\,.$$

Mathematica:

$$\mathbf{PolynomialDivision}\big[\mathbf{x^6 - 2x - 1,\ (x-2)^2(x^2+2x+3),\ x}\big]$$

$$\{5 + 2x + x^2,\ -61 - 6x + x^2 + 16x^3\}$$

$$\mathbf{Apart}\!\left[\frac{\mathbf{x^6 - 2x - 1}}{\mathbf{(x-2)^2(x^2+2x+3)}}\right]$$

$$5 + \frac{59}{11(-2+x)^2} + \frac{1736}{121(-2+x)} + 2x + x^2 + \frac{8(34 + 25x)}{121(3 + 2x + x^2)}$$

Maple:

```
> prem(x^6-2*x-1,(x-2)^2*(x^2+2*x+3),x);
```

$$\mathrm{Prem}(x^6 - 2x - 1,\ (x-2)^2\,(x^2+2x+3),\ x) = -61 - 6x + x^2 + 16x^3$$

```
> convert((x^6-2*x-1)/((x-2)^2*(x^2+2*x+3)),parfrac,x);
```

$$\mathrm{Convert}\!\left(\frac{x^6 - 2x - 1}{(x-2)^2\,(x^2+2x+3)},\ \mathrm{Parfrac},\ x\right)$$

$$= x^2 + 2x + 5 + \frac{59}{11}\,(x-2)^2 + \frac{1736}{121\,x - 242} + \frac{272 + 200x}{121\,x^2 + 242\,x + 363}$$

3.4 Winkelfunktionen

Man erklärt die Winkelfunktionen zunächst am Einheitskreis und definiert sie durch 2π-periodische Fortsetzung auf ganz $\mathbb{R}$. Bei der Tangensfunktion sind die Stellen $\dfrac{\pi}{2} + k\pi$, $k \in \mathbb{Z}$, und bei der Cotangensfunktion die Stellen $k\pi$, $k \in \mathbb{Z}$, auszunehmen.

> 1) $\sin(\phi) = \text{Gegenkathete}$,
>
> 2) $\cos(\phi) = \text{Ankathete}$,
>
> 3) $\tan(\phi) = \dfrac{\text{Gegenkathete}}{\text{Ankathete}}$, $\quad x \neq \frac{\pi}{2}, \frac{3\pi}{2}$,
>
> 4) $\cot(\phi) = \dfrac{\text{Ankathete}}{\text{Gegenkathete}}$, $\quad x \neq 0, \pi$.
>
> Hierbei ist $0 \leq \phi < 2\pi$ das Bogenmaß des von der Hypothenuse und der positiven x-Achse eingeschlossenen Winkels.

Winkelfunktionen am Einheitskreis

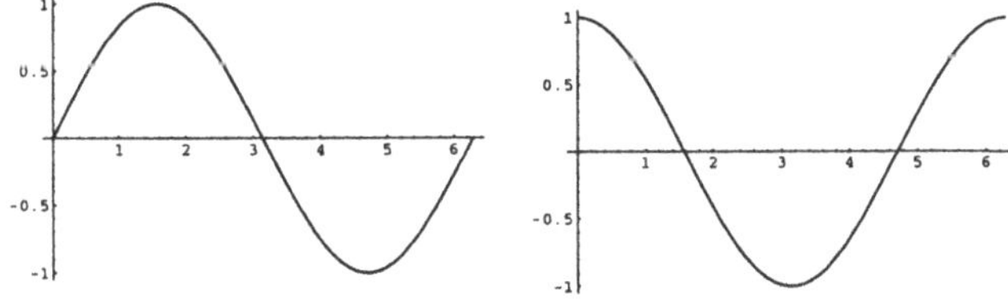

Die Sinusfunktion (links) und die Cosinusfunktion (rechts)

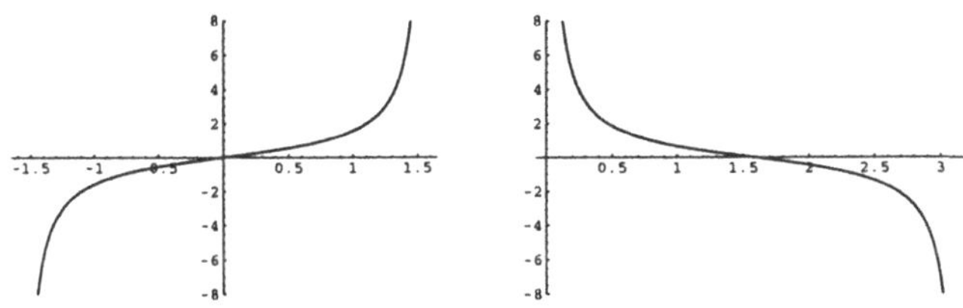

Die Tangensfunktion (links) und die Cotangensfunktion (rechts)

Wir stellen einige grundlegende Eigenschaften der Winkelfunktionen zusammen.

Eigenschaften der Winkelfunktionen

1.) $-1 \leq \sin(x) \leq 1$, $-1 \leq \cos(x) \leq 1$,

2.) $(\sin(x))^2 + (\cos(x))^2 = 1$,

3.) $\sin(-x) = -\sin(x)$, $\cos(-x) = \cos(x)$,

4.) $\sin(x + \frac{\pi}{2}) = \cos(x)$, $\cos(x - \frac{\pi}{2}) = \sin(x)$,

5.) $\tan(x) = \frac{\sin(x)}{\cos(x)}$, $\cot(x) = \frac{\cos(x)}{\sin(x)}$,
wobei im ersten Fall die Winkel $\frac{\pi}{2} + k\pi$, $k \in \mathbb{Z}$ und im zweiten Fall die Winkel $k\pi$, $k \in \mathbb{Z}$ auszunehmen sind.

6.) $\sin(x + y) = \sin(x)\cos(y) + \cos(x)\sin(y)$,
$\cos(x + y) = \cos(x)\cos(y) - \sin(x)\sin(y)$.
(Additionstheoreme).

Schränkt man sich auf geeignete Winkelbereiche ein, dann können die Winkelfunktionen umgekehrt werden.

Arcusfunktionen

1) Die Umkehrung: $\arcsin : [-1, 1] \longrightarrow [-\frac{\pi}{2}, \frac{\pi}{2}]$ von $\sin : [-\frac{\pi}{2}, \frac{\pi}{2}] \longrightarrow [-1, 1]$ heißt Arcussinus.

2) Die Umkehrung: $\arccos : [-1, 1] \longrightarrow [0, \pi]$ von $\cos : [0, \pi] \longrightarrow [-1, 1]$ heißt Arcuscosinus.

3) Die Umkehrung: $\arctan : \mathbb{R} \longrightarrow (-\frac{\pi}{2}, \frac{\pi}{2})$ von $\tan : (-\frac{\pi}{2}, \frac{\pi}{2}) \longrightarrow \mathbb{R}$ heißt Arcustangens.

4) Die Umkehrung: $\text{arccot} : \mathbb{R} \longrightarrow (0, \pi)$ von $\cot : (0, \pi) \longrightarrow \mathbb{R}$ heißt Arcuscotangens.

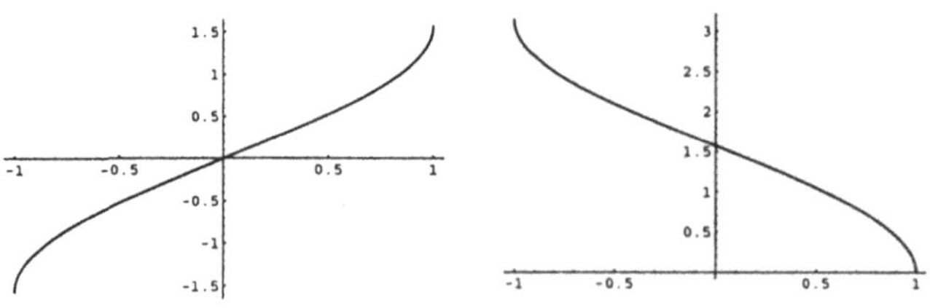

Die Arcussinusfunktion (links) und die Arcuscosinusfunktion (rechts)

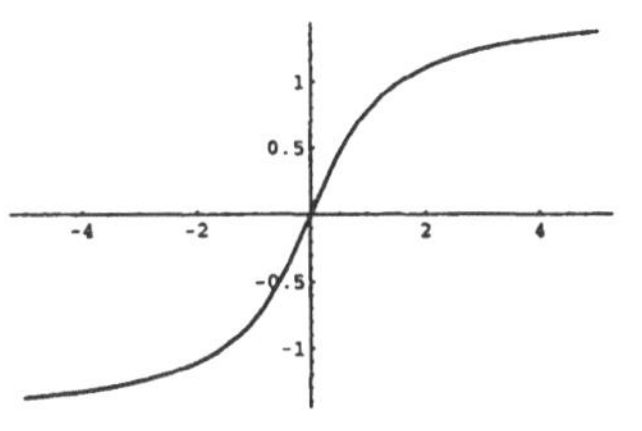 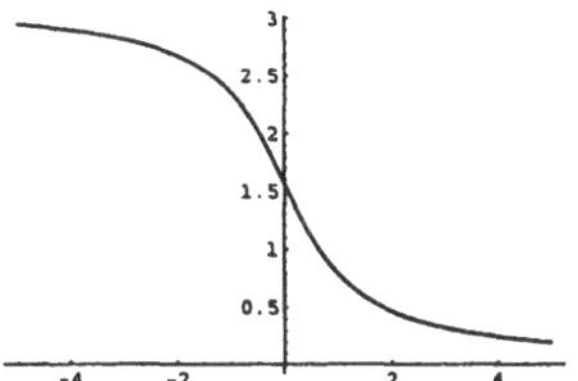

Die Arcustangensfunktion (links) und die Arcuscotangensfunktion (rechts)

Aufgabe 3.14 Man zeige, daß für alle $x \in \mathbb{R}$ gilt:

$$\sin(3\,x) = 3\,\sin(x) - 4\,(\sin(x))^3\,.$$

Trigonometrische Ausdrücke umformen

Lösung: Durch zweimaliges Anwenden der Additionstheoreme ergibt sich:

$$
\begin{aligned}
\sin(3\,x) &= \sin(2\,x)\,\cos(x) + \cos(2\,x)\,\sin(x)\\
&= 2\,\sin(x)\,\cos(x)\,\cos(x) + \left((\cos(x))^2 - (\sin(x))^2\right)\,\sin(x)\\
&= 3\,\sin(x)\,(\cos(x))^2 - (\sin(x))^3\\
&= 3\,\sin(x)\,\left(1 - (\sin(x))^2\right) - (\sin(x))^3\\
&= 3\,\sin(x) - 4\,(\sin(x))^3\,.
\end{aligned}
$$

Mathematica: Die trigonometrische Vereinfachung wird mit Simplify vorgenommen.

Simplify

$$\mathbf{Simplify}\left[3\,\sin[\mathbf{x}] - 4\sin[\mathbf{x}]^3\right]$$

$$\sin[3x]$$

Maple: Man benutzt Combine mit der Option Trig, um trigonometrische Ausdrücke zusammen zu fassen.

combine(...,trig)

```
> combine(3*sin(x)-4*sin(x)^3,trig);
```

$$\text{Combine}(3\,\sin(x) - 4\,\sin(x)^3,\ \text{trig}) = \sin(3\,x)$$

Aufgabe 3.15 Man zeige für $x, y \in \mathbb{R}$:

Trigonometrische Ausdrücke umformen

$$
\begin{aligned}
\sin(x) + \sin(y) &= 2\,\sin\left(\frac{x+y}{2}\right)\cos\left(\frac{x-y}{2}\right),\\
\sin(x) - \sin(y) &= 2\,\cos\left(\frac{x+y}{2}\right)\sin\left(\frac{x-y}{2}\right).
\end{aligned}
$$

Lösung: Nach den Additionstheoremen gilt:

$$\sin(x) = \sin\left(\frac{x+y}{2} + \frac{x-y}{2}\right)$$
$$= \sin\left(\frac{x+y}{2}\right)\cos\left(\frac{x-y}{2}\right) + \cos\left(\frac{x+y}{2}\right)\sin\left(\frac{x-y}{2}\right),$$

$$\sin(y) = \sin\left(\frac{x+y}{2} - \frac{x-y}{2}\right)$$
$$= \sin\left(\frac{x+y}{2}\right)\cos\left(\frac{x-y}{2}\right) - \cos\left(\frac{x+y}{2}\right)\sin\left(\frac{x-y}{2}\right).$$

Addiert und subtrahiert man die beiden Gleichungen, so folgen die behaupteten Beziehungen.

Mathematica:

$$\mathbf{Simplify}\left[2\sin\left[\frac{\mathbf{x+y}}{\mathbf{2}}\right]\cos\left[\frac{\mathbf{x-y}}{\mathbf{2}}\right]\right]$$
$$\sin[x] + \sin[y]$$

$$\mathbf{Simplify}\left[2\cos\left[\frac{\mathbf{x+y}}{\mathbf{2}}\right]\sin\left[\frac{\mathbf{x-y}}{\mathbf{2}}\right]\right]$$
$$\sin[x] - \sin[y]$$

Maple:

```
> combine(2*sin((x+y)/2)*cos((x-y)/2),trig);
```

$$\text{Combine}(2\sin(\tfrac{1}{2}x + \tfrac{1}{2}y)\cos(\tfrac{1}{2}x - \tfrac{1}{2}y),\ \text{trig}) = \sin(x) + \sin(y)$$

```
> combine(2*cos((x+y)/2)*sin((x-y)/2),trig);
```

$$\text{Combine}(2\cos(\tfrac{1}{2}x + \tfrac{1}{2}y)\sin(\tfrac{1}{2}x - \tfrac{1}{2}y),\ \text{trig}) = \sin(x) - \sin(y)$$

Trigonometrische Ausdrücke umformen

Aufgabe 3.16 Man zeige für $x \in [0, \pi]$:

$$\sin\left(\frac{x}{2}\right) = \sqrt{\frac{1 - \cos(x)}{2}}.$$

Lösung: Nach den Additionstheoremen gilt:

$$\cos(x) = \cos\left(\frac{x}{2} + \frac{x}{2}\right) = \left(\cos\left(\frac{x}{2}\right)\right)^2 - \left(\sin\left(\frac{x}{2}\right)\right)^2.$$

Hiermit bekommt man:

$$\sqrt{\frac{1 - \cos(x)}{2}} = \sqrt{\frac{1 - \left(\cos\left(\frac{x}{2}\right)\right)^2 + \left(\sin\left(\frac{x}{2}\right)\right)^2}{2}}$$
$$= \sqrt{\left(\sin\left(\frac{x}{2}\right)\right)^2}.$$

Für $x \in [0, \pi]$ ist $\sin(\frac{x}{2}) \geq 0$, so daß die Behauptung folgt.

Mathematica:

$$\frac{\mathbf{Simplify}\left[\sqrt{\frac{1}{2}(1 - \cos[\mathbf{x}])}\right]}{\sqrt{\sin\left[\frac{x}{2}\right]^2}}$$

Maple: Auch Simplify mit der Option Trig führt die gewünschte Vereinfachung nicht durch.

```
> simplify(sin(x/2)-sqrt((1-cos(x))/2),trig);
```

$$\sin(\frac{1}{2}x) - \frac{1}{2}\sqrt{2 - 2\cos(x)}$$

Aufgabe 3.17 Welche Funktion wird durch folgende Vorschrift gegeben:

(a) $f(x) = \sin(\arcsin(x))$,

(b) $g(x) = \arcsin(\sin(x))$.

Definionsbereich und Wertebereich der Arcussinusfunktion benutzen

Lösung: (a) Entsprechend der Definition des Arcussinus

$$\arcsin : [-1, 1] \to \left[-\frac{\pi}{2}, \frac{\pi}{2}\right]$$

als Umkehrfunktion des Sinus

$$\sin : \left[-\frac{\pi}{2}, \frac{\pi}{2}\right] \to [-1, 1]$$

gilt: $f : [-1, 1] \longrightarrow [-1, -1]$, $\quad f(x) = x$.

Mathematica:

$$\sin[\arcsin[\mathbf{x}]]$$
$$x$$

Maple:

```
> sin(arcsin(x));
```

$$\mathrm{Sin}(\mathrm{Arcsin}(x)) = x$$

Lösung: (b) Die Verkettung ist auf ganz $\mathbb{R}$ möglich. Definitionsgemäß gilt $g(x) = x$, für $x \in \left[-\frac{\pi}{2}, \frac{\pi}{2}\right]$ und

$$g(x) = -\frac{2}{\pi}x + 2, \quad \text{für} \quad x \in \left[\frac{1}{2}\pi, \frac{3}{2}\pi\right].$$

Insgesamt erhält man g durch 2π-periodische Fortsetzung $g(x + k2\pi) = g(x)$.

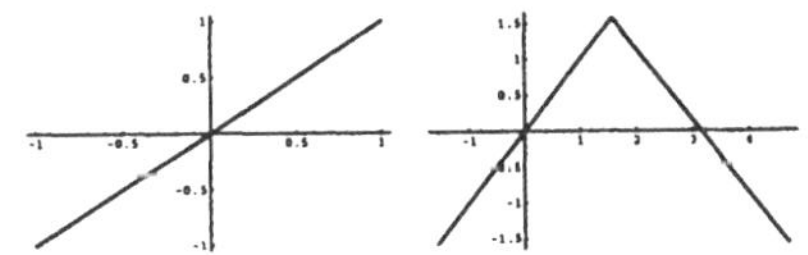

Die Funktionen
$f(x) = \sin(\arcsin(x))$,
$x \in [-1, 1]$, und
$g(x) = \arcsin(\sin(x))$,
$x \in [-\frac{3\pi}{2}, \frac{3\pi}{2}]$

simplify(...,symbolic)

Mathematica: Die Fragestellung wird zurückgegeben.

$$\textbf{Simplify}\big[\, \text{arcsin}[\sin[\textbf{x}]]\,\big]$$

$$\text{arcsin}[\sin[x]]$$

Maple: Der Befehl Simplify mit der Option Symbolic führt zu einer Antwort. Der Definitionsbereich wird auf das Intervall $[-\frac{\pi}{2}, \frac{\pi}{2}]$ eingeschränkt.

```
> arcsin(sin(x));
```

$$\text{Arcsin}(\text{Sin}(x)) = \text{arcsin}(\sin(x))$$

```
> simplify(arcsin(sin(x)),symbolic);
```

$$\text{Simplify}(\text{arcsin}(\sin(x)), \text{symbolic}) = x$$

Winkelfunktionen mit Arcusfunktionen verketten

Aufgabe 3.18 Man zeige, daß gilt:

(a) $\cos(\arcsin(x)) = \sqrt{1-x^2}$, für $x \in [-1, 1]$,

(b) $\sin(\arccos(x)) = \sqrt{1-x^2}$, für $x \in [-1, 1]$,

(c) $\cot(\arcsin(x)) = \dfrac{\sqrt{1-x^2}}{x}$, für $x \in [-1, 0) \cup (0, 1]$.

Lösung: **(a)** Mit $\arcsin : [-1, 1] \to [-\frac{\pi}{2}, \frac{\pi}{2}]$ und $\cos(\phi) \geq 0$ für $\phi \in [-\frac{\pi}{2}, \frac{\pi}{2}]$ erhält man:

$$\cos(\arcsin(x)) = \sqrt{1 - (\sin(\arcsin(x)))^2} = \sqrt{1 - x^2}.$$

(b) Mit $\arccos : [-1, 1] \to [0, \pi]$ und $\sin(\phi) \geq 0$ für $\phi \in [0, \pi]$ erhält man:

$$\sin(\arccos(x)) = \sqrt{1 - (\cos(\arccos(x)))^2} = \sqrt{1 - x^2}.$$

(c) Mit $\cot(\phi) = \dfrac{\cos(\phi)}{\sin(\phi)}$, $-\frac{\pi}{2} \leq \arcsin(x) < 0$ für $-1 \leq x < 0$ und $0 < -\frac{\pi}{2} \leq \arcsin(x) \leq \frac{\pi}{2}$ für $0 < x \leq 1$ folgt für $x \neq 0$:

$$\cot(\arcsin(x)) = \frac{\cos(\arcsin(x))}{\sin(\arcsin(x))} = \frac{\sqrt{1 - x^2}}{x}.$$

Mathematica:

$$\cot\big[\,\text{arcsin}[\textbf{x}]\,\big]$$

$$\frac{\sqrt{1 - x^2}}{x}$$

Maple:

```
> Arcsin(x))=cot(arcsin(x));
```

$$\mathrm{Cot}(\mathrm{Arcsin}(x)) = \frac{\sqrt{1-x^2}}{x}$$

Aufgabe 3.19 Man bestimme sämtliche Lösungen folgender Gleichungen:

Trigonometrische Gleichungen lösen

(a) $\sin(x) = \frac{1}{2}$,

(b) $\sin(x) = -\sqrt{3}\,\cos(x)$,

(c) $1 - (\cos(x))^2 - \frac{3}{2}\sin(x) = 0$,

(d) $\sin(x) - 1 = \cos(x)$.

Lösung: **(a)** Die Gleichung $\sin(x) = \dfrac{1}{2}$ hat in $[0, 2\pi]$ zwei Lösungen: $x = \dfrac{1}{6}\pi$ und $x = \dfrac{5}{6}\pi$. Insgesamt ergibt sich die Lösungsmenge:

$$\left\{ \frac{\pi}{6} + 2k\pi, \quad \frac{5\pi}{6} + 2k\pi, \quad k \in \mathbb{Z} \right\}.$$

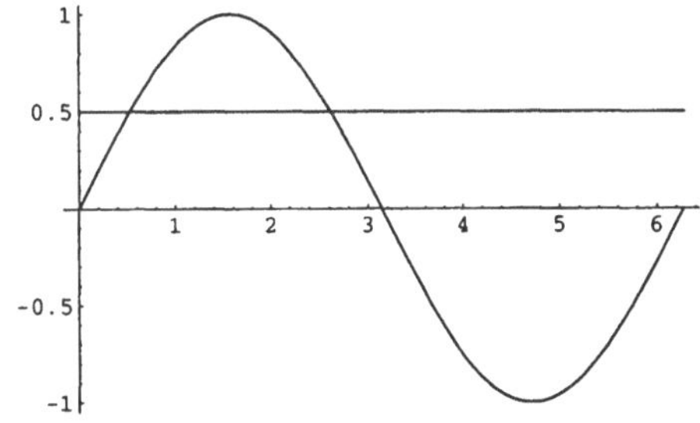

Die Sinusfunktion $\sin(x)$ und die konstante Funktion $\dfrac{1}{2}$

Mathematica: Mit Solve wird nur eine Lösung ausgegeben.

$$\mathbf{Solve}\left[\, \sin[\mathbf{x}] == \frac{1}{2}, \mathbf{x} \right]$$

$$\left\{ \left\{ x \to \frac{\pi}{6} \right\} \right\}$$

Maple:

```
> solve(sin(x)=1/2,x);
```

$$\frac{1}{6}\pi$$

Lösung: (b) Die Gleichung $\tan(x) = -\sqrt{3}$ hat in $[-\pi, \pi]$ die Lösung $x = -\dfrac{\pi}{3}$. Insgesamt ergibt sich die Lösungsmenge:

$$\left\{ -\frac{\pi}{3} + k\pi, \quad k \in \mathbb{Z} \right\}.$$

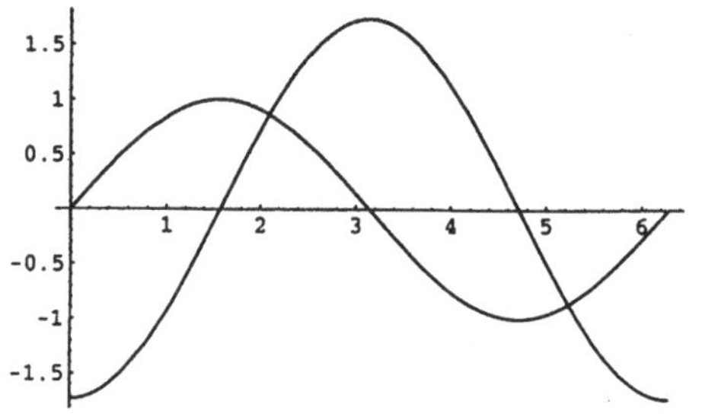

Die Funktionen $\sin(x)$ und $-\sqrt{3}\cos(x)$

Mathematica:

$$\mathbf{Solve}\big[\, \sin[\mathbf{x}] == -\sqrt{3}\cos[\mathbf{x}],\, \mathbf{x} \big]$$

$$\left\{ \left\{ x \to -\frac{\pi}{3} \right\}, \left\{ x \to \frac{2\pi}{3} \right\} \right\}$$

$$\mathbf{Solve}\big[\, \tan[\mathbf{x}] == -\sqrt{3},\, \mathbf{x} \big]$$

$$\left\{ \left\{ x \to -\frac{\pi}{3} \right\} \right\}$$

Maple:

```
> solve(sin(x)=-sqrt(3)*cos(x),x);
```

$$-\frac{1}{3}\pi$$

```
> solve(tan(x)=-sqrt(3),x);
```

$$-\frac{1}{3}\pi$$

Lösung: (c) Wir formen die gegebene Gleichung um in:

$$(\sin(x))^2 - \frac{3}{2}\sin(x) = \sin(x)\left(\sin(x) - \frac{3}{2}\right) = 0.$$

Dies läßt nur die Möglichkeit $\sin(x) = 0$ zu, und man bekommt als Lösungsmenge: $\{k\pi, \quad k \in \mathbb{Z}\}$.

Mathematica: Außer drei reellen Lösungen werden auch komplexe Lösungen ausgegeben.

$$\mathbf{Solve}\Big[1 - \cos[\mathbf{x}]^2 - \frac{3\sin[\mathbf{x}]}{2} == \mathbf{0},\, \mathbf{x}\Big]$$

$$\left\{ \{x \to 0\}, \{x \to -\pi\}, \{x \to \pi\}, \left\{ x \to \arccos\left[-\frac{i\sqrt{5}}{2} \right] \right\}, \right.$$
$$\left. \left\{ x \to \arccos\left[\frac{i\sqrt{5}}{2} \right] \right\} \right\}$$

$$\arccos\left[\frac{i\sqrt{5}}{2}\right]//\mathbf{N}$$
$$1.5708 - 0.962424i$$

Maple:

```
> solve(1-cos(x)^2-(3/2)*sin(x)=0,x);
```

$$0,\ \pi,\ \arctan(\frac{3}{2},\ \frac{1}{2}\,I\,\sqrt{5}),\ \arctan(\frac{3}{2},\ -\frac{1}{2}\,I\,\sqrt{5})$$

```
> evalf(arctan(3/2,(1/2)*I*sqrt(5)));
```

$$1.570796327 - .9624236505\,I$$

Lösung: (d) Wir quadrieren auf beiden Seiten und bekommen folgende notwendige Bedingung für die Lösungen:

$$(\sin(x))^2 - 2\sin(x) + 1 = (\cos(x))^2 = 1 - (\sin(x))^2$$

bzw. $2\sin(x)(\sin(x)-1) = 0$. Das heißt, es kommen im Intervall $[0, 2\pi]$ folgende Lösungen in Frage: $x = 0, \frac{\pi}{2}, \pi$. Da die Lösungsmenge durch das Quadrieren nur vergrößert werden kann, machen wir die Probe und stellen fest, daß Einsetzen von $x = 0$ auf $-1 = 1$ führt. Also ergibt sich die Lösungsmenge: $\left\{\frac{\pi}{2} + 2k\pi,\ \pi + 2k\pi,\ k \in \mathbb{Z}\right\}$.

Aufgabe 3.20 Eine durch $A\sin(\omega x + \phi)$ mit rellen Konstanten $A > 0, \omega > 0$ und ϕ dargestellte Funktion heißt harmonische Schwingung.
Man schreibe die Summe $B\cos(\omega x) + C\sin(\omega x)$ zweier Schwingungen als harmonische Schwingung:

$$B\cos(\omega x) + C\sin(\omega x) = A\sin(\omega x + \phi).$$

Überlagerung von Cosinus- und Sinusschwingungen

Lösung: Wegen: $\sin(\omega x + \phi) = \cos(\phi)\sin(\omega x) + \sin(\phi)\cos(\omega x)$ sind folgende Gleichungen zu lösen:

$$A\cos(\phi) = B,\quad B\sin(\phi) = C.$$

Durch Quadrieren und Addieren ergibt sich:

$$A = \sqrt{B^2 + C^2}.$$

Mit Hilfe der Arcustangensfunktion bekommen wir daraus:

$$\phi = \begin{cases} \arctan\left(\frac{C}{B}\right), & B > 0,\quad C \geq 0 \\ \pi - \arctan\left(\frac{C}{-B}\right), & B < 0,\quad C \geq 0, \end{cases}$$

$$\phi = \begin{cases} \arctan\left(\frac{-C}{B}\right), & B > 0,\quad C < 0 \\ \pi - \arctan\left(\frac{-C}{-B}\right), & B < 0,\quad C < 0. \end{cases}$$

Falls $B = 0$ ist, haben wir natürlich $\phi = \dfrac{\pi}{2}$ für $y > 0$ und $\phi = -\dfrac{\pi}{2}$ für $y < 0$.

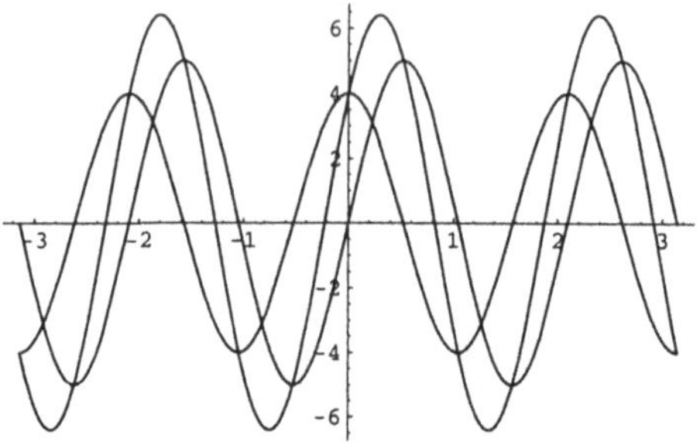

Überlagerung der Cosinus- und Sinusschwingungen $4\cos(3\,x)$ und $5\sin(3\,x)$

3.5   Logarithmus-und Exponentialfunktion

Der natürliche Logarithmus besitzt folgende grundlegende Eigenschaften:

Eigenschaften des natürlichen Logarithmus

> **1.)** Der natürliche Logarithmus $\ln : \mathbb{R}_{>0} \to \mathbb{R}$ ist eine streng monoton wachsende Funktion.
>
> **2.)** Für alle $x_1, x_2 > 0$ gilt:
> $$\ln(x_1 x_2) = \ln(x_1) + \ln(x_2),$$
> $$\ln\left(\frac{x_1}{x_2}\right) = \ln(x_1) - \ln(x_2).$$
>
> **3.)** Für alle $x > 0$ und $r \in \mathbb{Q}$ gilt: $\ln(x^r) = r\,\ln(x)$,
>
> **4.)** Für alle $x > 0$ gilt die Ungleichung:
> $$1 - \frac{1}{x} \le \ln(x) \le x - 1.$$
>
> **5.)** Es gilt: $\ln(1) = 0$.

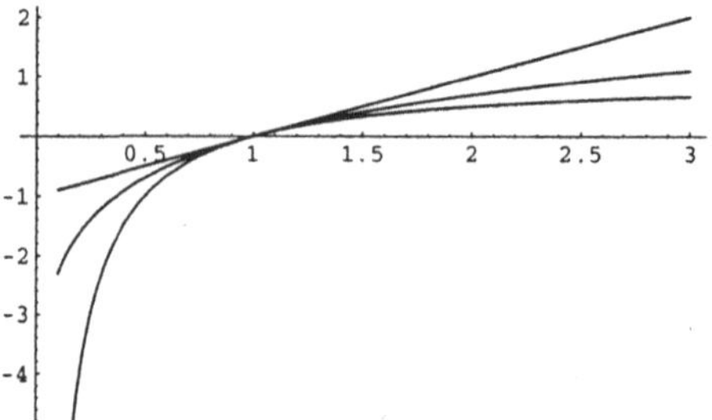

Der natürliche Logarithmus mit den Funktionen $1 - \dfrac{1}{x}$ und $x - 1$

Als streng monoton wachsende Funktion besitzt der natürliche Logarithmus eine Umkehrfunktion.

Die Umkehrfunktion $\exp : \mathbb{R} \to \mathbb{R}_{>0}$ von $\ln : \mathbb{R}_{>0} \longrightarrow \mathbb{R}$ heißt Exponentialfunktion oder kurz e-Funktion: $\exp(x) = e^x$. Es gilt:
$$e^{\ln(x)} = x \text{ für alle } x > 0 \text{ und } \ln(e^x) = x \quad \text{für alle} \quad x \in \mathbb{R}.$$

Exponentialfunktion als Umkehrfunktion des natürlichen Logarithmus

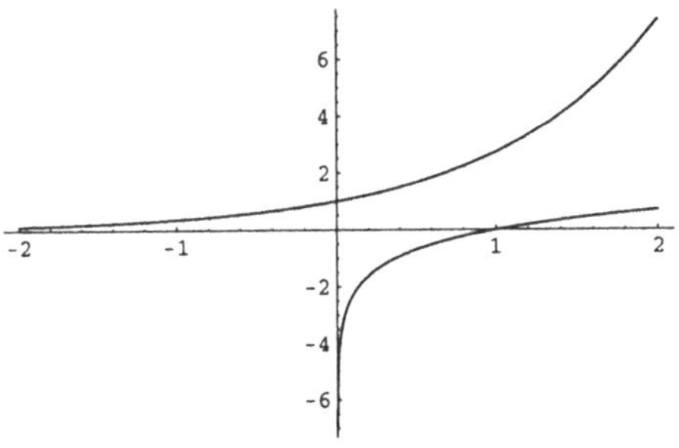

Der natürliche Logarithmus und die Exponentialfunktion

Analog zum natürlichen Logarithmus besitzt die e-Funktion folgende grundlegende Eigenschaften:

1.) Für alle $x_1, x_2 \in \mathbb{R}$ gilt:
$$e^{x_1+x_2} = e^{x_1} e^{x_2}, \quad e^{x_1-x_2} = \frac{e^{x_1}}{e^{x_2}}.$$

2.) Für alle $x > 0$ und $r \in \mathbb{Q}$ gilt: $\left(e^x\right)^r = e^{rx}$.

3.) Für alle $x \in \mathbb{R}$ gilt: $1 + x \leq e^x$. Für alle $x < 1$ gilt:
$$e^x \leq \frac{1}{1-x}.$$

4.) Es gilt: $e^0 = 1$.

Eigenschaften der Exponentialfunktion

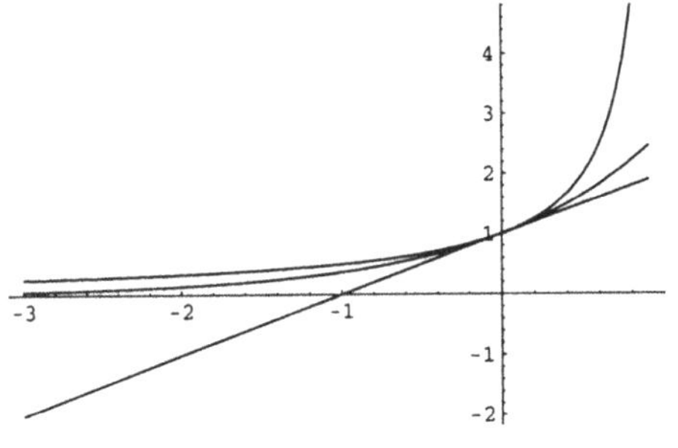

Die Exponentialfunktion mit den Funktionen $\dfrac{1}{1-x}$ und $1+x$

Wir führen nun noch die allgemeine Exponential- und Logarithmusfunktion ein:

Exponentialfunktion zur Basis a

Sei $a > 0$. Die Funktion $f : \mathbb{R} \longrightarrow \mathbb{R}_{>0}$, $x \longrightarrow e^{\ln(a)\,x}$ heißt Exponentialfunktion zur Basis a:

$$e^{\ln(a)\,x} = a^x.$$

Hiermit können wir auch die folgende Verallgemeinerung der Potenzfunktion vornehmen:

Verallgemeinerung der Potenzfunktion

$$x^b = e^{b\,\ln(x)}, \quad \text{für} \quad x > 0, b \in \mathbb{R}.$$

Zur allgemeinen Potenzfunktion gehört als Umkehrfunktion der Logarithmus zu einer beliebigen Basis:

Logarithmus zur Basis a

Sei $a > 0, a \neq 1$. Die Funktion $x \longrightarrow a^x$ besitzt eine Umkehrfunktion $\log_a : \mathbb{R}_{>0} \longrightarrow \mathbb{R}$ $x \longrightarrow \log_a(x)$. Sie heißt Logarithmus zur Basis a:

$$\log_a(x) = \frac{\ln(x)}{\ln(a)}.$$

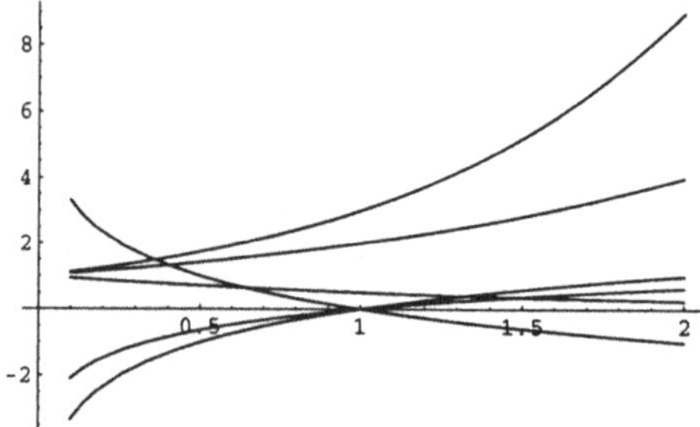

Exponential- und Logarithmusfunktionen a^x und $\log_a(x)$ mit verschiedenen Basen

Gleichungen mit Logarithmus- und e-Funktion lösen

Aufgabe 3.21   Man löse folgende Gleichungen:

(a) $\frac{1}{2}\ln(x+1) + 1 = \ln\left(\sqrt{x+3}\right)$,

(b) $\frac{e^x - e^{-x}}{e^x + e^{-x}} = \frac{1}{3}$.

Lösung: (a)   Wir formen um:

$$\ln\left((x+1)^{\frac{1}{2}}\right) - \ln\left((x+3)^{\frac{1}{2}}\right) = -1$$

bzw.

$$\ln\left(\left(\frac{x+1}{x+3}\right)^{\frac{1}{2}}\right) = -1.$$

Also suchen wir Lösungen von:

$$\frac{1}{2}\ln\left(\frac{x+1}{x+3}\right) = -1 \quad \text{bzw.} \quad \ln\left(\frac{x+1}{x+3}\right) = -2\,.$$

Wenden wir auf beiden Seiten die e-Funktion an, so folgt:

$$\frac{x+1}{x+3} = e^{-2}\,.$$

Dies ergibt schließlich die Lösung: $x = \dfrac{e^{-2}-1}{1-e^{-2}}$.

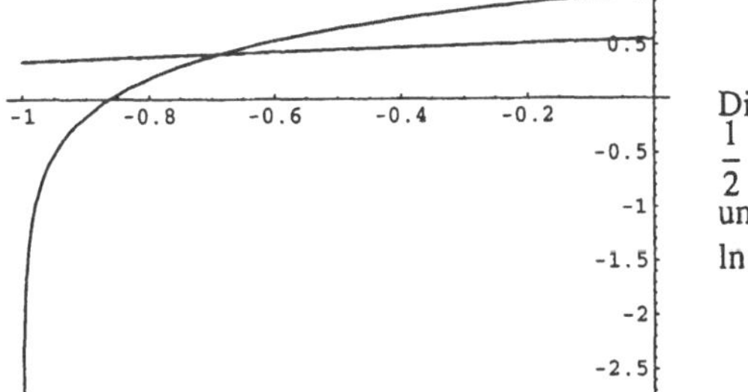

Die Funktionen
$$\frac{1}{2}\ln(x+1)+1$$
und
$$\ln\left(\sqrt{x+3}\right)$$

Mathematica: Der natürliche Logarithmus wird mit Log bezeichnet.

$$\mathbf{Solve}\!\left[\frac{1}{2}\log[\mathbf{x}+1]+1 == \log\left[\sqrt{\mathbf{x}+3}\right],\mathbf{x}\right]$$

$$\left\{\left\{x \to -\frac{-3+e^2}{-1+e^2}\right\}\right\}$$

Log

Maple: Der natürliche Logarithmus wird mit ln bezeichnet.

```
> solve((1/2)*ln(x+1)+1=ln(sqrt(x+3)),{x});
```

$$\left\{x = -\frac{-3+e^2}{-1+e^2}\right\}$$

ln

Lösung: **(b)** Durch Erweitern mit e^x auf der linken Seite bekommen wir:

$$\frac{e^{2x}-1}{e^{2x}+1} = \frac{1}{3}$$

und daraus: $e^{2x} = 2$. Dies ergibt die Lösung: $x = \ln(\sqrt{2}) = \dfrac{1}{2}\ln(2)$.

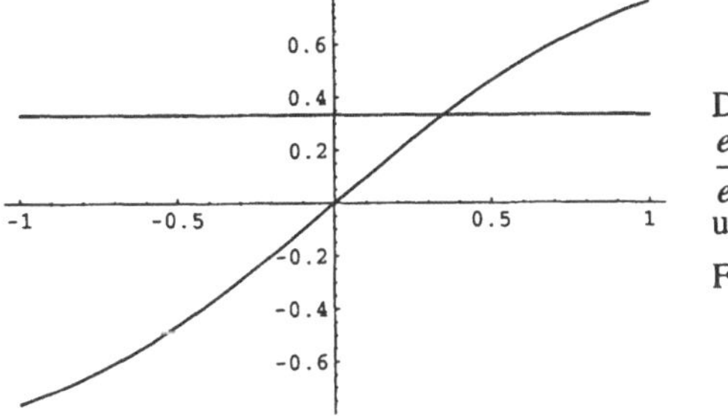

Die Funktion
$$\frac{e^x - e^{-x}}{e^x + e^{-x}}$$
und die konstante
Funktion $\dfrac{1}{3}$

Exp

Mathematica: Die Exponentialfunktion wird mit Exp bezeichnet. (Solve gibt auch $\ln(-\sqrt{2})$, also der natürliche Logarithmus einer negativen Zahl, als Lösung aus).

$$\mathbf{Solve}\Big[\frac{\exp[\mathbf{x}] - \exp[-\mathbf{x}]}{\exp[\mathbf{x}] + \exp[-\mathbf{x}]} == \frac{1}{3}, \mathbf{x}\Big]$$

$$\{\{x \to \frac{\log[2]}{2}\}, \{x \to \log[-\sqrt{2}]\}\}$$

exp

Maple: Die Exponentialfunktion wird mit exp bezeichnet.

```
> solve((exp(x)-exp(-x))/(exp(x)+exp(-x))=1/3,{x});
```

$$\{x = \frac{1}{2}\ln(2)\}$$

Umkehrfunktionen von Exponential-, Logarithmus- und Arcusverkettungen bestimmen

Aufgabe 3.22   Man bestimme die Umkehrfunktion folgender Funktionen:

(a) $f(x) = \ln(3x + 5) + 2$, $\quad x > -\frac{5}{3}$,

(b) $f(x) = \frac{e^x - e^{-x}}{2}$, $\quad x \in \mathbb{R}$,

(c) $f(x) = \arccos\left(\sqrt{1 - e^x}\right)$, $\quad x \geq 0$.

Lösung: **(a)**   Die Gleichung: $y = \ln(3x + 5) + 2$ besitzt für $y \in \mathbb{R}$ offenbar genau eine Lösung $x > -\frac{5}{3}$:

$$x = \frac{1}{3}e^{y-2} - \frac{5}{3}.$$

Also lautet die Umkehrfunktion: $f^{-1}(y) = \frac{1}{3}e^{y-2} - \frac{5}{3}$, $\quad y \in \mathbb{R}$.

Mathematica:

$$\mathbf{Solve}\big[\mathbf{y} == \log[\mathbf{3x + 5}] + 2, \mathbf{x}\big]$$

$$\{\{x \to \frac{1}{3}(-5 + e^{-2+y})\}\}$$

Maple:

```
> solve(y=ln(3*x+5)+2,{x});
```

$$\{x = \frac{1}{3}e^{(y-2)} - \frac{5}{3}\}$$

Lösung: **(b)**   Die Gleichung: $y = \dfrac{e^x - e^{-x}}{2}$ formen wir zuerst um zu:

$$\left(e^x\right)^2 - y\,e^x - 1.$$

Für $y \in \mathbb{R}$ ergibt sich hieraus genau eine Lösung $e^x > 0$:

$$e^x = \frac{y}{2} + \sqrt{\frac{y^2}{4} + 1}.$$

Also lautet die Umkehrfunktion: $f^{-1}(y) = \ln\left(\dfrac{y}{2} + \sqrt{\dfrac{y^2}{4} + 1}\right)$, $y \in \mathbb{R}$.

Mathematica:

$$\mathbf{Solve}\left[\mathbf{y} == \frac{\exp[\mathbf{x}] - \exp[-\mathbf{x}]}{2}, \mathbf{x}\right]$$

$$\left\{\left\{x \to \log\left[y - \sqrt{1 + y^2}\right]\right\}, \left\{x \to \log\left[y + \sqrt{1 + y^2}\right]\right\}\right\}$$

Maple:

```
> solve(y=(exp(x)-exp(-x))/2,{x});
```

$$\{x = \ln(y + \sqrt{y^2 + 1})\}, \{x = \ln(y - \sqrt{y^2 + 1})\}$$

Lösung: (c) Für $x < 0$ ist $0 < 1 - e^x < 1$, so daß $y = \arccos\left(\sqrt{1 - e^x}\right)$ mit $y \in (0, \dfrac{\pi}{2}]$ umgeformt werden kann zu:

$$e^x = 1 - (\cos(y))^2.$$

Also lautet die Umkehrfunktion: $f^{-1}(y) = \ln\left(1 - (\cos(y))^2\right)$, $y \in \left(0, \dfrac{\pi}{2}\right]$.

Mathematica:

$$\mathbf{Solve}\left[\mathbf{y} == \arccos\left[\sqrt{1 - \exp[\mathbf{x}]}\right], \mathbf{x}\right]$$

$$\{\{x \to \log[1 - \cos[y]^2]\}\}$$

Maple:

```
> solve(y=arccos(sqrt(1-exp(x))),{x});
```

$$\{x = \ln(\sin(y)^2)\}$$

Aufgabe 3.23 Man zeige, daß gilt:

$$\ln\left((x - n)^{\frac{1}{n+1}}\right) \le \frac{1}{n + 1} x - 1, \quad n \in \mathbb{N}, x \in (n, \infty).$$

Obere Abschätzung für den natürlichen Logarithmus verallgemeinern

Lösung: Ersetzt man y durch $x - n$ in $\ln(y) \le y - 1$, $y > 0$, so ergibt sich für $x > n$:

$$\ln(x - n) \le x - n - 1.$$

Hieraus folgt:

$$\frac{1}{n + 1} \ln(x - n) \le \frac{1}{n + 1} x - 1$$

und die Behauptung. Beispielsweise gilt für $n = 1$:

$$\ln\left((x - 1)^{\frac{1}{2}}\right) \le \frac{1}{2} x - 1, \quad x \in (1, \infty).$$

<table>
<tr><td>Rechengesetze für Potenzen
und Logarithmen anwenden</td><td>

Aufgabe 3.24

(a) Man zeige, daß für alle $a, b > 0$ und $x_1, x_2, x \in \mathbb{R}$ gilt:

$$a^{x_1+x_2} = a^{x_1} a^{x_2}, \quad \left(a^{x_1}\right)^{x_2} = a^{x_1 x_2}, \quad a^x b^x = (a\,b)^x.$$

(b) Man zeige, daß für alle $a > 0$, $a \neq 1$, $\alpha \in \mathbb{R}$ und $x_1, x_2, x > 0$ gilt:

$$\log_a(x_1 x_2) = \log_a(x_1)\,\log_a(x_2),\, \log_a\left(x^\alpha\right) = \alpha\,\log_a(x).$$

</td></tr>
</table>

Lösung: **(a)** Man rechnet definitionsgemäß nach:

$$a^{x_1+x_2} = e^{\ln(a)(x_1+x_2)} = e^{\ln(a)x_1}\, e^{\ln(a)x_2} = a^{x_1}\, a^{x_1},$$

$$\left(a^{x_1}\right)^x_2 = \left(e^{\ln(a)x_1}\right)^{x_2} = e^{\ln(a)x_1\, x_2} = a^{x_1\, x_2},$$

$$a^x\, b^x = e^{\ln(a)x}\, e^{\ln(b)x} = e^{(\ln(a)+\ln(b))x} = \left(e^{(\ln(a)+\ln(b))}\right)^x = (a\,b)^x.$$

(b) Man rechnet definitionsgemäß nach:

$$\log_a(x_1\, x_2) = \frac{\ln(x_1\, x_2)}{\ln(a)} = \frac{\ln(x_1)+\ln(x_2)}{\ln(a)} = \log_a(x_1)\,\log_a(x_2),$$

$$\log_a\left(x^\alpha\right) = \frac{\ln\left(x^\alpha\right)}{\ln(a)} = \alpha\,\frac{\ln(x)}{\ln(a)} = \alpha\,\log_a(x).$$

<table>
<tr><td>Logarithmen zu verschiedenen
Basen vergleichen</td><td>

Aufgabe 3.25 Sei $a \geq b > 1$. Man zeige:

$$\log_a(x) \leq \log_b(x),\, x \geq 1, \text{ und } \log_b(x) \leq \log_a(x),\, 0 < x < 1.$$

</td></tr>
</table>

Lösung: Mit der Monotonie des natürlichen Logarithmus ergibt sich: $\ln(a) \geq \ln(b) > 0$ bzw:

$$0 < \frac{1}{\ln(a)} \leq \frac{1}{\ln(b)}.$$

Multipliziert man diese Ungleichung mit $\ln(x)$ $(x > 0)$, so gilt:

$$0 < \frac{\ln(x)}{\ln(a)} \leq \frac{\ln(x)}{\ln(b)},$$

falls $x > 1$ und

$$\frac{\ln(x)}{\ln(b)} \leq \frac{\ln(x)}{\ln(a)} < 0,$$

falls $x < 1$.

Teil II

Analysis im $\mathbb{R}^1$

4 Stetige Funktionen

4.1 Begriff der Stetigkeit

Geringe Änderungen des Arguments einer stetigen Funktion bewirken geringe Änderungen des Funktionswertes.

> Sei $D \subseteq \mathbb{R}$ und $x_0 \in D$. Eine Funktion $f : D \longrightarrow \mathbb{R}$ heißt stetig im Punkt x_0, wenn es zu jedem $\epsilon > 0$ ein $\delta_\epsilon > 0$ gibt, so daß für alle $x \in D$ gilt:
>
> $$|x - x_0| < \delta_\epsilon \quad \Longrightarrow \quad |f(x) - f(x_0)| < \epsilon .$$
>
> f heißt stetig in D, wenn f in jedem Punkt $x_0 \in D$ stetig ist.

Stetigkeit

Die Stetigkeit einer Funktion kann man sich folgendermaßen in der Ebene veranschaulichen.

> Gibt man einen ϵ-Streifen um den Funktionswert $f(x_0)$:
>
> $$\{(x, y) \mid f(x_0) - \epsilon < y < f(x_0) + \epsilon\}$$
>
> in der Ebene vor, so gibt es ein δ_ϵ mit: $(x, f(x)) \in S_\epsilon$ für $x_0 - \delta_\epsilon < x < x_0 + \delta_\epsilon$.

Graph einer stetigen Funktion

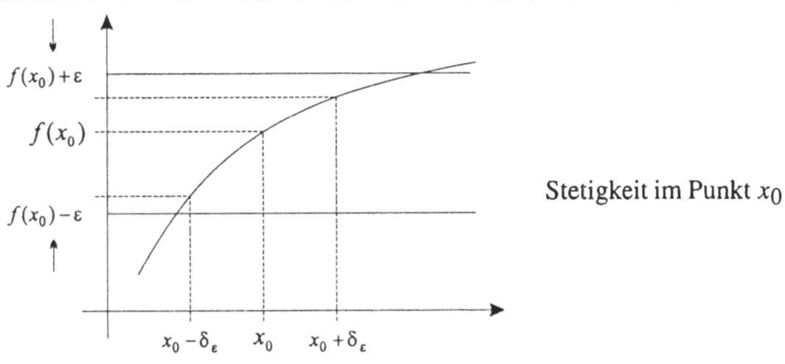

Stetigkeit im Punkt x_0

Der Stetigkeitsbegriff bei Funktionen läßt sich auf den Grenzwertbegriff bei Folgen zurückführen.

Eine Funktion $f : D \to \mathbb{R}$ ist genau dann stetig im Punkt $x_0 \in D$, wenn die zu irgendeiner gegen x_0 konvergenten Folge $\{\tilde{x}_n\} \subset D$ gehörige Folge von Funktionswerten $\{f(\tilde{x}_n)\}$ gegen $f(x_0)$ konvergiert.

$$\lim_{n\to\infty} \tilde{x}_n = x_0 \quad \Longrightarrow \quad \lim_{n\to\infty} f(\tilde{x}_n) = f(x_0)\,.$$

Folgenkriterium für die Stetigkeit

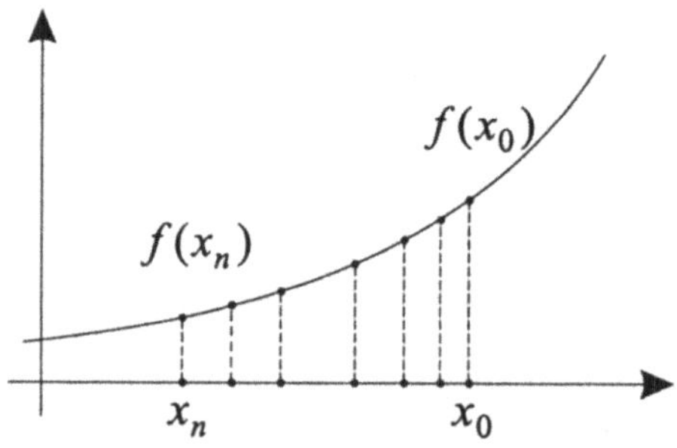

Stetigkeit im Punkt x_0, Folgenkriterium

Mit dem Stetigkeitsbegriff umgehen

Aufgabe 4.1   Man zeige mit Hilfe der ϵ-δ-Definition, daß folgende Funktionen stetig in $x_0 = -1$ sind:

(a) $f(x) = 2x - 1$,

(b) $f(x) = x^2$,

(c) $f(x) = \dfrac{1}{x}$.

Lösung: **(a)**   Sei $\epsilon > 0$ beliebig. Wählt man $\delta_\epsilon = \dfrac{\epsilon}{2}$, dann gilt für $|x + 1| < \delta_\epsilon$:

$$|f(x) - f(-1)| = 2\,|x + 1| < \epsilon\,.$$

(b)   Sei $\epsilon > 0$ beliebig. Wählt man $\delta_\epsilon = \min\{\dfrac{\epsilon}{3}, 1\}$, dann gilt für $|x + 1| < \delta_\epsilon$ zunächst $|x| < 1$ und $|x - 1| < 3$ und weiter:

$$|f(x) - f(-1)| = |x^2 - 1| = |x - 1|\,|x + 1| < \epsilon\,.$$

(c)   Sei $\epsilon > 0$ beliebig. Wählt man $\delta_\epsilon = \min\{\dfrac{\epsilon}{2}, \dfrac{1}{2}\}$, dann gilt für $|x + 1| < \delta_\epsilon$ zunächst $|x| > \dfrac{1}{2}$ und weiter:

$$|f(x) - f(-1)| = \left|\dfrac{1}{x} + 1\right| = \dfrac{|x + 1|}{|x|} < \epsilon\,.$$

Mit dem Stetigkeitsbegriff umgehen

Aufgabe 4.2   Man zeige mit Hilfe der ϵ-δ-Definition, daß die Funktion:

$$f(x) = \dfrac{\sqrt{|x|}}{x + 1}$$

stetig in $x_0 = 0$ ist.

Lösung: Es gilt: $|f(x) - f(0)| = \left| \dfrac{\sqrt{|x|}}{x+1} \right| = \dfrac{1}{|x+1|} \sqrt{|x|}$. Sei $|x| \le \dfrac{1}{2}$.

Dann ist $|x+1| \ge \dfrac{1}{2}$ und $\dfrac{1}{|x+1|} \le 2$. Das heißt, $|f(x) - f(0)| \le 2\sqrt{|x|}$

für $|x| \le \dfrac{1}{2}$. Nun braucht man nur noch $\delta_\epsilon = \min(\dfrac{1}{2}, \dfrac{\epsilon^2}{4})$ zu wählen.

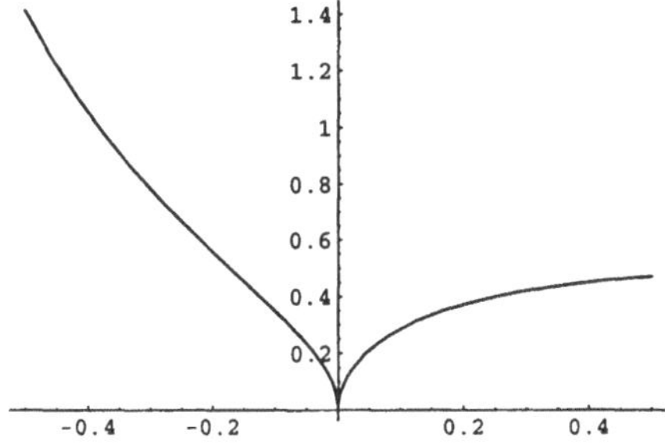

Stetigkeit der Funkti-
on
$$f(x) = \frac{\sqrt{|x|}}{x+1}$$
im Punkt $x_0 = 0$

Aufgabe 4.3   Man zeige mit Hilfe der ϵ-δ-Definition, daß die Funktion:

$$f(x) = \begin{cases} \dfrac{\sqrt{\alpha x} - x}{\alpha - x} & , \quad x > 0, x \ne \alpha \\ \dfrac{1}{2} & , \quad x = \alpha \end{cases}$$

stetig in $x_0 = \alpha > 0$ ist.

Mit dem Stetigkeitsbegriff umgehen

Lösung: Die folgende Rechnung zeigt, daß man zu vorgegebenem $\epsilon > 0$ nur noch $\delta_\epsilon = 2\alpha\epsilon$ zu wählen braucht:

$$\begin{aligned} |f(x) - f(\alpha)| &= \left| \frac{\sqrt{\alpha x} - x}{\alpha - x} - \frac{1}{2} \right| = \frac{1}{2|\alpha - x|} \left| 2(\sqrt{\alpha x} - x) - (\alpha - x) \right| \\ &= \frac{1}{2|\alpha - x|} \left| 2\sqrt{\alpha x} - (\alpha + x) \right| \\ &= \frac{1}{2|\alpha - x|} \frac{|\alpha - x|^2}{|2\sqrt{\alpha x} + (\alpha + x)|} \\ &= \frac{|\alpha - x|}{2|2\sqrt{\alpha x} + \alpha + x|} \\ &< \frac{|x - \alpha|}{2\alpha}. \end{aligned}$$

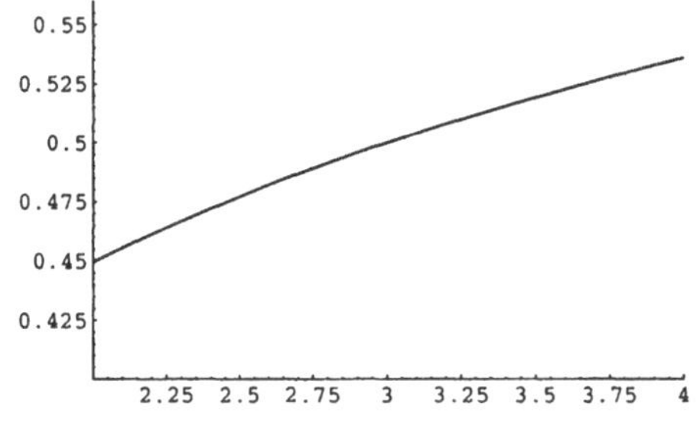

Die Funktion
$$f(x) = \frac{\sqrt{3x} - x}{3 - x},$$
$x > 0, x \ne 3,$
$$f(3) = \frac{1}{2},$$
in der Nähe von $x = 3$

Stetigkeit mit dem
Folgenkriterium nachweisen

Aufgabe 4.4   Mit dem Folgenkriterium zeige man, daß folgende
Funktionen stetig sind:

$$f(x) = x^k \,, x \in \mathbb{R}, k \in \mathbb{N}, \qquad g(x) = \frac{1}{x^k} \,, x \in \mathbb{R}, x \neq 0, k \in \mathbb{N}.$$

Lösung: Ist $\tilde{x}_n$ eine gegen x_0 konvergente Folge, so konvergiert die Folge
der Funktionswerte nach den bekannten Grenzwertsätzen für Folgen gegen
x_0^k:

$$\lim_{n \to \infty} \tilde{x}_n = x_0 \quad \Longrightarrow \quad \lim_{n \to \infty} \tilde{x}_n^k = x_0^k \,.$$

Ist $x_0 \neq 0$, so überlegt man sich genauso:

$$\lim_{n \to \infty} \tilde{x}_n = x_0 \quad \Longrightarrow \quad \lim_{n \to \infty} \frac{1}{\tilde{x}_n^k} = \frac{1}{x_0^k} \,.$$

Stetigkeit mit dem
Folgenkriterium nachweisen

Aufgabe 4.5   Mit dem Folgenkriterium zeige man, daß folgende
Funktionen stetig in $x_0 = 0$ sind:

$$f(x) = \begin{cases} x \sin\left(\frac{1}{x}\right) & , \quad x \neq 0 \\ 0 & , \quad x = 0 \end{cases} \,,$$

$$g(x) = \begin{cases} x \cos\left(\frac{1}{x}\right) & , \quad x \neq 0 \\ 0 & , \quad x = 0 \end{cases} \,.$$

Lösung: Sei $\tilde{x}_n$ eine gegen 0 konvergente Folge: $\lim_{n \to \infty} \tilde{x}_n = 0$. Für $\tilde{x}_n \neq$
0 ist:

$$|f(\tilde{x}_n)| = |\tilde{x}_n| \left| \sin\left(\frac{1}{\tilde{x}_n}\right) \right| \leq |\tilde{x}_n|$$

und

$$|g(\tilde{x}_n)| = |\tilde{x}_n| \left| \cos\left(\frac{1}{\tilde{x}_n}\right) \right| \leq |\tilde{x}_n| \,,$$

so daß wir: $\lim_{n \to \infty} f(\tilde{x}_n) = f(0) = 0$ und $\lim_{n \to \infty} g(\tilde{x}_n) = g(0) = 0$ bekommen.

Grenzwerte mit dem
Folgenkriterium bestimmen

Aufgabe 4.6   Man bestimme die Grenzwerte der Folgen:

$$a_n = \left(1 + \frac{1}{n}\right)^{kn} \,, k \in \mathbb{Z} \,, \qquad b_n = \left(1 + \frac{k}{n}\right)^n \,, k \in \mathbb{Z}, k \neq 0,$$

unter Verwendung der Stetigkeit der Funktion $f(x) = x^k, x > 0$.

Lösung: Mit der Umformung:

$$a_n = f\left(\left(1 + \frac{1}{n}\right)^n\right) = \left(\left(1 + \frac{1}{n}\right)^n\right)^k$$

und dem bekannten Grenzwert $\lim_{n \to \infty} \left(1 + \frac{1}{n}\right)^n = e$ bekommen wir:

$$\lim_{n \to \infty} a_n = e^k \, .$$

Mit der Umformung: $b_n = f\left(\left(1 + \dfrac{1}{\frac{n}{k}}\right)^{\frac{n}{k}}\right) = \left(\left(1 + \dfrac{1}{\frac{n}{k}}\right)^{\frac{n}{k}}\right)^{k}$ und

dem bekannten Grenzwert $\lim_{n \to \infty} \left(1 + \dfrac{1}{\frac{n}{k}}\right)^{\frac{n}{k}} = e$ bekommen wir:

$$\lim_{n \to \infty} b_n = e^k \, .$$

Mathematica: Mit Limit werden die gesuchten Grenzwerte direkt berechnet.

$$\mathbf{Limit}\left[\left(\left(1 + \frac{1}{n}\right)^{n}\right)^{k}, n \to \infty\right]$$
$$e^k$$

$$\mathbf{Limit}\left[\left(1 + \frac{k}{n}\right)^{n}, n \to \infty\right]$$
$$e^k$$

Maple:

```
> limit(((1+(1/n))^n)^k,n=infinity);
```

$$\lim_{n \to \infty} \left((1 + \frac{1}{n})^n\right)^k = e^k$$

```
> limit((1+(k/n))^n,n=infinity);
```

$$\lim_{n \to \infty} (1 + \frac{k}{n})^n = e^k$$

4.2 Sätze über stetige Funktionen

Wie bei den Folgen ergibt sich die Stetigkeit der Summen-, Produkt- und Quotientenfunktion.

> Seien $f : D \longrightarrow \mathbb{R}$ und $g : D \longrightarrow \mathbb{R}$ in $x_0 \in D$ stetige Funktionen. Dann sind folgende Funktionen stetig in x_0:
>
> $$f + g : D \longrightarrow \mathbb{R}, \quad fg : D \longrightarrow \mathbb{R}, \quad \frac{f}{g} : D\backslash M \longrightarrow \mathbb{R},$$
>
> wobei $M = \{x \in D \mid g(x) \neq 0\}$ und $x_0 \notin D$.

Stetigkeit der Summen-, Produkt- und Quotientenfunktion

Zur Verkettung und zur Umkehrfunktion gibt es kein Analogon bei den Folgen.

Stetigkeit der Verkettung

> Seien $f : D \longrightarrow \mathbb{R}$ in $x_0 \in D$ und $g : f(D) \longrightarrow \mathbb{R}$ in $f(x_0) \in f(D)$ stetige Funktionen. Dann ist die Verkettung $g \circ f : D \longrightarrow \mathbb{R}$ stetig in x_0.

Die Stetigkeit der Funktion überträgt sich auf die Umkehrfunktion.

Stetigkeit der Umkehrfunktion

> Sei $f : [a, b] \longrightarrow \mathbb{R}$ eine streng monotone, in $x_0 \in [a, b]$ stetige Funktion. Dann ist die Umkehrfunktion $f^{-1} : f([a, b]) \longrightarrow [a, b]$ in $f(x_0) \in f([a, b])$ stetig.

Auf wichtige Klassen stetiger Funktionen greift man oft zurück.

Einige Klassen stetiger Funktionen

> Folgende Klassen sind in ihrem ganzen Definitionsbereich stetig:
>
> **1)** Gebrochen rationale Funktionen,
>
> **2)** n-te Wurzelfunktionen,
>
> **3)** Winkelfunktionen,

Ist eine Funktion stetig, dann wird jeder Wert zwischen zwei Funktionswerten ebenfalls als Funktionswert angenommen.

Zwischenwertsatz

> Die Funktion $f : [a, b] \rightarrow \mathbb{R}$ sei stetig. Sei $\min\limits_{x \in [a,b]} f(x) \leq \eta \leq \max\limits_{x \in [a,b]} f(x)$. Dann besitzt f in $[a, b]$ mindestens eine Stelle ξ mit $f(\xi) = \eta$.

Sätze über Stetigkeit und Stetigkeit gewisser Funktionsklassen benutzen

Aufgabe 4.7   Sind folgende Funktionen stetig:

(a) $f(x) = \dfrac{\cos(x^2) + 1}{3\,x^4 + 17}$,

(b) $f(x) = \sqrt{x}\,\sin\left(\dfrac{1}{x}\right)$, $x > 0$,

(c) $f(x) = \sqrt{x^2 - 5\,x + 6}$, $x > 3$.

Lösung: **(a)** Die Cosinusfunktion ist in ganz $\mathbb{R}$ stetig, so daß durch Verkettung mit $f_1(x) = x^2$ eine stetige Funktion entsteht. Die Polynomfunktion $f_2(x) = 3x^4 + 17$ ist stetig und verschwindet nirgends. Der Quotient:
$$f(x) = \frac{\cos(f_1(x)) + 1}{f_2(x)} = \frac{f_3(x)}{f_2(x)} \text{ ist somit eine stetige Funktion.}$$

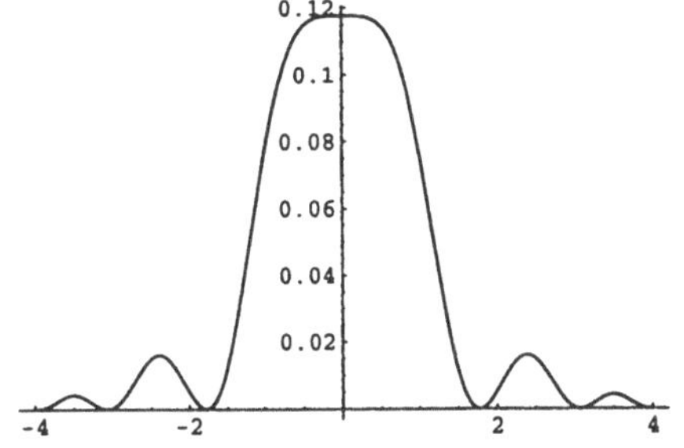

Die Funktion

$$f(x) = \frac{\cos(x^2) + 1}{3\,x^4 + 17}$$

(b) Die Verkettung der Funktionen $f_2 \circ f_1$:

$$f_1(x) = \frac{1}{x}\,,\, x > 0\,,$$

$$f_2(x) = \sin(x)\,,\, x \in \mathbb{R}\,,$$

ergibt wieder eine stetige Funktion. Multipliziert man sie mit der stetigen Funktion $f_3(x) = \sqrt{x}\,,\, x > 0\,$, so entsteht die stetige Funktion

$$f(x) = f_3(x)\,(f_2 \circ f_1)(x)\,.$$

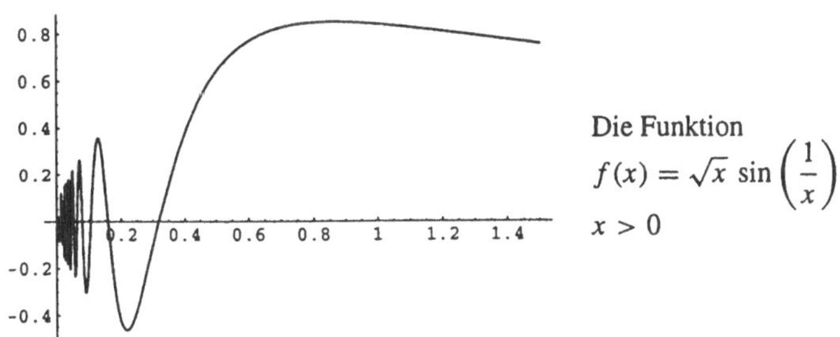

Die Funktion

$$f(x) = \sqrt{x}\,\sin\!\left(\frac{1}{x}\right),$$

$$x > 0$$

(c) Die Funktion $x \to x^2 - 5x + 6$ ist in ganz $\mathbb{R}$ stetig. Schränkt man sie auf $x > 3$ ein, so nimmt sie nur Werte an, die größer als Null sind. Die Verkettung $f_2 \circ f_1$:
$f_1(x) = x^2 - 5x + 6\,,\, x > 3\,,\, f_2(x) = \sqrt{x}\,,\, x \in \mathbb{R}\,$, ist also möglich und ergibt wieder eine stetige Funktion. $f(x) = (f_2 \circ f_1)(x)\,.$

Aufgabe 4.8 Gegeben seien die Funktionen:

$$f(x) = \sqrt{\frac{20\,x}{1 + x^2}} \quad \text{und} \quad g(x) = x^3 - x - 10\,.$$

Mit dem Zwischenwertsatz zeige man, daß die Gleichung: $f(x) = g(x)$ mindestens eine Lösung im Intervall $(2, 5)$ besitzt.

Lösung: Wir bilden die Differenz: $h(x) = f(x) - g(x)$, welche offenbar eine im Intervall $[2, 5]$ stetige Funktion darstellt. Berechnet man ihre Funktionswerte an den Stellen 2 und 5, so ergibt sich:

$$h(2) = 4 + 2\sqrt{2} > 0 \quad \text{und} \quad h(5) = -110 + 5\sqrt{\frac{2}{13}} < 0\,.$$

Mit dem Zwischenwertsatz die Lösbarkeit einer Gleichung nachweisen

Damit muß eine Stelle $\xi \in (2, 5)$ mit $h(\xi) = 0$ existieren.

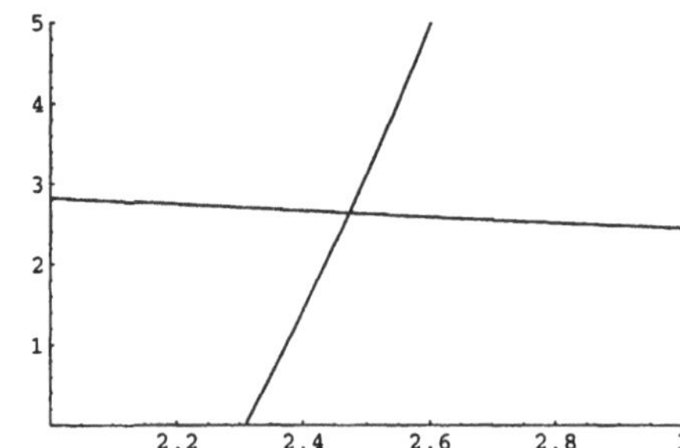

Die Funktionen
$$f(x) = \sqrt{\frac{20\,x}{1 + x^2}}$$
und
$$g(x) = x^3 - x - 10, \quad x \in (2, 5)$$

Mathematica: Die Funktionen werden definiert und ihre Differenz an den Stellen 2 und 5 ausgewertet.

$$\mathbf{f[x\_] := \sqrt{\frac{20x}{1 + x^2}}}$$

$$\mathbf{g[x\_] := x^3 - x - 10}$$

$$\mathbf{f[2] - g[2]}$$
$$4 + 2\sqrt{2}$$

$$\mathbf{f[5] - g[5]}$$
$$-110 + 5\sqrt{\frac{2}{13}}$$

Maple:

```
> f:=x->sqrt(20*x/(1+x^2));
```

$$f := x \to \sqrt{20\,\frac{x}{x^2 + 1}}$$

```
> g:=x->x^3-x-10;
```

$$g := x \to x^3 - x - 10$$

```
> f(2)-g(2);
```

$$2\sqrt{2} + 4$$

```
> f(5)-g(5);
```

$$\frac{5}{13}\sqrt{26} - 110$$

Aufgabe 4.9   Man zeige, daß die Funktion

$$f(x) = \sin(x) - (\cos(x))^2$$

im Intervall $(0, \frac{\pi}{2})$ genau eine Nullstelle besitzt und berechne sie anschließend.

Mit Zwischenwertsatz und Monotonie die eindeutige Lösbarkeit einer Gleichung nachweisen

Lösung: Offensichtlich ist $f(0) = -1$ und $f(\frac{\pi}{2}) = 1$. Nach dem Zwischenwertsatz wird also der Funktionswert 0 im Intervall $(0, \frac{\pi}{2})$ mindestens einmal angenommen. Da $\sin(x)$ und $(\sin(x))^2$ in $(0, \frac{\pi}{2})$ streng monoton wachsend sind, ist dort auch

$$f(x) = \sin(x) + (\sin(x))^2 - 1$$

streng monoton wachsend. Also gibt es genau eine Nullstelle in $(0, \frac{\pi}{2})$.

Die Gleichung $f(x) = 0$ ist äquivalent mit:

$$(\sin(x))^2 + \sin(x) - 1 = 0$$

mit der Lösung $\sin(x) = -\frac{1}{2} + \frac{1}{2}\sqrt{5}$. Also lautet die gesuchte Lösung:

$$x = \arcsin\left(-\frac{1}{2} + \frac{1}{2}\sqrt{5}\right).$$

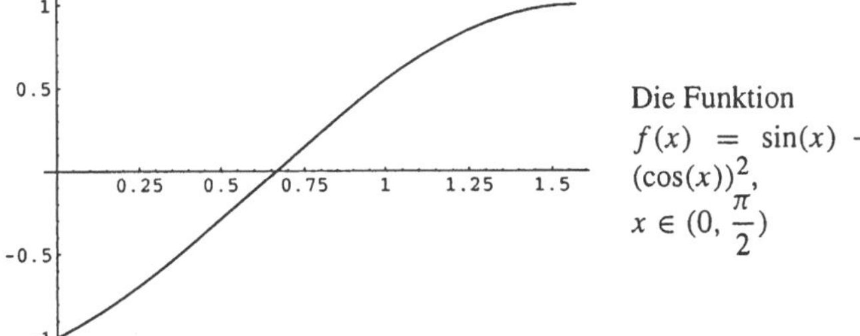

Die Funktion
$f(x) = \sin(x) - (\cos(x))^2$,
$x \in (0, \frac{\pi}{2})$

Mathematica: Die Solve-Funktion läßt keine Einschränkung des Lösungsintervalls zu. Es werden zwei reelle Lösungen angegeben. Außerdem findet Solve noch zwei komplexe Lösungen. (Dabei steht i für $\sqrt{-1}$).

Solve

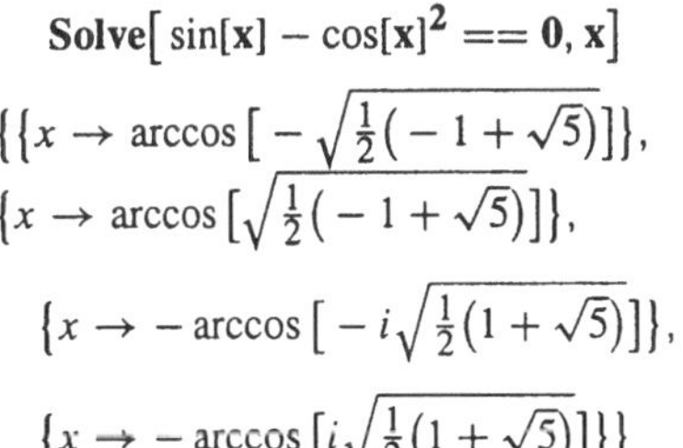

$$\mathbf{Solve}\big[\, \sin[\mathbf{x}] - \cos[\mathbf{x}]^2 == \mathbf{0}, \mathbf{x}\,\big]$$

$$\{\{x \to \arccos\big[-\sqrt{\tfrac{1}{2}(-1+\sqrt{5})}\big]\},$$
$$\{x \to \arccos\big[\sqrt{\tfrac{1}{2}(-1+\sqrt{5})}\big]\},$$
$$\{x \to -\arccos\big[-i\sqrt{\tfrac{1}{2}(1+\sqrt{5})}\big]\},$$
$$\{x \to -\arccos\big[i\sqrt{\tfrac{1}{2}(1+\sqrt{5})}\big]\}\}$$

Maple: Die Solve-Funktion erlaubt keine Einschränkung des Lösungsintervalls, es werden vier reelle Lösungen angegeben.

solve

```
> solve(sin(x)-cos(x)^2=0,{x});
```

$$\left\{ x = \arctan\left(2\,\frac{\frac{1}{2}\sqrt{5}-\frac{1}{2}}{\sqrt{-2+2\sqrt{5}}}\right)\right\},$$

$$\left\{ x = -\arctan\left(2\,\frac{\frac{1}{2}\sqrt{5}-\frac{1}{2}}{\sqrt{-2+2\sqrt{5}}}\right)+\pi\right\},$$

$$\{x = \arctan(-\tfrac{1}{2}-\tfrac{1}{2}\sqrt{5},\ \tfrac{1}{2}\sqrt{-2-2\sqrt{5}})\},$$

$$\{x = \arctan(-\tfrac{1}{2}-\tfrac{1}{2}\sqrt{5},\ -\tfrac{1}{2}\sqrt{-2-2\sqrt{5}})\}$$

4.3   Grenzwerte von Funktionen

Weist eine Funktion eine Lücke in ihrem Definitionsbereich auf, so kann man versuchen, diese durch Grenzwertbildung zu schließen.

Grenzwert einer Funktion

> Die Funktion $f : (a, x_0) \cup (x_0, b) \longrightarrow \mathbb{R}$ besitzt in x_0 den Grenzwert g, wenn die folgende Funktion in x_0 stetig ist:
>
> $$\tilde{f}(x) = \begin{cases} f(x) & , \quad x \in (a, x_0) \cup (x_0, b) \\ g & , \quad x = x_0 \end{cases}$$
>
> Man schreibt: $\displaystyle\lim_{x \to x_0} f(x) = g$.

Häufig besitzt eine Funktion in einem bestimmten Punkt zwar keinen Grenzwert, jedoch bei linksseitiger oder rechtsseitiger Annäherung an den Punkt kann noch von einem Grenzwert gesprochen werden.

Die Funktion $f : (a, x_0) \longrightarrow \mathbb{R}$ besitzt in x_0 den linksseitigen Grenzwert g, wenn die folgende Funktion in x_0 stetig ist:

$$\tilde{f}(x) = \begin{cases} f(x) &, \quad x \in (a, x_0) \\ g &, \quad x = x_0 \end{cases}$$

Die Funktion $f : (x_0, b) \longrightarrow \mathbb{R}$ besitzt in x_0 den rechtsseitigen Grenzwert g, wenn die folgende Funktion in x_0 stetig ist:

$$\tilde{f}(x) = \begin{cases} f(x) &, \quad x \in (x_0, b) \\ g &, \quad x = x_0 \end{cases}$$

Man schreibt: $\displaystyle\lim_{x \to x_0^-} f(x) = g$ bzw. $\displaystyle\lim_{x \to x_0^+} f(x) = g$.

Linksseitiger und rechtsseitiger Grenzwert

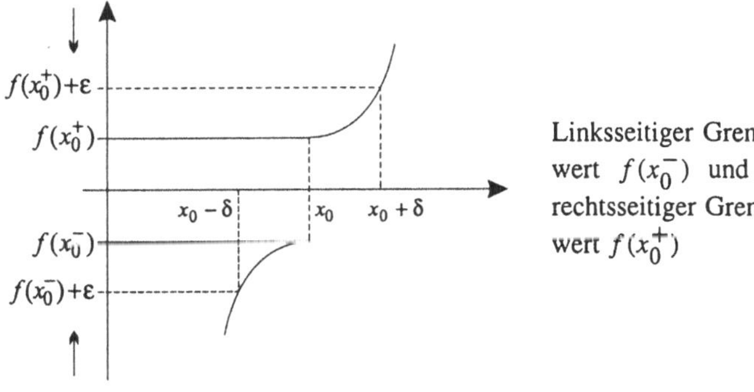

Linksseitiger Grenzwert $f(x_0^-)$ und rechtsseitiger Grenzwert $f(x_0^+)$

Eine Funktion besitzt in einem bestimmten Punkt genau dann einen Grenzwert, wenn sie dort einen linksseitigen und einen rechtsseitigen Grenzwert besitzt, und beide übereinstimmen.

Die Funktion $f : (a, x_0) \cup (x_0, b) \longrightarrow \mathbb{R}$ besitzt in x_0 genau dann den Grenzwert g, wenn f in x_0 den linksseitigen Grenzwert g und den rechtsseitigen Grenzwert g besitzt. Stetigkeit in x_0 liegt genau dann vor, wenn:

$$\lim_{x \to x_0^-} f(x) = \lim_{x \to x_0^+} f(x) = f(x_0).$$

Stetigkeit und Grenzwerte

Die folgende Grenzwertbildung im Unendlichen kann über das Verhalten der Funktion für kleine bzw. große Argumente Aufschluß geben.

Grenzwert im Unendlichen

> Die Funktion $f : \mathbb{R} \longrightarrow \mathbb{R}$ besitzt in $-\infty$ bzw. $+\infty$ den Grenzwert g, wenn es zu jedem $\epsilon > 0$ ein $\delta_\epsilon > 0$ gibt, so daß für alle x mit $x < -\delta_\epsilon$ bzw. $x > \delta_\epsilon$ gilt:
>
> $$|f(x) - g| < \epsilon.$$
>
> Man schreibt: $\displaystyle\lim_{x \to -\infty} f(x) = g$ bzw. $\displaystyle\lim_{x \to +\infty} f(x) = g$.

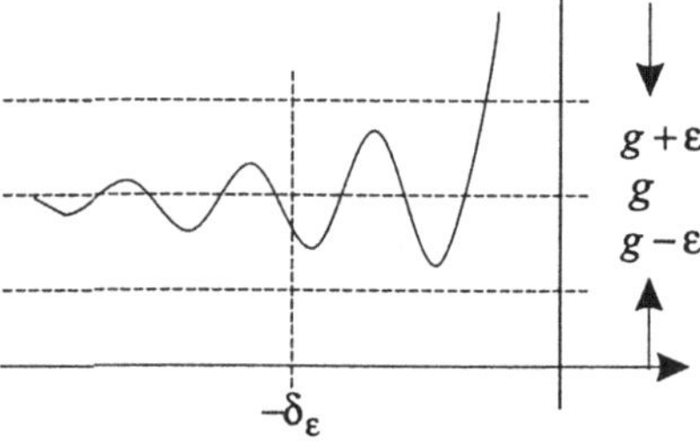

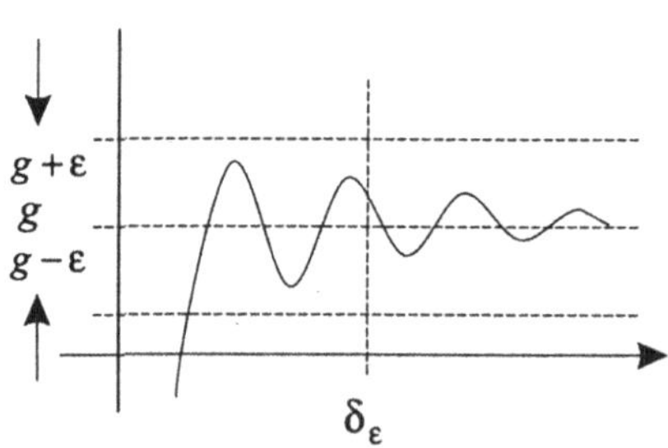

Grenzwert einer Funktion bei $x \to -\infty$ bzw. bei $x \to +\infty$

Genau wie bei den Folgen lassen wir auch bei den Funktionen Unendlich als Grenzwert zu, um gewisse Arten der Divergenz zu beschreiben.

Unendlich als Grenzwert

> Die Funktion $f : (a, x_0) \longrightarrow \mathbb{R}$ ($f : (x_0, b) \longrightarrow \mathbb{R}$) besitzt in x_0 den linksseitigen (rechtsseitigen) Grenzwert $-\infty$ bzw. $+\infty$, wenn es zu jedem $\epsilon > 0$ ein $\delta_\epsilon > 0$ gibt, so daß für alle $x \in (a, x_0)$ ($x \in (x_0, b)$) mit $|x - x_0| < \delta_\epsilon$ gilt
>
> $$f(x) < -\epsilon \quad \text{bzw.} \quad f(x) > \epsilon.$$
>
> Man schreibt: $\displaystyle\lim_{x \to x_0^+} f(x) = -\infty$ bzw. $\displaystyle\lim_{x \to x_0^+} f(x) = +\infty$
>
> und $\displaystyle\lim_{x \to x_0^-} f(x) = -\infty$ bzw. $\displaystyle\lim_{x \to x_0^-} f(x) = +\infty$.

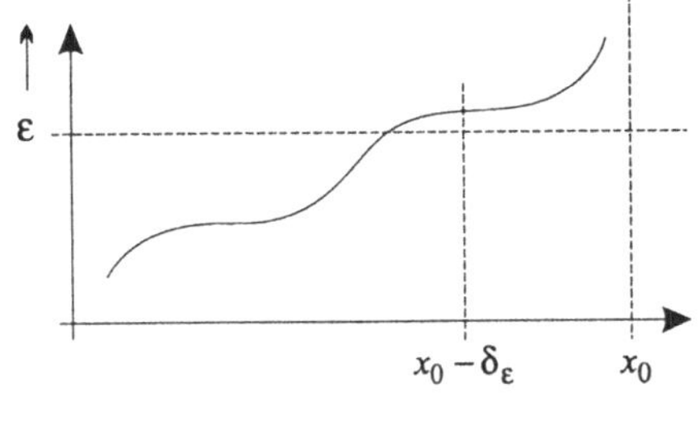

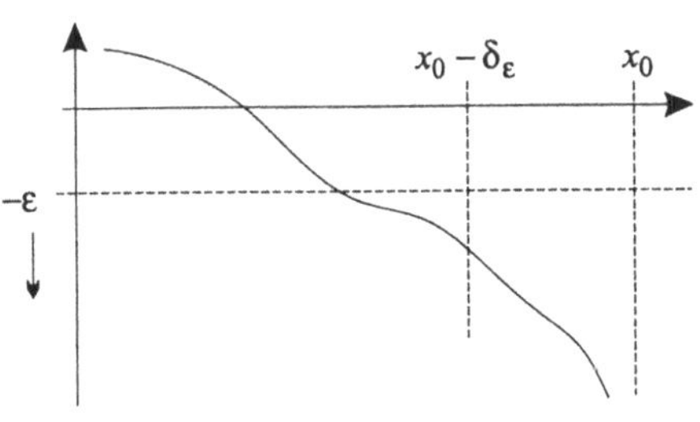

$+\infty$ bzw. $-\infty$ als (linksseitiger) Grenzwert einer Funktion

Sind der links- und der rechtsseitige Grenzwert vorhanden und endlich, aber nicht gleich, so sprechen wir von einer Sprungstelle.

> Die Funktion $f : (a, b) \longrightarrow \mathbb{R}$ hat in $x_0 \in (a, b)$ eine Sprung-
> stelle wenn f in x_0 einen (endlichen) links- und einen (end-
> lichen) rechtsseitigen Grenzwert besitzt, und diese verschieden
> sind: $\lim\limits_{x \to x_0^-} f(x) \neq \lim\limits_{x \to x_0^+} f(x)$.

Sprungstelle

Der folgende Grenzwert wird oft benötigt.

$$\lim_{x \to 0} \frac{\sin(x)}{x} = 1 \, .$$

Verhalten des Sinus für kleine Winkel

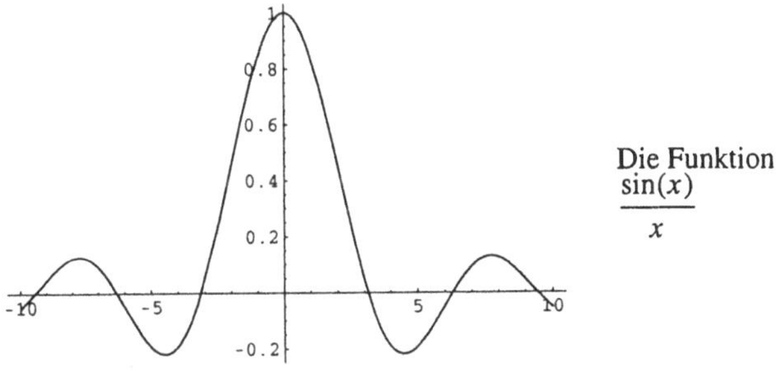

Die Funktion $\dfrac{\sin(x)}{x}$

Die Exponentialfunktion wächst beim Grenzübergang gegen Unendlich über alle Grenzen.

$$\lim_{x \to -\infty} e^x = 0 \, , \qquad \lim_{x \to +\infty} e^x = \infty \, .$$

Verhalten der Exponentialfunktion im Unendlichen

Wurzelausdrücke umformen,
Additionstheoreme und
Stetigkeitssätze benutzen

Aufgabe 4.10   Man bestimme folgende Grenzwerte:

$$\lim_{x\to\infty} (\sqrt{x+1} - \sqrt{x}), \qquad \lim_{x\to\infty} \left(\sin(\sqrt{x+1}) - \sin(\sqrt{x})\right).$$

Lösung: Wir schreiben:

$$\frac{(\sqrt{x+1} - \sqrt{x})\,(\sqrt{x+1} + \sqrt{x})}{\sqrt{x+1} + \sqrt{x}} = \frac{1}{\sqrt{x+1} + \sqrt{x}}$$

und bekommen hieraus: $\lim_{x\to\infty} (\sqrt{x+1} - \sqrt{x}) = 0$.
Mit dem Additionstheorem für den Sinus ergibt sich:

$$
\begin{aligned}
\sin(\sqrt{x+1}) - \sin(\sqrt{x}) &= \sin(\sqrt{x+1} - \sqrt{x} + \sqrt{x}) - \sin(\sqrt{x})\\
&= \sin(\sqrt{x+1} - \sqrt{x})\,\cos(\sqrt{x})\\
&\quad + \cos(\sqrt{x+1} - \sqrt{x})\,\sin(\sqrt{x}) - \sin(\sqrt{x})\\
&= \sin(\sqrt{x+1} - \sqrt{x})\,\cos(\sqrt{x})\\
&\quad + \left(\cos(\sqrt{x+1} - \sqrt{x}) - 1\right)\,\sin(\sqrt{x}).
\end{aligned}
$$

Hieraus folgt mit $|\sin(\sqrt{x})| \le 1$, $|\cos(\sqrt{x})| \le 1$, der Stetigkeit der Sinus-
und der Cosinusfunktion sowie dem bereits berechneten Grenzwert:
$$\lim_{x\to\infty} \left(\sin(\sqrt{x+1}) - \sin(\sqrt{x})\right) = 0.$$

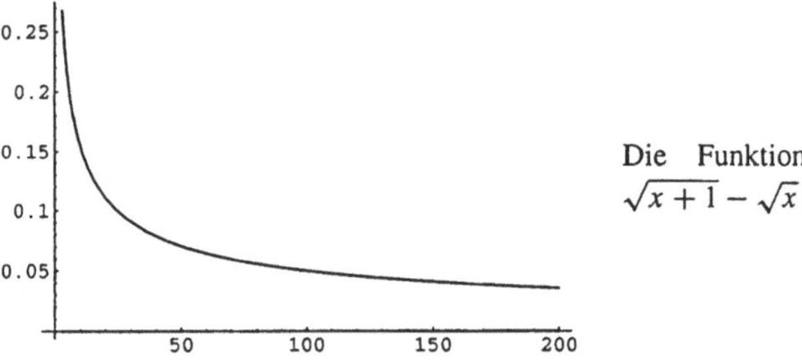

Die   Funktion
$\sqrt{x+1} - \sqrt{x}$

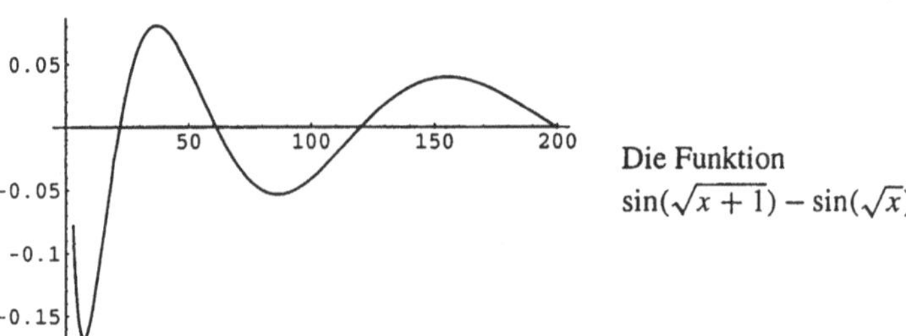

Die Funktion
$\sin(\sqrt{x+1}) - \sin(\sqrt{x})$

Limit

Mathematica: Mit Limit werden Grenzwerte von Funktionen wie Grenzwerte von Folgen berechnet. Allerdings kann nicht jeder Grenzwert ermittelt werden, wie das zweite Beispiel zeigt.

$$\mathbf{Limit}\big[\sqrt{\mathbf{x}+1} - \sqrt{\mathbf{x}}, \mathbf{x} \to \infty\big]$$
$$0$$

$$\mathbf{Limit}\big[\sin\big[\sqrt{\mathbf{x}+1}\,\big] - \sin\big[\sqrt{\mathbf{x}}\,\big], \mathbf{x} \to \infty\big]$$
$$\mathbf{Limit}\big[-\sin\big[\sqrt{x}\,\big] + \sin\big[\sqrt{1+x}\,\big], x \to \infty\big]$$

Maple: Der zweite Grenzwert wird nicht ermittelt. Es wird nur gesagt, daß er im Intervall $[-2, 2]$ liegt.

```
> limit(sqrt(x+1)-sqrt(x),x=infinity);
```

$$\lim_{x \to \infty} \sqrt{x+1} - \sqrt{x} = 0$$

```
> limit(sin(sqrt(x+1))-sin(sqrt(x)),x=infinity);
```

$$\lim_{x \to \infty} \sin(\sqrt{x+1}) - \sin(\sqrt{x}) = -2\ldots 2$$

Aufgabe 4.11   Gegeben ist die Funktion: $f(x) = \dfrac{x+3}{2x-1}$.
Man bestimme folgende Grenzwerte:

(a) $\displaystyle\lim_{x \to \frac{1}{2}^-} f(x), \quad \lim_{x \to \frac{1}{2}^+} f(x),$

(b) $\displaystyle\lim_{x \to -\infty} f(x), \quad \lim_{x \to \infty} f(x),$

und skizziere den Graphen der Funktion.

Links- und rechtsseitige Grenzwerte an Definitionslücken bestimmen und Funktionsverlauf skizzieren

Lösung: **(a)**   In der Nähe von $\dfrac{1}{2}$ ist der Zähler positiv, während der Nennen für $x < \dfrac{1}{2}$ negativ ist und für $x > \dfrac{1}{2}$ positiv. Berücksichtigt man, daß der Zähler für $x \to \dfrac{1}{2}$ gegen einen endlichen Wert strebt, so folgt hieraus:
$$\lim_{x \to \frac{1}{2}^-} f(x) = -\infty, \quad \lim_{x \to \frac{1}{2}^+} f(x) = \infty.$$

(b)   Wir schreiben: $f(x) = \dfrac{1 + \frac{3}{x}}{2 - \frac{1}{x}}$. Hieraus ersieht man:
$$\lim_{x \to -\infty} f(x) = \lim_{x \to +\infty} f(x) = \frac{1}{2}.$$

Die Funktion
$$f(x) = \frac{x+3}{2x-1}$$

`Limit[ ,Direction`

Mathematica: Der linksseitige bzw. rechtsseitige Grenzwert wird mit der Option Direction $+1$ bzw. Direction -1 berechnet.

```
Limit[ ,Direction]
```

$$f[x\_] := \frac{x+3}{2x-1}$$

$$\text{Limit}\left[f[x], x \to \frac{1}{2}, \text{Direction} \to 1\right]$$
$$-\infty$$

$$\text{Limit}\left[f[x], x \to \frac{1}{2}, \text{Direction} \to -1\right]$$
$$\infty$$

$$\text{Limit}\left[f[x], x \to -\infty\right]$$
$$\frac{1}{2}$$

$$\text{Limit}\left[f[x], x \to \infty\right]$$
$$\frac{1}{2}$$

`limit( ,left)`
`limit( ,right)`

Maple: Der linksseitige bzw. rechtsseitige Grenzwert wird mit der Option left bzw. right berechnet.

```
> f:=x->(x+3)/(2*x-1);
```

$$f := x \to \frac{x+3}{2x-1}$$

```
> limit(f(x),x=1/2,left);
```

$$\lim_{x \to (1/2)-} \frac{x+3}{2x-1} = -\infty$$

```
> limit(f(x),x=1/2,right);
```

$$\lim_{x \to (1/2)+} \frac{x+3}{2x-1} = \infty$$

```
> limit(f(x),x=-infinity);
```

$$\lim_{x \to (-\infty)} \frac{x+3}{2x-1} = \frac{1}{2}$$

```
> limit(f(x),x=infinity);
```

$$\lim_{x \to \infty} \frac{x+3}{2x-1} = \frac{1}{2}$$

Aufgabe 4.12 Gegeben ist die Funktion: $f(x) = \dfrac{\frac{1}{x}+3}{x-3}$.

Man bestimme folgende Grenzwerte:

(a) $\lim\limits_{x \to 3^-} f(x)$, $\lim\limits_{x \to 3^+} f(x)$,

(b) $\lim\limits_{x \to 0^-} f(x)$, $\lim\limits_{x \to 0^+} f(x)$,

(b) $\lim\limits_{x \to -\infty} f(x)$, $\lim\limits_{x \to +\infty} f(x)$,

und skizziere den Graphen der Funktion.

Links- und rechtsseitige Grenzwerte an Definitionslücken bestimmen und Funktionsverlauf skizzieren

Lösung: (a) In der Nähe von 3 ist für $x < 3$ der Zähler positiv und der Nenner negativ, während für $x > 3$ Zähler und Nenner positiv sind. Berücksichtigt man, daß der Zähler für $x \to 3$ gegen einen endlichen Wert strebt, so folgt hieraus: $\lim\limits_{x \to 3^-} f(x) = -\infty$, $\lim\limits_{x \to 3^+} f(x) = \infty$.

(b) Man sieht direkt: $\lim\limits_{x \to 0^-} f(x) = \infty$, $\lim\limits_{x \to 0^+} f(x) = -\infty$, da der Nenner für $x \to 0$ einem endlichen Wert zustrebt.

(c) Man sieht wieder direkt: $\lim\limits_{x \to -\infty} f(x) = \lim\limits_{x \to +\infty} f(x) = 0$, da der Zähler für $x \to \mp\infty$ einem endlichen Wert zustrebt.

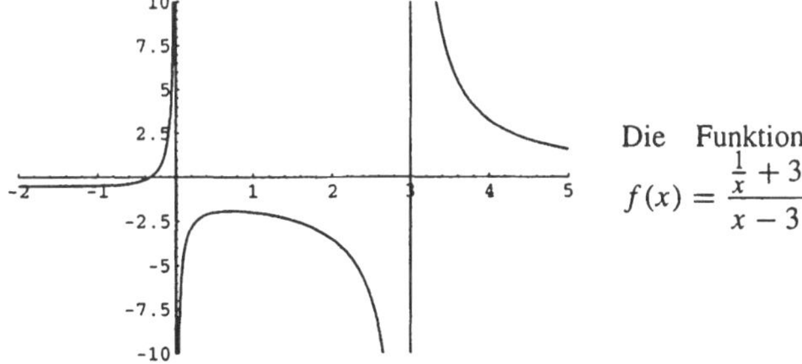

Die Funktion
$$f(x) = \frac{\frac{1}{x}+3}{x-3}$$

Aufgabe 4.13 Gegeben ist die Funktion $f(x) = \dfrac{x^3-2}{x^4} - 1$.

Man bestimme folgende Grenzwerte:

(a) $\lim\limits_{x \to 0} f(x)$,

(b) $\lim\limits_{x \to -\infty} f(x)$ und $\lim\limits_{x \to \infty} f(x)$.

Rationale Funktion umformen, Grenzwerte bestimmen

Lösung: (a) Wir schreiben: $f(x) = \dfrac{1}{x^4}(x^3 - x^4 - 2)$. Hieraus ersicht man: $\lim\limits_{x \to 0} f(x) = -\infty$, da der zweite Faktor bei $x \to 0$ gegen -2 strebt.

(b) Wir schreiben: $f(x) = \dfrac{1}{x}\left(1 - \dfrac{2}{x^3}\right) - 1$. Hieraus ersieht man sofort: $\lim\limits_{x\to-\infty} f(x) = \lim\limits_{x\to+\infty} f(x) = -1$,

Prüfen, ob links- und rechtsseitiger Grenzwert übereinstimmt

Aufgabe 4.14 Sind folgende Funktionen:

(a) $f(x) = \begin{cases} \sqrt{x} + 1 & \text{für } x \geq 0 \\ x + 1 & \text{für } x < 0 \end{cases}$

(b) $f(x) = \begin{cases} \dfrac{x - |x|}{x} & \text{für } x \neq 0 \\ 1 & \text{für } x = 0 \end{cases}$

stetige Funktionen?

Lösung: **(a)** In jedem Punkt $x_0 \neq 0$ ist f stetig. In $x_0 = 0$ gilt:

$$\lim_{x\to 0^-} f(x) = \lim_{x\to 0^-} (\sqrt{x} + 1) = 1$$

und

$$\lim_{x\to 0^+} f(x) = \lim_{x\to 0^+} \left(\sqrt{x} + 1\right) = 1.$$

Damit ist f stetig in $x_0 = 0$.

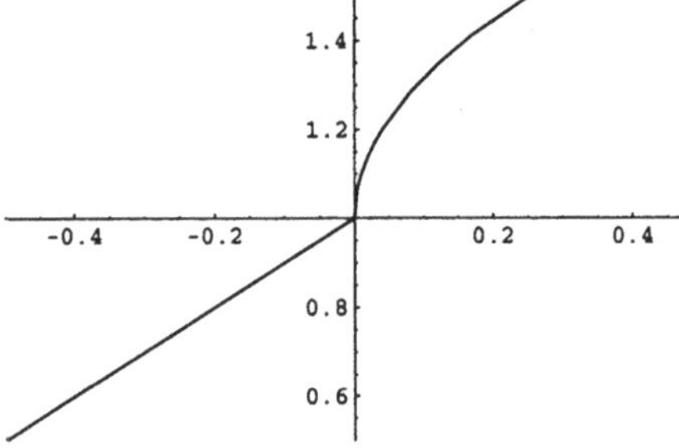

Die Funktion $f(x) = \sqrt{x} + 1,\, x \geq 0$, $f(x) = x + 1,\, x < 0$

(b) Es gilt:

$$f(x) = \begin{cases} 2 & \text{für } x < 0 \\ 1 & \text{für } x > 0 \end{cases}$$

Damit ist f wegen

$$\lim_{x\to 0^-} f(x) = 2 \neq 1 = \lim_{x\to 0^+} f(x).$$

unstetig in x_0.

Verhalten des Sinus für kleine Winkel benutzen

Aufgabe 4.15 Man bestimme die folgenden Grenzwerte:

$$\lim_{x\to 0} \frac{\sin(x^2)}{x}, \quad \lim_{x\to\infty} x \sin\left(\frac{1}{x}\right).$$

Lösung: Mit dem bekannten Grenzwert $\lim\limits_{x\to 0} \dfrac{\sin(x)}{x} = 1$ folgt:

$$\lim_{x\to 0} \frac{\sin(x^2)}{x} = \lim_{x\to 0} x\, \frac{\sin(x^2)}{x^2} = 0$$

und

$$\lim_{x\to\infty} x\,\sin\left(\frac{1}{x}\right) = \lim_{x\to 0} \frac{\sin\left(\frac{1}{x}\right)}{\frac{1}{x}} = 1\,.$$

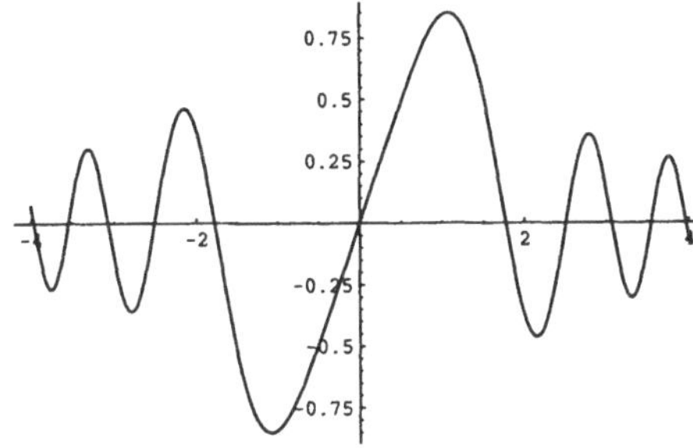

Die Funktion $\dfrac{\sin(x^2)}{x}$

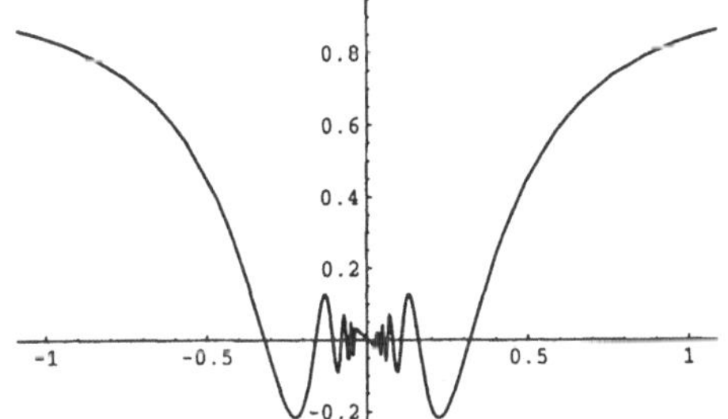

Die Funktion $x\,\sin\left(\dfrac{1}{x}\right)$

Aufgabe 4.16 Man bestimme folgenden Grenzwert:

$$\lim_{x\to 0}\frac{\sin(\alpha\,x)}{\sin(\beta\,x)}\,,\quad \alpha\neq 0\,,\beta\neq 0\,.$$

Verhalten des Sinus für kleine Winkel benutzen

Lösung: Wir schreiben:

$$\frac{\sin(\alpha\,x)}{\sin(\beta\,x)} = \frac{\alpha}{\beta}\,\frac{\frac{\sin(\alpha\,x)}{\alpha\,x}}{\frac{\sin(\beta\,x)}{\beta\,x}}\,.$$

Mit dem bekannten Grenzwert $\displaystyle\lim_{x\to 0}\frac{\sin(x)}{x}=1$ folgt wieder:

$$\lim_{x\to 0}\frac{\sin(\alpha\,x)}{\sin(\beta\,x)} = \frac{\alpha}{\beta}\,.$$

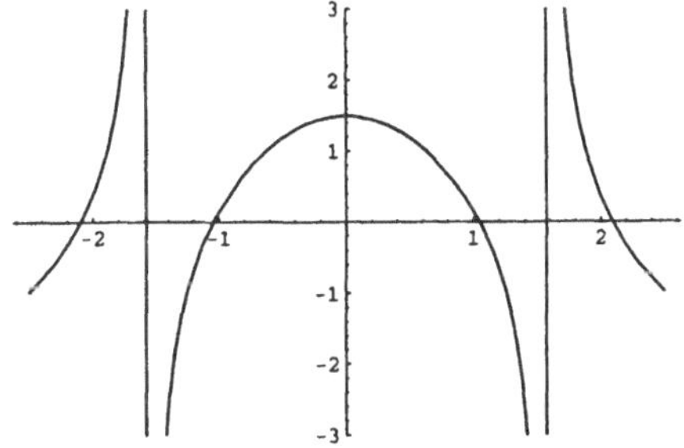

Die Funktion $\dfrac{\sin(3\,x)}{\sin(2\,x)}$

Mathematica:

$$\mathbf{Limit}\left[\frac{\sin[\alpha \mathbf{x}]}{\sin[\beta \mathbf{x}]}, \mathbf{x} \to \mathbf{0}\right]$$

$$\frac{\alpha}{\beta}$$

Maple:

```
> =limit(sin(alpha*x)/sin(beta*x),x=0);
```

$$\lim_{x \to 0} \frac{\sin(\alpha\, x)}{\sin(\beta\, x)} = \frac{\alpha}{\beta}$$

Verhalten der e-Funktion im Unendlichen benutzen

Aufgabe 4.17 Man berechne folgende Grenzwerte:

$$\lim_{x \to 0^-} e^{\frac{1}{x}}, \quad \lim_{x \to 0^+} e^{\frac{1}{x}}, \quad \lim_{x \to 0^-} e^{-\frac{1}{x}}, \quad \lim_{x \to 0^+} e^{-\frac{1}{x}},$$

$$\lim_{x \to -\infty} e^{\frac{1}{x}}, \quad \lim_{x \to \infty} e^{\frac{1}{x}}, \quad \lim_{x \to -\infty} e^{-\frac{1}{x}}, \quad \lim_{x \to \infty} e^{-\frac{1}{x}},$$

$$\lim_{x \to -4^-} 3^{\frac{1}{4+x}}, \quad \lim_{x \to -4^+} 3^{\frac{1}{4+x}}.$$

Lösung: Mit den bekannten Grenzwerten $\displaystyle\lim_{x \to -\infty} e^x = 0$ und $\displaystyle\lim_{x \to \infty} e^x = \infty$ folgt:

$$\lim_{x \to 0^-} e^{\frac{1}{x}} = 0, \quad \lim_{x \to 0^+} e^{\frac{1}{x}} = \infty,$$

$$\lim_{x \to 0^-} e^{-\frac{1}{x}} = \infty, \quad \lim_{x \to 0^+} e^{-\frac{1}{x}} = 0.$$

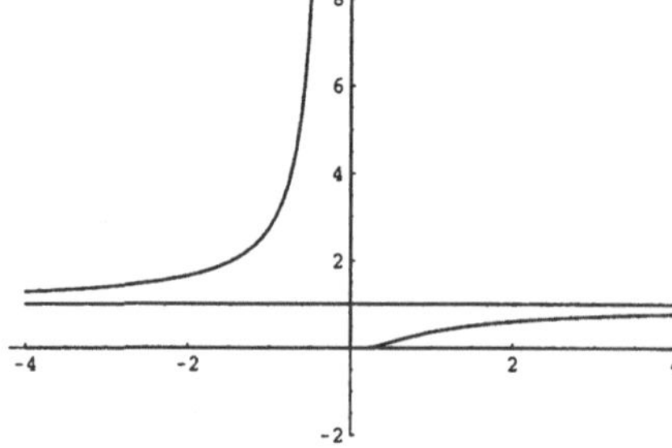

Die Funktion $e^{-\frac{1}{x}}$ (mit der Funktion $(f(x) = 1)$

Schreibt man: $3^{\frac{1}{4+x}} = e^{\ln(3)\,\frac{1}{4+x}}$, so folgt genauso:

$$\lim_{x \to -4^-} 3^{\frac{1}{4+x}} = 0, \quad \lim_{x \to -4^+} 3^{\frac{1}{4+x}} = \infty.$$

Offensichtlich gilt wegen $\displaystyle\lim_{x \to \pm\infty} \pm\frac{1}{x} = 0$:

$$\lim_{x \to -\infty} e^{\frac{1}{x}} = 1, \quad \lim_{x \to \infty} e^{\frac{1}{x}} = 1,$$

$$\lim_{x \to -\infty} e^{-\frac{1}{x}} = 1, \quad \lim_{x \to \infty} e^{-\frac{1}{x}} = 1.$$

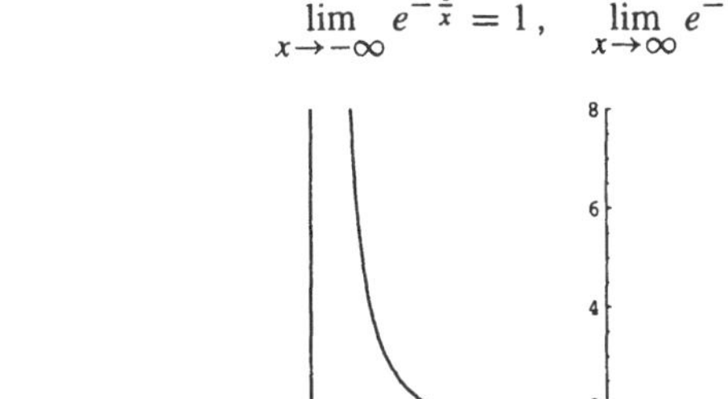

Die Funktion
$3^{\frac{1}{4+x}}$
(mit der Funktion
$(f(x) = 1)$

Mathematica:

$$\mathbf{Limit}\Big[\exp\Big[\frac{1}{x}\Big], x \to 0, \mathbf{Direction} \to 1\Big]$$

$$0$$

$$\mathbf{Limit}\Big[\exp\Big[\frac{1}{x}\Big], x \to 0, \mathbf{Direction} \to -1\Big]$$

$$\infty$$

Maple:

```
> limit(exp(1/x),x=0,left);
```

$$\lim_{x \to 0-} e^{\left(\frac{1}{x}\right)} = 0$$

```
> limit(exp(1/x),x=0,right);
```

$$\lim_{x \to 0+} e^{\left(\frac{1}{x}\right)} = \infty$$

Aufgabe 4.18 Eine Funktion $f : D \to \mathbb{R}$ besitzt die Asymptote $y = ax + b$, wenn gilt:

$$\lim_{x \to -\infty}(f(x) - (ax+b)) = 0 \text{ bzw. } \lim_{x \to \infty}(f(x) - (ax+b)) = 0.$$

Man berechne die Asymptoten der Funktionen:

$$f(x) = \frac{x^2 - 3x}{2x + 5}, \quad g(x) = -\frac{3x^2}{x-2} + \frac{x}{x+2}.$$

Asymptote rationaler Funktionen berechnen

Lösung: Es gilt:

$$\frac{f(x)}{x} = \frac{1 - \frac{3}{x}}{2 + \frac{5}{x}}$$

und damit: $\lim_{x \to \pm\infty} \frac{f(x)}{x} = \frac{1}{2}$. Ferner bekommt man:

$$f(x) - \frac{1}{2}x = \frac{-\frac{11}{2}x}{2x + 5}$$

und $\displaystyle\lim_{x\to\pm\infty}\left(f(x)-\frac{1}{2}x\right)=-\frac{11}{4}$. Insgesamt ergibt dies die Asymptote:
$y=\dfrac{1}{2}x-\dfrac{11}{4}$. Es gilt:

$$\frac{g(x)}{x}=-\frac{3}{1-\frac{2}{x}}+\frac{1}{x+2}$$

und damit: $\displaystyle\lim_{x\to\pm\infty}\frac{g(x)}{x}=-3$. Ferner bekommt man:

$$g(x)+3x=-\frac{-6x}{x-2}+\frac{x}{x+2}$$

und $\displaystyle\lim_{x\to\pm\infty}(g(x)+3x)=-5$. Insgesamt ergibt dies die Asymptote: $y=-3$.

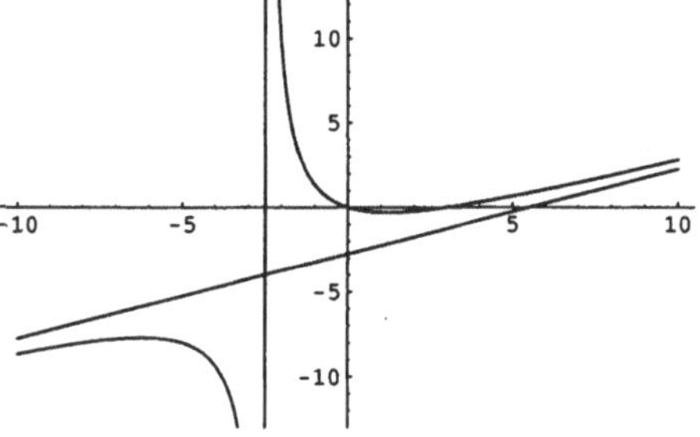

Die Funktion
$$f(x)=\frac{x^2-3x}{2x+5}$$
mit der Asymptote
$$y=\frac{1}{2}x-\frac{11}{4}$$

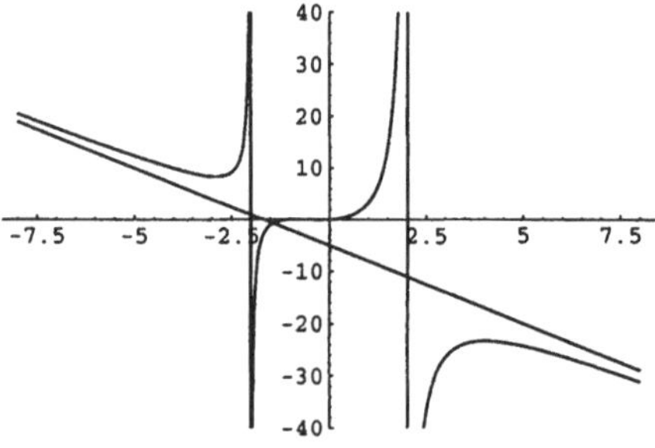

Die Funktion
$$g(x)=-\frac{3x^2}{x-2}+\frac{x}{x+2}$$
mit der Asymptote
$$y=-3x-5$$

Mit Zwischenwertsatz, Monotonie und Grenzwertbildung die eindeutige Lösbarkeit einer Gleichung nachweisen

Aufgabe 4.19 Man zeige, daß die Funktion

$$f(x)=\tan(x)-\frac{1}{\sin(x)}$$

im Intervall $(0,\frac{\pi}{2})$ jede reelle Zahl genau einmal als Funktionswert annimmt und löse die Gleichung $f(x)=0$.

Lösung: Im Intervall $(0,\frac{\pi}{2})$ sind der Tangens und der Sinus streng monoton wachsende Funktionen. Damit wird $\dfrac{1}{\sin(x)}$ streng monoton fallend und $-\dfrac{1}{\sin(x)}$ streng monoton wachsend. Insgesamt ist f also streng monoton wachsend. Berücksichtigt man noch die Grenzwerte:

$$\lim_{x \to 0^+} f(x) = -\infty, \quad \lim_{x \to \frac{\pi}{2}} f(x) = +\infty,$$

dann folgt die Behauptung aus dem Zwischenwertsatz.

Für $x \in (0, \frac{\pi}{2})$ gilt: $f(x) = 0 \iff (\sin(x))^2 = \cos(x)$. Die Gleichung

$$1 - (\cos(x))^2 = \cos(x)$$

besitzt die Lösung: $\cos(x) = -\frac{1}{2} + \frac{1}{2}\sqrt{5}$. Also lautet die gesuchte Lösung:

$$x = \arccos\left(-\frac{1}{2} + \frac{1}{2}\sqrt{5}\right).$$

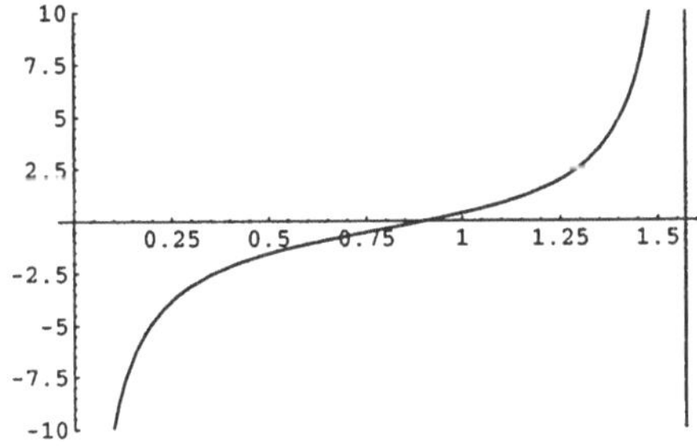

Die Funktion
$$f(x) = \tan(x) - \frac{1}{\sin(x)}$$
im Intervall $(0, \frac{\pi}{2})$

Mathematica: Der Arcuscosekans $ArcCsc$ steht für die Umkehrfunktion des Cosekans: $Csc(x) = \dfrac{1}{\sin(x)}$.

$$\mathbf{Solve}\left[\tan[\mathbf{x}] - \frac{1}{\sin[\mathbf{x}]} == \mathbf{0}, \mathbf{x}\right]$$

$$\left\{\left\{x \to \mathbf{ArcCsc}\left[\tfrac{1}{4}\left(-\sqrt{2(-1+\sqrt{5})} - \sqrt{10(-1+\sqrt{5})}\right)\right]\right\},\right.$$

$$\left.\left\{x \to \mathbf{ArcCsc}\left[\tfrac{1}{4}\left(\sqrt{2(-1+\sqrt{5})} + \sqrt{10(-1+\sqrt{5})}\right)\right]\right\}\right\}$$

Maple:

```
> solve(tan(x)-1/sin(x)=0,{x});
```

$$\left\{x = \arctan\left(\frac{1}{2}\frac{\sqrt{-2+2\sqrt{5}}}{\frac{1}{2}\sqrt{5}-\frac{1}{2}}\right)\right\},$$

$$\left\{x = -\arctan\left(\frac{1}{2}\frac{\sqrt{-2+2\sqrt{5}}}{\frac{1}{2}\sqrt{5}-\frac{1}{2}}\right)\right\},$$

$$\left\{x = \arctan(\tfrac{1}{2}\sqrt{-2-2\sqrt{5}}, -\tfrac{1}{2} - \tfrac{1}{2}\sqrt{5})\right\},$$

$$\left\{x = \arctan(-\tfrac{1}{2}\sqrt{-2-2\sqrt{5}}, -\tfrac{1}{2} - \tfrac{1}{2}\sqrt{5})\right\}$$

5 Differenzierbare Funktionen

5.1 Begriff der Ableitung

Im folgenden seien Funktionen stets auf einem Intervall $I \subset \mathbb{R}$ erklärt.

Differenzenquotient

> Der Quotient:
>
> $$\frac{f(x) - f(x_0)}{x - x_0}$$
>
> wird als Differenzenquotient bezeichnet.

Vom Differenzenquotienten werden wir zur Differenzierbarkeit geführt.

Differenzierbarkeit

> Eine Funktion $f : I \longrightarrow \mathbb{R}$ heißt differenzierbar im Punkt $x_0 \in I$, wenn der folgende Grenzwert existiert:
>
> $$\lim_{x \to x_0} \frac{f(x) - f(x_0)}{x - x_0}.$$

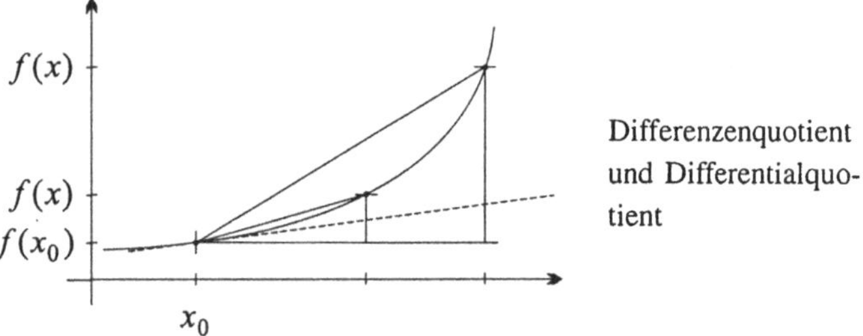

Differenzenquotient und Differentialquotient

Eine Funktion, die in einem Punkt nicht differenzierbar ist, kann dort links- oder rechtsseitig differenzierbar sein.

Linksseitige und rechtsseitige Differenzierbarkeit

> Die Funktion f heißt in x_0 links- bzw. rechtsseitig differenzierbar, wenn der folgende Grenzwert existiert:
>
> $$\lim_{x \to x_0^-} \frac{f(x) - f(x_0)}{x - x_0} \quad \text{bzw.} \quad \lim_{x \to x_0^+} \frac{f(x) - f(x_0)}{x - x_0}.$$

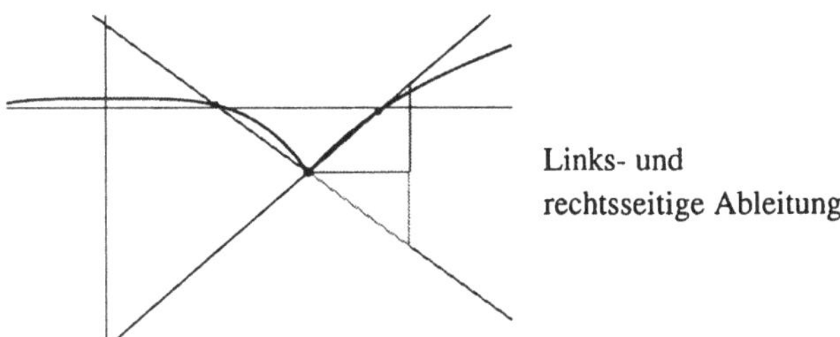

Links- und
rechtsseitige Ableitung

Der Grenzwert des Differenzenquotienten wird auch als Ableitung
bezeichnet.

Der Grenzwert des Differenzenquotienten heißt Ableitung von
f an der Stelle $x = x_0$. Man schreibt:

$$f'(x_0) = \frac{df}{dx}(x_0) = \frac{d}{dx}f(x_0) = \lim_{x \to x_0} \frac{f(x) - f(x_0)}{x - x_0}.$$

Ableitung

Geht man von der Variablen x zu $h = x - x_0$ über, so ergibt sich:

Eine Funktion $f : I \longrightarrow \mathbb{R}$ ist genau dann differenzierbar im
Punkt $x_0 \in I$, wenn der folgende Grenzwert existiert:

$$\lim_{h \to 0} \frac{f(x_0 + h) - f(x_0)}{h}.$$

**Differenzenquotient mit
Zuwachs h**

Die Gerade durch den Punkt $(x_0, f(x_0))$ mit dem Anstieg $f'(x_0)$
heißt Tangente.

Die Gleichung der Tangente an f im Punkt x_0 lautet:

$$t(x) = f(x_0) + f'(x_0)\,(x - x_0).$$

Tangente

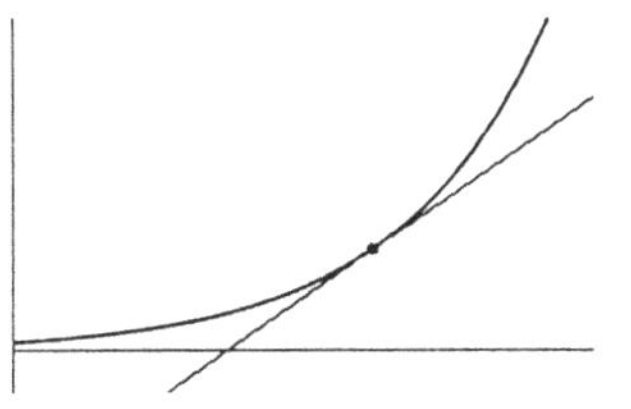

Tangente im Punkt x_0

Die Tangente zeichnet sich durch die Berührung der Funktion aus.

Berührung

> Ist $f : I \longrightarrow \mathbb{R}$ im Punkt x_0 differenzierbar, dann erfüllt die Tangente im Punkt x_0 die Berührungsbedingung:
>
> $$\lim_{x \to x_0} \frac{f(x) - t(x)}{|x - x_0|} = 0.$$
>
> Erfüllt umgekehrt die Gerade $f(x_0) + c(x - x_0)$ die Berührungsbedingung, dann ist f in x_0 differenzierbar, und es gilt: $f'(x_0) = c$.

Zwischen der Stetigkeit und der Differenzierbarkeit besteht der folgende Zusammenhang.

Stetigkeit und Differenzierbarkeit

> Wenn eine Funktion $f : I \longrightarrow \mathbb{R}$ in einem Punkt $x_0 \in I$ differenzierbar ist, dann ist sie dort auch stetig.

Ist eine Funktion überall differenzierbar, so können wir die Ableitungsfunktion bilden.

Ableitungsfunktion

> Sei $f : I \longrightarrow \mathbb{R}$ eine differenzierbare Funktion, d. h. f ist in jedem Punkt $x \in I$ differenzierbar. Man ordnet dann jedem $x \in I$ die Ableitung
>
> $$f'(x) = \lim_{h \to 0} \frac{f(x + h) - f(x)}{h}$$
>
> zu und erhält dadurch eine Funktion:
>
> $$f' : I \longrightarrow \mathbb{R}, \quad f' : x \longrightarrow f'(x) = \frac{d}{dx} f(x).$$
>
> Die Funktion f' nennen wir Ableitungsfunktion oder kurz Ableitung von f.

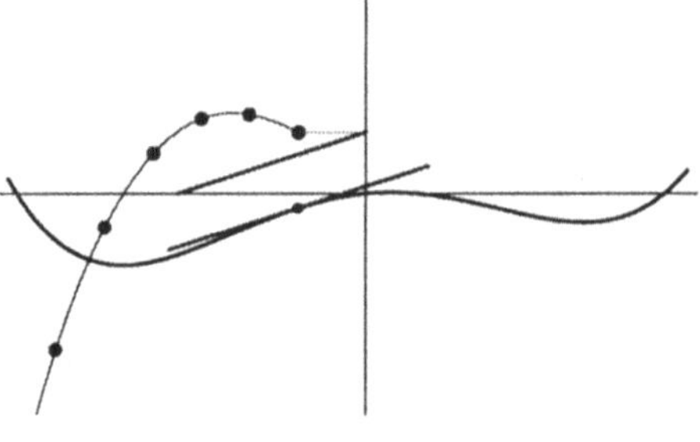

Zeichnet man in jedem Punkt der Funktion die Tangente und ihre Parallele durch den Punkt $(-1, 0)$, so kann man auf der y-Achse den Wert der Ableitung ablesen.

Wenn die Ableitungsfunktion wiederum in einem Punkt differenzierbar ist, kann man erneut ableiten.

> Wenn die Ableitungsfunktion f' auch eine differenzierbare Funktion ist, dann sagt man, f ist zweimal differenzierbar und schreibt:
>
> $$(f')'(x) = f''(x).$$
>
> Allgemein bezeichnen wir eine Funktion als n -mal differenzierbar, wenn nacheinander alle Ableitungsfunktionen f', f'', f''', $f^{(4)}, \ldots, f^{(n-1)}$ und $f^{(n)}$ gebildet werden können. Man schreibt:
>
> $$f^{(n)}(x) = \frac{d^n}{dx^n} f(x).$$
>
> Ist zusätzlich noch die n-te Ableitung $f^{(n)}$ eine stetige Funktion, dann bezeichnen wir f als n -mal stetig differenzierbar.

Höhere Ableitungen

Einige wichtige Ableitungen sind.

$$\frac{d}{dx} c = 0, \quad c \in \mathbb{R},$$

$$\frac{d}{dx} x^n = n\, x^{n-1}, \quad n \in \mathbb{N},$$

$$\frac{d}{dx} \sqrt{x} = \frac{1}{2\sqrt{x}}, \quad x > 0,$$

$$\frac{d}{dx} \ln(x) = \frac{1}{x}, \quad x > 0,$$

$$\frac{d}{dx} e^x = e^x,$$

$$\frac{d}{dx} \sin(x) = \cos(x),$$

$$\frac{d}{dx} \cos(x) = -\sin(x),$$

$$\frac{d}{dx} \sinh(x) = \cosh(x),$$

$$\frac{d}{dx} \cosh(x) = \sinh(x).$$

Einige wichtige Ableitungen

Aufgabe 5.1   Für die folgenden Funktionen bilde man den Differenzenquotienten und berechne die Ableitung:

Grenzwert des Differenzenquotienten bilden

$$f(x) = x^2 - 1, \quad g(x) = \frac{1}{x^2}, x \neq 0.$$

Lösung: Wir berechnen den Differenzenquotienten im Punkt x:

$$\frac{f(x+h) - f(x)}{h} = \frac{(x+h)^2 - x^2}{h}$$

$$= \frac{2\,x\,h + h^2}{h}$$

$$= 2\,x + h\,.$$

Hieraus folgt sofort: $f'(x) = \lim_{h\to 0} \dfrac{f(x+h) - f(x)}{h} = 2\,x$.
Genauso berechnen wir im Punkt $x \neq 0$:

$$\frac{g(x+h) - g(x)}{h} = \frac{\frac{1}{(x+h)^2} - \frac{1}{x^2}}{h}$$

$$= \frac{x^2 - (x+h)^2}{h\,(x+h)^2\,x^2}$$

$$= -\frac{2}{x\,(x+h)^2} - \frac{h}{(x+h)^2\,x^2}\,.$$

Hieraus folgt wieder unmittelbar: $g'(x) = \lim_{h\to 0} \dfrac{g(x+h) - g(x)}{h} = -\dfrac{2}{x^3}$.

Mathematica:

$$\mathbf{f[x\_] := x^2 - 1}$$

$$\mathbf{Limit\Big[\frac{f[x+h] - f[x]}{h}, h \to 0\Big]}$$
$$2x$$

$$\mathbf{g[x\_] := \frac{1}{x^2}}$$

$$\mathbf{Limit\Big[\frac{g[x+h] - g[x]}{h}, h \to 0\Big]}$$
$$-\frac{2}{x^3}$$

Maple:

```
> f:= x->x^2+1:
> limit((f(x+h)-f(x))/h,h=0);
```

$$\lim_{h\to 0} \frac{(x+h)^2 - x^2}{h} = 2\,x$$

```
> g:= x->1/x^2:
> limit((g(x+h)-g(x))/h,h=0);
```

$$\lim_{h\to 0} \frac{\frac{1}{(x+h)^2} - \frac{1}{x^2}}{h} = -\frac{2}{x^3}$$

Aufgabe 5.2   Man berechne den Grenzwert

$$\lim_{x \to x_0} \frac{f(x) - f(x_0)}{x - x_0}$$

für die Funktion $f(x) = x^3$ und gebe ihre Tangente im Punkt x_0 an.

Grenzwert des Differenzenquotienten bilden und Tangente angeben

Lösung: Es gilt:

$$\frac{f(x) - f(x_0)}{x - x_0} = \frac{x^3 - x_0^3}{x - x_0} = \frac{1}{x - x_0} \left(((x - x_0) + x_0)^3 - x_0^3\right)$$

$$= \frac{1}{x - x_0} \left((x - x_0)^3 + 3(x - x_0)^2 x_0 + 3(x - x_0) x_0^2 + x_0^3 - x_0^3\right)$$

$$= (x - x_0)^2 + 3(x - x_0) x_0 + 3 x_0^2 \, .$$

Hieraus folgt sofort:

$$f'(x_0) = \lim_{x \to x_0} \frac{f(x) - f(x_0)}{x - x_0} = \lim_{x \to x_0} \frac{x^3 - x_0^3}{x - x_0} = 3 x_0^2$$

und die Gleichung der Tangente lautet:

$$t(x) = x_0^3 + 3 x_0^2 (x - x_0) \, .$$

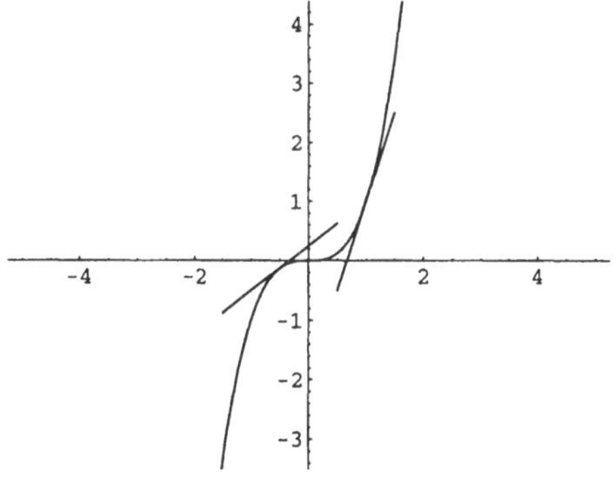

Die Funktion
$f(x) = x^3$
mit Tangenten

Aufgabe 5.3   Man prüfe, ob folgende Funktionen differenzierbar sind:

Differenzierbarkeit von Funktionen mit mehreren Funktionsvorschriften überprüfen

(a) $f(x) = |x^2 + x|$,

(b) $f(x) = \begin{cases} \frac{1}{4} x^2 & \text{für} \quad x \le 4 \\ (x - 2)^2 & \text{für} \quad 4 < x \end{cases}$,

(c) $f(x) = \begin{cases} \frac{\sqrt{x^2}}{x} & \text{für} \quad x \ne 0 \\ 1 & \text{für} \quad x = 0 \end{cases}$.

Lösung: (a) Wir schreiben mit $x^2 + x = x(x+1)$:

$$f(x) = \begin{cases} x^2 + x & \text{für} & x \geq 0 \\ -x^2 - x & \text{für} & -1 < x \leq 0 \\ x^2 + x & \text{für} & x < -1 \end{cases} .$$

Hieraus ergibt sich sofort, daß f für $x \neq 0, -1$ differenzierbar ist:

$$f'(x) = \begin{cases} 2x + 1 & \text{für} & x \geq 0 \\ -2x - 1 & \text{für} & -1 < x \leq 0 \\ 2x + 1 & \text{für} & x < -1 \end{cases} .$$

In den Ausnahmepunkten bilden wir den Differenzenquotienten:

$$\frac{f(h) - f(0)}{h} = \begin{cases} \frac{h^2 + h}{h} & \text{für} & h > 0 \\ \frac{-h^2 - h}{h} & \text{für} & h < 0 \end{cases} ,$$

$$\frac{f(-1 + h) - f(-1)}{h} = \begin{cases} \frac{h - h^2}{h} & \text{für} & h > 0 \\ \frac{-h + h^2}{h} & \text{für} & h < 0 \end{cases} .$$

Man sieht sofort, daß der rechtsseitige und der linksseitige Grenzwert des Differenzenquotienten in $x = 0, -1$ nicht übereinstimmen und somit f dort nicht differenzierbar ist.

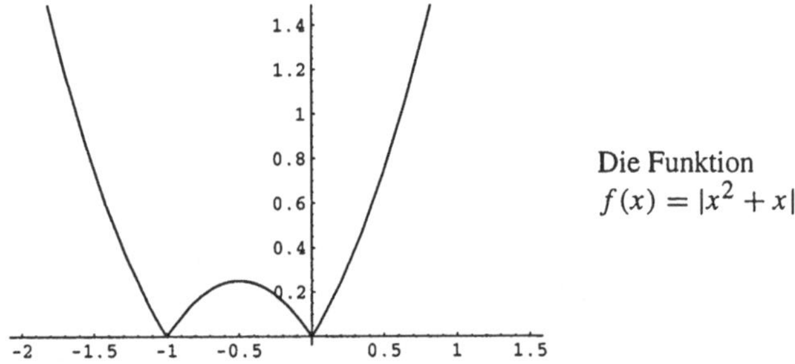

Die Funktion
$$f(x) = |x^2 + x|$$

(b) Für $x \neq 4$ ist f differenzierbar. Im Punkt $x = 4$ ist f nicht differenzierbar, wegen:

$$\lim_{h \to 0^+} \frac{f(4 + h) - f(h)}{h} = 2 \quad \text{und} \quad \lim_{h \to 0^-} \frac{f(4 + h) - f(h)}{h} = 4 .$$

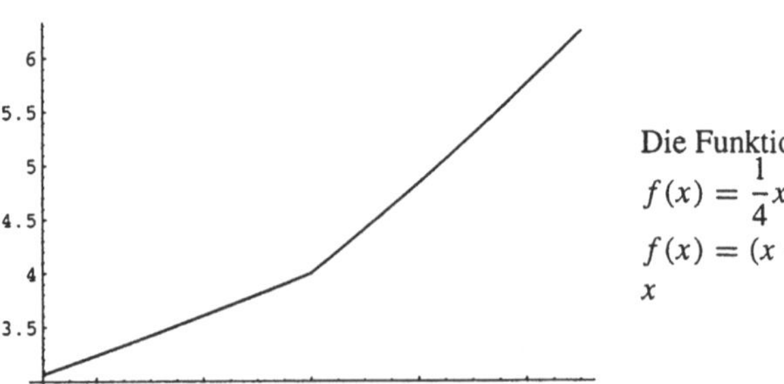

Die Funktion
$$f(x) = \frac{1}{4} x^2, \, x \leq 4,$$
$$f(x) = (x - 2)^2, \, 4 < x$$

(c) Wir schreiben:

$$f(x) = \begin{cases} 1 & \text{für} \quad x \geq 0 \\ -1 & \text{für} \quad x < 0 \end{cases}$$

und bekommen sofort, daß $f'(x) = 0$ für $x \neq 0$ gilt. Offenbar ist f im Punkt $x = 0$ unstetig und damit nicht differenzierbar.

Aufgabe 5.4   Man zeige, daß die Gerade

$$y(x) = e^{x_0} (x + 1 - x_0)$$

die Funktion e^x im Punkt x_0 berührt.

Lösung: Man erhält durch Umformen:

$$\frac{f(x) - y(x)}{|x - x_0|} = \frac{e^x - e^{x_0} (x + 1 - x_0)}{|x - x_0|}$$
$$= \frac{e^x - e^{x_0} + e^{x_0} (x - x_0)}{|x - x_0|} .$$

Mit dem Grenzwert: $\lim\limits_{x \to x_0} \left| \dfrac{e^x - e^{x_0}}{x - x_0} - e^{x_0} \right| = 0$ folgt die Behauptung. Man kann auch so vorgehen, daß man

$$y(x) = e^{x_0} + e^{x_0} (x - x_0)$$

als Tangente im Punkt x_0 an e^x erkennt.

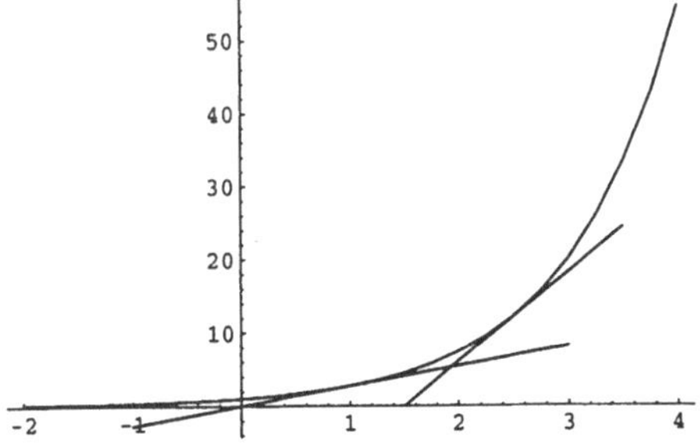

Behrührung der e-Funktion durch die Tangente

Mathematica:

$$\mathbf{Limit}\Big[\frac{\exp[x] - \exp[x0](x + 1 - x0)}{\mathbf{Abs}[x - x0]}, x \to x0\Big]$$

$$0$$

Maple:

```
> limit((exp(x)-exp(x0)*(x+1-x0))/abs(x-x0),x=x0);
```

$$\lim_{x \to x0} \frac{e^x - e^{x0} (x + 1 - x0)}{|x - x0|} = 0$$

Höhere Ableitungen berechnen | **Aufgabe 5.5** Man berechne folgende Ableitungen:

$$\frac{d^{n+1}}{dx^{n+1}}\, x^n\,, \qquad \frac{d^n}{dx^n}\, \sin(x)\,, \qquad \frac{d^n}{dx^n}\, \cos(x)\,.$$

Lösung: Durch wiederholtes Ableiten der Potenzfunktion folgt:

$$\begin{aligned}
\frac{d}{dx}\, x^n &= n\, x^{n-1}\,,\\[1ex]
\frac{d^2}{dx^2}\, x^n &= n\,(n-1)\, x^{n-2}\,,\\
&\;\;\vdots\\
\frac{d^n}{dx^n}\, x^n &= n\,(n-1)\cdots(n-(n-1)) = n!\,,
\end{aligned}$$

also: $\dfrac{d^{n+1}}{dx^{n+1}}\, x^n = 0$. Als nächstes berechnen wir:

$$\begin{aligned}
\frac{d}{dx}\, \sin(x) &= \cos(x)\,,\\[1ex]
\frac{d^2}{dx^2}\, \sin(x) &= -\sin(x)\,,\\[1ex]
\frac{d^3}{dx^3}\, \sin(x) &= -\cos(x)\,,\\[1ex]
\frac{d^4}{dx^4}\, \sin(x) &= \sin(x)\,,
\end{aligned}$$

und

$$\begin{aligned}
\frac{d}{dx}\, \cos(x) &= -\sin(x)\,,\\[1ex]
\frac{d^2}{dx^2}\, \cos(x) &= -\cos(x)\,,\\[1ex]
\frac{d^3}{dx^3}\, \cos(x) &= \sin(x)\,,\\[1ex]
\frac{d^4}{dx^4}\, \cos(x) &= \cos(x)\,.
\end{aligned}$$

Hieraus folgt:

$$\frac{d^n}{dx^n}\, \sin(x) = \begin{cases} (-1)^{k+1}\cos(x) & \text{für} \quad n = 2k-1,\, k \in \mathbb{N}\\ (-1)^k \sin(x) & \text{für} \quad n = 2k,\, k \in \mathbb{N} \end{cases}$$

und

$$\frac{d^n}{dx^n}\, \cos(x) = \begin{cases} (-1)^k \sin(x) & \text{für} \quad n = 2k-1,\, k \in \mathbb{N}\\ (-1)^k \cos(x) & \text{für} \quad n = 2k,\, k \in \mathbb{N} \end{cases}$$

5.2 Ableitungsregeln

Nachdem man sich einen gewissen Grundvorrat differenzierbarer Funktionen geschaffen hat, wird er mit Hilfe einiger Regeln ausgebaut.

> Seien $f, g : I \longrightarrow \mathbb{R}$ in x_0 differenzierbare Funktionen, dann gilt:
>
> **1.)** $(f + g)'(x_0) = f'(x_0) + g'(x_0)$,
>
> **2.)** $(f g)'(x_0) = f'(x_0)g(x_0) + f(x_0)g'(x_0)$,
>
> **3.)** $\left(\dfrac{f}{g}\right)'(x_0) = \dfrac{f'(x_0)g(x_0) - f(x_0)g'(x_0)}{g(x_0)^2}$,
> wobei die Quotientenfunktion in
> $M = \{x \in I \mid g(x) \neq 0\}$ erklärt ist und $x_0 \notin M$.

Summen-, Produkt- und Quotientenregel

Die Verkettung differenzierbarer Funktionen ist wieder differenzierbar.

> Seien $f : I \longrightarrow \mathbb{R}$ in $x_0 \in I$ und $g : f(I) \longrightarrow \mathbb{R}$ in $f(x_0) \in f(I)$ differenzierbare Funktionen. Dann ist die Verkettung $g \circ f : I \longrightarrow \mathbb{R}$ differenzierbar in x_0, und es gilt:
>
> $$(g \circ f)'(x_0) = g'(f(x_0))f'(x_0).$$

Kettenregel

Mit der Kettenregel ist die Ableitung der Umkehrfunktion verwandt.

> Die stetige Funktion $f : [a, b] \longrightarrow \mathbb{R}$ sei streng monoton und in $x_0 \in (a, b)$ differenzierbar mit $f'(x_0) \neq 0$. Dann ist die Umkehrfunktion $f^{-1} : f([a, b]) \longrightarrow [a, b]$ in $f(x_0)$ differenzierbar, und es gilt:
>
> $$(f^{-1})'(f(x_0)) = \frac{1}{f'(x_0)}.$$

Differenzierbarkeit der Umkehrfunktion

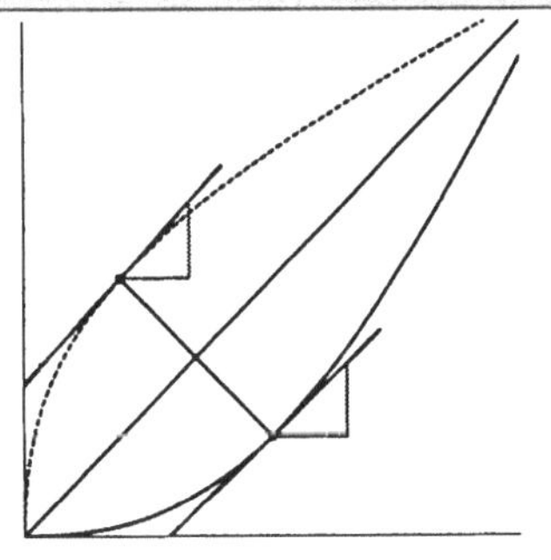

Ableitung der Umkehrfunktion durch Spiegelung

Damit kann die Liste wichtiger Ableitungen fortgesetzt werden.

Einige wichtige Ableitungen

$$\frac{d}{dx}a^x = \ln(a)\,a^x, \quad a > 0,$$

$$\frac{d}{dx}x^a = a\,x^{a-1}, \quad x > 0,$$

$$\arcsin'(x) = \frac{1}{\sqrt{1-x^2}}, \quad -1 < x < 1,$$

$$\arccos'(x) = -\frac{1}{\sqrt{1-x^2}}, \quad -1 < x < 1,$$

$$\arctan'(x) = \frac{1}{1+x^2}, \quad x \in \mathbb{R},$$

$$\operatorname{arsinh}'(x) = \frac{1}{\sqrt{x^2+1}}, \quad x \in \mathbb{R},$$

$$\operatorname{arcosh}'(x) = \frac{1}{\sqrt{x^2-1}}, \quad x > 1\mathbb{R},$$

$$\operatorname{artanh}'(x) = \frac{1}{1-x^2}, \quad -1 < x < 1.$$

Quotientenregel anwenden

Aufgabe 5.6 Mit der Quotientenregel berechne man die Ableitung folgender Funktionen:

$$x \to \frac{1}{x^n}, \quad x > 0, \quad n > 0,$$

$$x \to \tan(x), \quad -\frac{\pi}{2} < x < \frac{\pi}{2}.$$

Lösung: Wir erhalten:

$$\frac{d}{dx}\frac{1}{x^n} = \frac{-n\,x^{n-1}}{x^{2n}} = -n\,\frac{1}{x^{n+1}}$$

und

$$\begin{aligned}
\frac{d}{dx}\tan(x) &= \frac{d}{dx}\frac{\sin(x)}{\cos(x)} \\
&= \frac{(\cos(x))^2 + (\sin(x))^2}{(\cos(x))^2} \\
&= \frac{1}{(\cos(x))^2}.
\end{aligned}$$

D

Mathematica: Zur Berechnung der Ableitung benutzt man den Befehl D und gibt dabei an, nach welcher Variablen differenziert werden soll. (In der Ein- und Ausgabe wird schon die allgemeinere Schreibweise der partiellen Ableitung benutzt).

$$\partial_{\mathbf{x}}\!\left(\frac{\mathbf{1}}{\mathbf{x^n}}\right)$$

$$-nx^{-1-n}$$

$$\partial_{\mathbf{x}}\tan\left[\mathbf{x}\right]$$

$$\sec[x]^2$$

Maple: Zur Berechnung der Ableitung benutzt man den Befehl Diff und gibt dabei an, nach welcher Variablen differenziert werden soll. (In der Ein- und Ausgabe wird schon die allgemeinere Schreibweise der partiellen Ableitung benutzt). Diff nimmt nicht automatisch Vereinfachungen des Ergebnisses vor.

`diff`

```
> diff(1/x^n,x);
```

$$\frac{\partial}{\partial x}\,\frac{1}{x^n} = -\,\frac{n}{x^n\,x}$$

```
> Diff(tan(x),x)=diff(tan(x),x);
```

$$\frac{\partial}{\partial x}\tan(x) = 1 + \tan(x)^2$$

Aufgabe 5.7 Die Logarithmusfunktion ist beliebig oft differenzierbar. Man zeige:

$$\ln^{(n)}(x) = \frac{(-1)^{n-1}(n-1)!}{x^n}\,,\quad x > 0\,.$$

Höhere Ableitungen des natürlichen Logarithmus berechnen

Lösung: Wir beweisen die Behauptung durch vollständige Induktion. Wegen $\ln'(x) = \dfrac{1}{x}$ gilt die Behauptung für $n = 1$. Wir nehmen an, daß die n-te Ableitung existiert und die angegebene Gestalt besitzt. Dann existiert auch die $(n + 1)$-te Ableitung:

$$\ln^{(n+1)}(x) = -n\,\frac{(-1)^{n-1}(n-1)!}{x^{n+1}} = \frac{(-1)^n\,n!}{x^{n+1}}\,.$$

Aufgabe 5.8 Man berechne die vierte Ableitung des Tangens, indem man von $\tan'(x) = 1 + (\tan(x))^2$ ausgeht.

Höhere Ableitungen des Tangens berechnen

Lösung: Mit der Kettenregel ergibt sich:

$$
\begin{aligned}
\tan''(x) &= 2\tan(x)\tan'(x)\\
&= 2\tan(x) + 2\,(\tan(x))^3\,,\\
\tan'''(x) &= 2\tan'(x) + 6\,(\tan(x))^2\,\tan'(x)\\
&= 2 + 8\,(\tan(x))^2 + 6\,(\tan(x))^3\,,\\
\tan^{(4)}(x) &= 16\tan(x)\tan'(x) + 18\,(\tan(x))^2\,\tan'(x)\\
&= 16\tan(x) + 40\,(\tan(x))^3 + 24\,(\tan(x))^5\,.
\end{aligned}
$$

Mathematica: Höhere Ableitungen berechnet man mit D und der Option *Variable, n.*

D

$$\partial_{\{x,2\}} \tan[\mathbf{x}]$$

$$2\sec[x]^2 \tan[x]$$

$$\partial_{\{x,3\}} \tan[\mathbf{x}]$$

$$2\sec[x]^4 + 4\sec[x]^2\tan[x]^2$$

$$\partial_{\{x,4\}} \tan[\mathbf{x}]$$

$$16\sec[x]^4 \tan[x] + 8\sec[x]^2\tan[x]^3$$

Maple: Höhere Ableitungen berechnet man mit diff und der Option *Variable , n.*

diff

```
> expand(diff(tan(x),x$2));
```

$$\frac{\partial^2}{\partial x^2} \tan(x) = 2\tan(x) + 2\tan(x)^3$$

```
> expand(diff(tan(x),x$3));
```

$$\frac{\partial^3}{\partial x^3} \tan(x) = 2 + 8\tan(x)^2 + 6\tan(x)^4$$

```
> expand(diff(tan(x),x$4));
```

$$\frac{\partial^4}{\partial x^4} \tan(x) = 16\tan(x) + 40\tan(x)^3 + 24\tan(x)^5$$

Ableitungsregeln auf zusammengesetzte Funktionen anwenden

Aufgabe 5.9   Man differenziere folgende Funktionen:

(a) $f(x) = x\,e^x\,(\sin(x))^2$, $g(x) = \sqrt{3x}\,\sin(x^2)$,

(b) $f(x) = \dfrac{x^4 - x + 1}{x^2 - 1}$, $g(x) = \dfrac{1}{x^2}\ln(x)$,

(c) $f(x) = x^2 \cos\left(\dfrac{\pi}{x}\right)$, $g(x) = \dfrac{1}{x^2 \ln(x)}$.

Lösung: Durch Anwenden der Summen-, Produkt-, Quotienten- und Kettenregel bekommen wir:

(a) $f'(x) = (x+1)\,e^x\,(\sin(x))^2 + 2\,x\,e^x\,\sin(x)\,\cos(x)\,,$

$$g'(x) = \frac{3}{2\sqrt{3\,x}}\,\sin(x^2) + 2\,x\,\sqrt{3\,x}\,\cos(x^2)\,.$$

(b) $f'(x) = \dfrac{(x^4 - x + 1)\,2\,x - (4\,x^3 - 1)\,(x^2 - 1)}{(x^2 - 1)^2}$

$$= \frac{2\,x^5 - 4\,x^3 + x^2 - 2\,x + 1}{(x^2 - 1)^2}\,,$$

$$g'(x) = -\frac{2}{x^3}\,\ln(x) + \frac{1}{x^3}\,.$$

(c) $f'(x) = 2\,x\,\cos\left(\dfrac{\pi}{x}\right) + \pi\,\sin\left(\dfrac{\pi}{x}\right)\,,$

$$g'(x) = -\frac{1}{x^3\ln(x)^2} - \frac{2}{x^3\,\ln(x)}\,.$$

Aufgabe 5.10   Wie oft ist die Funktion differenzierbar:

$$f(x) = \begin{cases} 2 - x^2 & \text{für} \quad -2 < x \le 0 \\ \sqrt{4 - x^2} & \text{für} \quad 0 < x < 2 \end{cases}.$$

Differenzierbarkeit von Funktionen mit mehreren Funktionsvorschriften überprüfen

Lösung: Wir berechnen im Punkt $x - 0$:

$$\lim_{h \to 0^+} \frac{f(h) - f(0)}{h} = 0 \quad \text{und} \quad \lim_{h \to 0^-} \frac{f(h) - f(0)}{h} = 0\,.$$

Damit ist $f'(0) = 0$ und insgesamt:

$$f'(x) = \begin{cases} -2\,x & \text{für} \quad -2 < x < 0 \\ 0 & \text{für} \quad x = 0 \\ -\dfrac{x}{\sqrt{4 - x^2}} & \text{für} \quad 0 < x < 2 \end{cases}.$$

Die Ableitung f' ist nun im Punkt $x = 0$ aber nicht mehr differenzierbar, wegen:

$$\lim_{h \to 0^+} \frac{f'(h) - f'(0)}{h} = -2 \quad \text{und} \quad \lim_{h \to 0^-} \frac{f'(h) - f'(0)}{h} = -\frac{1}{2}\,.$$

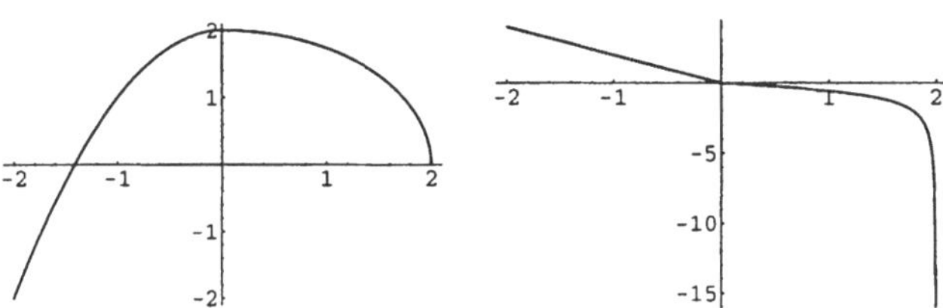

Die Funktion
$f(x) = 2 - x^2\,,\, -2 < x \le 0\,,\; f(x) = \sqrt{4 - x^2}\,,\, 0 < x < 2\,,$
und ihre Ableitung $f'(x)$

Regel über die Ableitung der
Umkehrfunktion anwenden

Aufgabe 5.11   Man zeige:

$$\operatorname{arctan}'(x) \;=\; \frac{1}{1+x^2}, \quad x \in \mathbb{R},$$

$$\operatorname{artanh}'(x) \;=\; \frac{1}{1-x^2}, \quad -1 < x < 1.$$

Lösung: Mit der bekannten Ableitung $\tan'(x) = (1 + \tan(x))^2$ und dem
Satz über die Ableitung der Umkehrfunktion folgt:

$$\operatorname{arctan}'(x) = \frac{1}{1 + (\tan(\operatorname{arctan}(x))^2} = \frac{1}{1+x^2}\,.$$

Nun berechnen wir:

$$\begin{aligned}
\tanh'(x) &= \frac{d}{dx}\left(\frac{\sinh(x)}{\cosh(x)}\right) \\[2mm]
&= \frac{(\cosh(x))^2 - (\sinh(x))^2}{(\cosh(x))^2} \\[2mm]
&= 1 - (\tanh(x))^2
\end{aligned}$$

und bekommen ebenso:

$$\operatorname{artanh}'(x) = \frac{1}{1 - (\tanh(\operatorname{artanh}(x)))^2} = \frac{1}{1-x^2}, \quad |x| < 1.$$

Mathematica:

$$\partial_{\mathbf{x}} \operatorname{arctan}\left[\mathbf{x}\right]$$

$$\frac{1}{1+x^2}$$

$$\partial_{\mathbf{x}} \mathbf{ArcTanh}\left[\mathbf{x}\right]$$

$$\frac{1}{1-x^2}$$

Maple:

```
> diff(arctan(x),x);
```

$$\frac{\partial}{\partial x}\operatorname{arctan}(x) = \frac{1}{1+x^2}$$

```
> diff(arctanh(x),x);
```

$$\frac{\partial}{\partial x}\operatorname{arctanh}(x) = \frac{1}{1-x^2}$$

Aufgabe 5.12 Die für $x > 0$ erklärte Funktion:

$$f(x) = \sqrt[3]{-\frac{1}{2x} + \frac{\sqrt{3}\sqrt{4x^8 + 27}}{18x} - \frac{x^2}{3\sqrt[3]{-\frac{1}{2x} + \frac{\sqrt{3}\sqrt{4x^8+27}}{18x}}}}$$

Eine implizit gegebene Funktion ableiten

erfüllt die Gleichung: $x^3 f(x) + x (f(x))^3 = -1$. Man berechne ihre Ableitung.

Lösung: Durch Ableiten ergibt sich die Gleichung:

$$3x^2 f(x) + x^3 f'(x) + (f(x))^3 + 3x (f(x))^3 f'(x) = 0$$

bzw.

$$x (x^2 + 3 (f(x))^2) f'(x) = -(3x^2 + (f(x))^2) f(x).$$

Mit $x > 0$ und $x^2 + 3 (f(x))^2 > 0$ folgt hieraus.

$$f'(x) = -\frac{(3x^2 + (f(x))^2) f(x)}{x (x^2 + 3 (f(x))^2)}.$$

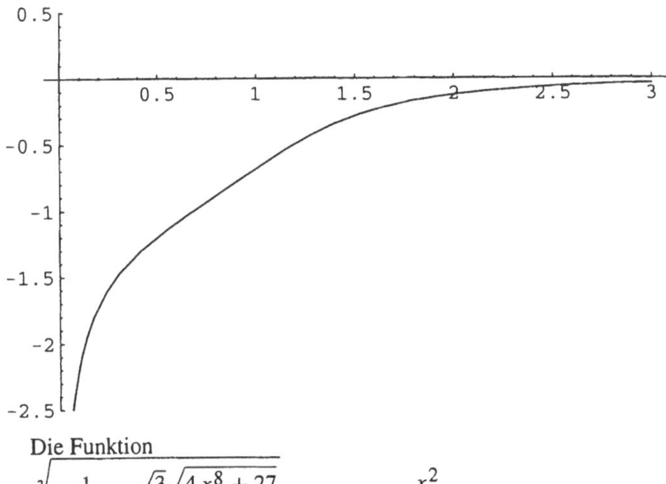

Die Funktion

$$\sqrt[3]{-\frac{1}{2x} + \frac{\sqrt{3}\sqrt{4x^8 + 27}}{18x} - \frac{x^2}{3\sqrt[3]{-\frac{1}{2x} + \frac{\sqrt{3}\sqrt{4x^8+27}}{18x}}}}$$

5.3   Mittelwertsatz und Folgerungen

Aus dem Mittelwertsatz ergeben sich eine Reihe bedeutender Folgerungen.

Mittelwertsatz

> Die Funktion $f : [a, b] \longrightarrow \mathbb{R}$ sei stetig und in (a, b) differenzierbar. Dann gibt es ein $\xi \in (a, b)$ mit
>
> $$f'(\xi) = \frac{f(b) - f(a)}{b - a}.$$

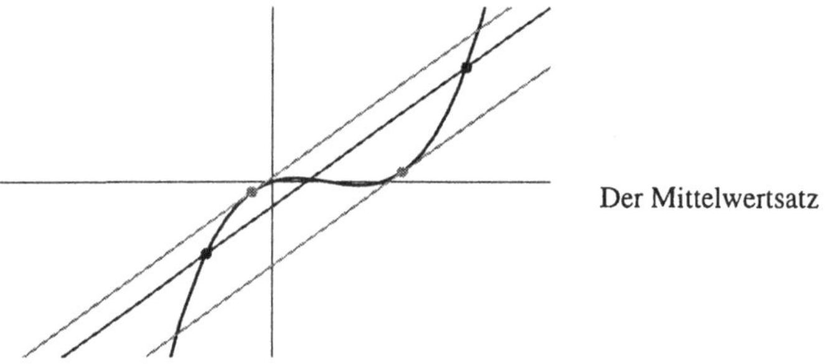

Der Mittelwertsatz

Wir charakterisieren zuerst konstante Funktionen.

Konstante Funktion

> Die Funktion $f : [a, b] \longrightarrow \mathbb{R}$ sei stetig und in (a, b) differenzierbar. Für alle $x \in (a, b)$ sei $f'(x) = 0$.
> Dann gilt für alle $x \in [a, b]$: $f(x) = f(a)$.

Als nächstes geben wir ein hinreichendes Kriterium für die Monotonie einer Funktion an.

Monotoniekriterium

> Die Funktion $f : [a, b] \longrightarrow \mathbb{R}$ sei stetig und in (a, b) differenzierbar. Für alle $x \in (a, b)$ sei $f'(x) \leq 0$ bzw. $f'(x) \geq 0$.
> Dann ist $f(x)$ in $[a, b]$ monoton fallend bzw. monoton wachsend.
> Ist $f'(x) < 0$ bzw. $f'(x) > 0$ für alle $x \in (a, b)$, dann ist $f(x)$ in $[a, b]$ streng monoton fallend bzw. streng monoton wachsend.

Die Rechenregel für den Grenzwert eines Quotienten versagt bei Ausdrücken der Gestalt $\dfrac{0}{0}$ und $\dfrac{\infty}{\infty}$.

Sei $-\infty \le a < b \le +\infty$ und $-\infty \le \rho \le +\infty$. Die Funktionen $f : [a, b] \longrightarrow \mathbb{R}$ und $g : [a, b] \longrightarrow \mathbb{R}$ seien stetig, in (a, b) differenzierbar und $g'(x) \neq 0$ für alle $x \in (a, b)$.
Ferner sei eine der beiden Voraussetzungen:

$$\lim_{x \to a^+} f(x) = \lim_{x \to a^+} g(x) = 0 \text{ bzw.} \lim_{x \to b^-} f(x) = \lim_{x \to b^-} g(x) = 0$$

oder $\quad \lim_{x \to a^+} g(x) = \mp\infty \quad$ bzw. $\quad \lim_{x \to b^-} g(x) = \mp\infty \quad$ erfüllt.
Dann folgt aus

$$\lim_{x \to a^+} \frac{f'(x)}{g'(x)} = \rho \quad \text{bzw.} \quad \lim_{x \to b^-} \frac{f'(x)}{g'(x)} = \rho,$$

daß gilt:

$$\lim_{x \to a^+} \frac{f(x)}{g(x)} = \rho \quad \text{bzw.} \quad \lim_{x \to b^-} \frac{f(x)}{g(x)} = \rho.$$

Regeln von de l'Hospital

Eine wichtige Eigenschaft der Exponentialfunktion ist, daß sie schneller als jede Potenz wächst.

$$\lim_{x \to +\infty} \frac{x^n}{e^x} = 0, \quad n \ge 0.$$

Wachstumsverhalten der Exponentialfunktion

Aufgabe 5.13 Man prüfe zunächst, ob die Funktion

$$f(x) = \arccos\left(\sqrt{\frac{\cos(3\,x)}{(\cos(x))^3}}\right)$$

für $0 < x < \dfrac{\pi}{6}$ erklärt werden kann, und berechne dann ihre Ableitung.

Monotoniekriterium und Ableitungsregeln anwenden

Lösung: Für $0 < x < \dfrac{\pi}{6}$ gilt offenbar $\cos(3x) > 0$, $(\cos(x))^3 > 0$. Ferner ist nach der Kettenregel:

$$\frac{d}{dx} \frac{\cos(3\,x)}{(\cos(x))^3} = \frac{d}{dx} \frac{4\,(\cos(x))^3 - 3\,\cos(x)}{(\cos(x))^3}$$

$$= \frac{d}{dx}\left(4 - \frac{3}{(\cos(x))^2}\right)$$

$$= -6\,\frac{\sin(x)}{(\cos(x))^3}.$$

Damit stellt $\dfrac{\cos(3\,x)}{(\cos(x))^3}$ eine in $(0, \dfrac{\pi}{6})$ monoton fallende Funktion dar mit Werten in $(0, 1)$, und die angegebene Verkettung mit der Wurzel- und der Arcuscosinusfunktion ist möglich. Außerdem sieht man, daß der Wertebereich von f durch $(0, \dfrac{\pi}{2})$ dargestellt wird. Zur Berechnung der Ableitung schreiben wir:

$$\cos(f(x)) = \sqrt{\frac{\cos(3\,x)}{(\cos(x))^3}}$$

und bekommen:

$$\sin(f(x))\, f'(x) = \frac{3}{\sqrt{\dfrac{\cos(3\,x)}{(\cos(x))^3}}}\,\frac{\sin(x)}{(\cos(x))^3}\,.$$

Hieraus ergibt sich:

$$f'(x) = \frac{3}{\sin(f(x))\,\cos(f(x))}\,\frac{\sin(x)}{(\cos(x))^3} = \frac{6}{\sin(2\,f(x))}\,\frac{\sin(x)}{(\cos(x))^3}\,.$$

Hätten wir direkt aufgrund der Funktionsvorschrift f abgeleitet, so wäre ein sehr komplizierter Ausdruck entstanden.

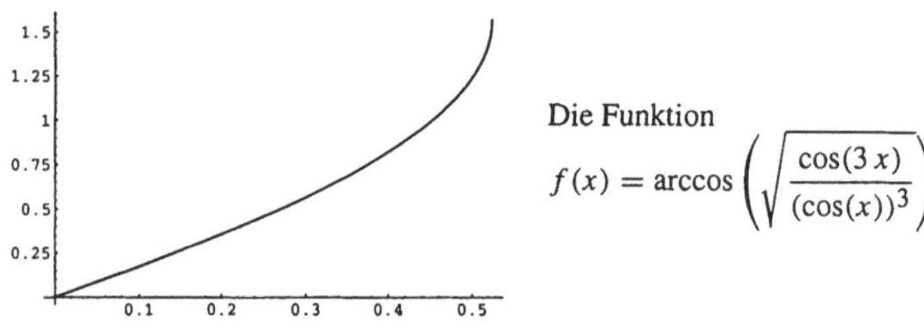

Die Funktion

$$f(x) = \arccos\left(\sqrt{\frac{\cos(3\,x)}{(\cos(x))^3}}\right)$$

Mathematica:

$$\mathbf{Simplify}\left[\partial_{\mathbf{x}}\, \arccos\left[\sqrt{\frac{\cos[\mathbf{3x}]}{\cos[\mathbf{x}]^3}}\right]\right]$$

$$\frac{\sqrt{3}\sqrt{\cos[3x]\sec[x]^3}\,\sec[3x]\,\sin[x]}{\sqrt{\tan[x]^2}}$$

Maple:

```
> simplify(diff(arccos(sqrt(cos(3*x)/cos(x)^3)),x));
```

$$\frac{d}{dx}\,\arccos\!\left(\frac{\sqrt{\cos(3\,x)}}{\cos(x)^{3/2}}\right)$$

$$= \frac{\sqrt{-1}\,(-\sin(3\,x)\cos(x) + \cos(3\,x)\sin(x))\,\sqrt{3}}{2\,\cos(x)^{3/2}\sqrt{\cos(x)^2 - 1}\,\sqrt{\cos(3\,x)}}$$

Aufgabe 5.14 Man bestätige den Mittelwertsatz anhand der Funktionen:

Mittelwertsatz an Beispielen bestätigen

(a) $f(x) = 3x^2 - 8x + 15$ für $x \in [2, 5]$,

(b) $f(x) = x^n$ für $x \in [0, h]$ $n > 0, h > 0,$,

(c) $f(x) = \dfrac{1}{x}$ für $x \in [3, 5]$.

Lösung: **(a)** Es gilt $f(5) - f(2) = 50 - 11 = 39$ und $f'(x) = 6x - 8$. Wir benötigen also ein $\xi \in [2, 5]$ mit:

$$39 = (6\xi - 8)\,3\,.$$

Offensichtlich erfüllt $\xi = \dfrac{7}{2}$ diese Bedingung.

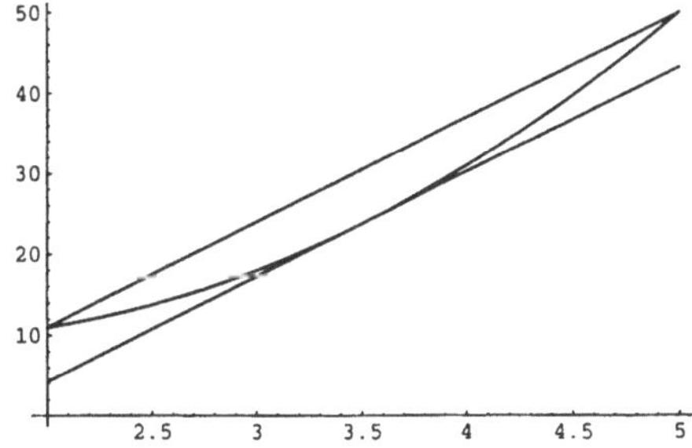

Der Mittelwertsatz für die Funktion $f(x) = 3x^2 - 8x + 15$ im Intervall $[2, 5]$

(b) Es gilt $f(h) - f(0) = h^n$ und $f'(x) = nh^{n-1}$. Wir benötigen also ein $\xi \in [0, h]$ mit:

$$h^n = n\,\xi^{n-1}\,h \quad \longleftrightarrow \quad \frac{1}{n}\,h^{n-1} = \xi^{n-1}\,.$$

Offensichtlich erfüllt $\xi = \dfrac{h}{\sqrt[n-1]{n}}$ diese Bedingung.

(c) Es gilt $f(5) - f(3) = -\dfrac{2}{15}$ und $f'(x) = -\dfrac{1}{x^2}$. Wir benötigen also ein $\xi \in [3, 5]$ mit:

$$-\frac{2}{15} = -\frac{1}{\xi^2}\,2\,.$$

Offensichtlich erfüllt $\xi = \sqrt{15}$ diese Bedingung.

Aufgabe 5.15 Unter Verwendung des Mittelwertsatzes gebe man eine Abschätzung für:

Differenzen von Funktionswerten mit dem Mittelwertsatz abschätzen

$$\left|0.999^5 - 1\right|, \quad \left|1.0001^{\frac{1}{4}} - 1\right|, \quad |\ln(\cos(0.001))|\,.$$

Lösung: Mit $f(x) = x^5$ wird $f(0.999) = 0.999^5$ und $f(1) = 1$. Wenden wir im Intervall $[0.999, 1]$ den Mittelwertsatz an, so gilt mit einem $\xi \in (0.999, 1)$:

$$\left| 0.999^5 - 1 \right| = \left| 5\,\xi^4 \right| \, |0.999 - 1| \,.$$

Schätzen wir $\xi^4 < 1$ ab, so ergibt sich:

$$\left| 0.999^5 - 1 \right| < 5\,10^{-4} \,.$$

Mit $f(x) = x^{1/4}$ wird $f(1.0001) = 1.0001^{1/4}$ und $f(1) = 1$. Wenden wir im Intervall $[1, 1.0001]$ den Mittelwertsatz an, so gilt mit einem $\xi \in (1, 1.0001)$:

$$\left| 1.0001^{\frac{1}{4}} - 1 \right| = \left| \frac{1}{4}\,\xi^{\frac{4}{4}} \right| \, |1.0001 - 1| \,.$$

Schätzen wir wieder $\xi^{-3/4} < 1$ ab, so ergibt sich:

$$\left| 1.0001^{\frac{1}{4}} - 1 \right| < \frac{1}{4}\,10^{-4} \,.$$

Mit $f(x) = \ln(\cos(x))$ wird $f(0.001) = \ln(\cos(0.001))$ und $f(0) = 0$. Berücksichtigen wir

$$f'(x) = -\frac{\sin(x)}{\cos(x)} = -\tan(x)$$

und wenden im Intervall $[0, 0.001]$ den Mittelwertsatz an, so gilt mit einem $\xi \in (0, 0.001)$:

$$|\ln(\cos(0.001))| = |\tan(\xi)| \, |0.001| \,.$$

Mit der Monotonie des Tangens schätzen wir $\tan(\xi) < \tan(0.001)$ ab und bekommen:

$$|\ln(\cos(0.001))| < \tan(0.001)\,0.001 \,.$$

Zur Abschätzung von $\tan(0.001)$ ziehen wir erneut den Mittelwertsatz heran. Mit der Ableitung $\tan'(x) = 1 + (\tan(x))^2$ schreiben wir zunächst:

$$\tan(0.001) = (1 + \tan(\xi_{0.001})^2)\,0.001 \leq 1 + \tan(0.001)^2\,0.001 \,.$$

Offensichtlich ist $0.001 < \dfrac{\pi}{12}$ und

$$\tan\left(\frac{\pi}{12} \right) = 2 - \sqrt{3} < 0.3 \,,$$

so daß sich folgende Ungleichung ergibt:

$$\tan(0.001) < (1 + 0.3^2)\,0.001 = 0.00109 \,.$$

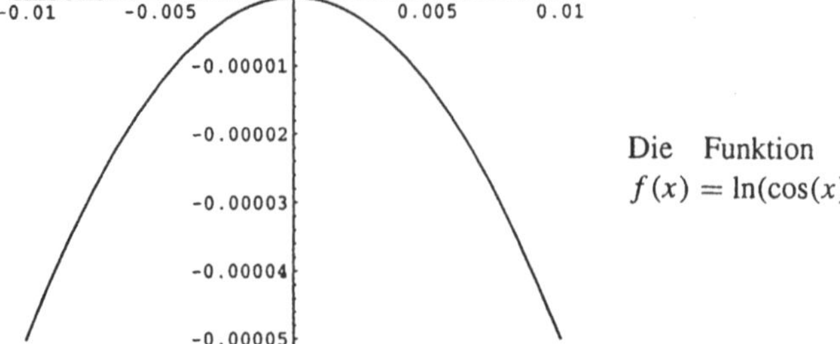

Die Funktion
$$f(x) = \ln(\cos(x))$$

Mathematica:

$$\mathbf{N}\big[\,\log[\cos[\mathbf{0.001}]]\,\big]$$

$$-5.\times 10^{-7}$$

Maple:

```
> evalf(ln(cos(0.001)));
```

$$\mathrm{Evalf(Ln(Cos(.001)))} = -.5000001250\,10^{-6}$$

Aufgabe 5.16 Man berechne folgende Grenzwerte:

(a) $\displaystyle\lim_{x\to\frac{\pi}{2}} \frac{\left(x-\frac{\pi}{2}\right)\sin(x)}{\cos(x)}\,,\qquad \lim_{x\to\infty}\frac{\ln(\ln(x))}{\ln(x)}\,,$

(b) $\displaystyle\lim_{x\to 0}\left(\frac{1}{x}-\frac{1}{\sin(x)}\right).$

Umformungen vornehmen und Regeln von de l'Hospital anwenden

Lösung: **(a)** Einfaches Anwenden der Regeln von de l' Hospital ergibt:

$$\lim_{x\to\frac{\pi}{2}} \frac{\left(x-\frac{\pi}{2}\right)\sin(x)}{\cos(x)} = \lim_{x\to\frac{\pi}{2}} \frac{\sin(x)+\left(x-\frac{\pi}{2}\right)\cos(x)}{-\sin(x)} = -1\,.$$

und

$$\lim_{x\to\infty}\frac{\ln(\ln(x))}{\ln(x)} = \lim_{x\to\infty}\frac{\frac{1}{\ln(x)}\,\frac{1}{x}}{\frac{1}{x}} = 0\,.$$

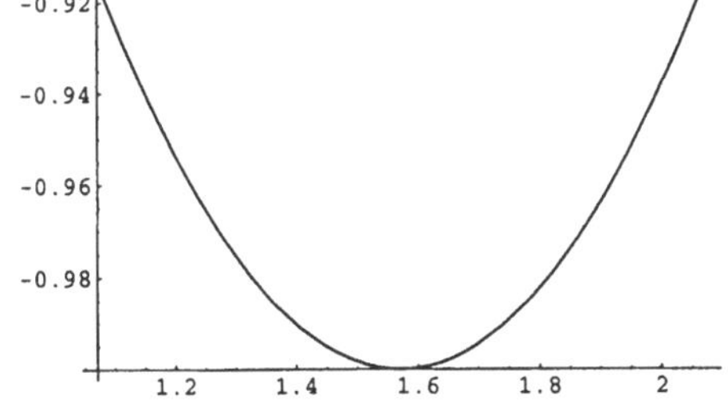

Die Funktion
$$f(x) = \frac{\left(x-\frac{\pi}{2}\right)\sin(x)}{\cos(x)}$$

(b) Zweifaches Anwenden der Regeln von de l' Hospital ergibt:

$$\begin{aligned}
\lim_{x\to 0}\left(\frac{1}{x}-\frac{1}{\sin(x)}\right) &= \lim_{x\to 0}\frac{\sin(x)-x}{x\,\sin(x)}\\[2mm]
&= \lim_{x\to 0}\frac{\cos(x)-1}{\sin(x)+x\,\cos(x)}\\[2mm]
&= \lim_{x\to 0}\frac{-\sin(x)}{2\,\cos(x)-x\,\sin(x)}\\[2mm]
&= 0\,.
\end{aligned}$$

Mathematica:

$$\mathbf{Limit}\!\left[\frac{1}{x} - \frac{1}{\sin[x]}, x \to 0\right]$$
$$0$$

Maple:

```
> limit(1/x-1/sin(x),x=0)
```

$$\lim_{x \to 0} x^{-1} - \sin(x)^{-1} = 0$$

Regeln von de l'Hospital anwenden

Aufgabe 5.17   Man berechne folgende Grenzwerte:

$$\text{(a)} \quad \lim_{x \to 0} \frac{\sin(x_0 + x) - \sin(x_0 - x)}{x}, \quad x_0 \in \mathbb{R},$$

$$\text{(b)} \quad \lim_{x \to 0} \frac{\tan(x) - \sin(x)}{x^2}.$$

Lösung: (a)   Die Regeln von de l' Hospital ergeben:

$$\lim_{x \to 0} \frac{\sin(x_0 + x) - \sin(x_0 - x)}{x}$$
$$= \lim_{x \to 0} \frac{\cos(x_0 + x) + \cos(x_0 - x)}{1} = 2\cos(x_0).$$

(b)   Zweifaches Anwenden der Regeln von de l' Hospital ergibt:

$$\lim_{x \to 0} \frac{\tan(x) - \sin(x)}{x^2} = \lim_{x \to 0} \frac{\frac{1}{(\cos(x))^2} - \cos(x)}{2\,x^2}$$
$$= \lim_{x \to 0} \frac{\frac{2\tan(x)}{(\cos(x))^2} + \sin(x)}{2}$$
$$= 0.$$

Regeln von de l' Hospital und Stetigkeit benutzen

Aufgabe 5.18   Man berechne folgende Grenzwerte:

$$\text{(a)} \quad \lim_{x \to 0^+} \frac{\sqrt{x^2 + x}}{\sqrt{e^x - 1}}, \quad \lim_{x \to 0} \left(\frac{1}{x} - \frac{1}{e^x - 1}\right),$$

$$\text{(b)} \quad \lim_{x \to \pi} \frac{\sin(3x)}{\tan(5x)}, \quad \lim_{x \to 0} \frac{2x\,\sin(2x)}{(\sinh(x))^2},$$

$$\text{(c)} \quad \lim_{x \to 0} \left(\frac{1}{(\sinh(x))^2} - \frac{1}{x^2}\right).$$

Lösung: (a)   Wir berechnen zunächst mit der Regel von de l'Hospital:

$$\lim_{x \to 0^+} \frac{x^2 + x}{e^x - 1} = \lim_{x \to 0^+} \frac{2x^2 + 1}{e^x} = 1.$$

Die Stetigkeit der Wurzelfunktion im Punkt 1 ergibt dann:

$$\lim_{x \to 0^+} \frac{x^2 + x}{e^x - 1} = 1 \,.$$

Wir schreiben:

$$\frac{1}{x} - \frac{1}{e^x - 1} = \frac{e^x - x - 1}{x\,(e^x - 1)} \,.$$

Zweimaliges Anwenden der Regel von de l'Hospital ergibt dann:

$$\begin{aligned}
\lim_{x \to 0} \left(\frac{1}{x} - \frac{1}{e^x - 1} \right) &= \lim_{x \to 0} \frac{e^x - 1}{x\,e^x + e^x - 1} \\
&= \lim_{x \to 0} \frac{e^x}{x\,e^x + 2\,e^x} \\
&= \frac{1}{2} \,.
\end{aligned}$$

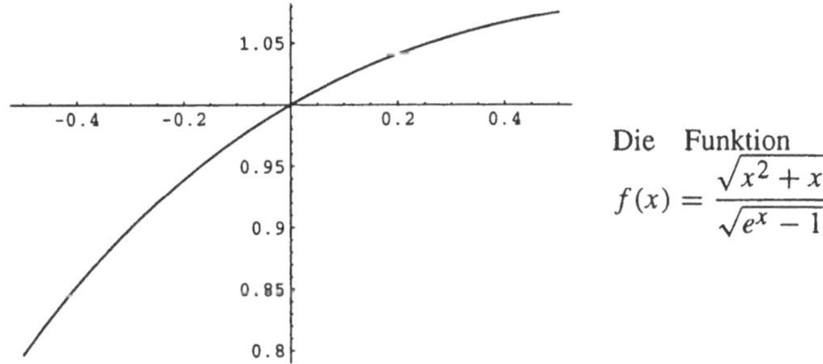

Die Funktion
$$f(x) = \frac{\sqrt{x^2 + x}}{\sqrt{e^x - 1}}$$

(b) Die Regel von de l'Hospital liefert direkt:

$$\lim_{x \to \pi} \frac{\sin(3\,x)}{\tan(5\,x)} = \lim_{x \to \pi} \frac{3\,\cos(3\,x)}{5\,(1 + (\tan(5\,x))^2)} = -\frac{3}{5} \,.$$

Zweimaliges Anwenden der Regel von de l'Hospital ergibt:

$$\begin{aligned}
\lim_{x \to 0} \frac{2\,x\,\sin(2\,x)}{(\sinh(x))^2} &= \lim_{x \to 0} \frac{2\,\sin(2\,x + 4\,x\,\cos(2\,x)}{2\,\sinh(x)\,\cosh(x)} \\
&= \lim_{x \to 0} \frac{8\,\cos(2\,x) - 8\,x\,\sin(2\,x)}{2\,(\sinh(x))^2 + 2\,(\cosh(x))^2} \\
&= 4 \,.
\end{aligned}$$

(c) Wir schreiben:

$$\frac{1}{(\sinh(x))^2} - \frac{1}{x^2} = \frac{x^2 - (\sinh(x))^2}{x^2\,\sinh(x))^2} \,.$$

Mehrmaliges Anwenden der Regel von de l'Hospital ergibt dann:

$$\lim_{x \to 0} \left(\frac{1}{(\sinh(x))^2} - \frac{1}{x^2} \right)$$

$$= \lim_{x \to 0} \frac{2x - 2\,\sinh(x)\,\cosh(x)}{2x\,(\sinh(x))^2 + 2x^2\,\sinh(x)\,\cosh(x)}$$

$$= \lim_{x \to 0} \frac{2x - \sinh(2x)}{2x\,(\sinh(x))^2 + x^2\,\sinh(2x)}$$

$$= \lim_{x \to 0} \frac{2 - 2\,\cosh(2x)}{2\,(\sinh(x))^2 + 4x\,\sinh(2x) + 2x^2\,\cosh(2x)}$$

$$= \lim_{x \to 0} \frac{-4\,\sinh(2x)}{6\,\sinh(2x) + 12x\,\cosh(2x) + 4x^2\,\sinh(2x)}$$

$$= \lim_{x \to 0} \frac{-8\,\cosh(x)}{24\,\cosh(2x) + 32x\,\sinh(2x) + 8x^2\,\cosh(2x)}$$

$$= -\frac{1}{3}.$$

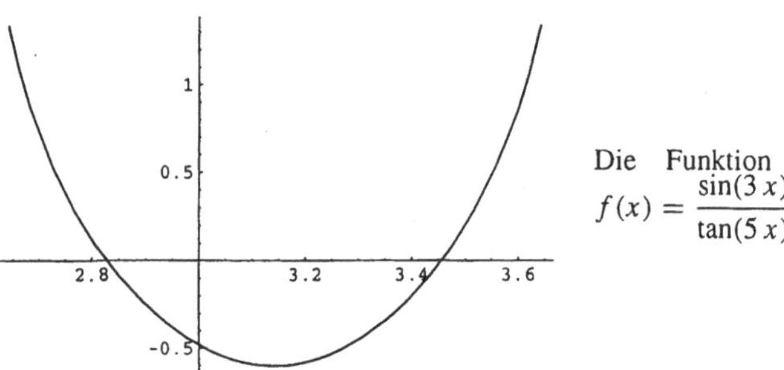

Die Funktion $f(x) = \dfrac{\sin(3x)}{\tan(5x)}$

Mathematica:

$$\mathbf{Limit}\!\left[\frac{1}{\sinh[\mathbf{x}]^2} - \frac{1}{\mathbf{x}^2}, \mathbf{x} \to \mathbf{0}\right]$$

$$-\frac{1}{3}$$

Maple:

```
> limit((1/sinh(x)^2)-(1/x^2),x=0);
```

$$\lim_{x \to 0} \frac{1}{\sinh(x)^2} - \frac{1}{x^2} = -\frac{1}{3}$$

6 Integration

6.1 Riemannsches Integral

Zunächst unterteilen wir ein Intervall in Teilintervalle:

> Sei $[a, b]$ ein abgeschlossenes Intervall und
>
> $$a = x_0 < x_1 < x_2 < \cdots < x_{n-1} < x_n = b.$$
>
> Dann bildet die Menge der $n + 1$ reellen Zahlen
>
> $$P = \{x_0, \ldots, x_n\}$$
>
> eine Partition von $[a, b]$. Die Zahl $\|P\| = \max\limits_{1 \leq k \leq n} \{x_k - x_{k-1}\}$ heißt Feinheit der Partition.

Partition und Feinheit

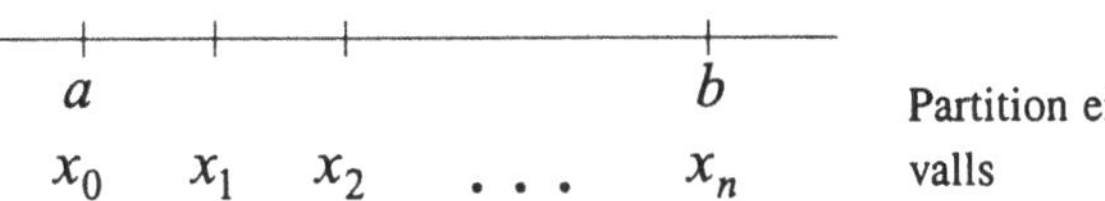

Partition eines Intervalls

Ist eine Partition gewählt, so können wir Riemannsche Summen bilden.

> Sei $f : [a, b] \longrightarrow \mathbb{R}$ eine beschränkte Funktion. Sei $P = \{x_0, x_1, \ldots, x_n\}$ und
>
> $$\xi = (\xi_1, \ldots, \xi_n), \quad \xi_k \in [x_{k-1}, x_k]$$
>
> ein Vektor aus Zwischenpunkten. Dann heißt
>
> $$S(f, P, \xi) = \sum_{k=1}^{n} f(\xi_k)\,(x_k - x_{k-1})$$
>
> Riemannsche Summe zur Partition P.

Riemannsche Summe

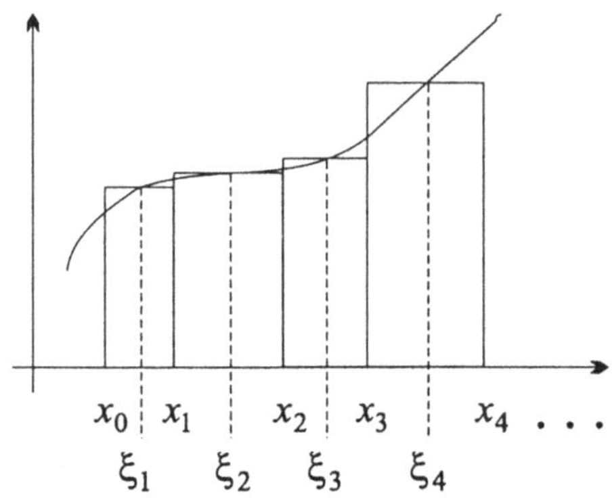

Riemannsche Summe

Wir erklären nun Grenzwerte Riemannscher Summen bei gegen 0 strebender Feinheit der Partitionen:

Grenzwert Riemannscher Summen

> Die Riemannschen Summen $S(f, P, \xi)$ besitzen den Grenzwert J für $\|P\|$ gegen 0,
>
> $$\lim_{\|P\| \to 0} S(f, P, \xi) = J,$$
>
> wenn es für alle $\epsilon > 0$ ein $\delta_\epsilon > 0$ gibt, so daß für alle Vektoren aus Zwischenpunkten ξ gilt:
>
> $$\|P\| < \delta_\epsilon \implies |S(f, P, \xi) - J| < \epsilon.$$

Mit dem Grenzwert Riemannscher Summen bekommen wir das Riemannsche Integral.

Riemannsches Integral

> Eine beschränkte Funktion $f : [a, b] \longrightarrow \mathbb{R}$ heißt Riemann-integrierbar, wenn der Grenzwert $\lim\limits_{\|P\| \to 0} S(f, P, \xi)$ existiert:
>
> $$\lim_{\|P\| \to 0} S(f, P, \xi) = \int_a^b f(x)\, dx.$$

Mit den stetigen Funktionen bekommt man eine große Klasse integrierbarer Funktionen.

Eine stetige Funktion $f : [a, b] \longrightarrow \mathbb{R}$ ist Riemannintegrierbar.

Ist $P_n = \{x_{n,0}, \ldots x_{n,k_n}\}$ eine beliebige Folge von Partitionen mit $\lim\limits_{n \to 0} \|P_n\| = 0$, so kann das Integral als als Grenzwert berechnet werden:

$$\lim_{n \to 0} S(f, P_n, \xi_n) = \int_a^b f(x)\,dx.$$

Dabei stellt $\xi_n = (\xi_{n,1}, \ldots, \xi_{n,k_n})$, $\xi_{n,k} \in [x_{n,k-1}, x_{n,k}]$ einen beliebigen Vektor aus Zwischenpunkten dar.

Integrierbarkeit stetiger Funktionen

Unmittelbar aus der Definition ergeben sich folgende Eigenschaften des Integrals.

Seien $f : [a, b] \longrightarrow \mathbb{R}$ und $g : [a, b] \longrightarrow \mathbb{R}$ Riemannintegrierbare Funktionen. Dann gilt:

1.) $\displaystyle\int_a^b (\alpha f(x) + \beta g(x))\,dx = \alpha \int_a^b f(x)\,dx + \beta \int_a^b g(x)\,dx$,

    (für beliebige $\alpha, \beta \in \mathbb{R}$),

2.) $\displaystyle\int_a^b f(x)\,dx \leq \int_a^b g(x)\,dx$,

    (bei $f(x) \leq g(x)$ für alle $x \in [a, b]$),

3.) $\displaystyle\left| \int_a^b f(x)\,dx \right| \leq \int_a^b |f(x)|\,dx$,

4.) $\displaystyle\int_a^b f(x)\,dx = \int_a^c f(x)\,dx + \int_c^b f(x)\,dx$.

    (bei $a < c < b$).

Eigenschaften des Integrals

$$\int_a^a f(x)\,dx = 0, \quad \int_b^a f(x)\,dx = -\int_a^b f(x)\,dx.$$

Anordnung der Integrationsgrenzen

Riemannsche Summen bilden und zur Grenze übergehen

Aufgabe 6.1   Man zeige mit Hilfe Riemannscher Summen für $b > 0$:

$$\int_0^b \sin(x)\,dx = 1 - \cos(b) \quad \text{und} \quad \int_0^b \cos(x)\,dx = \sin(b)\,.$$

Hinweis: Man benutze die Formeln:

$$\sum_{k=0}^n \sin(k\,x) = \frac{\cos\left(\frac{1}{2}x\right) - \cos\left(\left(n + \frac{1}{2}\right)x\right)}{2\sin\left(\frac{1}{2}x\right)}\,,$$

$$\sum_{k=0}^n \cos(k\,x) = \frac{\sin\left(\frac{1}{2}x\right) + \sin\left(\left(n + \frac{1}{2}\right)x\right)}{2\sin\left(\frac{1}{2}x\right)}\,.$$

Lösung: Wir unterteilen das Intervall $[0, b]$ in n gleich große Teilintervalle und bekommen die Partitionen

$$P_n = \left\{ x_{n,k} = k\,\frac{b}{n}\,, k = 0, \dots, n \right\}\,.$$

Als Zwischenpunkte $\xi_{n,k} \in [x_{n,k-1}, x_{n,k}]$ wählen wir jeweils die linken Eckpunkte $\xi_{n,k} = x_{n,k-1}$. Dies ergibt folgende Riemannschen Summen:

$$S(\sin, P_n, \xi_n) = \sum_{k=0}^{n-1} \sin\left(k\,\frac{b}{n}\right) \frac{b}{n}\,,$$

$$S(\cos, P_n, \xi_n) = \sum_{k=0}^{n-1} \cos\left(k\,\frac{b}{n}\right) \frac{b}{n}\,.$$

Nun gilt:

$$\frac{b}{n} \sum_{k=0}^n \sin\left(k\,\frac{b}{n}\right) = \frac{b}{n}\, \frac{\cos\left(\frac{1}{2}\frac{b}{n}\right) - \cos\left(\left(n - \frac{1}{2}\right)\frac{b}{n}\right)}{2\sin\left(\frac{1}{2}\frac{b}{n}\right)}\,,$$

$$\frac{b}{n} \sum_{k=0}^n \cos\left(k\,\frac{b}{n}\right) = \frac{b}{n}\, \frac{\sin\left(\frac{1}{2}\frac{b}{n}\right) + \sin\left(\left(n - \frac{1}{2}\right)\frac{b}{n}\right)}{2\sin\left(\frac{1}{2}\frac{b}{n}\right)}\,.$$

Der Grenzübergang liefert schließlich:

$$\lim_{n\to\infty}\left(\frac{b}{n}\sum_{k=0}^{n}\sin\left(k\,\frac{b}{n}\right)\right) = \lim_{n\to\infty}\left(\frac{\cos\left(\frac{1}{2}\,\frac{b}{n}\right)-\cos\left(b-\frac{1}{2}\,\frac{b}{n}\right)}{\frac{\sin\left(\frac{1}{2}\,\frac{b}{n}\right)}{\frac{1}{2}\,\frac{b}{n}}}\right)$$

$$= 1-\cos(b)\,,$$

$$\lim_{n\to\infty}\left(\frac{b}{n}\sum_{k=0}^{n}\cos\left(k\,\frac{b}{n}\right)\right) = \lim_{n\to\infty}\left(\frac{1}{2}\,\frac{b}{n}+\frac{\sin\left(b-\frac{1}{2}\,\frac{b}{n}\right)}{\frac{\sin\left(\frac{1}{2}\,\frac{b}{n}\right)}{\frac{1}{2}\,\frac{b}{n}}}\right)$$

$$= \sin(b)\,.$$

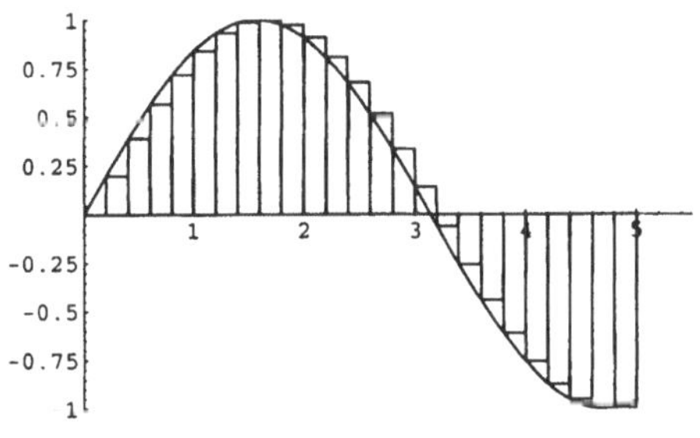

Riemannsche Summen des Sinus

Mathematica:

$$\mathbf{Limit}\Big[\frac{\mathbf{b}\sum_{\mathbf{k=0}}^{\mathbf{n-1}}\sin\big[\frac{\mathbf{kb}}{\mathbf{n}}\big]}{\mathbf{n}},\,\mathbf{n}\to\infty\Big]$$

$$1-\cos[b]$$

$$\mathbf{Limit}\Big[\frac{\mathbf{b}\sum_{\mathbf{k=0}}^{\mathbf{n-1}}\cos\big[\frac{\mathbf{kb}}{\mathbf{n}}\big]}{\mathbf{n}},\,\mathbf{n}\to\infty\Big]$$

$$\sin[b]$$

Maple:

```
> limit((b/n)*sum(sin(k*(b/n)),k=0..n-1),n=infinity);
```

$$\lim_{n\to\infty}\frac{b\left(\sum_{k=0}^{n-1}\sin(\frac{k\,b}{n})\right)}{n} = -\cos(b)+1$$

```
> limit((b/n)*sum(cos(k*(b/n)),k=0..n-1),n=infinity);
```

$$\lim_{n\to\infty}\frac{b\left(\sum_{k=0}^{n-1}\cos(\frac{k\,b}{n})\right)}{n} = \sin(b)$$

Riemannsche Summen bilden und zur Grenze übergehen

Aufgabe 6.2 Man zeige mit Hilfe Riemannscher Summen für $0 < a < b$:

$$\int_a^b e^x \, dx = e^b - e^a \,.$$

Lösung: Wir wählen äquidistante Unterteilungen in n Teilintervalle und bekommen wieder die Partitionen

$$P_n = \left\{ x_{n,k} = a + k\,\frac{b-a}{n}, k = 0, \dots, n \right\}\,.$$

Als Zwischenpunkte $\xi_{n,k} \in [x_{n,k-1}, x_{n,k}]$ wählen wir jeweils die rechten Eckpunkte: $\xi_{n,k} = x_{n,k}$. Dies ergibt folgende Riemannschen Summen mit $f(x) = e^x$:

$$S(f, P_n, \xi_n) = \sum_{k=1}^n e^{a+k\frac{b-a}{n}}\,\frac{b-a}{n} = \frac{b-a}{n}\,e^a \sum_{k=1}^n \left(e^{\frac{b-a}{n}} \right)^k\,.$$

Die geometrische Folge können wir aufsummieren:

$$\sum_{k=1}^n \left(e^{\frac{b-a}{n}} \right)^k = e^{\frac{b-a}{n}}\,\frac{\left(e^{\frac{b-a}{n}} \right)^n - 1}{e^{\frac{b-a}{n}} - 1}\,.$$

Insgesamt ergibt dies:

$$S(f, P_n, \xi_n) = e^a \left(e^{b-a} - 1 \right) \frac{\frac{b-a}{n}}{e^{\frac{b-a}{n}} - 1}$$

und im Grenzfall $\lim_{n\to\infty} S(f, P_n, \xi_n) = e^b - e^a$. Hierbei haben wir noch den Grenzwert $\lim_{x\to 0} \dfrac{x}{e^x - 1} = \lim_{x\to 0} \dfrac{1}{e^x} = 1$ benützt.

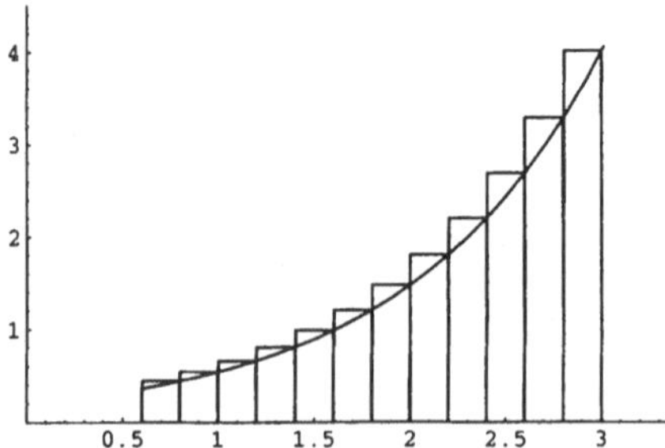

Riemannsche Summen der e-Funktion

Mathematica:

$$\mathbf{Simplify}\Big[\mathbf{Limit}\Big[\frac{(b-a)\sum_{k=1}^{n}\exp\left[a + \frac{k(b-a)}{n}\right]}{n}, n \to \infty\Big]\Big]$$

$$-e^a + e^b$$

Maple:

```
> limit(((b-a)/n)*sum(exp(a+k*((b-a)/n)),k=1..n),
> n=infinity);
```

$$\lim_{n\to\infty} \frac{(b-a)\left(\sum_{k=1}^{n} e^{\left(a+\frac{k\,(b-a)}{n}\right)}\right)}{n} = e^b - e^a$$

Aufgabe 6.3 Man zeige mit Hilfe Riemannscher Summen für $0 < a < b$:

$$\int_a^b \frac{1}{x}\,dx = \ln\left(\frac{b}{a}\right).$$

Riemannsche Summen bei nichtäquidistanter Unterteilung bilden und zur Grenze übergehen

Lösung: Wir betrachten die folgende nichtäquidistante Unterteilung:

$$x_{n,k} = a\left(\frac{b}{a}\right)^{\frac{k}{n}}, \quad k = 0, 1, 2, \ldots, n.$$

Die Feinheit der sich so ergebenden Partition P_n strebt offenbar gegen 0 bei $n \to \infty$. Bilden wir Riemannsche Summen mit jeweils dem rechten Eckpunkt als Zwischenpunkt, so ergibt sich mit $f(x) = \frac{1}{x}$:

$$\begin{aligned}
S(f, P_n, \xi_n) &= \sum_{k=1}^{n} \frac{1}{\left(\frac{b}{a}\right)^{\frac{k}{n}}} \left(\left(\frac{b}{a}\right)^{\frac{k}{n}} - \left(\frac{b}{a}\right)^{\frac{k-1}{n}}\right) \\
&= n\left(1 - \frac{1}{\left(\frac{b}{a}\right)^{\frac{1}{n}}}\right).
\end{aligned}$$

Wegen $\displaystyle\lim_{h\to 0} \frac{1 - e^{-\ln(x)h}}{h} = \ln(x)$ folgt $\displaystyle\lim_{n\to\infty} n\left(1 - \frac{1}{\sqrt[n]{x}}\right) = \ln(x)$ und daraus:

$$\lim_{n\to\infty} S(f, P_n, \xi_n) = \ln\left(\frac{b}{a}\right).$$

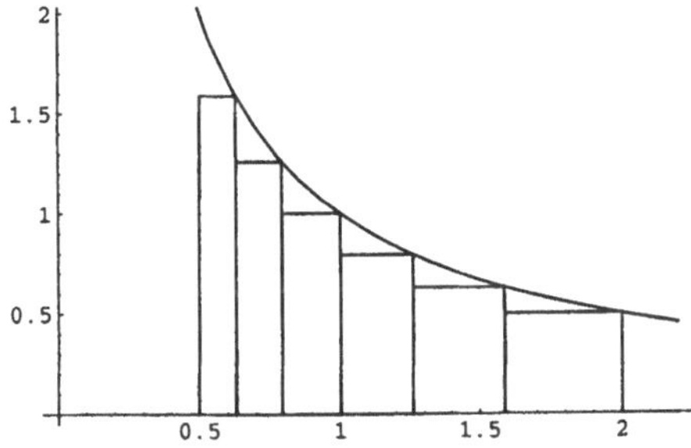

Riemannsche Summen der Funktion
$$f(x) = \frac{1}{x}$$
bei nichtäquidistanter Unterteilung

Mathematica:

$$\text{Limit}\Big[\sum_{k=1}^{n} \frac{\left(\frac{b}{a}\right)^{k/n} - \left(\frac{b}{a}\right)^{\frac{k-1}{n}}}{\left(\frac{b}{a}\right)^{k/n}}, n \to \infty\Big]$$

$$\log\Big[\frac{b}{a}\Big]$$

Maple:

```
> limit(sum(1/(b/a)^(k/n)*((b/a)^(k/n)
> -(b/a)^((k-1)/n)),k=1..n),n=infinity);
```

$$\lim_{n\to\infty} \sum_{k=1}^{n} \frac{\left(\frac{b}{a}\right)^{\frac{k}{n}} - \left(\frac{b}{a}\right)^{\frac{k-1}{n}}}{\left(\frac{b}{a}\right)^{\frac{k}{n}}} = \ln(b) - \ln(a)$$

Einen Grenzwert auf bekannte Riemannsche Summen zurückführen

Aufgabe 6.4 Man zeige:

$$\lim_{n\to\infty} \sum_{k=0}^{n} \frac{1}{n+k} = \ln(2)\,,$$

indem man die Summe als Riemannsche Summe auffaßt und
$\int_{1}^{2} \frac{1}{x}\,dx = \ln(2)$ verwendet.

Lösung: Wir betrachten die folgende äquidistante Unterteilung:

$$x_{n,k} = 1 + \frac{k}{n}\,, \quad k = 0, 1, 2, \dots, n\,.$$

Die Feinheit der sich so ergebenden Partition P_n strebt offenbar gegen 0 bei $n \to \infty$. Bilden wir Riemannsche Summen mit jeweils dem linken Eckpunkt als Zwischenpunkt, so ergibt sich:

$$S(f, P_n, \xi_n) = \sum_{k=1}^{n} \frac{1}{1 + \frac{k-1}{n}} \frac{1}{n} = \sum_{k=0}^{n-1} \frac{1}{n+k}\,.$$

Da die Riemannschen Summen gegen das Integral $\int_{1}^{2} \frac{1}{x}\,dx$ streben, folgt:

$$\begin{aligned}
\lim_{n\to\infty} \sum_{k=0}^{n} \frac{1}{n+k} &= \lim_{n\to\infty} \left(\sum_{k=0}^{n-1} \frac{1}{n+k} + \frac{1}{2n}\right) \\
&= \lim_{n\to\infty} \left(S(f, P_n, \xi_n) + \frac{1}{2n}\right) \\
&= \int_{1}^{2} \frac{1}{x}\,dx + \lim_{n\to\infty} \frac{1}{2n} = \ln(2)\,.
\end{aligned}$$

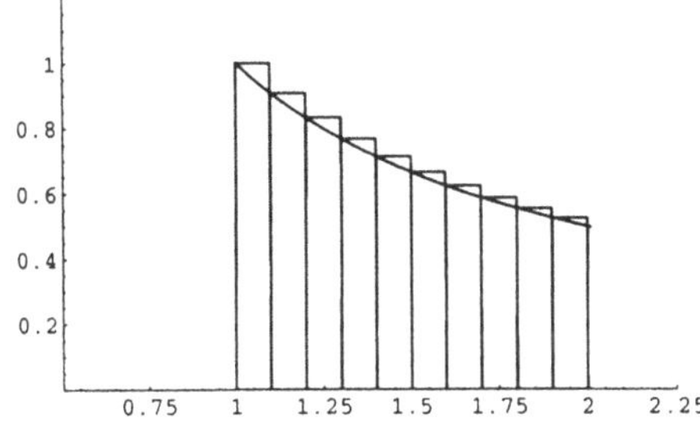

Riemannsche Summen der Funktion
$$f(x) = \frac{1}{x}$$
bei äquidistanter Unterteilung

Mathematica: Der Grenzwert kann nicht ermittelt werden.
Maple:

```
> limit(sum(1/(n+k),k=0..n),n=infinity);
```

$$\lim_{n \to \infty} \sum_{k=0}^{n} \frac{1}{n+k} = \ln(2)$$

6.2 Der Hauptsatz

Wir können nun präzise sagen, was wir unter der Fläche unter einer Kurve verstehen wollen.

Ist f eine positive Funktion, $f(x) \geq 0$ für alle x, so stellt $\int_a^b f(x)\,dx$ den Inhalt der Fläche dar, die von der Kurve $y = f(x)$, der x-Achse und den Geraden $x = a$ und $x = b$ berandet wird.
Ist f eine (nicht unbedingt positive) integrierbare Funktion, so stellt: $\int_a^b |f(x)|\,dx$ den Inhalt der Fläche dar, die von der Kurve $y = f(x)$, der x-Achse und den Geraden $x = a$ und $x = b$ berandet wird.

Fläche unter einer Kurve

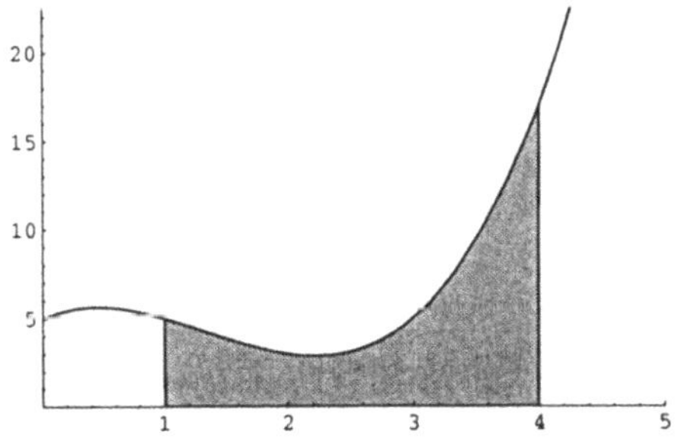

Fläche unter der positiven Kurve $f(x)$

Mit Hilfe der Flächenfunktion bekommen wir eine effektivere Methode zur Berechnung von Riemannschen Integralen.

Flächenfunktion

> Sei $f : [a, b] \longrightarrow \mathbb{R}$ Riemann-integrierbar und $x_0 \in [a, b]$. Die Funktion $F : [a, b] \longrightarrow \mathbb{R}$, erklärt durch
>
> $$F(x) = \int\limits_{x_0}^{x} f(t)\,dt$$
>
> heißt Flächenfunktion. Ist f positiv und $\tilde{x} > x_0$, so stellt $F(\tilde{x})$ gerade die von der Funktion f, der x-Achse und den Geraden $x = x_0$ und $x = \tilde{x}$ berandete Fläche dar.

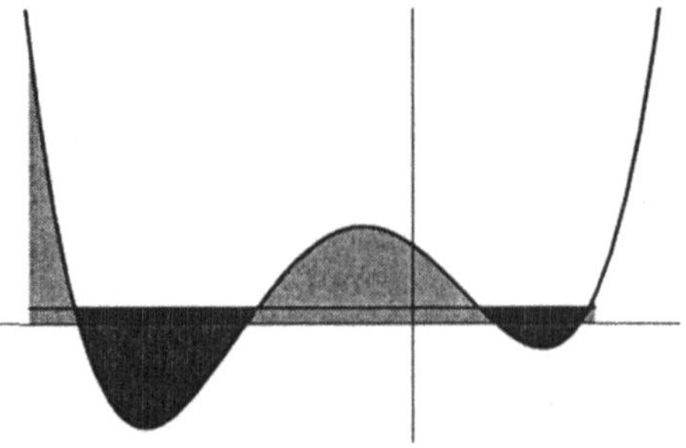

Dem Integral $\int_{x_0}^{x} f(t)\,dt$ entspricht eine Rechtecksfläche. Versieht man diese mit der Grundseite 1, so kann $F(x)$ abgelesen werden. Beim Übergang von x zu $x + h$ ergibt sich eine kleine Zuwachsfläche.

Für die Differenzierbarkeit der Flächenfunktion benötigen wir der Mittelwertsatz.

Mittelwertsatz der Integralrechnung

> Sei $f : [a, b] \longrightarrow \mathbb{R}$ stetig. Dann gibt es ein $\xi \in (a, b)$, so daß
>
> $$\int\limits_{a}^{b} f(x)\,dx = f(\xi)(b - a).$$

Der Mittelwertsatz der Integralrechnung. Das Integral $\int_a^b f(x)\,dx$ wird in die Rechtecksfläche $f(\xi)(b-a)$ verwandelt.

Damit kommen wir zur Ableitung der Flächenfunktion.

> Sei $f : [a, b] \longrightarrow \mathbb{R}$ stetig in $x \in [a, b]$. Dann ist die Flächen-
> funktion $F(x) = \int_{x_0}^{x} f(t)dt$ differenzierbar in x, und es gilt
>
> $$F'(x) = \frac{d}{dx}\left(\int_{x_0}^{x} f(t)\,dt\right) = f(x)\,.$$

Hauptsatz der Differential- und Integralrechnung

Die durch den Hauptsatz gewährleistete Eigenschaft der Flächenfunktion gibt Anlaß zu folgendem Begriff.

> Sei I ein Intervall und $f : I \longrightarrow \mathbb{R}$ stetig. Sei $F : I \longrightarrow$
> $\mathbb{R}$ differenzierbar. F heißt Stammfunktion von f, wenn für alle
> $x \in I$ gilt:
>
> $$F'(x) = f(x)\,.$$

Stammfunktion

Eine stetige Funktion $f : [a, b] \longrightarrow \mathbb{R}$ besitzt mit der Flächenfunktion $F(x) = \int_{x_0}^{x} f(t)dt$ eine Stammfunktion.

> Sei I ein Intervall und seien F und G Stammfunktionen der ste-
> tigen Funktion $f : I \longrightarrow \mathbb{R}$. Dann gibt es eine Konstante C, so
> daß für alle $x \in I$ gilt
>
> $$F(x) = G(x) + C\,.$$

Menge aller Stammfunktionen

Mit Hilfe von Stammfunktionen werden Integrale folgendermaßen
berechnet.

> Sei $f : [a, b] \longrightarrow \mathbb{R}$ stetig und G eine Stammfunktion. Dann
> gilt:
>
> $$\int_{a}^{b} f(x)\,dx = G(b) - G(a)\,.$$
>
> Wir schreiben auch: $\displaystyle\int_{a}^{b} f(x)\,dx = G(x)\big|_{a}^{b} = G(b) - G(a)\,.$

Berechnung von Integralen mit Stammfunktionen

Aufgabe 6.5 Man berechne den Inhalt des Flächenstücks, das
von den Graphen der Funktionen $f(x) = \sqrt{x}$ und $g(x) = x^2$
eingeschlossen wird.

Berechnung der von zwei
Kurven eingeschlossenen
Fläche

Lösung: Die Kurven schneiden sich im Punkt x_S:

$$\sqrt{x_S} = x_S^2 \quad \Longleftrightarrow \quad x_S = x_S^4 \quad \Longleftrightarrow \quad x_S = 1\,.$$

Für $0 \leq x \leq 1$ gilt: $f(x) \geq g(x)$. Damit ergibt sich die eingeschlossene
Fläche:

$$\int\limits_{0}^{1} \left(\sqrt{x} - x^2\right) dx = \left(\frac{2}{3}\, x^{\frac{3}{2}} - \frac{1}{3}\, x^3\right)\Big|_{0}^{1} = \frac{1}{3}\,.$$

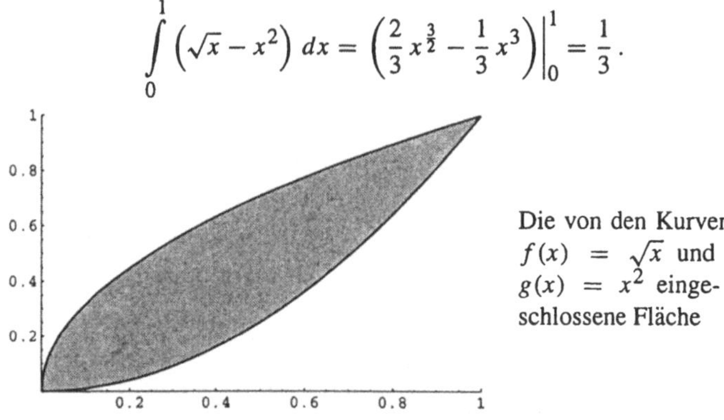

Die von den Kurven $f(x) = \sqrt{x}$ und $g(x) = x^2$ eingeschlossene Fläche

Integrate

Mathematica: Das Integral über eine Funktion wird mit dem Befehl Integrate berechnet. Man gibt in einer Option in geschweiften Klammern die Integrationsvariable und die Integrationsgrenzen an.

$$\int\limits_{0}^{1} (\sqrt{x} - x^2)\mathrm{d}x$$

$$\frac{1}{3}$$

int

Maple: Das Integral über eine Funktion wird mit dem Befehl Int berechnet. Man gibt in einer Option die Integrationsvariable und die Integrationsgrenzen an.

```
> int(sqrt(x)-x^2,x=0..1);
```

$$\int\limits_{0}^{1} \sqrt{x} - x^2\, dx = \frac{1}{3}$$

Berechnung der von zwei Kurven und zwei Geraden begrenzten Fläche

Aufgabe 6.6 Man berechne den Inhalt des Flächenstücks, das von dem Graphen der Funktionen $\sin(x)$ und $\cos(x)$ sowie den Geraden $x = 0$ und $x = \pi$ begrenzt wird.

Lösung: Wir zerlegen das gesuchte Flächenstück in drei Teile und berechnen:

$$\int\limits_{0}^{\frac{\pi}{4}} (\cos(x) - \sin(x))\, dx = (\sin(x) + \cos(x))\Big|_{0}^{\frac{\pi}{4}} = \sqrt{2} - 1\,,$$

$$\int\limits_{\frac{\pi}{4}}^{\frac{\pi}{2}} (\sin(x) - \cos(x))\, dx = (-\cos(x) - \sin(x))\Big|_{\frac{\pi}{4}}^{\frac{\pi}{2}} = \sqrt{2} - 1\,,$$

$$\int\limits_{\frac{\pi}{2}}^{\pi} (\sin(x) - \cos(x))\, dx = (-\cos(x) - \sin(x))\Big|_{\frac{\pi}{2}}^{\pi} = 2\,.$$

Damit besitzt das gesamte Flächenstück den Inhalt: $2\sqrt{2}$.

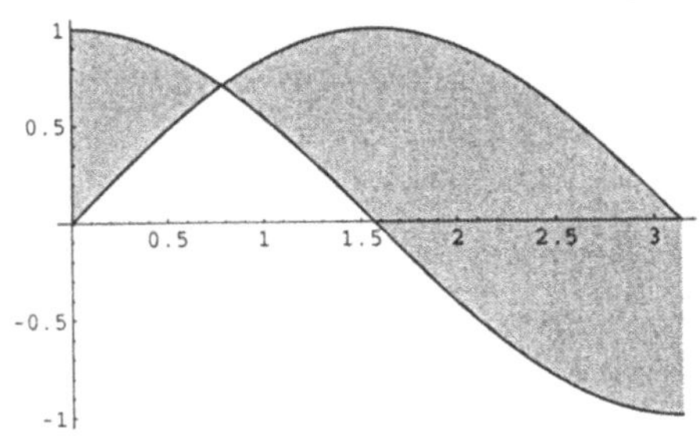

Die von den Kurven $\sin(x)$ und $\cos(x)$ sowie den Geraden $x = 0$ und $x = \pi$ begrenzte Fläche

Mathematica:

$$\int\limits_{0}^{\frac{\pi}{4}} (\cos[\mathbf{x}] - \sin[\mathbf{x}])d\mathbf{x}$$

$$-1 + \sqrt{2}$$

$$\int\limits_{\frac{\pi}{4}}^{\frac{\pi}{2}} (\sin[\mathbf{x}] - \cos[\mathbf{x}])d\mathbf{x}$$

$$-1 + \sqrt{2}$$

$$\int\limits_{\frac{\pi}{2}}^{\pi} (\sin[\mathbf{x}] - \cos[\mathbf{x}])d\mathbf{x}$$

$$2$$

Maple:

```
> int(cos(x)-sin(x),x=0..Pi/4);
```

$$\int\limits_{0}^{1/4\,\pi} \cos(x) - \sin(x)\,dx = \sqrt{2} - 1$$

```
> int(sin(x)-cos(x),x=Pi/4..Pi/2);
```

$$\int\limits_{1/4\,\pi}^{1/2\,\pi} \sin(x) - \cos(x)\,dx = \sqrt{2} - 1$$

```
> int(sin(x)-cos(x),x=Pi/2..Pi);
```

$$\int\limits_{1/2\,\pi}^{\pi} \sin(x) - \cos(x)\,dx = 2$$

Halbierung eines Flächenstücks durch eine Parallele zur x-Achse

Aufgabe 6.7   Man berechne den Inhalt des Flächenstücks, das von dem Graphen der Funktion $f(x) = 4 - x^2$ sowie der positiven x-Achse und der positiven y-Achse begrenzt wird. Man gebe eine Parallele zur x-Achse an, die das Flächenstück in zwei Teile gleichen Inhalts teilt.

Lösung: Das Fächenstück berechnet sich zu:

$$\int_0^2 \left(4 - x^2\right) dx = \left(4x - \frac{1}{3} x^3\right)\Big|_0^2 = \frac{16}{3}.$$

Eine Gerade $y = a$, $0 < a < 4$, begrenzt zusammen mit der Funktion f und den positiven Achsen eine Fläche, die sich aus der Rechtecksfläche $a\sqrt{4 - a}$ und der Fläche unter der Kurve:

$$\int_{\sqrt{4-a}}^2 \left(4 - x^2\right) dx = \frac{16}{3} - 4\sqrt{a - 4} + \frac{1}{3}\sqrt{4 - a}\,(4 - a)$$

zusammensetzt. Addiert man die beiden Flächen und fordert, daß die Summe $\frac{8}{3}$ ergibt, so ergibt sich die Bedingung:

$$a\sqrt{4 - a} + \frac{16}{3} - 4\sqrt{a - 4} + \frac{1}{3}\sqrt{4 - a}\,(4 - a) = \frac{8}{3}.$$

Durch Umformen erhält man: $(4 - a)\sqrt{a - 4} = 4$ mit der Lösung:

$$a = 4 - 4^{\frac{2}{3}} = 2\left(2 - \sqrt[3]{2}\right).$$

Man kann auch mit der Umkehrfunktion

$$f^{-1}(y) = \sqrt{4 - y}, \quad 0 \le y \le 4,$$

argumentieren und fordern:

$$\int_0^a \sqrt{4 - y}\, dy = \frac{8}{3}.$$

Dies ergibt die Bedingung: $-\frac{2}{3}(4 - a)^{\frac{3}{2}} + \frac{2}{3} 4^{\frac{3}{2}} = \frac{8}{3}$ mit derselben Lösung $a = 2(2 - \sqrt[3]{2})$.

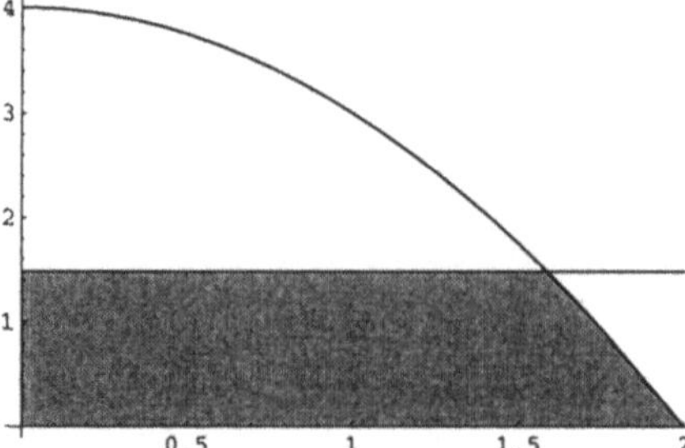

Halbierung des von der Funktion $f(x) = 4 - x^2$ sowie der positiven x-Achse und der positiven y-Achse begrenzten Flächenstücks

Aufgabe 6.8 Man bestätige den Mittelwertsatz der Integralrechnung anhand der Funktion $f(x) = x^2 + x - 6$ in den Intervallen $[-3, 2]$, $[0, 4]$ und $[2, 4]$.

Den Mittelwertsatz der Integralrechnung an einem Beispiel bestätigen

Lösung: Wir berechnen zuerst:

$$\int\limits_a^b f(x)\,dx = \frac{b^3}{3} + \frac{b^2}{2} - 6b - \frac{a^3}{3} - \frac{a^2}{2} + 6a$$

und bekommen:

$$\int\limits_{-3}^2 f(x)\,dx = -\frac{125}{6}\,, \quad \int\limits_0^4 f(x)\,dx = \frac{16}{3}\,, \quad \int\limits_2^4 f(x)\,dx = \frac{38}{3}\,.$$

Wir müssen nun jeweils ein ξ aus $[-3, 2]$, $[0, 4]$ bzw. $[2, 4]$ angeben, welches die zugehörige Gleichung löst:

$$-\frac{125}{6} = (\xi^2 + \xi - 6)\,5\,,$$

$$\frac{16}{3} = (\xi^2 + \xi - 6)\,4\,,$$

$$\frac{38}{3} = (\xi^2 + \xi - 6)\,2\,.$$

Diese quadratischen Gleichungen besitzen jeweils zwei Lösungen:

$$\xi = -\frac{1}{2} \pm \frac{5}{6}\sqrt{3}\,,$$

$$\xi = -\frac{1}{2} \pm \frac{1}{6}\sqrt{273}\,,$$

$$\xi = -\frac{1}{2} \pm \frac{1}{6}\sqrt{453}\,.$$

Im Intervall $[-3, 2]$ haben wir wegen der Symmetrie von f zwei Zwischenstellen

$$\xi = -\frac{1}{2} \pm \frac{5}{6}\sqrt{3}\,,$$

mit der gewünschten Eigenschaft. Im Intervall $[0, 4]$ stellt

$$\xi = -\frac{1}{2} + \frac{1}{6}\sqrt{273}\,,$$

die gesuchte Zwischenstelle dar, und im Intervall $[2, 4]$ haben wir

$$\xi = -\frac{1}{2} + \frac{1}{6}\sqrt{453}\,.$$

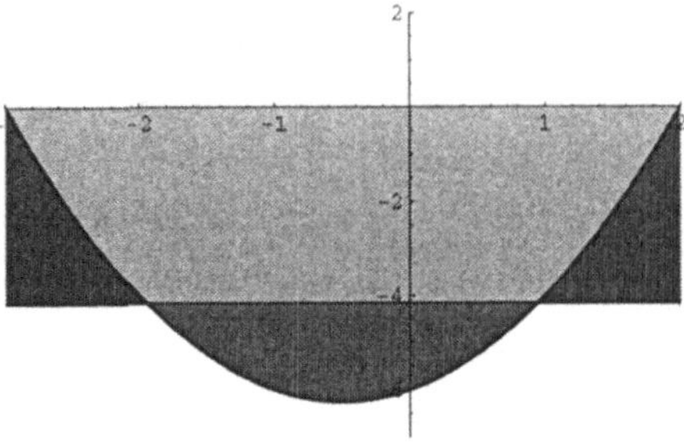

Mittelwertsatz der Integralrechnung bei der Funktion
$f(x) = x^2 + x - 6$
im Intervall $[-3, 2]$

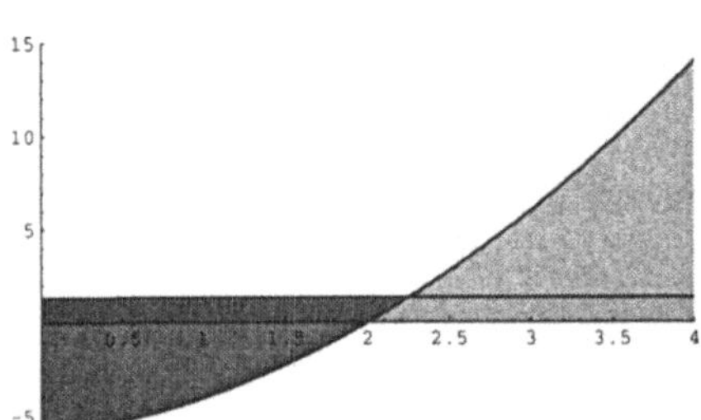

Mittelwertsatz der Integralrechnung bei der Funktion
$f(x) = x^2 + x - 6$
im Intervall $[0, 4]$

Integralausdrücke mit Hilfe des Hauptsatzes ableiten

Aufgabe 6.9   Man berechne die Ableitung folgender Funktionen:

$$\int_x^\pi (\cos(t))^2 \, dt \,, \qquad \int_1^{(\sin(x))^2} t^3 \, dt \,, \qquad \int_x^{\sin(x)} e^{t^3} \, dt \,.$$

Lösung: Wir schreiben:

$$\int_x^\pi (\cos(t))^2 \, dt = - \int_\pi^x (\cos(t))^2 \, dt$$

und bekommen mit dem Hauptsatz:

$$\frac{d}{dx} \left(\int_x^\pi (\cos(t))^2 \, dt \right) = -(\cos(x))^2 \,.$$

Mit dem Hauptsatz und der Kettenregel folgt:

$$\frac{d}{dx} \left(\int_1^{(\sin(x))^2} t^3 \, dt \right) = 2 \, (\sin(x))^7 \, \cos(x) \,.$$

Wenn man zunächst nur den Hauptsatz verwenden will, kann man auch das Integral

$$\int_1^{(\sin(x))^2} t^3 \, dt = \frac{1}{4} \, (\sin(x))^8 - \frac{1}{4}$$

berechnen und dann differenzieren.

Schließlich formen wir mit beliebigem $a \in \mathbb{R}$ um:

$$\int\limits_{x}^{\sin(x)} e^{t^3}\, dt = -\int\limits_{a}^{x} e^{t^3}\, dt + \int\limits_{a}^{\sin(x)} e^{t^3}\, dt$$

und bekommen:

$$\frac{d}{dx}\left(\int\limits_{x}^{\sin(x)} e^{t^3}\, dt\right) = -e^{x^3} + e^{(\sin(x))^3}\cos(x)\,.$$

Mathematica: Beim dritten Ausdruck wird eine (nicht nötige) Fallunterscheidung zwischen $x > 0$ und $\sin(x) > 0$ und allen sonstigen Fällen vorgenommen.

$$\partial_{\mathbf{x}}\left(\int\limits_{\mathbf{x}}^{\pi} \cos[\mathsf{t}]^2 \mathsf{dt}\right)$$

$$-\frac{1}{2} - \frac{1}{2}\cos[2x]$$

$$\partial_{\mathbf{x}}\left(\int\limits_{1}^{\sin[\mathbf{x}]^2} \mathsf{t}^3 \mathsf{dt}\right)$$

$$2\cos[x]\sin[x]^7$$

$$\partial_{\mathbf{x}}\left(\int\limits_{\mathbf{x}}^{\sin[\mathbf{x}]} \exp[\mathsf{t}^3]\mathsf{dt}\right)$$

$\mathbf{If}\big[x > 0\,\&\&\,\sin[x] > 0,$

$$\frac{1}{3}\Big(-(-1)^{2/3}\Big(0 - \Big(\exp[1x^3](-x^3)^{\frac{1}{3}-1}\Big)(-3x^2)\Big) + (-1)^{2/3}$$

$$\Big(0 - \Big(\exp[1\sin[x]^3](-\sin[x]^3)^{\frac{1}{3}-1}\Big)(-3\cos[x]\sin[x]^2)\Big)\Big),$$

$e^{\sin[x]^3}\cos[x] - e^{x^3}1\big]$

Maple:

```
> diff(int((cos(t))^2,t=x..Pi),x);
```

$$\frac{\partial}{\partial x}\int\limits_{x}^{\pi} \cos(t)^2\, dt = \frac{1}{2}\sin(x)^2 - \frac{1}{2}\cos(x)^2 - \frac{1}{2}$$

```
> diff(int(t^3,t=1..(sin(x))^2),x);
```

$$\frac{\partial}{\partial x}\int\limits_{1}^{\sin(x)^2} t^3\, dt = 2\sin(x)^7\cos(x)$$

```
> diff(int(exp(t^3),t=x..sin(x)),x);
```

$$\frac{\partial}{\partial x} \int_{x}^{\sin(x)} e^{(t^3)}\, dt = \cos(x)\, e^{(\sin(x)^3)} - e^{(x^3)}$$

Regeln von de l' Hospital und
Hauptsatz benutzen

Aufgabe 6.10   Sei $a > 0$ und $b > 0$. Man berechne:

$$\lim_{x\to\infty} \frac{\int_{a}^{x} \frac{t\,e^{bt}}{1+t}\, dt}{e^{bx}}.$$

Lösung: Mit den Regeln von de l' Hospital und dem Hauptsatz bekommt
man:

$$\lim_{x\to\infty} \frac{\int_{a}^{x} \frac{t\,e^{bt}}{1+t}\, dt}{e^{bx}} = \lim_{x\to\infty} \frac{\frac{x\,e^{bx}}{1+x}}{b\,e^{bx}}$$

$$= \lim_{x\to\infty} \frac{1}{b}\,\frac{1}{1+\frac{1}{x}}$$

$$= \frac{1}{b}.$$

Mathematica: Das Problem wird zurückgegeben.
Maple: Mit Assume kann man den Typ einer Zahl festlegen, z.B. reelle,
positive Zahl. Mit Limit wird der Grenzwert ermittelt.

assume
limit

```
> assume(b>0);
> limit(int(t*exp(b*t)/(1+t),t=a..x)/exp(b*x),x=infinity);
```

$$\lim_{x\to\infty} \frac{\int_{a}^{x} \frac{t\,e^{`b`\,t}}{1+t}\,dt}{e^{`b`\,x}} = \frac{1}{`b`}$$

6.3   Unbestimmte Integration

Das Problem, Stammfunktionen einer vorgelegten stetigen Funktion
zu finden, wird als unbestimmte Integration bezeichnet.

Unbestimmtes Integral

> Sei $f : I \longrightarrow \mathbb{R}$ stetig. Unter dem unbestimmten Integral über
> f versteht man die Menge aller Stammfunktionen
>
> $$\int f(x)\,dx = \{F \mid F : I \longrightarrow \mathbb{R}, F' = f\}$$
>
> von f und schreibt: $\int f(x)\,dx = F(x) + C$.

Wir geben zwei einfache Eigenschaften des unbestimmten Integrals:

> Seien $f : I \longrightarrow \mathbb{R}$ und $g : I \longrightarrow \mathbb{R}$ stetig und $\alpha \in \mathbb{R}$. Dann gilt:
> $$\int (f(x) + g(x))\,dx = \int f(x)\,dx + \int g(x)\,dx$$
> und
> $$\int \alpha\, f(x)\,dx = \alpha \int f(x)\,dx \,.$$

Eigenschaften des unbestimmten Integrals

Kann man einen Integranden als Produkt $f\,g'$ auffassen, leistet Produktintegration gute Dienste.

> Sei $f : I \longrightarrow \mathbb{R}$ und $g : I \longrightarrow \mathbb{R}$ stetig differenzierbar. Dann gilt:
> $$\int f(x)\,g'(x)\,dx = f(x)\,g(x) - \int f'(x)\,g(x)\,dx \,.$$

Produktintegration

Die Kettenregel führt uns auf die sogenannte Substitution:

> Sei $f : I \longrightarrow \mathbb{R},\, x \longrightarrow f(x)$ stetig und $\phi : J \longrightarrow I,\, t \longrightarrow \phi(t)$ stetig differenzierbar. Dann gilt:
> $$\int f(\phi(t))\phi'(t)\,dt = \left(\int f(x)\,dx \right)_{x=\phi(t)} \,.$$
> Ist $\phi(J) = I$ und $\phi'(t) \neq 0$ für alle t, dann gilt:
> $$\int f(x)\,dx = \left(\int f(\phi(t))\phi'(t)\,dt \right)_{t=\phi^{-1}(x)} \,.$$

Substitutionsregel

Die Produktintegration läßt sich sofort auf bestimmte Integrale übertragen.

> Sei $f : I \longrightarrow \mathbb{R}$ und $g : I \longrightarrow \mathbb{R}$ stetig differenzierbar. Dann gilt:
> $$\int\limits_a^b f(x)\,g'(x)\,dx = f(x)\,g(x)\big|_a^b - \int\limits_a^b f'(x)\,g(x)\,dx \,.$$

Produktintegration bei bestimmten Integralen

Auf ähnliche Weise überträgt man die Integration durch Substitution auf bestimmte Integrale.

Substitutionsregel bei bestimmten Integralen

Sei $f : I \longrightarrow \mathbb{R}, x \longrightarrow f(x)$ stetig und $\phi : J \longrightarrow I, t \longrightarrow \phi(t)$ stetig differenzierbar. Dann gilt:

$$\int_{\alpha}^{\beta} f(\phi(t))\phi'(t)\,dx = \int_{\phi(\alpha)}^{\phi(\beta)} f(x)\,dx \,.$$

Falls $\phi'(t) \neq 0$ für alle t und $\phi([\alpha,\beta]) = [a,b] \subset I$, dann gilt:

$$\int_{a}^{b} f(x)\,dx = \int_{\phi^{-1}(a)}^{\phi^{-1}(b)} f(\phi(t))\phi'(t)\,dt \,.$$

Stammfunktionen durch partielle Integration finden

Aufgabe 6.11 Man bestimme durch partielle Integration:

(a) $\displaystyle\int x^2 \sin(x)\,dx \,, \qquad \int x^2 \cos(x)\,dx \,,$

(b) $\displaystyle\int (\sin(x))^2\,dx \,, \qquad \int (\cos(x))^2\,dx \,,$

(c) $\displaystyle\int (\sinh(x))^2\,dx \,, \qquad \int (\cosh(x))^2\,dx \,,$

(d) $\displaystyle\int x^2 \ln(x)\,dx \,, \qquad \int (\ln(x))^2\,dx \,.$

Lösung: **(a)** Durch zweimalige partielle Intgration folgt:

$$\begin{aligned}
\int x^2 \sin(x)\,dx &= -x^2 \cos(x) + 2 \int x \cos(x)\,dx \\
&= -x^2 \cos(x) + 2x \sin(x) + 2 \int \sin(x)\,dx \\
&= -x^2 \cos(x) + 2x \sin(x) + 2 \cos(x) + C \,,
\end{aligned}$$

$$\begin{aligned}
\int x^2 \cos(x)\,dx &= x^2 \sin(x) - 2 \int x \sin(x)\,dx \\
&= x^2 \sin(x) + 2x \cos(x) - 2 \int \cos(x)\,dx \\
&= x^2 \sin(x) + 2x \cos(x) - 2 \sin(x) + C \,,
\end{aligned}$$

(b) Durch partielle Integration folgt:

$$\begin{aligned}
\int (\sin(x))^2\,dx &= -\sin(x)\cos(x) + \int (\cos(x))^2\,dx \\
&= -\sin(x)\cos(x) + \int (1 - (\sin(x))^2)\,dx \,.
\end{aligned}$$

Hieraus entnimmt man:

$$2 \int (\sin(x))^2 \, dx = -\sin(x) \, \cos(x) + \int \, dx$$

bzw.

$$\int (\sin(x))^2 \, dx = -\frac{1}{2} \sin(x) \, \cos(x) + \frac{1}{2} x + C \, .$$

Damit ergibt sich auch:

$$\int (\cos(x))^2 \, dx = \frac{1}{2} \sin(x) \, \cos(x) + \frac{1}{2} x + C \, .$$

(c) Durch partielle Integration folgt genau so:

$$\int (\sinh(x))^2 \, dx \;=\; \sinh(x) \, \cosh(x) - \int (\cosh(x))^2 \, dx$$

$$=\; \sinh(x) \, \cosh(x) - \int (1 + (\sinh(x))^2) \, dx \, .$$

Hieraus entnimmt man:

$$2 \int (\sinh(x))^2 \, dx = \sinh(x) \, \cosh(x) - \int \, dx$$

bzw.

$$\int (\sinh(x))^2 \, dx = \frac{1}{2} \sinh(x) \, \cosh(x) - \frac{1}{2} x + C \, .$$

Damit ergibt sich auch:

$$\int (\cosh(x))^2 \, dx = \frac{1}{2} \sinh(x) \, \cosh(x) + \frac{1}{2} x + C \, .$$

(d) Durch zweimalige partielle Intgration folgt wieder (im Intervall $x > 0$):

$$\int x^2 \ln(x) \, dx \;=\; \frac{1}{3} x^3 \ln(x) - \frac{1}{3} \int x^2 \, dx$$

$$=\; \frac{1}{3} x^3 \ln(x) - \frac{1}{9} x^3 + C \, ,$$

$$\int (\ln(x))^2 \, dx \;=\; x \, (\ln(x))^2 - 2 \int \ln(x)$$

$$=\; x \, (\ln(x))^2 - 2 \, x \, \ln(x) - 2 \int \, dx$$

$$=\; x \, (\ln(x))^2 - 2 \, x \, \ln(x) - 2 \, x + C \, .$$

Mathematica: Die unbestimmte Integration wird ebenfalls mit Integrate ausgeführt, indem man keine Integrationsgrenzen angibt. Es wird nur eine Stammfunktion (ohne additive Konstante) ausgegeben.

`Integrate`

$$\int x^2 \log[x] dx$$

$$-\frac{x^3}{9} + \frac{1}{3} x^3 \log[x]$$

$$\int \log[\mathbf{x}]^2 d\mathbf{x}$$

$$2x - 2x\log[x] + x\log[x]^2$$

int

Maple: Die unbestimmte Integration wird ebenfalls mit Int ausgeführt, indem man keine Integrationsgrenzen angibt. Es wird nur eine Stammfunktion (ohne additive Konstante) ausgegeben.

```
> int(x^2*ln(x),x);
```

$$\int x^2 \sin(x)\, dx = -x^2 \cos(x) + 2\cos(x) + 2x\sin(x)$$

```
> Int(ln(x)^2,x)=int(ln(x)^2,x);
```

$$\int \ln(x)^2\, dx = \ln(x)^2 x - 2x\ln(x) + 2x$$

Stammfunktionen auf verschiedenen Wegen berechnen, auf den Definitionsbereich der Stammfunktion achten

Aufgabe 6.12 Man berechne folgende Stammfunktionen mit $a > 0, c \neq 0, b \in \mathbb{R}$:

$$\int \frac{1}{x^2 - a}\, dx\,, \qquad \int \frac{1 + b\,e^{cx}}{1 - b\,e^{cx}}\, dx\,.$$

Lösung: Mit Partialbruchzerlegung ergibt sich:

$$\frac{1}{x^2 - a} = \frac{1}{2\sqrt{a}}\left(\frac{1}{x - \sqrt{a}} - \frac{1}{x + \sqrt{a}}\right)$$

und damit:

$$\int \frac{1}{x^2 - a}\, dx = \frac{1}{2\sqrt{a}} \ln\left(\left|\frac{x - \sqrt{a}}{x + \sqrt{a}}\right|\right) + C\,.$$

Dies bedeutet, daß wir auf drei Teilintervallen von $\mathbb{R}$ eine Stammfunktion besitzen:

$$\int \frac{1}{x^2 - a}\, dx$$

$$= \begin{cases} \frac{1}{2\sqrt{a}} \ln\left(\frac{x - \sqrt{a}}{x + \sqrt{a}}\right) + C & \text{für} & x < -\sqrt{a} \\[2mm] \frac{1}{2\sqrt{a}} \ln\left(-\frac{x - \sqrt{a}}{x + \sqrt{a}}\right) + C & \text{für} & -\sqrt{a} < x < \sqrt{a} \\[2mm] \frac{1}{2\sqrt{a}} \ln\left(\frac{x - \sqrt{a}}{x + \sqrt{a}}\right) + C & \text{für} & \sqrt{a} < x \end{cases}\,.$$

Man kann auch $\operatorname{artanh}'(x) = \dfrac{1}{1 - x^2}$ benutzen und schreiben:

$$\int \frac{1}{x^2 - a}\, dx = -\frac{1}{a} \int \frac{1}{1 - \left(\frac{x}{\sqrt{a}}\right)^2}\, dx$$

$$= -\frac{1}{a}\sqrt{a} \int \frac{1}{1 - \left(\frac{x}{\sqrt{a}}\right)^2} \frac{1}{\sqrt{a}}\, dx$$

$$= -\frac{1}{\sqrt{a}} \operatorname{artanh}\left(\frac{x}{\sqrt{a}}\right) + C\,.$$

Dieses Ergebnis ist aber gemäß der Definition des areatangens hyperbolicus nur im Intervall $-\sqrt{a} < x < \sqrt{a}$ gültig. Dort stimmen die beiden Stammfunktionen wegen $\operatorname{artanh}(x) = \dfrac{1}{2}\ln(\dfrac{1+x}{1-x})$ für $|x| < 1$ überein.

Beim zweiten Integral unterscheiden wir die Fälle $b \le 0$ und $b > 0$. Im ersten Fall berechnen wir auf ganz $\mathbb{R}$ eine Stammfunktion, im zweiten Fall berechnen wir Stammfunktionen jeweils auf den Intervallen $x < -\dfrac{1}{c}\ln(x)$ und $x > -\dfrac{1}{c}\ln(x)$. Beide Fälle können in folgender Rechnung zusammengefaßt werden:

$$
\int \frac{1 + b\,e^{c\,x}}{1 - b\,e^{c\,x}}\,dx \;=\; \int \left(1 + \frac{2\,b\,e^{c\,x}}{1 - b\,e^{c\,x}}\right)dx
$$

$$
= \; x - \frac{2}{c}\ln\left(\left|1 - b\,e^{c\,x}\right|\right) + C\,.
$$

Im Fall $b > 0$ kann man auch schreiben:

$$
\frac{1 + b\,e^{c\,x}}{1 - b\,e^{c\,x}} \;=\; -\frac{e^{\frac{1}{2}(c\,x+\ln(b))} + e^{-\frac{1}{2}(c\,x+\ln(b))}}{e^{\frac{1}{2}(c\,x+\ln(b))} - e^{-\frac{1}{2}(c\,x+\ln(b))}}
$$

$$
= \; -\coth\left(\frac{1}{2}\,(c\,x + \ln(b))\right)\,.
$$

Mit der Stammfunktion:

$$
\int \coth(x)\,dx = \ln(|\sinh(x)|) + C\,,\quad x \ne 0\,,
$$

ergibt sich dann für $x \ne -(1/c)\ln(b)$:

$$
\int \frac{1 + b\,e^{c\,x}}{1 - b\,e^{c\,x}}\,dx = -\frac{2}{c}\ln\left(\left|\sinh\left(\frac{1}{2}(c\,x + \ln(b))\right)\right|\right) + C\,.
$$

Wegen

$$
\frac{2}{c}\ln\left(\left|\sinh\left(\frac{1}{2}(c\,x + \ln(b))\right)\right|\right)
$$

$$
= \; \frac{2}{c}\ln\left(\left|\frac{1}{2}\left(e^{\frac{1}{2}(c\,x+\ln(b))} - e^{-\frac{1}{2}(c\,x+\ln(b))}\right)\right|\right)
$$

$$
= \; \frac{2}{c}\ln\left(\left|\frac{e^{c\,x+\ln(b)} - 1}{2\,e^{\frac{1}{2}(c\,x+\ln(b))}}\right|\right)
$$

$$
= \; \frac{2}{c}\ln\left(\left|e^{c\,x+\ln(b)} - 1\right|\right) - \frac{2}{c}\ln\left(e^{\frac{1}{2}(c\,x+\ln(b))+\ln(2)}\right)
$$

$$
= \; \frac{2}{c}\ln\left(\left|1 - b\,e^{c\,x}\right|\right) - x - \frac{1}{c}\ln(b) - \frac{2}{c}\ln(2)
$$

stimmen beide Stammfunktionen überein.

Mathematica: Bei Integrate kann in einer Option mit Assumptions vereinbart werden, daß $a > 0$ sein soll. (Man muß dabei berücksichtigen, daß a generell auch eine komplexe Zahl sein könnte).

```
Integrate

Assumptions
```

$$\mathbf{Integrate}\Big[\frac{1}{x^2-a},\, x,\, \mathbf{Assumptions} \to \{\mathbf{Im[a]} == 0,\, \mathbf{Re[a]} > 0\}\Big]$$

$$-\frac{\mathbf{ArcTanh}\big[\frac{x}{\sqrt{a}}\big]}{\sqrt{a}}$$

$$\int \frac{1+\mathbf{b}\exp[\mathbf{cx}]}{1-\mathbf{b}\exp[\mathbf{cx}]}\,\mathbf{dx}$$

$$x - \frac{2\log[-1+be^{cx}]}{c}$$

Maple: Mit Assume wird verabredet, daß $a > 0$ sein soll.

assume

```
> assume(a>0);
> int(1/(x^2-a),x);
```

$$\int \frac{1}{x^2 - a^\sim}\,dx = -\frac{\operatorname{arctanh}(\frac{x}{\sqrt{a^\sim}})}{\sqrt{a^\sim}}$$

```
> int((1+b*exp(c*x))/((1-b*exp(c*x))),x);
```

$$\int \frac{1+b\,e^{(c\,x)}}{1-b\,e^{(c\,x)}}\,dx = -2\,\frac{\ln(-1+b\,e^{(c\,x)})}{c} + \frac{\ln(e^{(c\,x)})}{c}$$

Stammfunktion durch
Partialbruchzerlegung ermitteln

Aufgabe 6.13   Man berechne durch Partialbruchzerlegung:

$$\int \frac{x+2}{x^3+x^2+6x}\,dx\,, \qquad \int \frac{x^2}{x^4-a^4}\,dx\,,\ a \neq 0\,.$$

Lösung: Partialbruchzerlegung ergibt:

$$
\begin{aligned}
\frac{x+2}{x^3+x^2+6x} &= \frac{1}{3x} + \frac{-x+2}{3(x^2+x+6)} \\[2mm]
&= \frac{1}{3x} - \frac{2x+1}{6(x^2+x+6)} + \frac{5}{6(x^2+x+6)} \\[2mm]
&= \frac{1}{3x} - \frac{2x+1}{6(x^2+x+6)} + \frac{5}{6}\,\frac{1}{\left(x+\frac{1}{2}\right)^2 + \frac{23}{4}} \\[2mm]
&= \frac{1}{3x} - \frac{2x+1}{6(x^2+x+6)} + \frac{10}{69}\,\frac{1}{\left(\frac{x+\frac{1}{2}}{\frac{\sqrt{23}}{2}}\right)^2 + 1}
\end{aligned}
$$

und

$$
\begin{aligned}
\frac{x^2}{x^4-a^4} &= -\frac{1}{4a(x+a)} + \frac{1}{4a(x-a)} + \frac{1}{2(x^2+a^2)} \\[2mm]
&= -\frac{1}{4a(x+a)} + \frac{1}{4a(x-a)} + \frac{1}{2a^2}\,\frac{1}{\left(\frac{x}{a}\right)^2+1}\,.
\end{aligned}
$$

Hieraus folgt:

$$\int \frac{x+2}{x^3 + x^2 + 6x}\,dx \;=\; \frac{1}{3}\,\ln(|x|) - \frac{1}{6}\,\ln(x^2 + x + 6)$$

$$+\frac{5}{3\sqrt{23}}\,\arctan\left(\frac{x + \frac{1}{2}}{\frac{\sqrt{23}}{2}}\right) + C$$

und

$$\int \frac{x^2}{x^4 - a^4}\,dx \;=\; -\frac{1}{4a}\,\ln(|x + a|) + \frac{1}{4a}\,\ln(|x - a|)$$

$$+\frac{1}{2a}\,\arctan\left(\frac{x}{a}\right) + C\,.$$

Mathematica:

$$\int \frac{x+2}{x^3 + x^2 + 6x}\,dx$$

$$\frac{5\,\arctan\left[\frac{1+2x}{\sqrt{23}}\right]}{3\sqrt{23}} + \frac{\log[x]}{3} - \frac{1}{6}\log[6 + x + x^2]$$

$$\int \frac{x^2}{x^4 - a^4}\,dx$$

$$\frac{\arctan\left[\frac{x}{a}\right]}{2a} + \frac{\log[a - x]}{4a} - \frac{\log[a + x]}{4a}$$

Maple:

```
> int((x+2)/(x^3+x^2+6*x),x);
```

$$\int \frac{x+2}{x^3 + x^2 + 6x}\,dx \;=\; \frac{\ln(x)}{3} - \frac{\ln(x^2 + x + 6)}{6}$$

$$+\frac{5\sqrt{23}\,\arctan(\frac{(2x+1)\sqrt{23}}{23})}{69}$$

```
> int(x^2/(x^4-a^4),x);
```

$$\int \frac{x^2}{x^4 - a^4}\,dx = \frac{\ln(x - a)}{4a} - \frac{\ln(x + a)}{4a} + \frac{\arctan(\frac{x}{a})}{2a}$$

Aufgabe 6.14 Man gebe folgende Stammfunktionen explizit an:

$$\int \frac{1}{(1 + x^2)^2}\,dx\,, \quad \int \frac{1}{(1 + x^2)^3}\,dx\,.$$

Stammfunktionen mit einer
Rekursionsformel gewinnen

Lösung: Für $n > 1$ gilt:

$$\frac{d}{dx}\frac{x}{(1 + x^2)^{n-1}} = \frac{2(n-1)}{(1 + x^2)^n} - \frac{2n-3}{(1 + x^2)^{n-1}}\,.$$

Daraus ergibt sich die Rekursionsformel:

$$\int \frac{1}{(1+x^2)^n}\,dx \;=\; \frac{x}{2\,(n-1)\,(1+x^2)^{n-1}}$$

$$+\frac{2n-3}{2\,(n-1)}\int \frac{1}{(1+x^2)^{n-1}}\,dx\,.$$

Mit der Rekursionsformel erhalten wir:

$$\int \frac{1}{(1+x^2)^2}\,dx = \frac{x}{2\,(1+x^2)} + \frac{\arctan(x)}{2} + C$$

und unter Verwendung dieses Ergebnisses:

$$\int \frac{1}{(1+x^2)^3}\,dx$$

$$= \;\; \frac{x}{4\,(1+x^2)^2} + \frac{3\,x}{8\,(1+x^2)} + \frac{3\,\arctan(x)}{8} + C\,.$$

Mathematica:

$$\int \frac{1}{(1+x^2)^2}\,dx$$

$$\frac{x}{2(1+x^2)} + \frac{\arctan[x]}{2}$$

$$\int \frac{1}{(1+x^2)^3}\,dx$$

$$\frac{x}{4(1+x^2)^2} + \frac{3x}{8(1+x^2)} + \frac{3\arctan[x]}{8}$$

Maple:

```
> int(1/(1+x^2)^2,x);
```

$$\int \left(1+x^2\right)^{-2} dx = \frac{x}{2+2\,x^2} + \frac{\arctan(x)}{2}$$

```
> int(1/(1+x^2)^3,x);
```

$$\int \left(1+x^2\right)^{-3} dx = \frac{x}{4\,\left(1+x^2\right)^2} + \frac{3\,x}{8+8\,x^2} + \frac{3\,\arctan(x)}{8}$$

Bestimmte Integration durch Substitution durchführen

Aufgabe 6.15   Man berechne folgende Integrale mit $b > a > 0$:

$$\int\limits_{-a}^{a} \sqrt{b^2 - x^2}\,dx\,, \qquad \int\limits_{-a}^{a} \sqrt{b^2 + x^2}\,dx\,.$$

Lösung: Wir schreiben:

$$b\int\limits_{-a}^{a} \sqrt{1 - \left(\frac{x}{b}\right)^2}\,dx\,, \quad b\int\limits_{-a}^{a} \sqrt{1 + \left(\frac{x}{b}\right)^2}\,dx\,.$$

Beim ersten Integral substituieren wir $x = \phi(t) = b\,\sin(t)$ und bekommen:

$$\int_{-a}^{a} \sqrt{b^2 - x^2}\, dx \;=\; b^2 \int_{-\arcsin\left(\frac{a}{b}\right)}^{\arcsin\left(\frac{a}{b}\right)} \sqrt{1 - (\sin(t))^2}\, \cos(t)\, dt$$

$$=\; b^2 \int_{-\arcsin\left(\frac{a}{b}\right)}^{\arcsin\left(\frac{a}{b}\right)} (\cos(t))^2\, dt$$

$$=\; b^2 \left(\frac{1}{2}\sin(t)\cos(t) + \frac{1}{2}t \right) \Bigg|_{-\arcsin\left(\frac{a}{b}\right)}^{\arcsin\left(\frac{a}{b}\right)}$$

$$=\; b\,a\,\cos\left(\arcsin\left(\frac{a}{b}\right)\right) + b^2 \arcsin\left(\frac{a}{b}\right)$$

$$=\; b\,a\,\sqrt{1 + \left(\frac{a}{b}\right)^2} + b^2 \arcsin\left(\frac{a}{b}\right)$$

$$=\; a\,\sqrt{b^2 + a^2} + b^2 \arcsin\left(\frac{a}{b}\right).$$

Beim zweiten Integral substituieren wir $x = \phi(t) = b\,\sinh(t)$ und bekommen:

$$\int_{-a}^{a} \sqrt{b^2 + x^2}\, dx \;=\; b^2 \int_{-\operatorname{arsinh}\left(\frac{a}{b}\right)}^{\operatorname{arsinh}\left(\frac{a}{b}\right)} \sqrt{1 + (\sinh(t))^2}\, \cosh(t)\, dt$$

$$=\; b^2 \int_{-\operatorname{arsinh}\left(\frac{a}{b}\right)}^{\operatorname{arsinh}\left(\frac{a}{b}\right)} (\cosh(t))^2\, dt$$

$$=\; b^2 \left(\frac{1}{2}\sinh(t)\cosh(t) + \frac{1}{2}t \right) \Bigg|_{-\operatorname{arsinh}\left(\frac{a}{b}\right)}^{\operatorname{arsinh}\left(\frac{a}{b}\right)}$$

$$=\; b\,a\,\cosh\left(\operatorname{arsinh}\left(\frac{a}{b}\right)\right) + b^2 \operatorname{arsinh}\left(\frac{a}{b}\right)$$

$$=\; b\,a\,\sqrt{1 + \left(\frac{a}{b}\right)^2} + b^2 \operatorname{arsinh}\left(\frac{a}{b}\right)$$

$$=\; a\,\sqrt{a^2 + b^2} + b^2 \operatorname{arsinh}\left(\frac{a}{b}\right).$$

Mathematica:

Integrate$\left[\sqrt{b^2 - x^2}, \{x, -a, a\}, \right.$

    Assumptions $\rightarrow$ $\{$**Im**$[a] == 0,$ **Im**$[b] == 0, b > 0, a > 0, b > a\}]$

        If$\left[\left(\mathbf{Im}\left[\frac{b^2}{a^2}\right] == 0 \,\&\&\, \frac{b^2}{a^2} > 0 \,\&\&\, \frac{b^2}{a^2} < 1 \right), \right.$

          $a\sqrt{-a^2 + b^2} + b^2 \arcsin\left[\frac{a}{b}\right], \int_{-a}^{a} \sqrt{b^2 - x^2}\, dx \Big]$

Integrate$\left[\sqrt{b^2 + x^2}, \{x, -a, a\}, \right.$

    Assumptions $\rightarrow$ $\{$**Im**$[a] == 0,$ **Im**$[b] == 0, b > 0, a > 0, b > a\}]$

$$\mathbf{If}\Big[\Big(\mathbf{Im}\big[\tfrac{b^2}{a^2}\big]==0\,\&\&\,\tfrac{b^2}{a^2}<0\,\&\&\,\tfrac{b^2}{a^2}>-1\Big),$$

$$a\sqrt{a^2+b^2}+b^2\mathbf{ArcSinh}\big[\tfrac{a}{b}\big],\ \textstyle\int_{-a}^{a}\sqrt{b^2+x^2}\,\mathrm{d}x\Big]$$

Maple:

```
> assume(a>0);assume(b>0),assume(b>a);
> int(sqrt(b^2-x^2),x=-a..a);
```

$$\int_{-a^{\sim}}^{a^{\sim}} \sqrt{b^{\sim2}-x^2}\,dx = a^{\sim}\sqrt{b^{\sim2}-a^{\sim2}} + b^{\sim2}\arcsin\!\left(\sqrt{\tfrac{1}{b^{\sim2}}}\,a^{\sim}\right)$$

```
> int(sqrt(b^2+x^2),x=-a..a);
```

$$\int_{-a^{\sim}}^{a^{\sim}} \sqrt{b^{\sim2}+x^2}\,dx = a^{\sim}\sqrt{b^{\sim2}+a^{\sim2}} + \tfrac{1}{2}b^{\sim2}\ln\!\left(\sqrt{\tfrac{1}{b^{\sim2}}}\,a^{\sim}+\sqrt{\tfrac{b^{\sim2}+a^{\sim2}}{b^{\sim2}}}\right)$$

$$-\tfrac{1}{2}b^{\sim2}\ln\!\left(-\sqrt{\tfrac{1}{b^{\sim2}}}\,a^{\sim}+\sqrt{\tfrac{b^{\sim2}+a^{\sim2}}{b^{\sim2}}}\right)$$

Substitution durchführen

Aufgabe 6.16 Mit Hilfe der durch $t=\sqrt{\dfrac{3x+1}{x}}$ gegebenen Substitution berechne man die Stammfunktion:

$$\int \sqrt{\frac{3\,x+1}{x}}\,dx\,.$$

Lösung: Der Integrand kann als Funktion im Intervall $I_1=\left(-\dfrac{1}{3},0\right)$ bzw. im Intervall $I_2=(0,\infty)$ betrachtet werden. Ist

$$t=\phi^{-1}(x)=\sqrt{\frac{3x+1}{x}}$$

in I_1 bzw. I_2, so bekommen wir in beiden Fällen die Umkehrfunktion

$$x=\phi(t)=\frac{1}{t^2-3}\,.$$

Damit ergibt sich:

$$\int \sqrt{\frac{3\,x+1}{x}}\,dx \;=\; \int t\,\frac{-2\,t}{(t^2-3)^2}\,dt\,\Big|_{t=\phi^{-1}(x)}$$

$$=\;-\int \frac{2\,t^2}{(t^2-3)^2}\,dt\,\Big|_{t=\phi^{-1}(x)}\,.$$

Mit

$$\frac{d}{dt}\frac{t}{t^2-3}=\frac{1}{t^2-3}-\frac{2\,t^2}{(t^2-3)^2}$$

und

$$\int \frac{1}{t^2 - 3}\,dt = \frac{1}{2\sqrt{3}} \ln\left(\left|\frac{t - \sqrt{3}}{t + \sqrt{3}}\right|\right) + C$$

bekommt man:

$$\int \frac{2t^2}{(t^2 - 3)^2}\,dt = -\frac{t}{t^2 - 3} + \frac{1}{2\sqrt{3}} \ln\left(\left|\frac{t - \sqrt{3}}{t + \sqrt{3}}\right|\right) + C.$$

Insgesamt ergibt sich nun:

$$\int \sqrt{\frac{3x + 1}{x}}\,dx = \left(\frac{t}{t^2 - 3} - \frac{1}{2\sqrt{3}} \ln\left(\left|\frac{t - \sqrt{3}}{t + \sqrt{3}}\right|\right)\right)_{t=\sqrt{\frac{3x+1}{x}}} + C.$$

Mathematica:

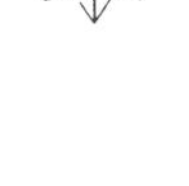

$$\int \frac{2t^2}{(t^2 - 3)^2}\,dt$$

$$-\frac{t}{-3 + t^2} - \frac{\operatorname{ArcTanh}\left[\frac{t}{\sqrt{3}}\right]}{\sqrt{3}}$$

$$\int \sqrt{\frac{3x + 1}{x}}\,dx$$

$$x\sqrt{\frac{1 + 3x}{x}} + \frac{\sqrt{x}\sqrt{\frac{1+3x}{x}}\,\operatorname{ArcSinh}[\sqrt{3}\sqrt{x}]}{\sqrt{3}\sqrt{1 + 3x}}$$

Maple:

```
> int(2*t^2/(t^2-3)^2,t);
```

$$\int 2\frac{t^2}{(t^2 - 3)^2}\,dt = -\frac{t}{t^2 - 3} - \frac{1}{3}\sqrt{3}\,\operatorname{arctanh}(\frac{1}{3}\,t\,\sqrt{3})$$

```
> int(((3*x+1)/x)^(1/2),x);
```

$$\int \sqrt{\frac{3x + 1}{x}}\,dx$$

$$= \frac{1}{6}\frac{(6\sqrt{3x^2 + x} + \sqrt{3}\ln(\sqrt{3}\,x + \frac{1}{6}\sqrt{3} + \sqrt{3x^2 + x}))\sqrt{\frac{3x + 1}{x}}\,x}{\sqrt{(3x + 1)\,x}}$$

6.4 Uneigentliche Integrale

Wir erweitern den Riemannschen Integralbegriff noch so, daß man
unter geeigneten Voraussetzungen auch über unbeschränkte Intervalle oder unbeschränkte Funktionen integrieren kann. Man spricht
dann von uneigentlichen Integralen.

Uneigentliches Integral (einseitig
unbegrenztes
Integrationsintervall oder
unbeschränkter Integrand)

Sei $-\infty < a < b \leq \infty$ und $f : [a, b) \longrightarrow \mathbb{R}$. Für alle
Teilintervalle $[a, \beta] \subset [a, b)$ existiere das Riemannsche Integral
$\int_a^\beta f(x)\,dx$. Die Funktion f heißt uneigentlich integrierbar auf
$[a, b)$, wenn

$$\lim_{\beta \to b^-} \int_a^\beta f(x)\,dx = \int_a^b f(x)\,dx$$

existiert. Entsprechend verfährt man im Fall $-\infty \leq a < b < \infty$:

$$\lim_{\alpha \to a^+} \int_\alpha^b f(x)\,dx = \int_a^b f(x)\,dx .$$

Der Fall beidseitig unbegrenzter Integrationsintervalle oder an beiden Randpunkten unbeschränkter Integranden oder unbegrenzter Integrationsintervalle und an Randpunkten unbeschränkter Integranden wird mit einer ähnlichen Begriffsbildung erfaßt.

Uneigentliches Integral
(beidseitig unbegrenztes
Integrationsintervall oder
unbeschränkter Integrand)

Sei $-\infty \leq a < b \leq \infty$ und $f : (a, b) \longrightarrow \mathbb{R}$. Für alle
Teilintervalle $[\alpha, \beta] \subset (a, b)$ existiere das Riemannsche Integral
$\int_\alpha^\beta f(x)\,dx$. Die Funktion f heißt uneigentlich integrierbar auf
(a, b), wenn für ein $\gamma \in (a, b)$ die uneigentlichen Integrale

$$\int_a^\gamma f(x)\,dx = \lim_{\alpha \to a^+} \int_\alpha^\gamma f(x)\,dx$$

und

$$\int_\gamma^b f(x)\,dx = \lim_{\beta \to b^-} \int_\gamma^\beta f(x)\,dx$$

existieren:

$$\int_a^b f(x)\,dx = \int_a^\gamma f(x)\,dx + \int_\gamma^b f(x)\,dx .$$

(Man sieht leicht ein, daß der Grenzwert $\int_a^b f(x)\,dx$ nicht von
der Wahl des Zwischenpunktes γ abhängt).

Ein einfaches, aber wirkungsvolles Kriterium für die Konvergenz
eines uneigentlichen Integrales stellt das Majorantenkriterium dar.

Es sei $0 \le f(x) \le g(x)$ für alle $x \in [a, b)$. Dann folgt aus der Konvergenz des uneigentlichen Integrals $\int_a^b g(x)\,dx$ die Konvergenz des uneigentlichen Integrals $\int_a^b f(x)\,dx$ und die Ungleichung

$$\int_a^b f(x)\,dx \le \int_a^b g(x)\,dx.$$

(Entsprechendes gilt im Fall $-\infty \le a < b < \infty$).

Majorantenkriterium für uneigentliche Integrale

Aus dem Majorantenkriterium ergeben sich Abschätzungen uneigentlicher Integrale.

Aus der Konvergenz des uneigentlichen Integrals $\int_a^b |f(x)|\,dx$ folgt die Konvergenz uneigentlichen Integrals $\int_a^b f(x)\,dx$ und die Ungleichung

$$\left| \int_a^b f(x)\,dx \right| \le \int_a^b |f(x)|\,dx.$$

Gilt $|f(x)| \le g(x)$ für alle $x \in [a, b)$, dann folgt aus der Konvergenz des uneigentlichen Integrals $\int_a^b g(x)\,dx$ die Konvergenz des uneigentlichen Integrals $\int_a^b f(x)\,dx$ und die Ungleichung

$$\left| \int_a^b f(x)\,dx \right| \le \int_a^b g(x)\,dx.$$

Folgerungen aus dem Majorantenkriterium für uneigentliche Integrale

Aufgabe 6.17   Man berechne den Wert des uneigentlichen Integrals:

$$\int_0^\infty \frac{x}{(1+x)^3}\,dx.$$

Stammfunktion durch Partialbruchzerlegung ermitteln, Uneigentliches Integral (Unendlich als Grenze) berechnen

Lösung: Durch Partialbruchzerlegung erhalten wir:

$$\frac{x}{(1+x)^3} = \frac{1}{(1+x)^2} - \frac{1}{(1+x)^3}\,.$$

Hieraus folgt:

$$\int_0^\infty \frac{x}{(1+x)^3}\,dx = \left(-\frac{1}{1+x} + \frac{1}{2\,(1+x)^2}\right)\Bigg|_0^\infty = \frac{1}{2}\,.$$

Integrate

Mathematica: Ein uneigentliches Integral wird mit Integrate berechnet. Man kann $\pm\infty$ als Integrationsgrenze verwenden.

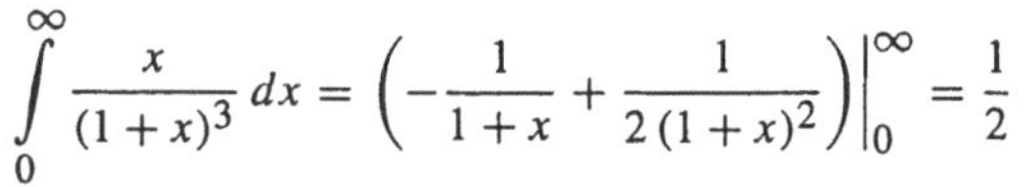

$$\int_0^\infty \frac{\mathbf{x}}{(\mathbf{1+x})^3}\,\mathbf{dx}$$

$$\frac{1}{2}$$

int

Maple:

```
> int(x/(1+x)^3,x=0..infinity);
```

$$\int_0^\infty \frac{x}{(1+x)^3}\,dx = \frac{1}{2}$$

Stammfunktion durch partielle Integration ermitteln, Uneigentliches Integral (Unendlich als Grenze) berechnen

Aufgabe 6.18 Man berechne den Wert der folgenden uneigentlichen Integrale:

$$\int_1^\infty \frac{\ln(x)}{x^3}\,dx\,,\quad \int_0^\infty x^3\,e^{-x}\,dx\,.$$

Lösung: Mit partieller Integration ergibt sich zunächst die Stammfunktion:

$$\begin{aligned}\int \frac{\ln(x)}{x^3}\,dx &= -\frac{1}{2\,x^2}\,\ln(x) + \int \frac{1}{2\,x^3}\,dx\\[4pt] &= -\frac{1}{2\,x^2}\,\ln(x) - \frac{1}{4\,x^2}\,.\end{aligned}$$

Hieraus folgt:

$$\int_1^\infty \frac{\ln(x)}{x^3}\,dx = \frac{1}{4}\,,$$

wenn man noch den Grenzwert $\displaystyle\lim_{x\to\infty} \frac{\ln(x)}{x^2} = \lim_{x\to\infty} \frac{1}{2\,x^3} = 0$ heranzieht.

Beim zweiten Integral integrieren wir ebenfalls partiell:

$$\int_0^\infty x^3 e^{-x}\,dx \;=\; -x^3 e^{-x} + \int_0^\infty 3x^2 e^{-x}\,dx$$

$$=\; -x^3 e^{-x} - 3x^2 e^{-x} + \int_0^\infty 6x e^{-x}\,dx$$

$$=\; -x^3 e^{-x} - 3x^2 e^{-x} - 6x e^{-x}$$

$$+\int_0^\infty 6 e^{-x}\,dx$$

$$=\; -\frac{x^3 + 3x^2 + 6x + 6}{e^x}\,.$$

Berücksichtigen wir $\displaystyle\lim_{x\to\infty} \frac{x^3 + 3x^2 + 6x + 6}{e^x} = 0$, so ergibt sich

$$\int_0^\infty x^3 e^{-x}\,dx = 6\,.$$

Mathematica:

$$\int_1^\infty \frac{\log[\mathbf{x}]}{\mathbf{x}^3}\,d\mathbf{x}$$

$$\frac{1}{4}$$

$$\int_0^\infty \mathbf{x}^3 \exp[-\mathbf{x}]\,d\mathbf{x}$$

$$6$$

Maple:

```
> int(ln(x)/x^3,x=1..infinity);
```

$$\int_1^\infty \frac{\ln(x)}{x^3}\,dx = \frac{1}{4}$$

```
> int(x^3*exp(-x),x=0..infinity);
```

$$\int_0^\infty x^3 e^{(-x)}\,dx = 6$$

Uneigentliches Integral
(Unendlich als Grenze) durch
Umformen und Abschätzen
bestimmen

Aufgabe 6.19   Man zeige, daß bei $0 < a < b$ gilt:

$$\int_0^\infty \frac{e^{-bx} - e^{-ax}}{x}\,dx = \ln\left(\frac{a}{b}\right).$$

Lösung: Mit Hilfe der Regeln von de l' Hospital sieht man sofort, daß der Integrand an der unteren Grenze den Wert $a - b$ annimmt und somit beschränkt ist. Aufgrund des Wachstumsverhaltens der Exponentialfunktion ($x < e^{\beta x}$ für $\beta > 0$ und hinreichend große x) konvergiert das uneigentliche Integral:

$$\int_\epsilon^\infty \frac{e^{-\alpha x}}{x}\,dx, \quad 0 < \alpha,$$

für $\epsilon > 0$. Nun formen wir durch Substitution um:

$$
\begin{aligned}
\int_\epsilon^\infty \frac{e^{-bx} - e^{-ax}}{x}\,dx &= \int_{b\epsilon}^\infty \frac{e^{-\xi}}{\xi}\,d\xi - \int_{a\epsilon}^\infty \frac{e^{-\xi}}{\xi}\,d\xi \\
&= -\int_{a\epsilon}^{b\epsilon} \frac{e^{-\xi}}{\xi}\,d\xi \\
&= -\int_{a\epsilon}^{b\epsilon} \frac{e^{-\xi} - 1}{\xi}\,d\xi - \int_{a\epsilon}^{b\epsilon} \frac{1}{\xi}\,d\xi .
\end{aligned}
$$

Benützt man die Differenzierbarkeit der Funktion $e^{-\xi}$ und den Mittelwertsatz, so bekommt man: $e^{-\xi} - 1 = e^{-\eta_\xi}\,\xi$ und $\left|\dfrac{e^{-\xi} - 1}{\xi}\right| \le 1$. Hieraus ergibt sich die Abschätzung:

$$\left|\int_{a\epsilon}^{b\epsilon} \frac{e^{-\xi} - 1}{\xi}\,d\xi\right| \le (b - a)\,\epsilon .$$

Mit $\int_{a\epsilon}^{b\epsilon} \frac{1}{\xi}\,d\xi = \ln\left(\frac{b}{a}\right)$ ergibt sich schließlich die Behauptung durch den Grenzübergang $\epsilon \to 0$.

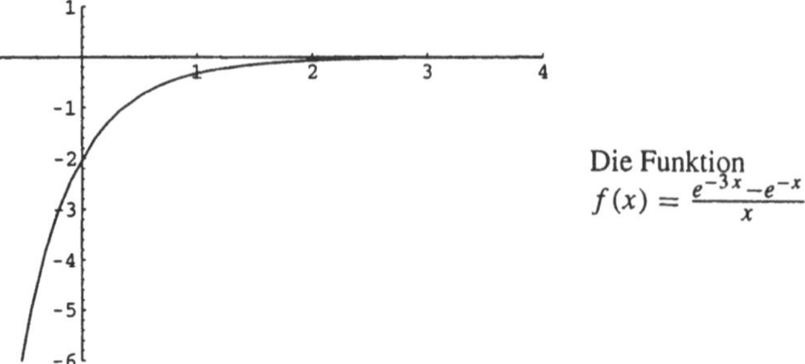

Die Funktion
$$f(x) = \frac{e^{-3x} - e^{-x}}{x}$$

Mathematica:

$\mathbf{Integrate}\left[\frac{\exp[-bx]-\exp[-ax]}{x}, \{x, 0, \infty\},\right.$

$\quad \left.\mathbf{Assumptions} \to \{\mathbf{Im}[a] == 0, \mathbf{Im}[b] == 0, \mathbf{Re}[a] > 0, \mathbf{Re}[b] > 0\}\right]$

$$\log[a] - \log[b]$$

Maple:

```
> assume(a>0);assume(b>0);
> int((exp(-b*x)-exp(-a*x))/x, x=0..infinity);
```

$$\int_0^\infty \frac{Exp(-\,{}^\backprime b\,{}^\backprime\, x) - Exp(-\,{}^\backprime a\,{}^\backprime\, x)}{x}\,dx = -\ln({}^\backprime b\,{}^\backprime) + \ln({}^\backprime a\,{}^\backprime)$$

Aufgabe 6.20 Man berechne den Wert der folgenden uneigentlichen Integrale, falls sie konvergieren:

$$\int_{-\infty}^{0} \frac{x}{1+x^2}\,dx\,, \quad \int_{0}^{\infty} \frac{e^{-\frac{1}{x}}}{x^2}\,dx\,, \quad \int_{-\infty}^{\infty} \frac{1}{x^2+2x+2}\,dx\,.$$

Uneigentliche Integrale $(-\infty$ und $+\infty$ als Grenze) berechnen

Lösung: Wir berechnen zunächst:

$$\int_{\alpha}^{0} \frac{x}{1+x^2}\,dx = \frac{1}{2}\,\ln(1+x^2)\Big|_{\alpha}^{0} = -\frac{1}{2}\,\ln(1+\alpha^2)\,.$$

Hieraus folgt: $\displaystyle\lim_{\alpha\to-\infty}\int_{\alpha}^{0}\frac{x}{1+x^2}\,dx = -\infty\,.$

Beim zweiten Integral kann man sich sofort davon überzeugen, daß der Integrand an der unteren Grenze den Grenzwert 0 besitzt.

$$\int_{\alpha}^{\beta} \frac{e^{-\frac{1}{x}}}{x^2}\,dx = e^{-\frac{1}{x}}\,dx\Big|_{\alpha}^{\beta} = e^{-\frac{1}{\beta}} - e^{-\frac{1}{\alpha}}\,.$$

Wegen $\displaystyle\lim_{\alpha\to 0^+} e^{-\frac{1}{\alpha}} = 0\,, \quad \lim_{\beta\to\infty} e^{-\frac{1}{\beta}} = 1\,,$ folgt, daß das uneigentliche Integral konvergiert: $\displaystyle\int_{0}^{\infty} \frac{e^{-\frac{1}{x}}}{x^2}\,dx = 1\,.$

Mit der Substitution $x = t - 1$ ergibt sich:

$$\int_{\alpha}^{\beta} \frac{1}{x^2 + 2x + 2}\, dx \;=\; \int_{\alpha}^{\beta} \frac{1}{(x+1)^2 + 1}\, dx$$

$$= \int_{\alpha+1}^{\beta+1} \frac{1}{t^2 + 1}\, dt$$

$$= \arctan(\beta + 1) - \arctan(\alpha + 1)\,.$$

Wegen $\displaystyle\lim_{\alpha \to -\infty} \arctan(\alpha + 1) = -\frac{\pi}{2}$, $\displaystyle\lim_{\beta \to \infty} \arctan(\alpha + 1) = \frac{\pi}{2}$, folgt, daß das an beiden Grenzen uneigentliche Integral konvergiert:

$$\int_{-\infty}^{\infty} \frac{1}{x^2 + 2x + 2}\, dx = \pi\,.$$

Mathematica: Das erste Integral wird zurückgegeben.

$$\int_{-\infty}^{0} \frac{x}{1 + x^2}\, dx$$

$$\int_{-\infty}^{0} \frac{x}{1 + x^2}\, dx$$

$$\int_{0}^{\infty} \frac{\exp\left[-\frac{1}{x}\right]}{x^2}\, dx$$

$$1$$

$$\int_{-\infty}^{\infty} \frac{1}{x^2 + 2x + 2}\, dx$$

$$\pi$$

Maple:

```
> int(x/(1+x^2),x=-infinity..0);
```

$$\int_{-\infty}^{0} \frac{x}{1 + x^2}\, dx = -\infty$$

```
> int((1/x^2)*exp(-1/x),x=0..infinity);
```

$$\int_{0}^{\infty} \frac{e^{(-\frac{1}{x})}}{x^2}\, dx = 1$$

```
> int(1/(x^2+2*x+2),x=-infinity..infinity);
```

$$\int_{-\infty}^{\infty} \frac{1}{x^2+2x+2}\, dx = \pi$$

Aufgabe 6.21 Seien $a, b \in \mathbb{R}$, $a > 0$. Man zeige:

$$\int_{0}^{\infty} e^{-ax} \cos(bx)\, dx = \frac{a}{a^2+b^2}\,,$$

$$\int_{0}^{\infty} e^{-ax} \sin(bx)\, dx = \frac{b}{a^2+b^2}\,.$$

Uneigentliche Integrale (Unendlich als Grenze) berechnen, partielle Integration benutzen

Lösung: Offensichtlich konvergieren beide uneigentlichen Integrale, da das Integral $\int_0^\infty e^{-ax}dx$ konvergiert. Gleichzeitig haben wir durch:

$$\int_{0}^{\infty} e^{-ax}\, dx = \frac{1}{a} = \frac{a}{a^2}$$

die Behauptung für $b = 0$ bewiesen.

Sei nun $b \neq 0$. Mit partieller Integration erhalten wir:

$$\int_{0}^{\infty} e^{-ax} \cos(bx)\, dx = e^{-ax}\left.\frac{\sin(bx)}{b}\right|_{0}^{\infty} + \frac{a}{b}\int_{0}^{\infty} e^{-ax} \sin(bx)\, dx$$

$$= \frac{a}{b}\int_{0}^{\infty} e^{-ax} \sin(bx)\, dx$$

$$\int_{0}^{\infty} e^{-ax} \sin(bx)\, dx = -e^{-ax}\left.\frac{\cos(bx)}{b}\right|_{0}^{\infty} - \frac{a}{b}\int_{0}^{\infty} e^{-ax} \cos(bx)\, dx$$

$$= \frac{1}{b} - \frac{a}{b}\int_{0}^{\infty} e^{-ax} \cos(bx)\, dx\,.$$

Setzt man $I_1 = \int_0^\infty e^{-ax} \cos(x)dx$ und $I_2 = \int_0^\infty e^{-ax} \sin(x)dx$, so erhält man das Gleichungssystem:

$$I_1 - \frac{a}{b} I_2 = 0,$$

$$\frac{a}{b} I_1 + I_2 = \frac{1}{b}\,.$$

Die eindeutige Lösung dieses Systems ergibt sofort die Behauptung.

Mathematica:

$$\textbf{Integrate}[\exp[-ax]\cos[bx], \{x, 0, \infty\},$$
$$\textbf{Assumptions} \rightarrow \{\textbf{Re}[a] > 0, \textbf{Im}[b] == 0\}]$$

$$\frac{a}{a^2 + b^2}$$

$$\textbf{Integrate}[\exp[-ax]\sin[bx], \{x, 0, \infty\},$$
$$\textbf{Assumptions} \rightarrow \{\textbf{Re}[a] > 0, \textbf{Im}[b] == 0\}]$$

$$\frac{b}{a^2 + b^2}$$

Maple:

```
> assume(a>0);
> simplify(int(exp(-a*x)*cos(b*x),x=0..infinity));
```

$$\int_0^\infty e^{-\text{`a`}\,x} \cos(bx)\,dx = \frac{\text{`a`}}{\text{`a`}^2 + b^2}$$

```
> simplify(int(exp(-a*x)*sin(b*x),x=0..infinity));
```

$$\int_0^\infty e^{-\text{`a`}\,x} \sin(bx)\,dx = \frac{b}{\text{`a`}^2 + b^2}$$

7 Taylorentwicklung und Potenzreihen

7.1 Konvergenzbegriff und Konvergenzkriterien

Der Konvergenzbegriff bei Reihen soll nun vertieft und der besonderen Gestalt der Taylorreihen angepaßt werden.

Die Reihe $\displaystyle\sum_{\nu=0}^{\infty} a_\nu$ heißt absolut konvergent, wenn die Reihe $\displaystyle\sum_{\nu=0}^{\infty} |a_\nu|$ konvergiert und bedingt konvergent, wenn die Reihe $\displaystyle\sum_{\nu=0}^{\infty} a_\nu$ konvergiert, aber $\displaystyle\sum_{\nu=0}^{\infty} |a_\nu|$ divergiert.

Wenn die Reihe $\displaystyle\sum_{\nu=0}^{\infty} a_\nu$ absolut konvergiert, dann konvergiert sie auch bedingt. Wenn die Reihe $\displaystyle\sum_{\nu=0}^{\infty} a_\nu$ divergiert, dann divergiert auch $\displaystyle\sum_{\nu=0}^{\infty} |a_\nu|$.

Bedingte und absolute Konvergenz

Als nächstes fragen wir nach der Verallgemeinerung der Multiplikation endlicher Summen.

Seien $\displaystyle\sum_{\nu=0}^{\infty} a_\nu$ und $\displaystyle\sum_{\nu=0}^{\infty} b_\nu$ absolut konvergente Reihen. Dann konvergiert das Cauchy-Produkt absolut:

$$\sum_{\nu=0}^{\infty} \left(\sum_{\mu=0}^{\nu} a_\mu b_{\nu-\mu} \right) = \left(\sum_{\nu=0}^{\infty} a_\nu \right) \left(\sum_{\nu=0}^{\infty} b_\nu \right).$$

Cauchy-Produkt

Ein einfaches, aber wirkungsvolles Konvergenzkriterium stellt der Vergleich mit einer konvergenten oder divergenten Reihe dar.

Majorantenkriterium für Reihen

Für alle $\nu \geq \nu_0 \geq 0$ sei $0 \leq a_\nu \leq b_\nu$. Wenn die Reihe $\sum\limits_{\nu=0}^{\infty} b_\nu$ konvergiert, dann konvergiert auch die Reihe $\sum\limits_{\nu=0}^{\infty} a_\nu$, und es gilt:

$\sum\limits_{\nu=0}^{\infty} a_\nu \leq \sum\limits_{\nu=0}^{\infty} b_\nu$. Wenn die Reihe $\sum\limits_{\nu=0}^{\infty} a_\nu$ divergiert, dann divergiert auch die Reihe $\sum\limits_{\nu=0}^{\infty} b_\nu$.

Das folgende Quotientenkriterium geht auf das Majorantenkriterium zurück.

Quotientenkriterium

Sei $a_\nu \neq 0$ für alle $\nu \in \mathbb{N}$ und $\lim\limits_{\nu \to \infty} \left| \dfrac{a_{\nu+1}}{a_\nu} \right| = g$. Dann gilt:

1. Ist $g < 1$, so konvergiert die Reihe $\sum\limits_{\nu=0}^{\infty} a_\nu$ absolut.

2. Ist $g > 1$, so divergiert die Reihe $\sum_{\nu=0}^{\infty} a_\nu$.

Das Wurzelkriterium kann durch Vergleich mit der geometrischen hergeleitet werden.

Wurzelkriterium

Sei $\lim\limits_{\nu \to \infty} \sqrt[\nu]{|a_\nu|} = g$. Dann gilt:

1. Ist $g < 1$, so konvergiert die Reihe $\sum_{\nu=0}^{\infty} a_\nu$ absolut.

2. Ist $g > 1$, so divergiert die Reihe $\sum_{\nu=0}^{\infty} a_\nu$.

Im Fall $g = 1$ erhält man keinen Aufschluß über die Konvergenz.

Vergleich von Quotienten- und Wurzelkriterium

Wenn der Grenzwert $\lim\limits_{\nu \to \infty} \left| \dfrac{a_{\nu+1}}{a_\nu} \right|$ existiert, dann existiert auch der Grenzwert $\lim\limits_{\nu \to \infty} \sqrt[\nu]{|a_\nu|}$, und es gilt:

$$\lim\limits_{\nu \to \infty} \sqrt[\nu]{|a_\nu|} = \lim\limits_{\nu \to \infty} \left| \dfrac{a_{\nu+1}}{a_\nu} \right|.$$

Wir betrachten noch ein Konvergenzkriterium für alternierende Reihen:

> Sei $\{a_\nu\}_{\nu=1}^\infty$ eine Nullfolge mit $a_\nu \geq 0$, $a_\nu \geq a_{\nu+1}$ für alle ν. Dann ist die Reihe $\sum_{\nu=1}^\infty (-1)^{\nu+1} a_\nu$ konvergent. Für die n-te Teilsumme gilt die Abschätzung:
> $$\left| \sum_{\nu=1}^\infty (-1)^{\nu+1} a_\nu - \sum_{\nu=1}^n (-1)^{\nu+1} a_\nu \right| \leq a_{n+1}.$$

Leibnizsches Kriterium

Die alternierende harmonische Reihe konvergiert bedingt aber nicht absolut.

> Die alternierende harmonische Reihe konvergiert:
> $$\sum_{\nu=1}^\infty (-1)^{\nu+1} \frac{1}{\nu} = \ln(2).$$

Alternierende harmonische Reihe

Das folgende Kriterium knüpft daran an, daß man Integrale als Summe von Integralen über Teilintervalle berechnen kann.

> Sei $f : [1, \infty) \longrightarrow \mathbb{R}$ monoton fallend und $f(x) \geq 0$ für alle $x \in [1, \infty]$. Die Folge $a_\nu = f(\nu), \nu \in \mathbb{N}$ sei eine Nullfolge. Dann konvergiert die Reihe $\sum_{\nu=1}^\infty a_\nu$ genau dann, wenn das uneigentliche Integral $\int_{x=1}^\infty f(x)dx$ konvergiert.

Integralkriterium für Reihen

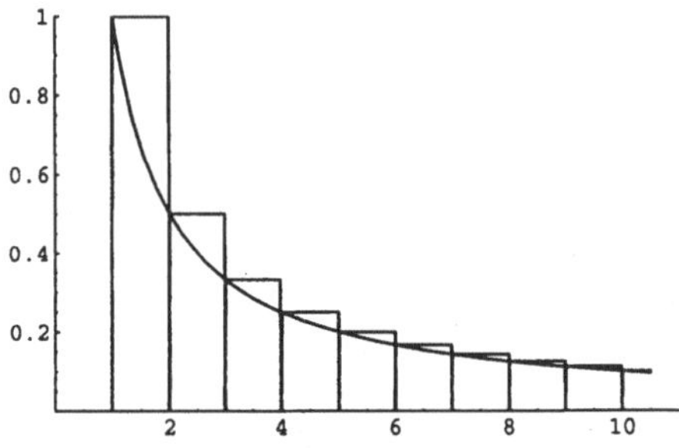

Das Integralkriterium
für Reihen

Integralkriterium für Reihen
anwenden

Aufgabe 7.1   Mit dem Integralkriterium zeige man die Konvergenz oder Divergenz folgende Reihen:

$$\text{(a)}\ \sum_{\nu=1}^{\infty}\frac{1}{\nu},\quad \text{(b)}\ \sum_{\nu=1}^{\infty}\frac{1}{\nu^2},\quad \text{(c)}\ \sum_{\nu=2}^{\infty}\frac{1}{\nu\,\ln(\nu)}\,dx.$$

Lösung: (a)   Das uneigentliche Integral: $\displaystyle\int_{1}^{\infty}\frac{1}{x}\,dx$ konvergiert wegen

$$\int_{1}^{\beta}\frac{1}{x}\,dx = \ln(\beta)$$ nicht, und damit ist die Reihe divergent.

(b)   Das uneigentliche Integral: $\displaystyle\int_{1}^{\infty}\frac{1}{x^2}\,dx$ konvergiert wegen

$$\int_{1}^{\beta}\frac{1}{x^2}\,dx = -\frac{1}{\beta}+1\,,$$

und damit ist die Reihe konvergent.

(c)   Das Integralkriterium besagt hier sinngemäß, daß diese Reihe genau dann konvergiert, wenn das uneigentliche Integral $\displaystyle\int_{2}^{\infty}\frac{1}{x\,\ln(x)}\,dx$ konvergiert. Die Stammfunktion $\displaystyle\int\frac{1}{x\,\ln(x)}\,dx = \ln(\ln(x))$ zeigt, daß das uneigentliche Integral nicht konvergiert:

$$\int_{1}^{\beta}\frac{1}{x\,\ln(x)}\,dx = \ln(\ln(\beta)) - \ln(\ln(2))\,.$$

Aufgabe 7.2 Man ordne die alternierende harmonische Reihe $\sum_{\nu=1}^{\infty} (-1)^{\nu+1} \frac{1}{\nu}$ um zur Reihe:

Umordnung und Konvergenz der harmonischen Reihe

(a) $+1 - \frac{1}{2} - \frac{1}{4} + \frac{1}{3} - \frac{1}{6} - \frac{1}{8} + \frac{1}{5} - \frac{1}{10} - \frac{1}{12} + \cdots$
$$+ \frac{1}{2\nu+1} - \frac{1}{2(2\nu+1)} - \frac{1}{2(2\nu+1)+2} + \cdots,$$

(b) $+1 - \frac{1}{2} + \frac{1}{3} - \frac{1}{4} + \frac{1}{5} + \frac{1}{7} - \frac{1}{6}$
$$+ \frac{1}{9} + \frac{1}{11} + \frac{1}{13} + \frac{1}{15} - \frac{1}{8} + \cdots$$
$$+ \frac{1}{2^\nu+1} + \frac{1}{2^\nu+3} + \cdots + \frac{1}{2^\nu+2^\nu-1} - \frac{1}{2\nu+2} + \cdots.$$

Im Fall (a) summiere man jeweils die ersten $3n + 2$, $n \geq 0$, Reihenglieder auf und zeige, daß die so enstehende Folge gegen $\frac{\ln(2)}{2}$ konvergiert.

Im Fall (b) summiere man jeweils die ersten $\sum_{k=1}^{n} 2^{k-1} + n + 2 = 2^n + n + 1$, $n \geq 1$, Reihenglieder auf und zeige, daß die so enstehende Folge gegen ∞ konvergiert.

Lösung: (a) Wir bilden die Teilsummen:

$$s_2 = 1 - \frac{1}{2} = \frac{1}{2},$$
$$s_5 = 1 - \frac{1}{2} - \frac{1}{4} + \frac{1}{3} - \frac{1}{6}$$
$$= \frac{1}{2} - \frac{1}{4} + \frac{1}{6},$$
$$s_8 = 1 - \frac{1}{2} - \frac{1}{4} + \frac{1}{3} - \frac{1}{6} - \frac{1}{8} + \frac{1}{5} - \frac{1}{10}$$
$$= \frac{1}{2} - \frac{1}{4} + \frac{1}{6} - \frac{1}{8} + \frac{1}{10}$$
$$\vdots$$

Hieraus ersieht man sofort die Behauptung durch Ausklammern des Faktors $\frac{1}{2}$:

$$\lim_{n\to\infty} s_{3n+2} = \frac{1}{2} \sum_{\nu=1}^{\infty} (-1)^{\nu+1} \frac{1}{\nu} = \frac{\ln(2)}{2}.$$

Für $n \geq 1$ können wir noch allgemein schreiben:

$$s_{3n+2} = 1 - \frac{1}{2} + \sum_{\nu=1}^{n} \left(-\frac{1}{4\nu} + \frac{1}{2\nu+1} - \frac{1}{4\nu+2} \right).$$

Mathematica: Der Grenzwert kann nicht ermittelt werden.
Maple:

```
> st:=1-(1/2)+sum(-(1/(4*nu))+(1/(2*nu+1))-(1/(4*nu+2))
>      ,nu=1..n):
> limit(st,n=infinity);
```

$$\lim_{n\to\infty} -\frac{1}{4}\,\Psi(n+1) + \frac{1}{4}\,\Psi(n+\frac{3}{2}) + \frac{1}{2}\ln(2) = \frac{1}{2}\ln(2)$$

Lösung: **(b)**   Wir schreiben:

$$
\begin{aligned}
s_{2^n+n+1} \\
= \; &+1 - \frac{1}{2} \\
&+\frac{1}{3} - \frac{1}{4} \\
&+\frac{1}{5} + \frac{1}{7} - \frac{1}{6} \\
&+\frac{1}{9} + \frac{1}{11} + \frac{1}{13} + \frac{1}{15} - \frac{1}{8} \\
&+\cdots \\
&+\frac{1}{2^n+1} + \frac{1}{2^n+3} + \cdots + \frac{1}{2^n+2^n-1} - \frac{1}{2n+2}
\end{aligned}
$$

und schätzen folgendermaßen ab:

$$
\begin{aligned}
s_{2^n+n+1} \; \geq \; & 1 - \frac{1}{2} + \frac{1}{3} - \frac{1}{4} \\
& +2\,\frac{1}{8} - \frac{1}{6} \\
& +4\,\frac{1}{16} - \frac{1}{8} \\
& +\cdots \\
& +2^{n-1}\,\frac{1}{2^{n+1}} - \frac{1}{2n+2} \\
= \; & 1 - \frac{1}{2} + \frac{1}{3} - \frac{1}{4} \\
& +\frac{1}{4} - \frac{1}{6} \\
& +\frac{1}{4} - \frac{1}{8} \\
& +\cdots \\
& +\frac{1}{4} - \frac{1}{2n+2} \; .
\end{aligned}
$$

Schließlich ergibt sich mit

$$\frac{1}{4} - \frac{1}{2k+2} = \frac{k-1}{4\,(k+1)}$$

die Abschätzung:

$$s_{2^n+n+1} \geq 1 - \frac{1}{2} + \frac{1}{3} - \frac{1}{4}$$
$$+ \frac{1}{4}\frac{1}{3} + \frac{1}{4}\frac{2}{4} + \frac{1}{4}\frac{3}{5} + \frac{1}{4}\frac{4}{6} + \frac{1}{4}\frac{5}{7} + \cdots + \frac{1}{4}\frac{n-1}{n+1}$$

und durch Vergleich mit der harmonischen Reihe folgt die Behauptung.

Für $n \geq 1$ können wir noch allgemein schreiben:

$$s_{2^n+n+1} = 1 - \frac{1}{2} + \sum_{\nu=1}^{n}\left(\sum_{k=1}^{2^{\nu-1}} \frac{1}{2^\nu + 2k - 1} - \frac{1}{2\nu+2}\right) .$$

Aufgabe 7.3   Sei $|p| < 1$ und $|q| < 1$. Man berechne:

$$\sum_{\nu=0}^{\infty}\left(\sum_{\mu=0}^{\nu} p^\mu q^{\nu-\mu}\right) .$$

Cauchy-Produkt aus geometrischen Reihen bilden

Lösung: Durch Bildung des Cauchy-Produktes aus geometrischen Reihen ergibt sich:

$$\frac{1}{1-p}\frac{1}{1-q} = \sum_{\nu=0}^{\infty} p^\nu \sum_{\mu=0}^{\infty} q^\mu$$
$$= \sum_{\nu=0}^{\infty}\left(\sum_{\mu=0}^{\nu} p^\mu q^{\nu-\mu}\right) .$$

Mathematica: Mit Sum kann der Wert einer unendlichen Reihe gebildet werden. Man gibt als Summationsgrenze Infinity an.

$$\sum_{\nu=0}^{\infty}\sum_{\mu=0}^{\nu} \mathbf{p}^\mu \mathbf{q}^{\nu-\mu}$$
$$\frac{1}{(-1+p)(-1+q)}$$

Sum

Maple:

```
> simplify(sum(sum(p^mu*q^(nu-mu),mu=0..nu),
> nu=0..infinity));
```

sum

$$\sum_{\nu=0}^{\infty}(\sum_{\mu=0}^{\nu} p^\mu q^{(\nu-\mu)}) = \frac{1}{(p-1)(q-1)}$$

Aufgabe 7.4   Man prüfe, ob folgende Reihen konvergieren:

Konvergenzkriterien anwenden

(a) $\displaystyle\sum_{\nu=1}^{\infty} \frac{3^\nu}{\nu!}$,   **(b)** $\displaystyle\sum_{\nu=1}^{\infty} \frac{\cos(\nu)}{\nu^2}$,   **(c)** $\displaystyle\sum_{\nu=1}^{\infty}(-1)^\nu \frac{\nu!}{\nu^\nu}$,

(d) $\displaystyle\sum_{\nu=1}^{\infty}(-1)^\nu \sin\left(\frac{1}{\nu^2}\right)$,   **(e)** $\displaystyle\sum_{\nu=2}^{\infty}(-1)^\nu \frac{2^\nu}{(\ln(\nu))^{2\nu}}$.

Lösung: **(a)** Mit:

$$\frac{a_{\nu+1}}{a_\nu} = \frac{3^{\nu+1}\,\nu!}{(\nu+1)!\,3^\nu} = \frac{3}{\nu+1}$$

ergibt sich: $\lim\limits_{\nu\to\infty}\left|\dfrac{a_{\nu+1}}{a_\nu}\right| = 0$ und die absolute Konvergenz nach dem Quotientenkriterium.

Mathematica:

$$\mathbf{a[nu\_]} := \frac{3^\nu}{\nu!}$$

$$\mathbf{Limit}\Big[\frac{\mathbf{a[\nu+1]}}{\mathbf{a[\nu]}}, \nu \to \infty\Big]$$

$$\mathbf{Limit}\Big[\frac{3\nu!}{(1+\nu)!}, \nu \to \infty\Big]$$

Maple:

```
> a:=nu->3^nu/nu!;
```

$$a := \nu \to \frac{3^\nu}{\nu!}$$

```
> limit(a(nu+1)/a(nu),nu=infinity);
```

$$\lim_{\nu\to\infty}\frac{3^{(\nu+1)}\,\nu!}{(\nu+1)!\,3^\nu} = 0$$

Lösung: **(b)** Die Reihe $\displaystyle\sum_{\nu=1}^{\infty}\frac{1}{\nu^2}$ konvergiert. Wegen

$$\left|\frac{\cos(\nu)}{\nu^2}\right| \le \frac{1}{\nu^2}$$

konvergiert dann die Reihe $\displaystyle\sum_{\nu=1}^{\infty}\frac{\cos(\nu)}{\nu^2}$ absolut nach dem Majorantenkriterium.

(c) Wegen

$$\begin{aligned}
\left|\frac{a_{\nu+1}}{a_\nu}\right| &= \frac{(n+1)!\,n^n}{(n+1)^{n+1}\,n!} \\[2mm]
&= \frac{n+1}{n}\,\frac{1}{\left(1+\frac{1}{n}\right)^n\left(1+\frac{1}{n}\right)}
\end{aligned}$$

gilt: $\lim\limits_{\nu\to\infty}\left|\dfrac{a_{\nu+1}}{a_\nu}\right| = \dfrac{1}{e}$. Damit konvergiert die Reihe absolut nach dem Quotientenkriterium.

Mathematica: Der Grenzwert kann nicht ermittelt werden.

Maple:

```
> a:=nu->nu!/nu^nu;
```

$$a := \nu \to \frac{\nu!}{\nu^\nu}$$

```
> limit(a(nu+1)/a(nu),nu=infinity);
```

$$\lim_{\nu \to \infty} \frac{(\nu + 1)! \, \nu^\nu}{(\nu + 1)^{(\nu+1)}} \, \nu = \frac{1}{e}$$

Lösung: **(d)** Bei $\sin(\frac{1}{\nu^2})$ handelt es sich um eine monoton fallende Nullfolge, so daß die Reihe nach dem Leibnizschen Kriterium konvergiert. Fragen wir nach der absoluten Konvergenz der Reihe, so ergibt sich zunächst:

$$\left| \frac{a_{\nu+1}}{a_\nu} \right| = \frac{\sin\left(\frac{1}{(\nu+1)^2}\right)}{\sin\left(\frac{1}{\nu^2}\right)}$$

$$= \frac{\dfrac{\sin\left(\frac{1}{(\nu+1)^2}\right)}{\frac{1}{(\nu+1)^2}}}{\dfrac{\sin\left(\frac{1}{\nu^2}\right)}{\frac{1}{\nu^2}}} \frac{(\nu + 1)^2}{\nu^2} \, .$$

Hieraus folgt:

$$\lim_{\nu \to \infty} \left| \frac{a_{\nu+1}}{a_\nu} \right| = \lim_{\nu \to \infty} \sqrt[\nu]{|a_\nu|} = 1 \, ,$$

so daß das Quotienten- und das Wurzelkriterium keine Entscheidung zulassen. Wegen

$$\left| (-1)^\nu \sin\left(\frac{1}{\nu^2}\right) \right| \le \frac{1}{\nu^2}$$

konvergiert die Reihe jedoch absolut nach dem Majorantenkriterium.

Mathematica:

$$\mathbf{a[nu\_]} := \sin\left[\frac{1}{\nu^2}\right]$$

$$\mathbf{Limit}\left[\frac{\mathbf{a[\nu + 1]}}{\mathbf{a[\nu]}}, \nu \to \infty\right]$$
$$1$$

$$\mathbf{Limit[a[\nu]}^{1/\nu}, \nu \to \infty]$$
$$1$$

Maple:

```
> a:=nu->sin(1/nu^2):
```

```
> limit(a(nu+1)/a(nu),nu=infinity);
```

$$\lim_{\nu \to \infty} \frac{\sin(\frac{1}{(\nu + 1)^2})}{\sin(\frac{1}{\nu^2})} = 1$$

```
> limit(a(nu)^(1/nu),nu=infinity);
```

$$\lim_{\nu \to \infty} \sin(\frac{1}{\nu^2})^{(\frac{1}{\nu})} = 1$$

Lösung: **(e)** Wegen

$$\sqrt[\nu]{|a_\nu|} = \sqrt[\nu]{\frac{2^\nu}{(\ln(\nu))^{2\,\nu}}} = \frac{2}{\ln(\nu))^\nu}$$

gilt $\lim_{\nu \to \infty} \sqrt[\nu]{|a_\nu|} = 0$. Damit konvergiert die Reihe nach dem Wurzelkriterium.

Mathematica: Der Grenzwert kann nicht ermittelt werden.
Maple:

```
> a:=nu->2^nu/(ln(nu))^(2*nu):
```

```
> limit(a(nu)^(1/nu),nu=infinity);
```

$$\lim_{\nu \to \infty} (\frac{2^\nu}{\ln(\nu)^{(2\,\nu)}})^{(\frac{1}{\nu})} = 0$$

7.2 Taylorreihen

Wir gehen zunächst von der Tangente (Taylorpolynom vom Grad 1) zum Taylorpolynom über.

Taylorpolynom

> Das Polynom:
>
> $$T_n(f, x, x_0) = \sum_{\nu=0}^{n} \frac{f^{(\nu)}(x_0)}{\nu!}(x - x_0)^\nu$$
>
> heißt Taylorpolynom der Funktion f vom Grad n um den Entwicklungspunkt x_0.

Der Taylorsche Satz gestattet eine Funktion als Summe aus einem Polynom vom Grad n und einem Restglied darzustellen.

Satz von Taylor

> Die Funktion $f : [a, b] \longrightarrow \mathbb{R}$ sei in $[a, b]$ n-mal stetig differenzierbar und in (a, b) $n+1$-mal differenzierbar. Sei $x_0 \in [a, b]$, dann gibt es zu jedem $x \in [a, b]$ ein ξ_x mit $x_0 < \xi_x < x$ oder $x < \xi_x < x_0$, so daß:
>
> $$f(x) = \sum_{\nu=0}^{n} \frac{f^{(\nu)}(x_0)}{\nu!}(x - x_0)^\nu + \frac{f^{(n+1)}(\xi_x)}{(n + 1)!}(x - x_0)^{n+1} .$$

Um Fallunterscheidungen zu vermeiden, wird das Restglied häufig
wie folgt ausgedrückt.

Das Restglied

$$R_n(f, x, x_0) = \frac{f^{(n+1)}(\xi_x)}{(n+1)!}(x - x_0)^{n+1}$$

mit $x_0 < \xi_x < x$ oder $x < \xi_x < x_0$ kann auch geschrieben
werden als:

$$R_n(f, x, x_0) = \frac{f^{(n+1)}(x_0 + \theta_x(x - x_0))}{(n+1)!}(x - x_0)^{(n+1)}$$

mit $\theta_x \in (0, 1)$.

Restglied in Lagrangeform

Wir fassen das Polynom $T_n(f, x, x_0)$ nun als n-te Teilsumme einer
Reihe auf.

Sei $f : [a, b] \longrightarrow \mathbb{R}$ beliebig oft differenzierbar und $x_0 \in
[a, b]$. Die Reihe

$$\sum_{k=0}^{\infty} \frac{f^{(\nu)}(x_0)}{\nu!}(x - x_0)^{\nu}$$

heißt Taylorreihe der Funktion f um den Entwicklungspunkt x_0.
Die Taylorreihe konvergiert an einer Stelle $x \in [a, b]$ gegen den
Funktionswert $f(x)$ genau dann, wenn

$$\lim_{n \to \infty} R_n(f, x, x_0) = 0.$$

Taylorreihe

Die Funktionen e^x, $\sin(x)$ und $\cos(x)$ können jeweils in Taylorreihen um den Punkt $x_0 = 0$ entwickelt werden, die in ganz $\mathbb{R}$ absolut
konvergieren.

$$e^x = \sum_{\nu=0}^{\infty} \frac{x^{\nu}}{\nu!},$$

$$\sin(x) = \sum_{\nu=0}^{\infty}(-1)^{\nu}\frac{x^{2\nu+1}}{(2\nu+1)!}, \quad \cos(x) = \sum_{\nu=0}^{\infty}(-1)^{\nu}\frac{x^{2\nu}}{(2\nu)!}.$$

**Taylorreihen der e-, Sinus- und
Cosinus-Funktion**

Taylorpolynome aufstellen

Aufgabe 7.5   Man berechne die Taylorpolynome n-ten Grades um $x_0 = 0$ für folgende Funktionen:

$$f_1(x) = e^{2x}, \quad f_2(x) = \cos(3x),$$

$$f_3(x) = \ln(1 - x), \quad f_4(x) = \sqrt{1 + x}.$$

Lösung: Es gilt:

$$f_1^{(\nu)}(x) = 2^\nu\, e^x$$

und $f_1^{(\nu)}(0) = 2^\nu$, somit

$$T_n(f_1, x, 0) = \sum_{\nu=0}^{n} \frac{2^\nu}{\nu!}\, x^\nu.$$

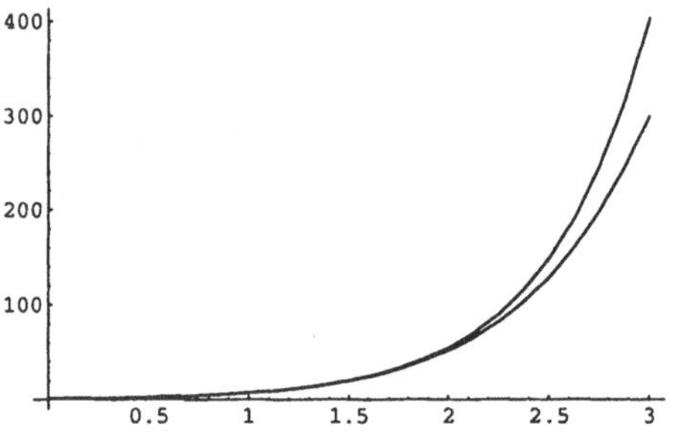

Die Funktion
$f(x) = e^{2x}$
und das Taylorpoly-
nom
$T_7(f, x, 0)$

Es gilt:

$$f_2^{(\nu)}(x) = \begin{cases} (-1)^k\, 3^{2k-1}\, \sin(x) & \text{für} \quad \nu = 2k - 1,\, k \in \mathbb{N} \\ (-1)^k\, 3^{2k}\, \cos(x) & \text{für} \quad \nu = 2k,\, k \in \mathbb{N} \end{cases}$$

und

$$f_2^{(\nu)}(0) = \begin{cases} 0 & \text{für} \quad \nu = 2k - 1,\, k \in \mathbb{N} \\ (-1)^k\, 3^{2k} & \text{für} \quad \nu = 2k,\, k \in \mathbb{N} \end{cases}$$

somit

$$T_n(f_2, x, 0) = \begin{cases} \sum_{\nu=0}^{k-1} \frac{(-1)^\nu\, 3^{2\nu}}{(2\nu)!}\, x^{2\nu} & \text{für} \quad n = 2k - 1,\, k \in \mathbb{N} \\ \sum_{\nu=0}^{k} \frac{(-1)^\nu\, 3^{2\nu}}{(2\nu)!}\, x^{2\nu} & \text{für} \quad n = 2k,\, k \in \mathbb{N} \end{cases}$$

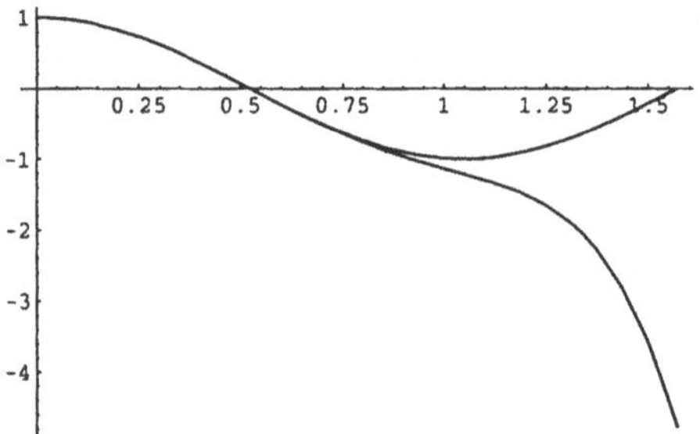

Die Funktion
$f(x) = \cos(3x)$
und das Taylorpoly-
nom
$T_7(f, x, 0)$

Es gilt:

$$f_3^{(\nu)}(x) = (\nu - 1)! \, \frac{1}{(1-x)^\nu}$$

und $f_3^{(\nu)}(0) = (\nu - 1)!$, somit

$$T_n(f_3, x, 0) = \sum_{\nu=0}^{n} \frac{1}{\nu} x^\nu, \quad |x| < 1 \,.$$

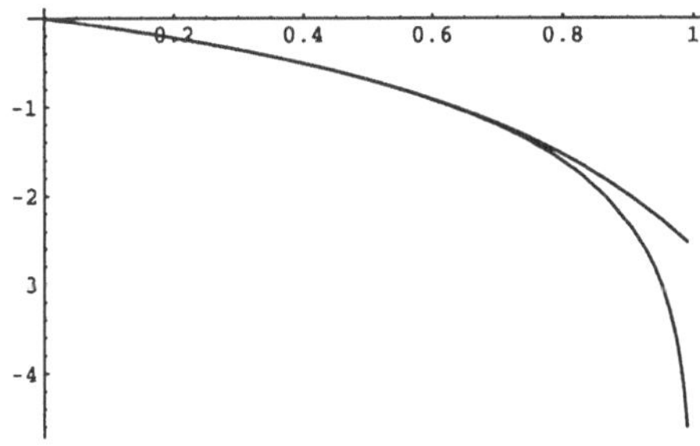

Die Funktion
$f(x) = \ln(1 - x)$
und das Taylorpoly-
nom
$T_7(f, x, 0)$

Es gilt:

$$f_4'(x) = \frac{1}{2} \frac{1}{(1+x)^{\frac{1}{2}}} \,,$$

$$f_4''(x) = -\frac{1}{4} \frac{1}{(1+x)^{\frac{3}{2}}} \,,$$

$$f_4'''(x) = \frac{3}{8} \frac{1}{(1+x)^{\frac{5}{2}}} \,,$$

$$\vdots$$

$$f_4^{(\nu)}(x) = (-1)^{\nu-1} \frac{3 \cdot 5 \cdots (2\nu - 3)}{2^\nu} \frac{1}{(1+x)^{\frac{2\nu-1}{2}}} \,.$$

Hieraus ergibt sich das Taylorpolynom:

$$\begin{aligned}
T_n(f_4, x, 0) &= 1 + \frac{1}{2} x - \frac{1}{4} \frac{1}{2!} x^2 + \frac{3}{8} \frac{1}{3!} x^3 \\
&\quad + \cdots + (-1)^{n-1} \frac{3 \cdot 5 \cdots (2n - 3)}{2^n} \frac{1}{n!} x^n \\
&= 1 + \frac{1}{2} x - \frac{1}{2 \cdot 4} x^2 + \frac{1 \cdot 3}{2 \cdot 4 \cdot 6} x^3 \\
&\quad + \cdots + (-1)^{n-1} \frac{1 \cdot 3 \cdot 5 \cdots (2n - 3)}{2 \cdot 4 \cdot 6 \cdots (2n)} x^n \,.
\end{aligned}$$

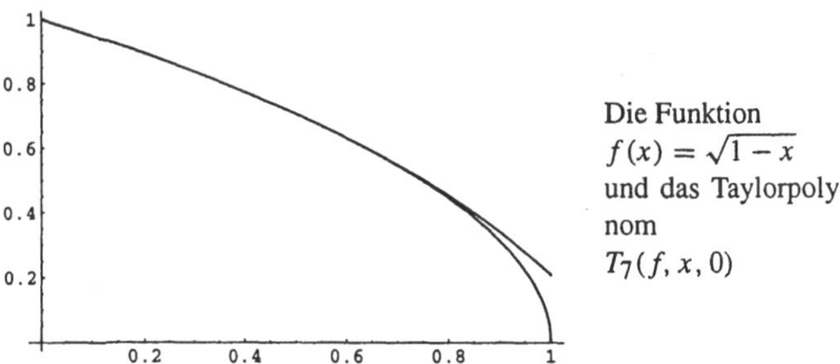

Die Funktion
$$f(x) = \sqrt{1-x}$$
und das Taylorpoly-
nom
$$T_7(f, x, 0)$$

Series

Mathematica: Mit Series kann man Taylorpolynome berechnen. In einer Option wird (in geschweiften Klammern) die Funktionsvariable, der Entwicklungspunkt und der Grad des Taylorpolynoms angegeben. Als Ausdruck für das Restglied erscheint $O[n]$.

Series[exp[2x], {x, 0, 7}]

$$1 + 2x + 2x^2 + \frac{4x^3}{3} + \frac{2x^4}{3} + \frac{4x^5}{15} + \frac{4x^6}{45} + \frac{8x^7}{315} + \mathbf{O}[x]^8$$

Series[cos[3x], {x, 0, 7}]

$$1 - \frac{9x^2}{2} + \frac{27x^4}{8} - \frac{81x^6}{80} + \mathbf{O}[x]^8$$

Series$\left[\log\left[\frac{1}{1-x}\right], \{x, 0, 7\}\right]$

$$x + \frac{x^2}{2} + \frac{x^3}{3} + \frac{x^4}{4} + \frac{x^5}{5} + \frac{x^6}{6} + \frac{x^7}{7} + \mathbf{O}[x]^8$$

Series$\left[\sqrt{1+x}, \{x, 0, 7\}\right]$

$$1 + \frac{x}{2} - \frac{x^2}{8} + \frac{x^3}{16} - \frac{5x^4}{128} + \frac{7x^5}{256} - \frac{21x^6}{1024} + \frac{33x^7}{2048} + \mathbf{O}[x]^8$$

taylor

Maple: Mit Taylor kann man Taylorpolynome berechnen. In einer Option wird die Funktionsvariable, der Entwicklungspunkt (mit einem Gleichheitszeichen dazwischen) und der Grad des Taylorpolynoms angegeben. Als Ausdruck für das Restglied erscheint $O[n]$.

```
> taylor(exp(2*x),x=0,7);
```

$$\text{Taylor}(e^{(2x)}, x = 0, 7) = 1 + 2x + 2x^2 + \frac{4}{3}x^3 + \frac{2}{3}x^4 + \frac{4}{15}x^5 + \frac{4}{45}x^6 + O(x^7)$$

```
> taylor(cos(3*x),x=0,7);
```

$$\text{Taylor}(\cos(3x), x = 0, 7) = 1 - \frac{9}{2}x^2 + \frac{27}{8}x^4 - \frac{81}{80}x^6 + O(x^7)$$

```
> taylor(ln(1/(1-x)),x=0,7);
```

$$\mathrm{Taylor}(\ln(\frac{1}{1-x}),\, x=0,\, 7) = x+\frac{1}{2}\,x^2+\frac{1}{3}\,x^3+\frac{1}{4}\,x^4+\frac{1}{5}\,x^5+\frac{1}{6}\,x^6+\mathrm{O}(x^7)$$

```
> taylor(sqrt(1+x),x=0,7);
```

$$\begin{aligned}
\mathrm{Taylor}(\sqrt{1+x},\, x=0,\, 7) \;=\;& 1+\frac{1}{2}\,x-\frac{1}{8}\,x^2+\frac{1}{16}\,x^3-\frac{5}{128}\,x^4 \\
&+\frac{7}{256}\,x^5-\frac{21}{1024}\,x^6+\mathrm{O}(x^7)
\end{aligned}$$

Aufgabe 7.6 Mit der Reihenentwicklung von

$$e^x,\quad \sin(x)\quad \text{und}\quad \cos(x)$$

und dem Cauchy-Produkt bestätige man die Funktionalgleichung der e-Funktion sowie das Additionstheorem des Sinus.

> Eigenschaften der Exponential- und Sinusfunktion mit Hilfe von Reihenentwicklungen bestätigen

Lösung: Durch Bildung des Cauchy-Produkts folgt sofort:

$$\begin{aligned}
e^x\, e^y \;&=\; \sum_{\nu=0}^{\infty}\frac{x^\nu}{\nu!}\,\sum_{\mu=0}^{\infty}\frac{y^\mu}{\mu!} \\[2mm]
&=\; \sum_{\nu=0}^{\infty}\left(\sum_{\mu=0}^{\nu}\frac{x^\mu}{\mu!}\,\frac{y^{\nu-\mu}}{(\nu-\mu)!}\right) \\[2mm]
&=\; \sum_{\nu=0}^{\infty}\left(\sum_{\mu=0}^{\nu}\frac{x^\mu\,y^{\nu-\mu}}{\mu!\,(\nu-\mu)!}\right) \\[2mm]
&=\; \sum_{\nu=0}^{\infty}\frac{(x+y)^\nu}{\nu!} \\[2mm]
&=\; e^{x+y}.
\end{aligned}$$

Nun bilden wir die Produkte:

$$\begin{aligned}
&\sin(x)\,\cos(y) \\[2mm]
&=\sum_{\nu=0}^{\infty}(-1)^\nu\,\frac{x^{2\nu+1}}{(2\nu+1)!}\,\sum_{\nu=0}^{\infty}(-1)^\nu\,\frac{y^{2\nu}}{(2\nu)!} \\[2mm]
&=\sum_{\nu=0}^{\infty}\left(\sum_{\mu=0}^{\nu}(-1)^\mu\,\frac{x^{2\mu+1}}{(2\mu+1)!}\,(-1)^{\nu-\mu}\,\frac{y^{2(\nu-\mu)}}{(2(\nu-\mu))!}\right) \\[2mm]
&=\sum_{\nu=0}^{\infty}\left((-1)^\nu\,\sum_{\mu=0}^{\nu}\frac{x^{2\mu+1}}{(2\mu+1)!}\,\frac{y^{2(\nu-\mu)}}{(2(\nu-\mu))!}\right)
\end{aligned}$$

und

$$\cos(x)\,\sin(y)$$

$$= \sum_{\nu=0}^{\infty} (-1)^{\nu} \frac{x^{2\nu}}{(2\,\nu)!} \sum_{\nu=0}^{\infty} (-1)^{\nu} \frac{y^{2\nu+1}}{(2\,\nu+1)!}$$

$$= \sum_{\nu=0}^{\infty} \left(\sum_{\mu=0}^{\nu} (-1)^{\mu} \frac{x^{2\mu}}{(2\,\mu)!} (-1)^{\nu-\mu} \frac{y^{2\,(\nu-\mu)+1}}{(2\,(\nu-\mu)+1)!} \right)$$

$$= \sum_{\nu=0}^{\infty} \left((-1)^{\nu} \sum_{\mu=0}^{\nu} \frac{x^{2\mu}}{(2\,\mu)!} \frac{y^{2\,(\nu-\mu)+1}}{(2\,(\nu-\mu)+1)!} \right) .$$

Durch Addieren der beiden Summen ergibt sich schließlich:

$$\sin(x)\,\cos(y) + \cos(x)\,\sin(y)$$

$$= \sum_{\nu=0}^{\infty} \left((-1)^{\nu} \sum_{\mu=0}^{\nu} \left(\frac{x^{2\mu+1}}{(2\,\mu+1)!} \frac{y^{2\,(\nu-\mu)}}{(2\,(\nu-\mu))!} \right. \right.$$

$$\left. \left. \frac{x^{2\mu}}{(2\,\mu)!} \frac{y^{2\,(\nu-\mu)+1}}{(2\,(\nu-\mu)+1)!} \right) \right)$$

$$= \sum_{\nu=0}^{\infty} \left((-1)^{\nu} \sum_{\mu=0}^{2\nu+1} \frac{x^{\mu}\, y^{2\,\nu+1-\mu}}{\mu!\,(2\,\nu+1-\mu)!} \right)$$

$$= \sum_{\nu=0}^{\infty} (-1)^{\nu} \frac{(x+y)^{2\,\nu+1}}{(2\,\nu+1)!}$$

$$= \sin(x+y) .$$

Taylorentwicklung um einen beliebigen Punkt vornehmen, Konvergenz durch Restgliedabschätzung klären, Ergebnis mit Hilfe bekannter Entwicklungen überprüfen

Aufgabe 7.7 Man entwickle folgende Funktionen in eine Taylorreihe um den Punkt x_0:

$$f_1(x) = e^x , \quad f_2(x) = \sin(x) .$$

Lösung: Mit $f_1^{(\nu)}(x_0) = e^{x_0}$ bekommt man die Taylorreihe:

$$\sum_{\nu=0}^{\infty} \frac{e^{x_0}}{\nu!} (x - x_0)^{\nu} .$$

Mit

$$f_2^{(\nu)}(x_0) = \begin{cases} (-1)^{k+1}\,\cos(x_0) & \text{für} \quad \nu = 2\,k-1,\, k \in \mathbb{N} \\ (-1)^{k}\,\sin(x_0) & \text{für} \quad \nu = 2\,k,\, k \in \mathbb{N} \end{cases}$$

bekommt man die Taylorreihe:

$$\sum_{\nu=0}^{\infty} \frac{(-1)^{\nu}\,\sin(x_0)}{(2\,\nu)!} (x - x_0)^{2\,\nu} + \sum_{\nu=0}^{\infty} \frac{(-1)^{\nu+1}\,\cos(x_0)}{(2\,\nu+1)!} (x - x_0)^{2\,\nu+1} .$$

Unter Verwendung des Quotientenkriteriums ergibt sich sofort die absolute Konvergenz beider Taylorreihen für alle x. Im ersten Fall bekommen wir beim Abbruch der Taylorreihe nach dem n-ten Glied mit der Zwischenstelle ξ_x das Restglied

$$R_n(f_1, x, x_0) = \frac{e^{\xi_x}}{(n+1)!}(x - x_0)^{n+1}$$

und im zweiten Fall

$$R_n(f_2, x, x_0) = \begin{cases} \frac{(-1)^{k+1}\cos(\xi_x)}{(n+1)!}(x - x_0)^{n+1} & \text{für} \quad n = 2k, k \in \mathbb{N} \\ \frac{(-1)^k \sin(\xi_x)}{(n+1)!}(x - x_0)^{n+1} & \text{für } n = 2k - 1, k \in \mathbb{N} \end{cases}$$

Offenbar konvergiert das Restglied in beiden Fällen in jedem Punkt x gegen Null, so daß die Taylorreihe auch die Funktion darstellt.

Man kann die Entwicklungen auch mit Hilfe der Funktionalgleichung bzw. des Additionstheorems bekommen, indem man die bereits bekannten Entwicklungen um den Nullpunkt benutzt:

$$
\begin{aligned}
e^x &= e^{x_0} e^{x - x_0} = \sum_{\nu=0}^{\infty} \frac{e^{x_0}}{\nu!}(x - x_0)^\nu, \\
\sin(x) &= \sin(x_0)\cos(x - x_0) + \cos(x_0)\sin(x - x_0) \\
&= \sum_{\nu=0}^{\infty} \frac{(-1)^\nu \sin(x_0)}{(2\nu)!}(x - x_0)^{2\nu} \\
&\quad + \sum_{\nu=0}^{\infty} \frac{(-1)^{\nu+1}\cos(x_0)}{(2\nu+1)!}(x - x_0)^{2\nu+1}.
\end{aligned}
$$

Aufgabe 7.8 Man gebe einen Näherungswert für

$$\sin(85^0),$$

der vom exakten Wert um höchstens 0.00001 abweicht.

Näherung für einen Funktionswert durch Taylorentwicklung gewinnen

Lösung: Zuerst schreiben wir 85^0 im Bogenmaß als $\dfrac{85}{180}\pi$. Mit Hilfe der Taylorentwicklung um $\dfrac{\pi}{2}$ ergibt sich mit einer Zwischenstelle ξ_{85^0} zwischen 85^0 und 90^0:

$$
\begin{aligned}
\sin\left(\frac{85}{180}\pi\right) &= \sum_{\nu=0}^{n} \frac{(-1)^\nu \sin\left(\frac{\pi}{2}\right)}{(2\nu)!}\left(\frac{85}{180}\pi - \frac{\pi}{2}\right)^{2\nu} \\
&\quad + \frac{(-1)^{n+1}\cos(\xi_{85^0})}{(2n+1)!}\left(\frac{85}{180}\pi - \frac{\pi}{2}\right)^{2n+1}.
\end{aligned}
$$

Für den Näherungswert

$$T_n\left(\sin, \frac{85}{180}\pi, \frac{\pi}{2}\right) = \sum_{\nu=0}^{n} \frac{(-1)^\nu}{(2\nu)!}\left(\frac{85}{180}\pi - \frac{\pi}{2}\right)^{2\nu}$$

ergibt sich die Abschätzung:

$$\left| \sin\left(\frac{85}{180}\,\pi \right) - T_n\left(\sin, \frac{85}{180}\,\pi, \frac{\pi}{2} \right) \right| \leq \left(\frac{1}{36}\,\pi \right)^{2n+1}.$$

Schätzt man $\pi < 3.6$ ab, so zeigt sich, daß

$$T_2\left(\sin, \frac{85}{180}\,\pi, \frac{\pi}{2} \right) = 1 - \frac{1}{2!}\left(\frac{1}{36}\,\pi \right)^2 + \frac{1}{4!}\left(\frac{1}{36}\,\pi \right)^4$$

die gewünschte Eigenschaft besitzt.

Mathematica:

$$\mathbf{N}\!\left[\, \sin\left[\frac{\mathbf{85}\pi}{\mathbf{180}} \right], \mathbf{6} \right]$$
$$0.996195$$

$$\mathbf{N}\!\left[1 - \frac{\left(\frac{\pi}{36} \right)^2}{2!} + \frac{\left(\frac{\pi}{36} \right)^4}{4!}, \mathbf{6} \right]$$
$$0.996195$$

Maple:

```
> evalf(sin((85/180)*Pi),6);
```

$$\mathrm{Evalf}(\sin(\frac{17}{36}\,\pi),\, 6) = .996195$$

```
> evalf(1-(1/2!)*(Pi/36)^2+(1/4!)*(Pi/36)^4,6);
```

$$\mathrm{Evalf}(1 - \frac{1}{2592}\,\pi^2 + \frac{1}{40310784}\,\pi^4,\, 6) = .996194$$

Näherung für einen Funktionswert durch Taylorentwicklung gewinnen

Aufgabe 7.9   Man gebe einen Näherungswert für $\sqrt{149.3}$ an, der vom exakten Wert um höchstens 0.00001 abweicht.

Lösung: Zuerst schreiben wir:

$$\sqrt{149.3} = 12\sqrt{1 + \frac{5.3}{144}}.$$

Mit Hilfe der Taylorentwicklung von $\sqrt{1+x}$ um $x_0 = 0$ ergibt sich mit einer Zwischenstelle $\xi_{\frac{5.3}{144}}$ zwischen 0 und $\frac{5.3}{144}$:

$$\sqrt{1 + \frac{5.3}{144}}$$

$$= \; 1 + \frac{1}{2}\,\frac{5.3}{144} - \frac{1}{4 \cdot 2!}\left(\frac{5.3}{144} \right)^2 + \frac{3}{8 \cdot 3!}\left(\frac{5.3}{144} \right)^3$$

$$+ \cdots + (-1)^{n-1}\,\frac{3 \cdot 5 \cdots (2n-3)}{2^n\, n!}\left(\frac{5.3}{144} \right)^n$$

$$+ (-1)^n\,\frac{3 \cdot 5 \cdots (2n-1)}{2^{n+1}\,(n+1)!}\,\frac{1}{\left(1 + \xi_{\frac{5.3}{144}} \right)^{\frac{2n+1}{2}}}\left(\frac{5.3}{144} \right)^{n+1}.$$

Für den Näherungswert

$$T_3\left(\sqrt{1+x},\frac{5.3}{144},0\right)=1+\frac{1}{2}\frac{5.3}{144}-\frac{1}{8}\left(\frac{5.3}{144}\right)^2+\frac{1}{16}\left(\frac{5.3}{144}\right)^3$$

ergibt sich die Abschätzung:

$$\left|\sqrt{1+\frac{5.3}{144}}-T_3\left(\sqrt{1+x},\frac{5.3}{144},0\right)\right|\le\frac{15}{16\cdot 4!}\,0.04^3<0.00000063\,,$$

wenn man $\dfrac{5.3}{144}<0.04$ benützt. Insgesamt bekommt man:

$$\left|\sqrt{149.3}-12\,T_3\left(\sqrt{1+x},\frac{5.3}{144},0\right)\right|\le 0.0000075\,,$$

Mathematica:

$$\mathrm{N}[\sqrt{149.3},8]$$
$$12.218838$$

$$\mathrm{N}\Big[12\Big(1+\frac{5.3}{2144}-\frac{1}{8}\Big(\frac{5.3}{144}\Big)^2+\frac{1}{16}\Big(\frac{5.3}{144}\Big)^3\Big),8\Big]$$
$$12.218839$$

Maple:

```
> evalf(sqrt(149.3),8);
```

$$12.218838$$

```
> evalf(12*(1+(1/2)*(5.3/144)-(1/8)*(5.3/144)^2+
> (1/16)*(5.3/144)^3),8);
```

$$12.218839$$

Aufgabe 7.10 Für die Zahl $\dfrac{1}{e}$ ergibt sich die Reihendarstellung:

$$\frac{1}{e}=e^{-1}=\sum_{\nu=0}^{\infty}\frac{(-1)^\nu}{\nu!}=\frac{1}{0!}-\frac{1}{1!}+\frac{1}{2!}-\frac{1}{3!}+\frac{1}{4!}-\cdots.$$

Man gebe eine Abschätzung der Differenz:

$$\left|\frac{1}{e}-\sum_{\nu=0}^{n}\frac{(-1)^\nu}{\nu!}\right|.$$

Was ergibt sich im Fall $n=4$?

Lösung: Wir schreiben:

$$\sum_{\nu=0}^{\infty}\frac{(-1)^\nu}{\nu!}-\sum_{\nu=0}^{n}\frac{(-1)^\nu}{\nu!}=\sum_{\nu=1}^{\infty}\frac{(-1)^{\nu-1}}{(\nu-1)!}-\sum_{\nu=1}^{n+1}\frac{(-1)^{(\nu-1)}}{(\nu-1)!}$$

Die Zahl $\frac{1}{e}$ als alternierende Reihe darstellen und annähern und bekommen mit dem Leibnizschen Kriterium:

$$\left| \sum_{\nu=0}^{\infty} \frac{(-1)^{\nu}}{\nu!} - \sum_{\nu=0}^{n} \frac{(-1)^{\nu}}{\nu!} \right|$$

$$= \left| \sum_{\nu=1}^{\infty} (-1)^{\nu+1} \frac{1}{(\nu-1)!} - \sum_{\nu=1}^{n+1} (-1)^{(\nu+1)} \frac{1}{(\nu-1)!} \right|$$

$$\leq \frac{1}{(n+1)!} \,.$$

Im Fall $n = 4$ ergibt sich:

$$\left| \frac{1}{e} - \sum_{\nu=0}^{4} \frac{(-1)^{\nu}}{\nu!} \right| \leq \frac{1}{5!} = \frac{1}{120} \,.$$

Mathematica: Die Zahl e wird mit E eingegeben. Man kann sich eine Näherung direkt ausgeben lassen und dabei die gültige Stellenzahl vorschreiben.

$$N\left[\frac{1}{e}, 6\right]$$
$$0.367879$$

$$N\left[\sum_{\nu=0}^{4} \frac{(-1)^{\nu}}{\nu!}, 6\right]$$
$$0.375$$

$$N\left[\frac{1}{5!}, 6\right]$$
$$0.00833333$$

Maple: Die Zahl e wird als Wert der Exponentialfunktion an der Stelle 1 dargestellt. Man kann sich eine Näherung direkt ausgeben lassen und dabei die gültige Stellenzahl vorschreiben.

```
> evalf(1/exp(1),6);
```

$$Evalf(\frac{1}{e}, 6) = .367880$$

```
> evalf(sum((-1)^nu/nu!,nu=0..4),6);
```

$$Evalf\left(\sum_{\nu=0}^{4} \frac{(-1)^{\nu}}{\nu!}, 6\right) = .375000$$

```
> evalf(1/5!,6);
```

$$\mathrm{Evalf}(\frac{1}{120}, 6) = .00833333$$

Aufgabe 7.11 Man berechne den folgenden Grenzwert mittels Taylorentwicklung:

$$\lim_{x \to 0} \frac{\cos(x^2) - \sqrt{1 + x^3}}{x^3} \,.$$

Grenzwert durch Taylorentwicklung berechnen

Lösung: Dazu stellen wir zunächst die Funktionen $\cos(x)$ und $\sqrt{1 + x}$ mit Hilfe ihrer Taylorpolynome vom Grad 2 um 0 dar:

$$\cos(x) = 1 - \frac{x^2}{2} + \sin(\theta_x x) \frac{x^3}{6}, \quad \theta_x \in (0, 1)$$

und

$$\sqrt{1 + x} = 1 + \frac{x}{2} - \frac{x^2}{8} + (1 + \tilde{\theta}_x x)^{-\frac{5}{2}} \frac{x^3}{16}, \quad \tilde{\theta}_x \in (0, 1) \,.$$

Daraus folgt:

$$\cos(x^2) = 1 - \frac{x^4}{2} + \sin(\theta_{x^2} x^2) \frac{x^6}{6}, \quad \theta_{x^2} \in (0, 1)$$

und

$$\sqrt{1 + x^3} = 1 + \frac{x^3}{2} - \frac{x^6}{8} + (1 + \tilde{\theta}_{x^3} x^3)^{-\frac{5}{2}} \frac{x^9}{16}, \quad \tilde{\theta}_{x^3} \in (0, 1) \,.$$

Insgesamt bekommen wir:

$$\frac{\cos(x^2) - \sqrt{1 + x^3}}{x^3} = -\frac{1}{2} - \frac{x}{2} + \frac{x^3}{8} + \sin(\theta_{x^2} x^2) \frac{x^3}{6}$$
$$- (1 + \tilde{\theta}_{x^3} x^3)^{-\frac{5}{2}} \frac{x^6}{16}$$

und damit

$$\lim_{x \to 0} \frac{\cos(x^2) - \sqrt{1 + x^3}}{x^3} = -\frac{1}{2} \,.$$

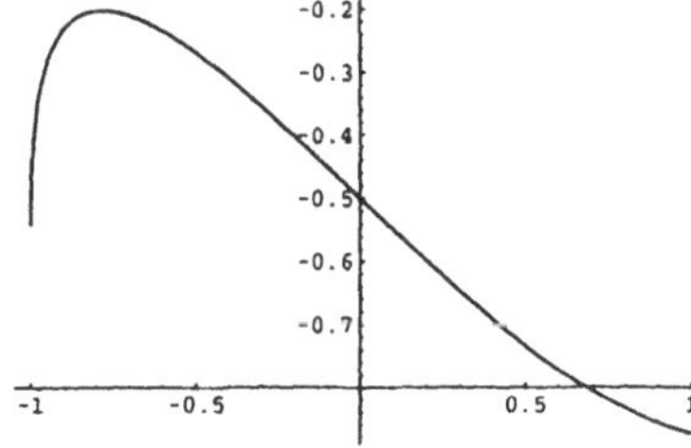

Die Funktion
$$f(x) = \frac{\cos(x^2) - \sqrt{1 + x^3}}{x^3}$$

Mathematica:

$$\text{Series}\Big[\frac{\cos[\mathbf{x}^2] - \sqrt{1+\mathbf{x}^3}}{\mathbf{x}^3}, \{\mathbf{x}, \mathbf{0}, \mathbf{3}\}\Big]$$

$$-\frac{1}{2} - \frac{x}{2} + \frac{x^3}{8} + O[x]^4$$

$$\text{Limit}\Big[\frac{\cos[\mathbf{x}^2] - \sqrt{1+\mathbf{x}^3}}{\mathbf{x}^3}, \mathbf{x} - > \mathbf{0}\Big]$$

$$-\frac{1}{2}$$

Maple:

```
> series((cos(x^2)-sqrt(1+x^3))/x^3,x=0,3);
```

$$\text{Series}(\frac{\cos(x^2) - \sqrt{1+x^3}}{x^3}, \ x = 0, \ 3) = -\frac{1}{2} - \frac{1}{2}x + O(x^3)$$

```
> limit((cos(x^2)-sqrt(1+x^3))/x^3,x=0);
```

$$\lim_{x \to 0} \frac{\cos(x^2) - \sqrt{1+x^3}}{x^3} = \frac{-1}{2}$$

<table>
<tr><td>

Integranden durch
Taylorpolynome ersetzen,
Fehlerintegral abschätzen

</td><td>

Aufgabe 7.12 Mit Hilfe von Taylorpolynomen berechne man
Näherungswerte für folgende Integrale:

$$\int_0^1 \frac{e^{x^2} - 1}{x}\, dx, \qquad \int_0^1 \sin(x^2)\, dx\, .$$

</td></tr>
</table>

Lösung: Aus den Taylorentwicklungen:

$$e^x = \sum_{\nu=0}^{n} \frac{x^\nu}{\nu!} + \frac{e^{\xi_x}\, x^{n+1}}{(n+1)!}, \quad \xi_x \in (0, x),$$

$$\sin(x) = \sum_{\nu=0}^{n} (-1)^\nu \frac{x^{2\nu+1}}{(2\nu+1)!}$$

$$+ \sin^{(2n+3)}(\xi_x)\, \frac{x^{2n+3}}{(2n+3)!}, \quad \xi_x \in (0, x)$$

bekommt man zunächst

$$e^{x^2} = \sum_{\nu=0}^{n} \frac{(x^2)^\nu}{\nu!} + \frac{e^{\xi_{x^2}}\,(x^2)^{n+1}}{(n+1)!}, \quad \xi_{x^2} \in (0, x^2),$$

$$\frac{e^{x^2} - 1}{x} = \sum_{\nu=1}^{n} \frac{x^{2\nu-1}}{\nu!} + \frac{e^{\xi_{x^2}}\, x^{2n+1}}{(n+1)!}, \quad \xi_{x^2} \in (0, x^2)$$

und

$$\sin(x^2) \;=\; \sum_{\nu=0}^{n} (-1)^\nu \frac{(x^2)^{2\nu+1}}{(2\nu+1)!}$$

$$+\, \sin^{(2n+3)}(\xi_{x^2}) \frac{(x^2)^{2n+3}}{(2n+3)!}\,, \quad \xi_{x^2} \in (0, x^2)\,.$$

Indem wir integrieren, und das Integral über das Restglied abschätzen, erhalten wir:

$$\left| \int_0^1 \frac{e^{x^2}-1}{x}\, dx - \int_0^1 \sum_{\nu=1}^{n} \frac{x^{2\nu-1}}{\nu!}\, dx \right|$$

$$= \left| \int_0^1 \frac{e^{x^2}-1}{x}\, dx - \sum_{\nu=1}^{n} \frac{1}{2\nu\,\nu!} \right|$$

$$\leq \frac{e}{(2n+2)(n+1)!}$$

und

$$\left| \int_0^1 \sin(x^2)\, dx - \int_0^1 \sum_{\nu=0}^{n} (-1)^\nu \frac{x^{4\nu+2}}{(2\nu+1)!}\, dx \right|$$

$$= \left| \int_0^1 \sin(x^2)\, dx - \sum_{\nu=0}^{n} (-1)^\nu \frac{1}{(4\nu+3)(2\nu+1)!} \right|$$

$$\leq \frac{1}{(4n+7)(2n+3)!}\,.$$

Wählen wir $n = 5$, so ergeben sich die Abschätzungen:

$$\left| \int_0^1 \frac{e^{x^2}-1}{x}\, dx - \frac{9487}{14400} \right| \leq \frac{e}{8640}$$

und

$$\left| \int_0^1 \sin(x^2)\, dx - \frac{32801267}{105719040} \right| \leq \frac{1}{168129561600}\,.$$

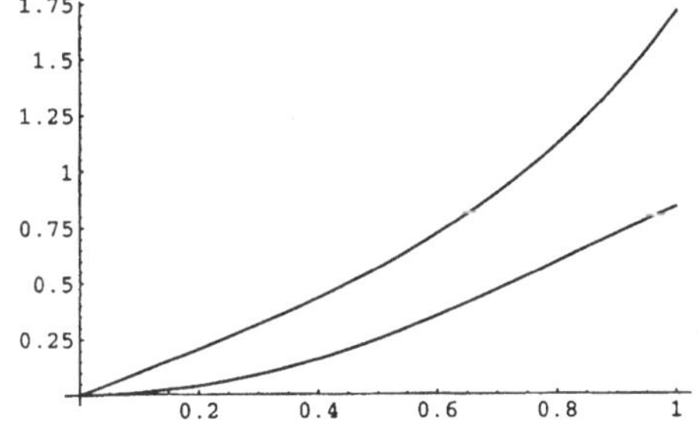

Die Funktionen
$$f(x) = \frac{e^{x^2}-1}{x}$$
und
$$g(x) = \sin(x^2)$$
im Intervall $[0, 1]$

`NIntegrate`

Mathematica: Mit NIntegrate bzw. mit N und Integrate kann man einen Näherungswert für ein Integral finden. Die gewünschte Genauigkeit kann jeweils in einer Option festgelegt werden.

$$\sum_{\nu=1}^{5} \frac{1}{2\nu\nu!}$$

$$\frac{9487}{14400}$$

$$\mathbf{N}\left[\frac{9487}{14400}\right]$$

$$0.658819$$

$$\mathbf{NIntegrate}\left[\frac{\exp[\mathbf{x}^2]-1}{\mathbf{x}}, \{\mathbf{x}, 0, 1\}\right]$$

$$0.658951$$

$$\sum_{\nu=0}^{5} \frac{(-1)^{\nu}}{(4\nu+3)(2\nu+1)!}$$

$$\frac{32801267}{105719040}$$

$$\mathbf{N}\left[\frac{32801267}{105719040}\right]$$

$$0.310268$$

$$\mathbf{N}\left[\int_{0}^{1} \sin[\mathbf{x}^2]d\mathbf{x}\right]$$

$$0.310268$$

`int`
`evalf`

Maple: Mit Evalf und Int kann man einen Näherungswert für ein Integral finden. Die gewünschte Genauigkeit kann in einer Option festgelegt werden.

```
> sum(1/(2*nu*nu!),nu=1..5);
```

$$\sum_{\nu=1}^{5} \left(\frac{1}{2}\,\frac{1}{\nu\,\nu!}\right) = \frac{9487}{14400}$$

```
> evalf(9487/14400);
```

$$\text{Evalf}\left(\frac{9487}{14400}\right) = .6588194444$$

```
> evalf(int((exp(x^2)-1)/x,x=0..1));
```

$$\text{Evalf}\left(\int_{0}^{1} \frac{e^{(x^2)}-1}{x}\,dx\right) = .6589510755$$

```
> sum((-1)^nu*1/((4*nu+3)*(2*nu+1)!),nu=0..5);
```

$$\sum_{\nu=0}^{5} \frac{(-1)^{\nu}}{(4\,\nu + 3)\,(2\,\nu + 1)!} = \frac{32801267}{105719040}$$

```
> evalf(32801267/105719040);
```

$$\mathrm{Evalf}(\frac{32801267}{105719040}) = .3102683017$$

```
> evalf(int(sin(x^2),x=0..1));
```

$$\mathrm{Evalf}(\int_{0}^{1} \sin(x^2)\,dx) = .3102683013$$

7.3 Extremalstellen und Differenzierbarkeit

Wir charakterisieren zunächst Extremalstellen differenzierbarer Funktionen.

Die Funktion $f : [a, b] \longrightarrow \mathbb{R}$ sei in $x_0 \in (a, b)$ differenzierbar und besitze dort ein relatives Extremum. Dann gilt:

$$f'(x_0) = 0\,.$$

Notwendige Bedingung für Extremalstellen

Der Satz von Taylor liefert hinreichende Bedingungen für Extremalstellen.

Sei $f : (a, b) \longrightarrow \mathbb{R}$ n-mal stetig differenzierbar. Im Punkt $x_0 \in (a, b)$ gelte

$$f'(x_0) = f''(x_0) = \cdots = f^{(n-1)}(x_0) = 0$$

und

$$f^{(n)}(x_0) \neq 0$$

Hinreichende Bedingungen für Extremalstellen

mit geradem $n \in \mathbb{N}, n \geq 2$. Dann besitzt f in x_0 ein relatives Maximum, falls $f^{(n)}(x_0) < 0$ und ein relatives Minimum, falls $f^{(n)}(x_0) > 0$ ist.
Gelten die obigen Voraussetzungen mit ungeradem $n \in \mathbb{N}, n \geq 1$, dann kann f in x_0 keine Extremalstelle besitzen.

Der Fall $n = 2$ tritt am häufigsten auf. Hier ergibt sich folgende Situation.

Hinreichende Bedingungen für Extremalstellen im Fall $n = 2$

> Sei $f : (a, b) \longrightarrow \mathbb{R}$ zweimal stetig differenzierbar. Sei
>
> $$f'(x_0) = 0, \quad f''(x_0) \neq 0, \quad x_0 \in (a, b).$$
>
> Dann gilt:
>
> $$f''(x_0) < 0 \implies x_0 \text{ ist relative Maximalstelle}$$
>
> $$f''(x_0) > 0 \implies x_0 \text{ ist relative Minimalstelle}.$$

Für die geometrische Veranschaulichung einer Kurve ist der Begriff des Wendepunkts hilfreich.

Wendestelle

> Sei $f : (a, b) \longrightarrow \mathbb{R}$ stetig differenzierbar. Jede Extremalstelle $x_0 \in (a, b)$ der Ableitung $f' : (a, b) \longrightarrow \mathbb{R}$ heißt Wendestelle von f.
> Sei $f : (a, b) \longrightarrow \mathbb{R}$ zweimal stetig differenzierbar. Dann erfüllt jede Wendestelle $x_0 \in (a, b)$ die notwendige Bedingung
>
> $$f''(x_0) = 0.$$
>
> Ist f drei mal stetig differenzierbar, dann gilt: Falls
>
> $$f'''(x_0) < 0$$
>
> hat f' in x_0 eine relative Maximalstelle. Falls
>
> $$f'''(x_0) > 0$$
>
> hat f' in x_0 eine relative Minimalstelle.

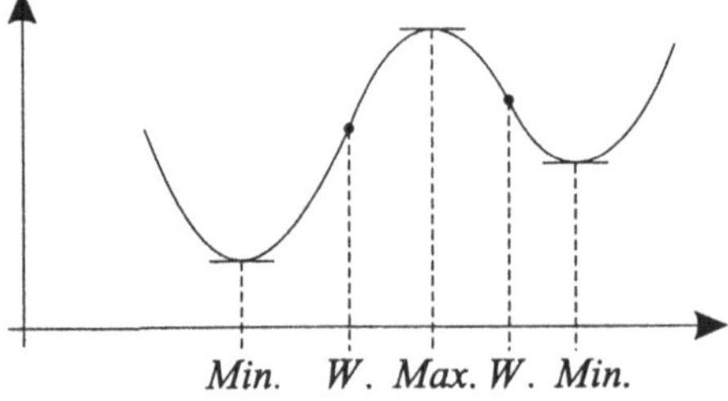

Minimalstellen, Maximalstellen und Wendepunkte

Folgende Bezeichnungen sind üblich.

Wenn stets $f''(x) \geq 0$ gilt, also f' monoton wächst, dann bezeichnet man den Graphen der Funktion f als konvex bzw. konvex von oben (Linkskurve). Wenn stets $f''(x) \leq 0$ gilt, also f' monoton fällt, dann bezeichnet man den Graphen der Funktion f als konkav bzw. konvex von unten (Rechtskurve). Die Wendepunkte liegen also dort, wo der Graph von einer Rechtskurve in eine Linkskurve übergeht oder umgekehrt.

Konvexe und konkave Funktion

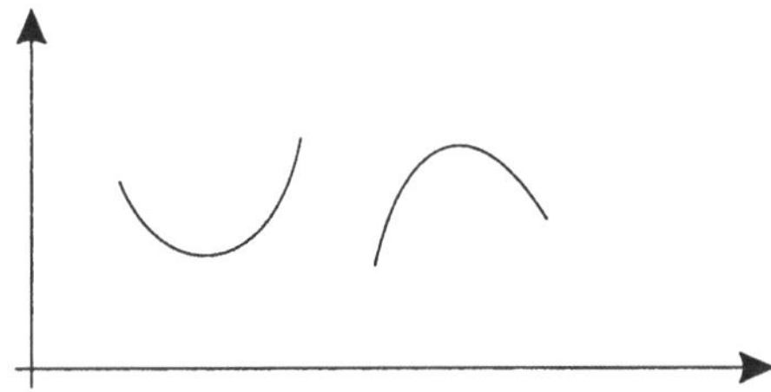

Konvexe Funktion (links) und konkave Funktion (rechts)

Aufgabe 7.13   Man bestimme Extremal- und Wendestellen der Funktionen:

Extremal- und Wendestellen bestimmen, Graphen skizzieren

(a) $f(x) = \dfrac{1}{1 + x^2}$,

(b) $f(x) = x^3 e^{-x^2}$,

und skizziere jeweils ihren Graphen.

Lösung: **(a)**   Die ersten drei Ableitungen ergeben sich zu:

$$
\begin{aligned}
f'(x) &= -\frac{2x}{(1+x^2)^2}, \\
f''(x) &= \frac{6x^2 - 2}{(1+x^2)^3}, \\
f'''(x) &= -\frac{24x(x^2 - 1)}{(1+x^2)^4}.
\end{aligned}
$$

Die einzige Nullstelle von f' liegt bei 0 und stellt wegen $f''(0) < 0$ eine Maximalstelle dar. Die Nullstellen von f'' liegen bei $\pm\dfrac{\sqrt{3}}{3}$. Offensichtlich stellt $-\dfrac{\sqrt{3}}{3}$ wegen $f'''(-\dfrac{\sqrt{3}}{3}) < 0$ eine Maximalstelle von f' dar, während $\dfrac{\sqrt{3}}{3}$ wegen $f'''(\dfrac{\sqrt{3}}{3}) > 0$ eine Minimalstelle von f' darstellt. Beide Stellen sind also Wendestellen. Mit $\lim\limits_{x \to \pm\infty} f(x) = 0$ kann die Funktion nun skizziert werden.

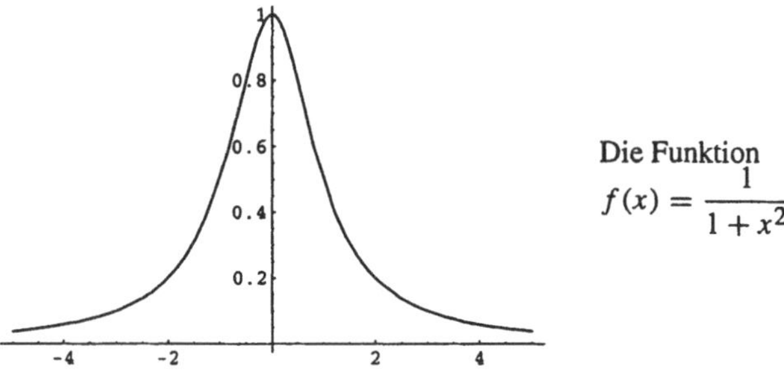

Die Funktion
$$f(x) = \frac{1}{1 + x^2}$$

(b) Die ersten drei Ableitungen ergeben sich zu:

$$f'(x) = -x^2 (2x^2 - 3) e^{-x^2},$$

$$f''(x) = 2x (2x^4 - 7x^2 + 3) e^{-x^2},$$

$$f'''(x) = -2 (4x^6 - 24x^4 + 27x^2 - 3) e^{-x^2}.$$

Die erste Ableitung f' besitzt drei Nullstellen: $0, \pm\sqrt{\frac{3}{2}}$. Die zweite Ablei-

tung f'' besitzt fünf Nullstellen $0, \pm\frac{\sqrt{2}}{2}, \pm\sqrt{3}$. Da $f'''(0) < 0$ ist, kommt

0 also nicht als Extremalstelle in Frage. Dies sieht man auch unmittelbar

wegen $f(x) = -f(-x)$ ein. Mit $f''(-\sqrt{\frac{3}{2}}) > 0$ wird $-\sqrt{\frac{3}{2}}$ zur Mini-

malstelle und mit $f''(\sqrt{\frac{3}{2}}) < 0$ wird $\sqrt{\frac{3}{2}}$ zur Maximalstelle. Anhand der

dritten Ableitung erkennt man, daß alle Nullstellen der ersten Ableitung

Wendestellen liefern. Wegen $f'''(-\sqrt{3}) > 0$ ist $-\sqrt{3}$ eine Minimalstelle

von f'; wegen $f'''(-\frac{\sqrt{2}}{2}) < 0$ ist $-\frac{\sqrt{2}}{2}$ eine Maximalstelle von f'; we-

gen $f'''(0) > 0$ ist 0 eine Minimalstelle von f'; wegen $f'''(\frac{\sqrt{2}}{2}) < 0$ ist

$\frac{\sqrt{2}}{2}$ eine Maximalstelle von f'; wegen $f'''(\sqrt{3}) > 0$ ist $\sqrt{3}$ eine Minimal-

stelle von f'. Mit $\lim\limits_{x \to \pm\infty} f(x) = 0$ kann die Funktion nun wieder skizziert

werden.

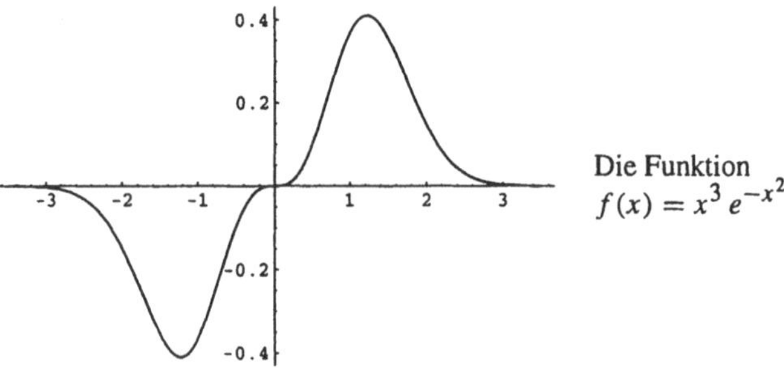

Die Funktion
$$f(x) = x^3 e^{-x^2}$$

Mathematica:

$$f[x\_] := x^3 \exp[-x^2]$$

Simplify[$\partial_x f[x]$]

$$-e^{-x^2} x^2 (-3 + 2x^2)$$

Simplify[$\partial_{\{x,2\}} f[x]$]

$$2e^{-x^2} x (3 - 7x^2 + 2x^4)$$

Simplify[$\partial_{\{x,3\}} f[x]$]

$$-2e^{-x^2}(-3 + 27x^2 - 24x^4 + 4x^6)$$

Solve[$x^2(-3 + 2x^2) == 0$]

$$\left\{\{x \to 0\}, \{x \to 0\}, \left\{x \to -\sqrt{\tfrac{3}{2}}\right\}, \left\{x \to \sqrt{\tfrac{3}{2}}\right\}\right\}$$

Solve[$x(3 - 7x^2 + 2x^4) == 0$]

$$\left\{\{x \to 0\}, \left\{x \to -\tfrac{1}{\sqrt{2}}\right\}, \left\{x \to \tfrac{1}{\sqrt{2}}\right\}, \{x \to -\sqrt{3}\}, \{x \to \sqrt{3}\}\right\}$$

Maple:

```
> f:=x->x^3*exp(-x^2);
```

$$f := x \to x^3 e^{(-x^2)}$$

```
> factor(diff(f(x),x));
```

$$\frac{\partial}{\partial x} x^3 e^{(-x^2)} = -x^2 e^{(-x^2)} (-3 + 2x^2)$$

```
> factor(diff(f(x),x$2));
```

$$\frac{\partial^2}{\partial x^2} x^3 e^{(-x^2)} = 2x e^{(-x^2)} (x^2 - 3)(2x^2 - 1)$$

```
> factor(diff(f(x),x$3));
```

$$\frac{\partial^3}{\partial x^3} x^3 e^{(-x^2)} = -2 e^{(-x^2)} (-3 + 27x^2 - 24x^4 + 4x^6)$$

```
> solve(x^2*(2*x^2-3)=0);
```

$$0, \; 0, \; \tfrac{1}{2}\sqrt{6}, \; -\tfrac{1}{2}\sqrt{6}$$

```
> solve((x^2-3)*(2*x^2-1)=0);
```

$$\sqrt{3}, \ -\sqrt{3}, \ \frac{1}{2}\sqrt{2}, \ -\frac{1}{2}\sqrt{2}$$

Charakterisierung einer
konvexen Funktion

Aufgabe 7.14 Die Funktion $f : (a, b) \to \mathbb{R}$ sei zweimal differenzierbar, und es gelte $f''(x) \geq 0$ für $x \in (a, b)$. Man zeige:

(a) Für zwei Punkte $x \neq x_0$ aus (a, b) gilt:

$$f(x) \geq f(x_0) + f'(x_0)\,(x - x_0)\,.$$

(Die Funktion verläuft oberhalb der Tangente).

(b) Für drei Punkte $x_1 < x < x_2$ aus (a, b) gilt:

$$f(x) \leq f(x_1) + \frac{f(x_2) - f(x_1)}{x_2 - x_1}\,(x - x_1)\,.$$

(Die Funktion verläuft unterhalb der Sekante).

Lösung: **(a)** Der Satz von Taylor liefert mit einer Zwischenstelle ξ_x:

$$f(x) = f(x_0) + f'(x_0)\,(x - x_0) + \frac{f''(\xi_x)}{2}\,(x - x_0)^2\,.$$

Wegen $f''(\xi_x) \geq 0$ folgt sofort die Behauptung, die man auch schreiben kann als:

$$\frac{f(x) - f(x_0)}{x - x_0} \geq f'(x_0)\,.$$

(b) Wegen $x_1 < x < x_2$ ist die Behauptung offenbar gleichbedeutend mit

$$\frac{f(x) - f(x_1)}{x - x_1} \leq \frac{f(x_2) - f(x_1)}{x_2 - x_1}\,.$$

Betrachten wir die Hilfsfunktion

$$h(x) = \frac{f(x) - f(x_1)}{x - x_1}\,, \quad x_1 < x \leq x_2\,.$$

Es gilt:

$$h'(x) = \frac{f'(x)}{x - x_1} - \frac{f(x) - f(x_1)}{(x - x_1)^2} = \frac{1}{x - x_1}\left(f'(x) - \frac{f(x) - f(x_1)}{x - x_1}\right)\,.$$

Betrachten wir nun die Tangente im Punkt x und vergleichen mit dem Funktionswert in x_1, so gilt nach (a):

$$f(x_1) \geq f(x) + f'(x)\,(x_1 - x)\,.$$

Mit $x_1 - x < 0$ folgt daraus:

$$\frac{f(x_1) - f(x)}{x_1 - x} \leq f'(x)\,.$$

Dies bedeutet, daß der Bruch $\dfrac{f(x) - f(x_1)}{x - x_1}$ in $(x_1, x_2]$ monoton wächst,
und damit ist die Behauptung bewiesen.

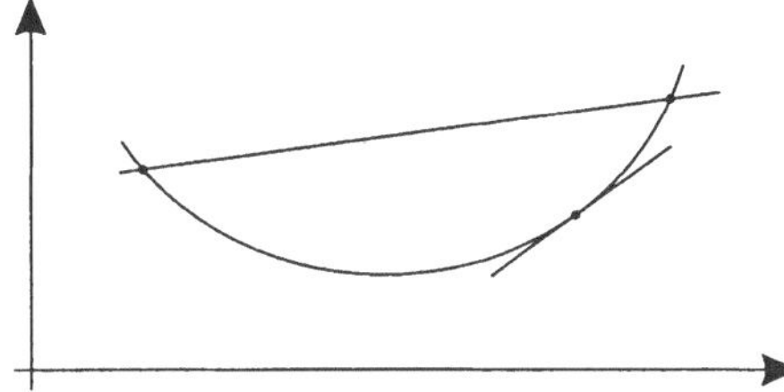

Konvexe Funktion mit
Tangente und Sekante

Aufgabe 7.15 Gegeben sei ein Polynom dritten Grades

$$f(x) = x^3 + a_2 x^2 + a_1 x + a_0.$$

Welche Bedingung müßen die Konstanten erfüllen, damit genau
zwei Extremalstellen bzw. keine Extremalstellen vorliegen.

Ein Polynom dritten Grades
mit zwei bzw. keinen
Extremalstellen aufstellen

Lösung: Wegen $f'(x) = 3x^2 + 2a_2 x + a_1$ kommen nur die Stellen

$$x_0 = -\frac{a_2}{3} + \frac{1}{3}\sqrt{a_2^2 - 3a_1}$$

als Extremalstellen in Betracht, wobei noch die Bedingung $a_2^2 - 3a_1 > 0$
erfüllt sein muß. Mit $f''(x) = 6x + 2a_2$ bekommen wir dann:
$f''(x_0) = \pm\sqrt{a_2^2 - 3a_1} \neq 0$, so daß tatsächlich zwei Extremalstellen vorhanden sind. Das heißt, unter der Bedingung

$$a_2^2 - 3a_1 > 0$$

besitzt f genau eine Minimalstelle und eine Maximalstelle.

Wegen $f'''(x) = 6$ liegt an der Stelle $x_0 = -\dfrac{a_2}{3}$ ein Wendepunkt vor.
Im Fall

$$a_2^2 - 3a_1 = 0$$

besitzt dieser Wendepunkt eine waagerechte Tangente.

Ist $a_2^2 - 3a_1 < 0$, so besitzt f keine Extremalstellen, weil f' nirgends
verschwindet. Ist $a_2^2 - 3a_1 = 0$, so gilt $f'(-\dfrac{a_2}{3}) = 0$, aber $f''(-\dfrac{a_2}{3}) = 0$
und $f'''(-\dfrac{a_2}{3}) = 6$, so daß ebenfalls keine Extremalstellen vorliegen.

Aufgabe 7.16 Sei $\delta > 0$ und f eine dreimal stetig differenzierbare Funktion mit $-\delta < f(x) < \delta$ und

$$f'(x) = (f(x))^2 - \delta^2$$

Man zeige, daß die Funktion f in ihrem maximalen Definitionsbereich genau einen Wendepunkt besitzt.

Eigenschaften einer Funktion
zum Nachweis eines
Wendepunktes heranziehen

Lösung: Da $(f(x))^2 - \delta^2 < 0$ ist, können wir dividieren und schreiben:

$$\frac{1}{(f(x))^2 - \delta^2}\, f'(x) = 1\,.$$

Durch Partialbruchzerlegung ergibt sich:

$$\frac{1}{(f(x))^2 - \delta^2} = \frac{1}{2\delta}\left(\frac{1}{f(x) - \delta} - \frac{1}{f(x) + \delta}\right)\,.$$

Wir integrieren mit einer beliebigen unteren Grenze x_0:

$$\frac{1}{2\delta}\int_{x_0}^{x} \frac{1}{(f(t))^2 - \delta^2}\, f'(t)\, dt$$

$$= \frac{1}{2\delta}\int_{x_0}^{x} \frac{1}{\delta - f(t)}\,(-f'(t))\, dt - \frac{1}{2\delta}\int_{x_0}^{x}\frac{1}{f(t) + \delta}\, f'(t)\, dt$$

$$= \frac{1}{2\delta}\ln\left(\frac{\delta - f(x)}{f(x) + \delta}\right) - \frac{1}{2\delta}\ln\left(\frac{\delta - f(x_0)}{f(x_0) + \delta}\right)$$

$$= x - x_0\,.$$

Die Gestalt der Funktion f ergibt sich aus

$$\frac{\delta - f(x)}{f(x) + \delta} = e^{2\delta(x+c)}$$

zu

$$f(x) = \frac{\delta(1 - e^{2\delta(x+c)})}{1 + e^{2\delta(x+c)}}\,,$$

wobei

$$c = \frac{1}{2\delta}\ln\left(\frac{\delta - f(x_0)}{f(x_0) + \delta}\right) - x_0\,.$$

Nun besitzt

$$f''(x) = 2\, f(x)\, f'(x)$$

genau dann eine Nullstelle, wenn $f(x) = 0$ oder $f'(x) = 0$ gilt. Die Funktion f verschwindet genau dann, wenn $1 = e^{2\delta(x+c)}$ also $x = -c$ ist. Die Funktion f' kann jedoch wegen $f'(x) = f(x)^2 - \delta^2 < 0$ für alle x keine Nullstelle besitzen. Für f''' ergibt sich:

$$f'''(x) = 2\,(f'(x))^2 - 2\, f(x)\, f''(x)$$

und damit $f'''(-c) = 2\,(f'(-c))^2 > 0$.

Man hätte natürlich auch die Ableitungen von $f(x)$ ausrechnen können:

$$f'(x) = -\frac{4\delta^2 e^{2\delta(x+c)}}{\left(1 + e^{2\delta(x+c)}\right)^2}\,,$$

$$f''(x) = -\frac{8\delta^3 e^{2\delta(x+c)}(1 - e^{2\delta(x+c)})}{\left(1 + e^{2\delta(x+c)}\right)^3}\,,$$

$$f'''(x) = -\frac{16\delta^4 e^{2\delta(x+c)}\left(1 - 4e^{2\delta(x+c)} + e^{4\delta(x+c)}\right)}{\left(1 + e^{2\delta(x+c)}\right)^4}\,.$$

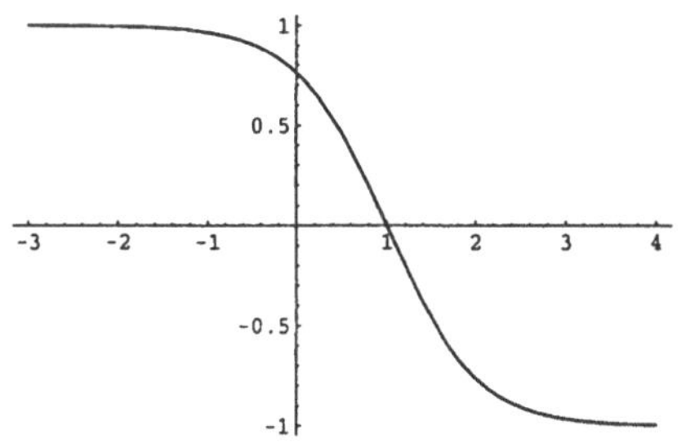

Die Funktion
$$f(x) = \frac{\delta(1 - e^{2\delta(x+c)})}{1 + e^{2\delta(x+c)}},$$
$$\delta = 1, c = -1$$

Mathematica:

$$\mathbf{f[x\_]} := \frac{\delta(1 - \exp[2\delta(\mathbf{x + c})])}{1 + \exp[2\delta(\mathbf{x + c})]}$$

$$\mathbf{Simplify[\partial_x f[x]]}$$

$$-\frac{4\delta^2 e^{2\delta(c+x)}}{(1 + e^{2\delta(c+x)})^2}$$

$$\mathbf{Simplify[\partial_{\{x,2\}} f[x]]}$$

$$\frac{8\delta^3 e^{2\delta(c+x)}(-1 + e^{2\delta(c+x)})}{(1 + e^{2\delta(c+x)})^3}$$

$$\mathbf{Simplify[\partial_{\{x,3\}} f[x]]}$$

$$-\frac{16\delta^4 e^{2\delta(c+x)}(1 - 4e^{2\delta(c+x)} + e^{4\delta(c+x)})}{(1 + e^{2\delta(c+x)})^4}$$

Maple:

```
> f:=x->delta*(1-exp(2*delta*(x+c)))/
> (1+exp(2*delta*(x+c)));
```

$$f := x \rightarrow \frac{\delta\,(1 - e^{(2\,\delta\,(x+c))})}{1 + e^{(2\,\delta\,(x+c))}}$$

```
> simplify(diff(f(x),x));
```

$$\frac{\partial}{\partial x}\,\frac{\delta\,(1 - \%1)}{1 + \%1} = -4\,\frac{\delta^2\,\%1}{(1 + \%1)^2}$$
$$\%1 := e^{(2\,\delta\,(x+c))}$$

```
> simplify(diff(f(x),x$2));
```

$$\frac{\partial^2}{\partial x^2}\,\frac{\delta\,(1 - \%1)}{1 + \%1} = 8\,\frac{\delta^3\,(-1 + \%1)\,\%1}{(1 + \%1)^3}$$
$$\%1 := e^{(2\,\delta\,(x+c))}$$

```
> simplify(diff(f(x),x$3));
```

$$\frac{\partial^3}{\partial x^3}\,\frac{\delta\,(1 - \%1)}{1 + \%1} = -16\,\frac{\delta^4\,\%1\,(1 - 4\,\%1 + e^{(4\,\delta\,(x+c))})}{(1 + \%1)^4}$$
$$\%1 := e^{(2\,\delta\,(x+c))}$$

7.4 Potenzreihen

Die Taylorreihen stellen spezielle Funktionenreihen dar.

Potenzreihe

> Die Reihe $\displaystyle\sum_{\nu=0}^{\infty} a_\nu(x - x_0)^\nu$ heißt Potenzreihe mit Koeffizienten a_ν um den Entwicklungspunkt x_0.

Jede Potenzreihe besitzt einen Konvergenzradius.

Konvergenzradius

> Sei $\displaystyle\sum_{\nu=0}^{\infty} a_\nu(x - x_0)^\nu$ eine Potenzreihe und
>
> $$D = \left\{ d = |x - x_0| \,\middle|\, \sum_{\nu=0}^{\infty} a_\nu(x - x_0)^\nu \text{ konvergiert} \right\}.$$
>
> Das Supremum $\rho = \sup(D)$ heißt Konvergenzradius der Potenzreihe.
> Dies beinhaltet die Sonderfälle $\rho = 0$ bzw. $\rho = \infty$, wenn die Potenzreihe nur für $x = x_0$ bzw. für alle $x \in \mathbb{R}$ konvergiert. Für alle x mit $|x - x_0| > \rho$ divergiert die Potenzeihe und über $x = x_0 \pm \rho$ kann nichts ausgesagt werden.

Man bestimmt den Konvergenzradius einer Potenzreihe mit dem Wurzel- bzw. dem Quotientenkriterium.

Bestimmung des Konvergenzradius

> Sei $\displaystyle\sum_{\nu=0}^{\infty} a_\nu(x - x_0)^\nu$ eine Potenzreihe mit $\displaystyle\lim_{\nu\to\infty} \sqrt[\nu]{|a_\nu|} = g$.
>
> Dann gilt für ihren Konvergenzradius: $\rho = \dfrac{1}{g}$. Wenn der Grenzwert $\displaystyle\lim_{\nu\to\infty}\left|\frac{a_{\nu+1}}{a_\nu}\right|$ existiert, dann gilt:
>
> $$\rho = \frac{1}{\lim_{\nu\to\infty} \sqrt[\nu]{|a_\nu|}} = \frac{1}{\lim_{\nu\to\infty}\left|\frac{a_{\nu+1}}{a_\nu}\right|} = \lim_{\nu\to\infty}\left|\frac{a_\nu}{a_{\nu+1}}\right|.$$

Für das Rechnen mit Potenzreihen gelten folgende Regeln.

Seien $\displaystyle\sum_{\nu=0}^{\infty} a_\nu(x-x_0)^\nu$ und $\displaystyle\sum_{\nu=0}^{\infty} b_\nu(x-x_0)^\nu$ Potenzreihen, die für $|x-x_0| < \rho$ absolut konvergieren. Dann gilt:

$$\sum_{\nu=0}^{\infty} a_\nu(x-x_0)^\nu + \sum_{\nu=0}^{\infty} b_\nu(x-x_0)^\nu = \sum_{\nu=0}^{\infty}(a_\nu + b_\nu)(x-x_0)^\nu$$

und

$$\left(\sum_{\nu=0}^{\infty} a_\nu(x-x_0)^\nu\right)\left(\sum_{\nu=0}^{\infty} b_\nu(x-x_0)^\nu\right)$$
$$= \sum_{\nu=0}^{\infty}\left(\sum_{\mu=0}^{\nu} a_\mu b_{\nu-\mu}\right)(x-x_0)^\nu .$$

Summe und Produkt von Potenzreihen

Eine absolut konvergente Potenzreihe darf gliedweise differenziert und integriert werden.

Sei $\displaystyle\sum_{\nu=0}^{\infty} a_\nu(x-x_0)^\nu$ eine Potenzreihe mit dem Konvergenzradius ρ. Dann gilt:

$$\frac{d}{dx}\left(\sum_{\nu=0}^{\infty} a_\nu(x-x_0)^\nu\right) = \sum_{\nu=0}^{\infty}(\nu+1)\,a_{\nu+1}(x-x_0)^\nu$$

und

$$\int_{x_0}^{x}\left(\sum_{\nu=0}^{\infty} a_\nu(t-x_0)^\nu\right) dt = \sum_{\nu=0}^{\infty}\frac{a_\nu}{\nu+1}(x-x_0)^{\nu+1} .$$

Differenzieren und Integrieren von Potenzreihen

Aus der Tatsache, daß man eine absolut konvergente Potenzreihe beliebig oft differenzieren darf, folgt noch der Eindeutigkeitssatz.

Seien $\displaystyle f(x) = \sum_{\nu=0}^{\infty} a_\nu(x-x_0)^\nu$ und $\displaystyle g(x) = \sum_{\nu=0}^{\infty} b_\nu(x-x_0)^\nu$ Potenzreihen, die für $|x-x_0| < \rho$ absolut konvergieren. Dann folgt aus $f(x) = g(x)$ für alle x mit $|x-x_0| < \epsilon \le \rho$ die Übereinstimmung sämtlicher Koeffizienten

$$a_\nu = b_\nu , \quad \text{für alle} \quad \nu \ge 0 .$$

Eindeutigkeitssatz für Potenzreihen

Konvergenzradius bestimmen

Aufgabe 7.17　Man berechne den Konvergenzradius ρ der folgenden Potenzreihen:

$$\textbf{(a)}\ \sum_{\nu=0}^{\infty} \nu\,(x - x_0)^{\nu}, \qquad \textbf{(b)}\ \sum_{\nu=0}^{\infty} \frac{(x - x_0)^{\nu}}{2^{\nu}},$$

$$\textbf{(c)}\ \sum_{\nu=0}^{\infty} (-1)^{\nu}\, \frac{(x - x_0)^{\nu}}{\sqrt{3\nu + 2}}.$$

Welche Reihen konvergieren bedingt für $x = x_0 \pm \rho$.

Lösung:　(a)　Es gilt:

$$\lim_{\nu \to \infty} \left| \frac{a_{\nu+1}}{a_{\nu}} \right| = \lim_{\nu \to \infty} \frac{\nu + 1}{\nu}$$
$$= \lim_{\nu \to \infty} \sqrt[\nu]{|a_{\nu}|}$$
$$= 1.$$

Hieraus ergibt sich der Konvergenzradius $\rho = 1$. Offensichtlich liegt für $x = x_0 \pm 1$ keine Konvergenz vor.

　(b)　Es gilt:

$$\lim_{\nu \to \infty} \left| \frac{a_{\nu+1}}{a_{\nu}} \right| = \lim_{\nu \to \infty} \frac{2^{\nu}}{2^{\nu+1}}$$
$$= \lim_{\nu \to \infty} \sqrt[\nu]{|a_{\nu}|}$$
$$= \frac{1}{2}.$$

Hieraus ergibt sich der Konvergenzradius $\rho = 2$. Wiederum liegt für $x = x_0 \pm 2$ keine Konvergenz vor.

　(c)　Es gilt:

$$\lim_{\nu \to \infty} \left| \frac{a_{\nu+1}}{a_{\nu}} \right| = \lim_{\nu \to \infty} \frac{\sqrt{3\nu + 2}}{\sqrt{3\nu + 5}}$$
$$= \lim_{\nu \to \infty} \sqrt[\nu]{|a_{\nu}|}$$
$$= 1.$$

Hieraus ergibt sich der Konvergenzradius $\rho = 1$. Nach dem Leibnizschen Kriterium liegt für $x = x_0 + 1$ bedingte Konvergenz vor. Für $x = x_0 - 1$ erhält man $\sum_{\nu=0}^{\infty} \dfrac{1}{\sqrt{3\nu + 2}}$. Durch Vergleich mit der harmonischen Reihe oder mit dem Quotientenkriterium stellt man fest, daß diese Reihe divergiert.

Aufgabe 7.18 Man entwickle folgende Funktionen in eine Taylorreihe um $x_0 = 0$:

$$f_1(x) = \frac{2}{1-x^2}, \quad f_2(x) = \frac{2}{3+2x}.$$

Taylorentwicklung vornehmen, geometrische Reihe und Eindeutigkeitssatz benutzen

Lösung: Wir scheiben:

$$
\begin{aligned}
f_1(x) &= 2\,\frac{1}{1-x^2}, \\
f_2(x) &= \frac{2}{3}\,\frac{1}{1-\left(-\frac{2}{3}x\right)}.
\end{aligned}
$$

Nach dem Eindeutigkeitssatz für Potenzreihen bekommen wir nun mit Hilfe der geometrischen Reihe:

$$
\begin{aligned}
f_1(x) &= \sum_{\nu=0}^{\infty} 2x^{2\nu}, \quad |x| < 1, \\
f_2(x) &= \sum_{\nu=0}^{\infty} (-1)^\nu \left(\frac{2}{3}\right)^{\nu+1} x^\nu, \quad |x| < \frac{3}{2},
\end{aligned}
$$

Mathematica:

$$\text{Series}\left[\frac{2}{1-x^2}, \{x, 0, 7\}\right]$$

$$2 + 2x^2 + 2x^4 + 2x^6 + O[x]^8$$

$$\text{Series}\left[\frac{2}{3+2x}, \{x, 0, 5\}\right]$$

$$\frac{2}{3} - \frac{4x}{9} + \frac{8x^2}{27} - \frac{16x^3}{81} + \frac{32x^4}{243} - \frac{64x^5}{729} + O[x]^6$$

Maple:

```
> series(2/(1-x^2),x=0,7);
```

$$\text{Series}\left(\frac{2}{1-x^2}, x = 0, 7\right) = 2 + 2x^2 + 2x^4 + 2x^6 + O(x^8)$$

```
> series(2/(3+2*x),x=0,5);
```

$$\text{Series}\left(\frac{2}{3+2x}, x = 0, 5\right) = \frac{2}{3} - \frac{4}{9}x + \frac{8}{27}x^2 - \frac{16}{81}x^3 + \frac{32}{243}x^4 + O(x^5)$$

Aufgabe 7.19 Man entwickle

$$\arctan(x)$$

in eine Potenzreihe um $x_0 = 0$ und berechne damit einen Näherungswert für

$$\frac{\pi}{4},$$

der vom exakten Wert um höchstens 0.0001 abweicht.

Den Arcustangens durch Integration einer geometrischen Reihe entwickeln, einen Näherungswert für π angeben

Lösung: Für die Ableitung des Arcustangens gilt:

$$\arctan'(x) = \frac{1}{1+x^2} = \sum_{\nu=0}^{\infty} (-1)^{\nu} x^{2\nu}, \quad |x| < 1.$$

Gliedweise Integration ergibt:

$$\arctan(x) = \int_0^x \frac{1}{1+t^2}\, dt = \sum_{\nu=0}^{\infty} (-1)^{\nu} \frac{x^{2\nu+1}}{2\nu+1}, \quad |x| < 1.$$

Mit dem Leibnizschen Kriterium bekommt man die Konvergenz der Reihe noch für $x = \pm 1$. Man überzeugt sich leicht davon, daß die Reihe auch für $x = \pm 1$ die Funktion darstellt.

Benützt man $\arctan(1) = \dfrac{\pi}{4}$ und die Abschätzung:

$$\left| \frac{\pi}{4} - \sum_{\nu=0}^{n} (-1)^{\nu} \frac{1}{2\nu+1} \right| \le \frac{1}{2n+3},$$

so sieht man, daß mit $n > \dfrac{10^4 - 3}{2}$ die Näherungsforderung erfüllt wird.

Mathematica:

$$N\left[\frac{\pi}{4}, 6\right]$$

0.785398

$$N\left[\sum_{\nu=0}^{4999} \frac{(-1)^{\nu}}{2\nu+1}, 6\right]$$

0.785348

Maple:

```
> evalf(Pi/4,6);
```

$$\mathrm{Evalf}\left(\frac{1}{4}\,\pi,\, 6\right) = .785398$$

```
> evalf(Sum((-1)^nu*(1/(2*nu+1)),nu=0..4999),6);
```

$$\mathrm{Evalf}\left(\sum_{\nu=0}^{4999} \frac{(-1)^{\nu}}{2\nu+1},\, 6\right) = .785348$$

Stammfunktion durch Integration einer Taylorreihe finden

Aufgabe 7.20 Man entwickle die Funktion

$$f(x) = (1-x)^{\alpha}, \quad \alpha \in \mathbb{R},$$

in eine Taylorreihe um $x_0 = 0$ und gebe ihren Konvergenzradius an. Man benutze das Ergebnis, um eine Stammfunktion für $(1 + x^3)^{\alpha}$ zu finden.

Lösung: Man berechnet zunächst die ν-te Ableitung zu:

$$f^{\nu}(x) = (-1)^{\nu}\,\alpha\,(\alpha - 1)\,\cdots\,(\alpha - \nu + 1)\,(1 + x)^{\alpha - \nu}.$$

Schreibt man in Verallgemeinerung der Binomialkoeffizienten:

$$\binom{\alpha}{\nu} = \frac{\alpha\,(\alpha - 1)\,\cdots\,(\alpha - \nu + 1)}{\nu!}$$

und setzt $\binom{\alpha}{0} = 1$, so ergibt sich die Taylorreihe:

$$f(x) = \sum_{\nu=0}^{\infty} (-1)^{\nu}\,\binom{\alpha}{\nu}\,x^{\nu}.$$

Mit dem Quotientenkriterium bekommt man aus:

$$\lim_{\nu\to\infty} \frac{\binom{\alpha}{\nu+1}}{\binom{\alpha}{\nu}} = \lim_{\nu\to\infty} \frac{\alpha\,(\alpha - 1)\,\cdots\,(\alpha - \nu)\,\nu!}{\alpha\,(\alpha - 1)\,\cdots\,(\alpha - \nu + 1)\,(\nu + 1)!}$$

$$= \lim_{\nu\to\infty} \frac{\alpha - \nu}{\nu + 1} = 1$$

den Konvergenzradius $\rho = 1$.

Die Funktion $g(x) = (1+x^3)^{\alpha}$ besitzt nun ebenfalls eine Taylorentwicklung um $x_0 = 0$:

$$g(x) = \sum_{\nu=0}^{\infty} \binom{\alpha}{\nu}\,x^{3\,\nu}$$

und damit die Stammfunktion:

$$\int g(x)\,dx = \sum_{\nu=0}^{\infty} \binom{\alpha}{\nu}\,\frac{x^{3\,\nu+1}}{3\,\nu + 1} + C.$$

Mathematica:

$$\mathbf{Series[(1 - x)^{\alpha},\ \{x,\,0,\,4\}]}$$

$$1 - \alpha x + \tfrac{1}{2}(-1 + \alpha)\alpha x^2 -$$

$$\tfrac{1}{6}((-2 + \alpha)(-1 + \alpha)\alpha)x^3 +$$

$$\tfrac{1}{24}(-3 + \alpha)(-2 + \alpha)(-1 + \alpha)\alpha x^4 + O[x]^5$$

$$\mathbf{Series\Big[\int (1 + x^3)^{\alpha}\,dx,\ \{x,\,0,\,10\}\Big]}$$

$$x + \tfrac{\alpha x^4}{4} + \tfrac{1}{14}(-1 + \alpha)\alpha x^7 +$$

$$\tfrac{1}{60}(-2 + \alpha)(-1 + \alpha)\alpha x^{10} + O[x]^{11}$$

Maple:

```
> series((1-x)^alpha,x=0,4);
```

$$\text{Series}((1 - x)^{\alpha},\ x = 0,\ 4) = 1 - \alpha x + \frac{1}{2}\alpha\,(\alpha - 1)\,x^2$$

$$- \frac{1}{6}\alpha\,(\alpha - 1)\,(\alpha - 2)\,x^3$$

$$+ O(x^4)$$

```
> series(int((1+x^3)^alpha,x),x=0,10);
```

$$\mathrm{Series}\!\left(\int (1+x^3)^\alpha\, dx,\; x=0,\; 10\right) =$$

$$x + \frac{1}{4}\,\alpha\, x^4 + \frac{1}{14}\,\alpha\,(\alpha-1)\,x^7 + \frac{1}{60}\,\alpha\,(\alpha-1)\,(\alpha-2)\,x^{10} + \mathrm{O}(x^{13})$$

Reihenentwicklungen für die Sinus-, Cosinus- und Exponentialfunktion, Cauchy-Produkte und Eindeutigkeitssatz benutzen

Aufgabe 7.21　Man entwickle folgende Funktion in eine Taylorreihe um $x_0 = 0$ mit beliebigen $a, b, p, q \in \mathbb{R}$:

$$f(x) = (a\,\cos(q\,x) + b\,\sin(q\,x))\,e^{p\,x}\,.$$

Lösung:　Mit den Entwicklungen:

$$\cos(q\,x) = \sum_{\nu=0}^{\infty} (-1)^\nu\, \frac{q^{2\nu}}{(2\nu)!}\, x^{2\nu}\,,$$

$$\sin(q\,x) = \sum_{\nu=0}^{\infty} (-1)^\nu\, \frac{q^{2\nu+1}}{(2\nu+1)!}\, x^{2\nu+1}$$

folgt durch Addition:

$$a\,\cos(q\,x) + b\,\sin(q\,x) = \sum_{\nu=0}^{\infty} c_\nu\, x^\nu$$

mit

$$c_\nu = \begin{cases} a\,(-1)^{\frac{\nu}{2}}\,\dfrac{q^\nu}{\nu!} & \text{für} \quad \nu = 2k,\, k \in \mathbb{N}_0 \\[2mm] b\,(-1)^{\frac{\nu+1}{2}}\,\dfrac{q^\nu}{\nu!} & \text{für} \quad \nu = 2k-1,\, k \in \mathbb{N} \end{cases}\,.$$

Mit der Entwicklung

$$e^{p\,x} = \sum_{\nu=0}^{\infty} \frac{p^\nu}{\nu!}\, x^\nu$$

folgt schließlich durch Produktbildung:

$$f(x) = \sum_{\nu=0}^{\infty} \left(\sum_{\mu=0}^{\nu} c_\mu\, \frac{p^{\nu-\mu}}{(\nu-\mu)!} \right) x^\nu\,.$$

Wir geben noch die ersten Entwicklungskoeffizienten explizit an:

$$\begin{aligned} f(x) \;=\;& a + (a\,p + b\,q)\,x + \left(\frac{a\,p^2}{2} + b\,p\,q - \frac{a\,q^2}{2} \right) x^2 \\[2mm] &+ \left(\frac{a\,p^3}{6} + \frac{b\,p^2 q}{2} - \frac{a\,p\,q^2}{2} - \frac{b\,q^3}{6} \right) x^3 + \cdots \end{aligned}$$

Mathematica:

Series[(a cos[qx] + b sin[qx]) exp[px], {x, 0, 4}]

$$a + (ap + bq)x +$$

$$\left(\frac{ap^2}{2} + bpq - \frac{aq^2}{2}\right)x^2 + \left(\frac{ap^3}{6} + \tfrac{1}{2}bp^2q - \tfrac{1}{2}apq^2 - \frac{bq^3}{6}\right)x^3 +$$

$$\left(\frac{ap^4}{24} + \tfrac{1}{6}bp^3q - \tfrac{1}{4}ap^2q^2 - \tfrac{1}{6}bpq^3 + \frac{aq^4}{24}\right)x^4 + O[x]^5$$

Maple:

```
> series((a*cos(q*x)+b*sin(q*x))*exp(p*x),x=0,5);
```

$$\mathrm{Series}((a\cos(q\,x) + b\sin(q\,x))\,e^{(p\,x)},\ x = 0,\ 5)$$
$$= \ a + (a\,p + b\,q)\,x$$
$$+(\tfrac{1}{2}a\,p^2 + b\,q\,p - \tfrac{1}{2}a\,q^2)\,x^2$$
$$+(\tfrac{1}{6}a\,p^3 - \tfrac{1}{6}b\,q^3 + \tfrac{1}{2}b\,q\,p^2 - \tfrac{1}{2}a\,q^2\,p)\,x^3 +$$
$$(\tfrac{1}{24}a\,q^4 + \tfrac{1}{6}b\,q\,p^3 + \tfrac{1}{24}a\,p^4 - \tfrac{1}{4}a\,q^2\,p^2 - \tfrac{1}{6}b\,q^3\,p)\,x^4$$
$$+O(x^5)$$

Teil III

Analysis im $\mathbb{R}^n$

8 Grundbegriffe

8.1 Punktmengen, Folgen und Funktionen

Anstelle des Abstands von zwei reellen Zahlen tritt im folgenden der Abstand zweier Punkte im $\mathbb{R}^n$.

> Seien $x = (x_1, \ldots, x_n)$ und $y = (y_1, \ldots, y_n)$ zwei Punkte im $\mathbb{R}^n$. Dann bezeichnen wir:
>
> $$\|x - y\| = \sqrt{\sum_{j=1}^{n} (x_j - y_j)^2}$$
>
> als Abstand der beiden Punkte.

Abstand zweier Punkte

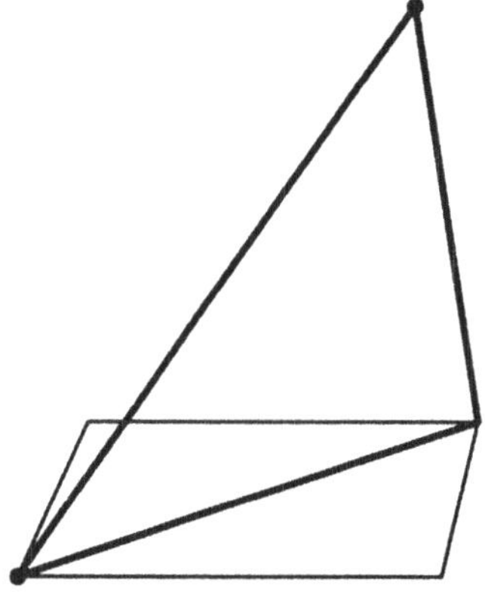

Abstand zweier Punkte im $\mathbb{R}^3$

Auf dem Abstand baut der Umgebungsbegriff auf.

> Sei $a \in \mathbb{R}^n$ und $\epsilon > 0$. Die Menge
>
> $$U_\epsilon(a) = \{x \in \mathbb{R}^n \mid \ \|x - a\| < \epsilon\}$$
>
> heißt (offene) ϵ-Umgebung von a.

Umgebung

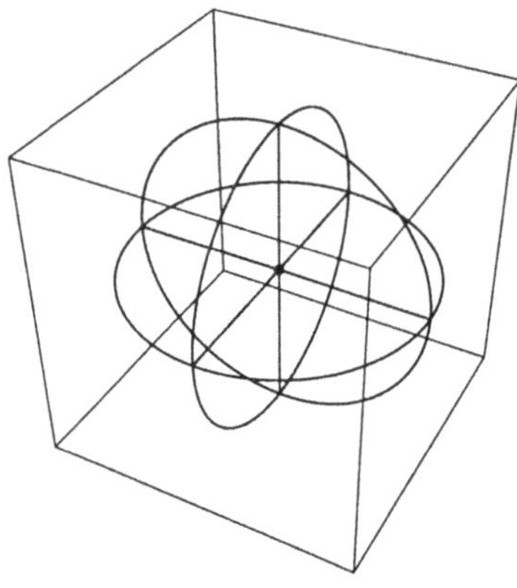

ϵ-Umgebung eines
Punktes a im $\mathbb{R}^3$

Mit dem Umgebungsbegriff zeichnen wir gewisse Punkte aus, ähnlich wie die inneren Punkte und Randpunkte eines Intervalls.

Innere Punkte und Randpunkte

> Sei $M \subseteq \mathbb{R}^n$ eine Menge von Punkten.
> Ein Punkt a heißt innerer Punkt von M, wenn es eine ϵ-Umgebung $U_\epsilon(a)$ von a gibt mit $U_\epsilon(a) \subseteq M$.
> Ein Punkt a heißt Randpunkt von M, wenn jede ϵ-Umgebung $U_\epsilon(a)$ von a die Eigenschaft $U_\epsilon(a) \cap M \neq \emptyset$ und $U_\epsilon(a) \cap \mathbb{R}^n \setminus M \neq \emptyset$ besitzt.

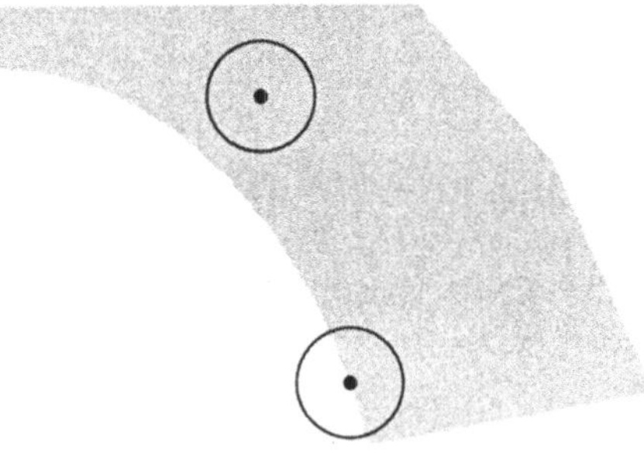

Innerer Punkt und
Randpunkt einer Menge im $\mathbb{R}^2$

Ähnlich wie beschränkte Mengen, offene und abgeschlossene Intervalle im $\mathbb{R}^1$ betrachten wir nun:

Beschränkte Menge, offene und abgeschlossene Menge

> Sei $M \subseteq \mathbb{R}^n$ eine Menge von Punkten.
> M heißt beschränkt, wenn es eine Zahl $S \in \mathbb{R}$ gibt, so daß $||x|| \leq S$ für alle $x \in M$ gilt.
> M heißt offen, wenn jeder Punkt $a \in M$ ein innerer Punkt ist.
> M heißt abgeschlossen, wenn jeder Randpunkt a von M zu M gehört.

Schließlich betrachten wir noch konvexe Mengen.

> Sei $D \subseteq \mathbb{R}^n$ eine Menge. Mit je zwei Punkten $a \in D$ und $b \in D$ gehöre auch die Verbindungsstrecke $\{x \in \mathbb{R}^n \mid x = a + \theta\,(b - a)\,,\ \theta \in [0, 1]\}$ zu D. Dann heißt die Menge D konvex.

Konvexe Menge

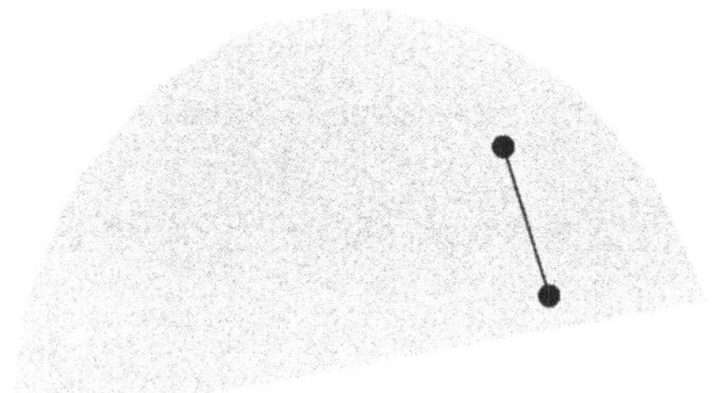

Konvexe Menge im $\mathbb{R}^2$

Von den Zahlenfolgen im $\mathbb{R}^1$ gehen wir nun zu Punktfolgen im $\mathbb{R}^n$ über.

> Eine Folge $\{a_k\}_{k=1}^{\infty}$ ist eine Zuordnung, die jedem $k \in \mathbb{N}$ einen Punkt $a_k \in \mathbb{R}^n$ zuordnet. Das Bildelement a_k heißt Folgenglied mit dem Index k.

Folge

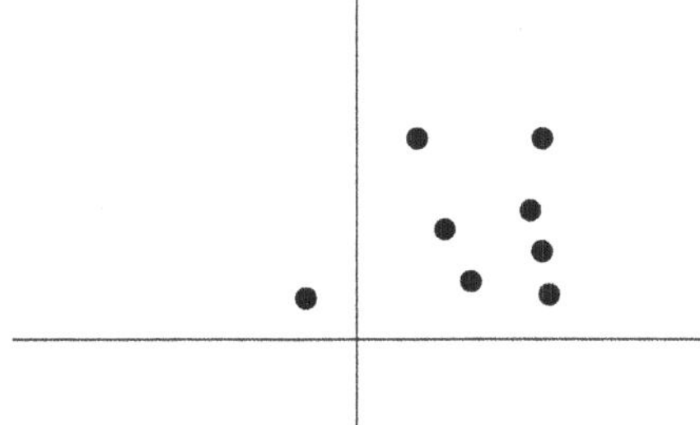

Punktfolge im $\mathbb{R}^2$

Mit dem Abstand können wir den Konvergenzbegriff einführen.

> Eine Folge $\{a_k\} \subset \mathbb{R}^n$ heißt konvergent gegen den Grenzwert $a \in \mathbb{R}^n$:
>
> $$\lim_{k \to \infty} a_k = a\,,$$
>
> wenn es zu jeder reellen Zahl $\epsilon > 0$ einen Index $k_\epsilon \in \mathbb{N}$ gibt, so daß für alle Indizes $k > k_\epsilon$ gilt: $\|a_k - a\| < \epsilon$.

Grenzwert einer Folge

Man erhält sofort die Konvergenz der Komponentenfolgen.

> Eine Punktfolge $a_k = (a_{k,1}, \ldots, a_{k,n})\,, k \geq 1$, im $\mathbb{R}^n$ konvergiert genau dann gegen den Grenzwert $a = (a_1, \ldots, a_n)$, wenn jede Komponentenfolge $\{a_{k,j}\}_{k=1}^{\infty}\,, j = 1, \ldots, n$, gegen a_j konvergiert.

Konvergenz der Komponentenfolgen

Um sich eine Vorstellung vom Graphen einer Funktion $f(x_1, x_2)$ in zwei Variablen zu machen, kann man die Gleichung $f(x_1, x_2) = c$ mit konstantem c betrachten. Dadurch ergeben sich spezielle Kurven, nämlich Höhenlinien.

Höhenlinie

> Sei $f : \quad D \longrightarrow \mathbb{R}, \quad D \subset \mathbb{R}^2$ eine Funktion.
> Eine Kurve $t \longrightarrow (x_1(t), x_2(t))$, $t \in I \subset \mathbb{R}$, die in D verläuft, heißt Höhenlinie, wenn der Funktionswert $f(x_1(t), x_2(t))$, $t \in I \subset \mathbb{R}$, unabhängig von t ist. Man veranschaulicht sich Höhenlinien, indem man die Gleichung $f(x_1, x_2) = c$ gegebenenfalls nach x_1 oder x_2 auflöst.

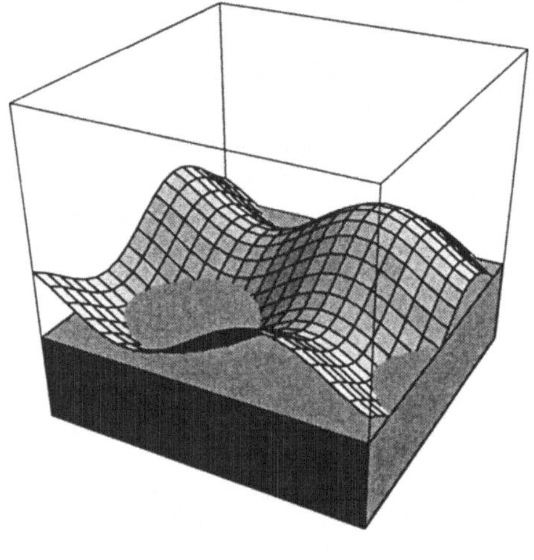

Funktion von zwei Variablen mit Schnittfläche

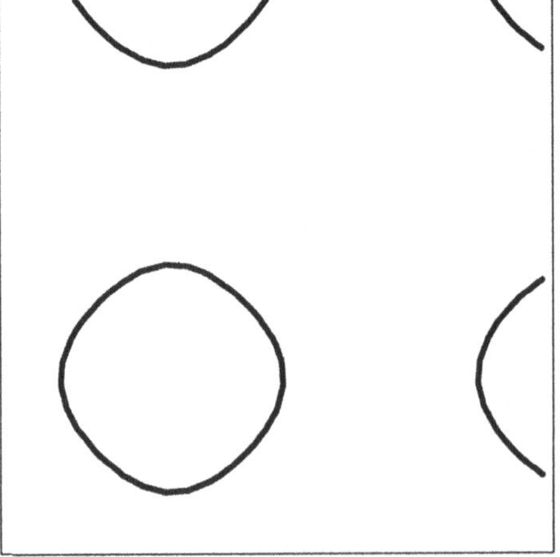

Durch eine Schnittfläche gegebene Höhenlinien

Eine Funktionsvorschrift $y = f(x)$, die Punkten aus dem $\mathbb{R}^n$ Punkte aus dem $\mathbb{R}^m$ zuordnet, läßt sich in m Komponenten zerlegen.

> Sei $f : D \longrightarrow W$, $\quad D \subseteq \mathbb{R}^n$, $\quad W \subseteq \mathbb{R}^m$.
> Wir schreiben die Bilder in Komponenten: $f(x) = (f^1(x), \ldots, f^m(x))$ und erhalten m Komponenten der Funktion f:
>
> $$f^k : D \longrightarrow \mathbb{R}, \quad f^k : x \longrightarrow f^k(x), \quad k = 1, \ldots, n.$$

Komponenten einer Funktion

Aufgabe 8.1 Welche der folgenden Teilmengen des $\mathbb{R}^2$ bzw. $\mathbb{R}^3$ sind offen, welche sind abgeschlossen:

(a) $M = \{(x_1, x_2) \mid 3 \leq (x_1 - 2)^2 + (x_2 + 1)^2 \leq 5\}$,

(b) $M = \{(x_1, x_2) \mid 0 < x_1 + x_2 < 3\}$,

(c) $M = \{(x_1, x_2, x_3) \mid 0 < x_1 < 3, -1 < x_2 \leq 2, 1 \leq x_3 \leq 2\}$.

Man gebe jeweils die Menge der Randpunkte von M und gegebenenfalls eine Schranke $\|x\| \leq S$ für $x \in M$ an.

Eigenschaften von Mengen im $\mathbb{R}^2$ und $\mathbb{R}^3$ bestimmen, Randpunkte und Schranken angeben

Lösung: **(a)** Die Menge M stellt einen Kreisring dar. Der äußere Kreis hat den Radius $\sqrt{5}$, der innere Kreis den Radius $\sqrt{3}$. Beide Kreise haben den Mittelpunkt $(2, -1)$. Die Kreislinien $(x_1 - 2)^2 + (x_2 + 1)^2 = 2$ und $(x_1 - 2)^2 + (x_2 + 1)^2 = 5$ bilden die Randpunkte von M. Da alle Randpunkte zu M gehören, ist M abgeschlossen. Offenbar gilt: $\|x\| \leq 2\sqrt{5}$ für alle $x \in M$.

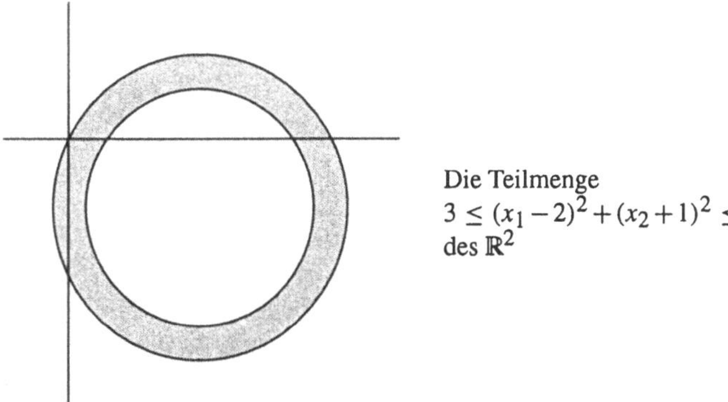

Die Teilmenge
$3 \leq (x_1 - 2)^2 + (x_2 + 1)^2 \leq 5$
des $\mathbb{R}^2$

(b) Die Menge M stellt einen Streifen dar, der von den Geraden $x_1 + x_2 = 0$ und $x_1 + x_2 = 3$ begrenzt wird. Diese Geraden bilden auch die Menge der Randpunkte von M. Offenbar kann um jeden Punkt x von M eine (kleine) Umgebung $U_\epsilon(x)$ um M gelegt werden, die ganz zu M gehört. Damit ist M offen. Ferner sieht man sofort, daß M nicht beschränkt ist.

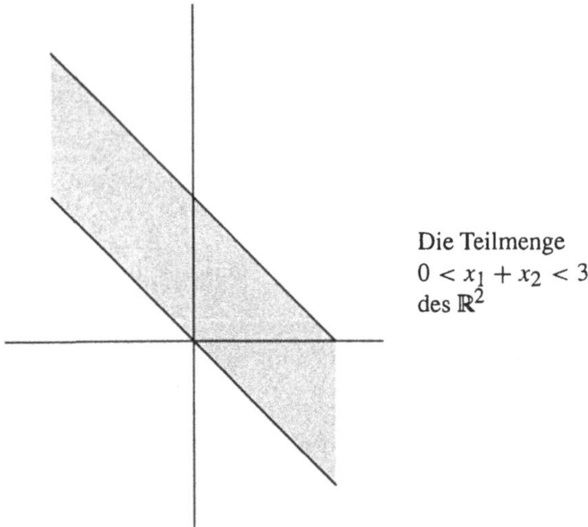

Die Teilmenge
$0 < x_1 + x_2 < 3$
des $\mathbb{R}^2$

(c) Die Menge stellt einen Quader dar. Die folgenden sechs Flächen bilden die Randpunkte:

$$F_1 = \{x_1 = 0\,, -1 \le x_2 \le 2\,, 1 \le x_3 \le 2\}\,,$$
$$F_2 = \{x_1 = 3\,, -1 \le x_2 \le 2\,, 1 \le x_3 \le 2\}\,,$$
$$F_3 = \{x_2 = -1\,, 0 < x_1 < 3\,, 1 \le x_3 \le 2\}\,,$$
$$F_4 = \{x_2 = 2\,, 0 < x_1 < 3\,, 1 \le x_3 \le 2\}\,,$$
$$F_5 = \{x_3 = 1\,, 0 < x_1 < 3\,, -1 < x_2 \le 2\}\,,$$
$$F_6 = \{x_3 = 2\,, 0 < x_1 < 3\,, -1 < x_2 \le 2\}\,.$$

Da die Flächen F_1, F_2, F_3 nicht zu M gehören, während die Flächen F_4, F_5, F_6 zu M gehören, ist M weder offen noch abgeschlossen. Für alle $x \in M$ gilt: $\|x\| \le \sqrt{3}\,3$.

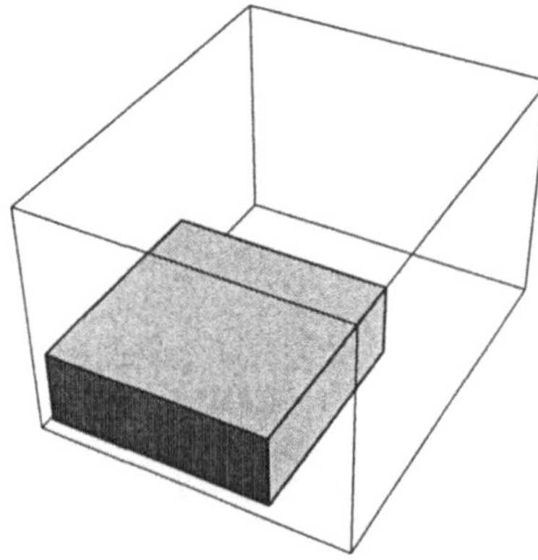

Die Teilmenge
$0 < x_1 < 3, -1 < x_2 \le 2,$
$1 \le x_3 \le 2$
des $\mathbb{R}^3$

Aufgabe 8.2   Seien M_1 und M_2 nichtleere Teilmengen des $\mathbb{R}^n$. Man zeige:

(a) Sind M_1 und M_2 offen, dann sind auch $M_1 \cup M_2$ und $M_1 \cap M_2$ (bei nichtleerem Durchschnitt) offen.

(b) Sind M_1 und M_2 abgeschlossen, dann sind auch $M_1 \cup M_2$ und $M_1 \cap M_2$ (bei nichtleerem Durchschnitt) abgeschlossen.

> Zeigen, daß der Durchschnitt und die Vereinigung offener (abgeschlossener) Mengen offen (abgeschlossen) sind

Lösung: **(a)**   Ist $x \in M_1 \cup M_2$, so liegt x in M_1 oder in M_2. Ohne Einschränkung nehmen wir an: $x \in M_1$. Nun gibt es eine Umgebung $U_\epsilon(x)$, die ganz zu M_1 und somit auch zu $M_1 \cup M_2$ gehört.

Ist $x \in M_1 \cap M_2$, so liegt x in M_1 und in M_2. Nun gibt es eine Umgebung $U_{\epsilon_1}(x)$, die ganz zu M_1 gehört, und eine Umgebung $U_{\epsilon_2}(x)$, die ganz zu M_2 gehört. Die Umgebung mit dem kleineren Durchmesser gehört offenbar zum Durchschnitt $M_1 \cap M_2$.

(b)   Aus der Definition des Randpunktes und der Abgeschlossenheit folgt, daß eine Teilmenge M des $\mathbb{R}^n$ genau dann abgeschlossen ist, wenn ihr Komplement $\mathbb{R}^n \setminus M$ offen ist. Mit den Beziehungen: $\mathbb{R}^n \setminus (M_1 \cup M_2) = (\mathbb{R}^n \setminus M_1) \cap (\mathbb{R}^n \setminus M_2)$ und $\mathbb{R}^n \setminus (M_1 \cap M_2) = (\mathbb{R}^n \setminus M_1) \cup (\mathbb{R}^n \setminus M_2)$ ergibt sich dann die Behauptung aus Teil (a).

Aufgabe 8.3   Sei $f : \mathbb{R} \to \mathbb{R}$ eine zweimal differenzierbare Funktion, und es gelte $f''(x) \geq 0$ bzw. $f''(x) \leq 0$ für alle $x \in \mathbb{R}$. Man zeige, daß folgende Mengen konvex sind: $M = \{(x, y) \mid y \geq f(x)\}$ bzw. $M = \{(x, y) \mid y \leq f(x)\}$.

> Zeigen, daß der Graph einer Funktion mit $f''(x) \neq 0$ eine konvexe Menge im $\mathbb{R}^2$ berandet

Lösung: Ist $f(x) \geq 0$, so verläuft die Funktion unterhalb der Sekante. Das heißt, es gilt für drei beliebige Punkte $x_1 < x < x_2$:

$$f(x) \leq f(x_1) + \frac{f(x_2) - f(x_1)}{x_2 - x_1}\,(x - x_1).$$

Hat man also zunächst zwei Punkte $(x_1, f(x_1))$ und $(x_2, f(x_2))$ mit $x_1 < x_2$ aus M, so gilt für einen Punkt $(x, y) = (x_1, f(x_1)) + \theta\,(x_2 - x_1, f(x_2) - f(x_1))$, $\theta \in [0, 1]$, auf der Verbindungsstrecke:

$$f(x) = f(x_1 + \theta\,(x_2 - x_1)) \leq f(x_1) + \theta\,(f(x_2) - f(x_1)) = y.$$

Damit liegt aber (x, y) in M.

Hat man nun zwei beliebige Punkte (x_1, y_1) und (x_2, y_2) aus M, so geht man zuerst zur Verbindungsstrecke von $(x_1, f(x_1))$ und $(x_2, f(x_2))$ über. Dann verwendet man, daß die Verbindungsstrecke von (x_1, y_1) und (x_2, y_2) oberhalb der Verbindungsstrecke von $(x_1, f(x_1))$ und $(x_2, f(x_2))$ liegt.

Im zweiten Fall verfährt man analog.

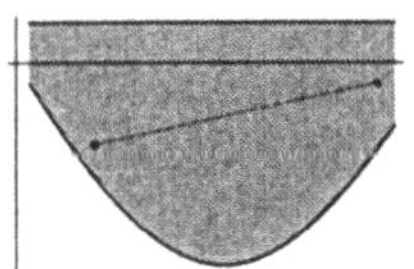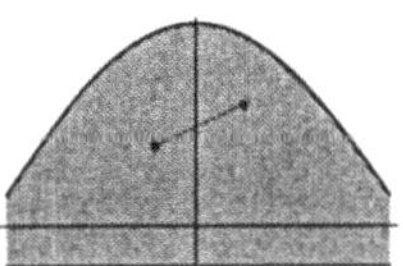

> Vom Graphen einer Funktion mit $f''(x) > 0$ (links) bzw. $f''(x) < 0$ (rechts) berandete konvexe Menge im $\mathbb{R}^2$

Zeigen, daß jede Komponente einer Folge im $\mathbb{R}^n$ gegen die entsprechende Komponente des Grenzpunktes konvergiert

Aufgabe 8.4   Man zeige, daß:

$$\lim_{k \to \infty} (a_{k,1}, \dots, a_{k,n}) = (a_1, \dots, a_n)$$

gleichbedeutend ist mit: $\displaystyle\lim_{k \to \infty} a_{k,j} = a_j, \quad j = 1, \dots, n$.

Lösung: Nach Definition ist $\displaystyle\lim_{k \to \infty} (a_{k,1}, \dots, a_{k,n}) = (a_1, \dots, a_n)$ äquivalent damit, daß gilt: $\displaystyle\lim_{k \to \infty} \sqrt{\sum_{j=1}^{n} (a_{k,j} - a_j)^2} = 0$. Die Abschätzung:

$$\left(\max_{1 \le j \le n} |a_{k,j} - a_j| \right)^2 \le \sum_{j=1}^{n} (a_{k,j} - a_j)^2 \le n \left(\max_{1 \le j \le n} |a_{k,j} - a_j| \right)^2$$

ergibt zunächst

$$\max_{1 \le j \le n} |a_{k,j} - a_j| \le \sqrt{\sum_{j=1}^{n} (a_{k,j} - a_j)^2} \le \sqrt{n} \max_{1 \le j \le n} |a_{k,j} - a_j|.$$

Die linke Hälfte dieser Abschätzung besagt nun gerade:

$$\lim_{k \to \infty} (a_{k,1}, \dots, a_{k,n}) = (a_1, \dots, a_n)$$
$$\implies \lim_{k \to \infty} a_{k,j} = a_j, \, j = 1, \dots, n,$$

während man der rechten Hälfte entnimmt:

$$\lim_{k \to \infty} a_{k,j} = a_j, \, j = 1, \dots, n$$
$$\implies \lim_{k \to \infty} (a_{k,1}, \dots, a_{k,n}) = (a_1, \dots, a_n).$$

Grenzwert von Folgen im $\mathbb{R}^2$ und $\mathbb{R}^3$ berechnen

Aufgabe 8.5   Man berechne den Grenzwert der Folgen:

$$a_k = \left(\frac{2\,k^2 - 3\,k}{4\,k^2 - 1}, \sqrt{k+1} - \sqrt{k-1} \right),$$

$$b_k = \left(\frac{2}{k-1}, \sqrt[k]{k}, \left(1 + \frac{1}{k} \right)^k \right).$$

Lösung: Die Folge a_k besitzt die Teilfolgen:

$$a_{k,1} = \frac{2\,k^2 - 3\,k}{4\,k^2 - 1}, \quad a_{k,2} = \sqrt{k+1} - \sqrt{k-1},$$

mit den Grenzwerten

$$\lim_{k \to \infty} a_{k,1} = \frac{1}{2}, \quad \lim_{k \to \infty} a_{k,2} = 0.$$

Somit gilt:

$$\lim_{k \to \infty} a_k = \left(\frac{1}{2}, 0 \right).$$

Die Folge b_k besitzt die Teilfolgen:

$$b_{k,1} = \frac{2}{k-1}, \quad b_{k,2} = \sqrt[k]{k}, \quad b_{k,3} = \left(1 + \frac{1}{k} \right)^k,$$

mit den Grenzwerten

$$\lim_{k \to \infty} b_{k,1} = 0, \quad \lim_{k \to \infty} b_{k,2} = 1, \quad \lim_{k \to \infty} b_{k,3} = e$$

Somit gilt:

$$\lim_{k \to \infty} b_k = (0, 1, e).$$

Mathematica: Mit Limit können auch Grenzwerte von Punktfolgen berechnet werden.

$$\mathbf{Limit}[\{ \frac{2\,k^2 - 3\,k}{4\,k^2 - 1}, \sqrt{k+1} - \sqrt{k-1} \}, k \to \infty]$$

$$\{ \frac{1}{2}, 0 \}$$

$$\mathbf{Limit}[\{ \frac{2}{k-1}, k^{1/k}, \left(1 + \frac{1}{k} \right)^k \}, k \to \infty]$$

$$\{ 0, 1, e \}$$

Maple: Mit Limit können Grenzwerte von Punktfolgen nicht berechnet werden. Man muß die Grenzwerte der Komponentenfolgen berechnen.

```
> limit((2*k^2-3*k)/(4*k^2-1),k=infinity);
```

$$\lim_{k \to \infty} \frac{2k^2 - 3k}{4k^2 - 1} = \frac{1}{2}$$

```
> limit(sqrt(k+1)-sqrt(k-1),k=infinity);
```

$$\lim_{k \to \infty} \sqrt{k+1} - \sqrt{k-1} = 0$$

```
> limit(2/(k-1),k=infinity);
```

$$\lim_{k \to \infty} \frac{2}{k-1} = 0$$

```
> limit(k^(1/k),k=infinity);
```

$$\lim_{k \to \infty} k^{(\frac{1}{k})} = 1$$

```
> limit((1+1/k)^k,k=infinity);
```

$$\lim_{k \to \infty} (1 + \frac{1}{k})^k = e$$

Höhenlinien zeichnen

Aufgabe 8.6 Man zeichne die Höhenlinien für folgende, in der ganzen Ebene erklärten Funktionen:

$$f_1(x_1, x_2) = \sqrt{x_1^2 + x_2^2}, \quad f_2(x_1, x_2) = e^{2x_1 - 3x_2},$$

$$f_3(x_1, x_2) = \frac{1}{4} x_1^2 - x_2^2 + 1.$$

Lösung: Die Höhenlinien von f_1 bestehen aus Kreisen:

$$x_1^2 + x_2^2 = c, c \geq 0.$$

Die Höhenlinien von f_2 bestehen aus Geraden:

$$x_2 = \frac{2}{3} x_1 + c, c \in \mathbb{R}.$$

Die Höhenlinien von f_3 bestehen aus Hyperbeln:

$$\frac{1}{4} x_1^2 - x_2^2 = c, c \in \mathbb{R}.$$

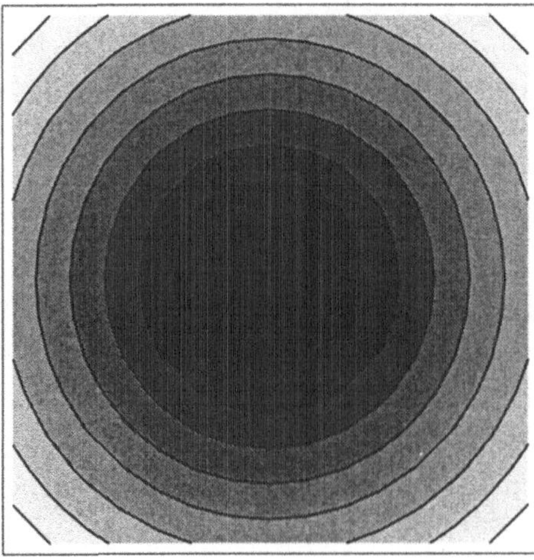

Höhenlinien
der Funktionen
$$f_1(x_1, x_2) = \sqrt{x_1^2 + x_2^2}$$

Höhenlinien
der Funktion
$f_2(x_1, x_2) = e^{2x_1 - 3x_2}$

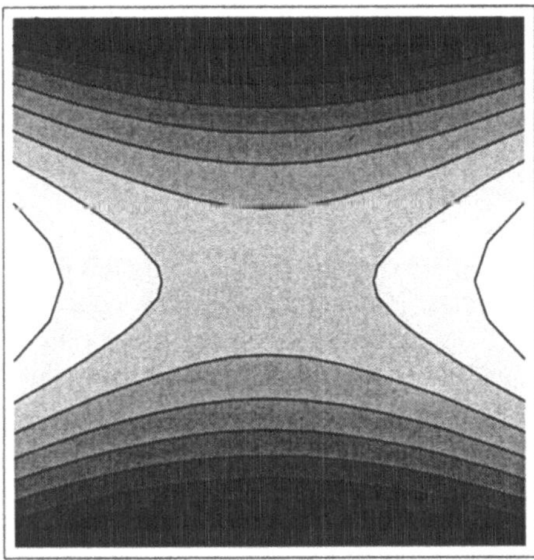

Höhenlinien
der Funktion
$f_3(x_1, x_2) = \dfrac{1}{4} x_1^2 - x_2^2 + 1$

Aufgabe 8.7   Eine Funktion werde durch drei Komponenten beschrieben:

$$f^1(x_1, x_2) = \frac{1}{x_1 - x_2}, \quad f^2(x_1, x_2) = \sqrt{x_1 x_2},$$

$$f^3(x_1, x_2) = \ln(x_2^3 - x_1).$$

Man setze die Komponenten zu einer einzigen Funktion zusammen und gebe deren Definitionsbereich an.

Komponenten zu einer einzigen Funktion zusammensetzen, auf gemeinsamen Definitionsbereich achten

Lösung: Die Komponente f^1 ist für alle Punkte aus $\mathbb{R}^2$ mit $x_1 \neq x_2$ erklärt. Die Komponente f^2 ist für alle Punkte aus $\mathbb{R}^2$ mit $x_1 x_2 \geq 0$ erklärt. Die Komponente f^3 ist für alle Punkte aus $\mathbb{R}^2$ mit $x_2^3 - x_1 > 0$ erklärt.
Setzen wir alle drei Komponenten zu einer Funktion

$$f : \mathbb{R}^2 \longrightarrow \mathbb{R}^3, \quad (x_1, x_2) \longrightarrow (f^1(x_1, x_2), f^2(x_1, x_2), f^3(x_1, x_2))$$

zusammen, so kann diese Vorschrift auf den Durchschnitt der Definitionsbereiche der einzelnen Komponenten erstreckt werden. Dieser Durchschnitt besteht aus der Vereinigung der beiden Teilmengen des $\mathbb{R}^2$:

$$\{x_1 > 0, x_2 > 0, x_1 \neq x_2, x_2 > \sqrt[3]{x_1}\},$$

$$\{x_1 < 0, x_2 < 0, x_1 \neq x_2, x_2 > \sqrt[3]{x_1}\}.$$

8.2   Stetigkeit und Grenzwerte

Die Definition der Stetigkeit kann von den Funktionen einer Variablen übernommen werden.

Stetigkeit

> Eine Funktion $f : D \longrightarrow \mathbb{R}, D \subseteq \mathbb{R}^n$, heißt stetig im Punkt $x_0 \in D$, wenn es zu jedem $\epsilon > 0$ ein $\delta_\epsilon > 0$ gibt, so daß für alle $x \in D$ gilt:
>
> $$\|x - x_0\| < \delta_\epsilon \quad \Longrightarrow \quad |f(x) - f(x_0)| < \epsilon.$$
>
> f heißt stetig D, wenn f in jedem Punkt $x_0 \in D$ stetig ist.

Wir können auch sofort das Folgenkriterium für die Stetigkeit übertragen.

Folgenkriterium für die Stetigkeit

> Eine Funktion $f : D \longrightarrow \mathbb{R}, D \subseteq \mathbb{R}^n$, ist genau dann stetig im Punkt $x_0 \in D$, wenn die zu irgendeiner gegen x_0 konvergenten Folge $\{\tilde{x}_k\} \subset D$ gehörige Folge von Funktionswerten $\{f(\tilde{x}_k)\}$ gegen $f(x_0)$ konvergiert:
>
> $$\lim_{k \to \infty} \tilde{x}_k = x_0 \quad \Longrightarrow \quad \lim_{k \to \infty} f(\tilde{x}_k) = f(x_0).$$

Mit dem Stetigkeitsbegriff ist die Grenzwertbildung bei Funktionen eng verknüpft.

Grenzwert einer Funktion

> Eine Funktion $f : D \longrightarrow \mathbb{R}, D \subseteq \mathbb{R}^n$, besitzt im inneren Punkt $x_0 \in D$ den Grenzwert g, wenn die folgende Fortsetzung in x_0 stetig ist:
>
> $$\tilde{f}(x) = \begin{cases} f(x) & , \quad x \in D \backslash x_0 \\ g & , \quad x = x_0 \end{cases}$$

Die Stetigkeit einer Funktion mit Werten im $\mathbb{R}^m$ erklären wir komponentenweise.

> Eine Funktion $f : D \longrightarrow \mathbb{R}^m$, $D \subseteq \mathbb{R}^n$, heißt stetig im Punkt $x_0 \in D$, wenn jede Komponente f^j, $j = 1, \ldots, m$, im Punkt x_0 stetig ist.

Stetigkeit der Komponentenfunktionen

Analog zum Fall einer Variablen gilt.

> Seien $f : D \longrightarrow \mathbb{R}$ und $g : D \longrightarrow \mathbb{R}, D \subseteq \mathbb{R}^n$, in $x_0 \in D$ stetige Funktionen. Dann sind Summe, Produkt und Quotient
>
> $$f + g : D \longrightarrow \mathbb{R}, \quad f g : D \longrightarrow \mathbb{R}, \quad \frac{f}{g} : D \backslash M \longrightarrow \mathbb{R}$$
>
> stetig in x_0, (wobei $M = \{x \in D | \ g(x) \neq 0\}$ und $x_0 \notin D$).

Stetigkeit der Summen-, Produkt und Quotientenfunktion

Die Stetigkeit der Verkettung ergibt ähnlich wie im $\mathbb{R}^1$.

> Seien $f : D \longrightarrow \mathbb{R}^m$, $D \subseteq \mathbb{R}^n$, in $x_0 \in D$ und $g : f(D) \longrightarrow \mathbb{R}^p$ in $f(x_0) \in f(D)$ stetige Funktionen. Dann ist die Verkettung $g \circ f : D \longrightarrow \mathbb{R}^p$ stetig in x_0.

Stetigkeit der Verkettung

Aufgabe 8.8 Sei $A = (a_{k,j})$ eine $m \times n$-Matrix mit Elementen aus $\mathbb{R}$. Durch

$$x \rightarrow (A x^T)^T$$

wird eine Funktion $f : \mathbb{R}^n \rightarrow \mathbb{R}^m$ gegeben.
Man zeige mit Hilfe der $\epsilon - \delta$-Definition, daß die Funktion f in jedem Punkt stetig ist.

Stetigkeit einer linearen Funktion nachweisen

Lösung: Offenbar besteht f aus den Komponenten:

$$f^k(x_1, \ldots, x_n) = \sum_{j=1}^{n} a_{kj} x_j, \quad j = 1, \ldots, m.$$

Man berechnet sofort die Differenz zweier Funktionswerte:

$$\begin{aligned} f^k(x) - f^k(x_0) &= f^k(x_1, \ldots, x_n) - f^k(x_{01}, \ldots, x_{0n}) \\ &= \sum_{j=1}^{n} a_{kj} (x_j - x_{0j}). \end{aligned}$$

Hieraus ergibt sich die Abschätzung:

$$\begin{aligned} |f^k(x) - f^k(x_0)| &\leq \sum_{j=1}^{n} |a_{kj}| \max_{j=1,\ldots,n} |(x_j - x_{0j})| \\ &\leq \sum_{j=1}^{n} |a_{kj}| \sqrt{\sum_{j=1}^{n} (x_j - x_{0j})^2}. \end{aligned}$$

Gibt man nun ein $\epsilon > 0$ vor und wählt $\delta = \dfrac{\epsilon}{\sum_{j=1}^{n} |a_{kj}|}$,

so gilt $|f^k(x) - f^k(x_0)| < \epsilon$ für alle $(x_1, \dots, x_n)$ mit
$\sqrt{x_1^2 + \cdots + x_n^2} = \|(x_1, \dots, x_n)\| \le \delta$. (Hierbei wird der Fall
$\sum_{j=1}^{n} |a_{kj}| = 0$ nicht berücksichtigt, in welchem die Komponente f^j aber
die Nullfunktion darstellt).

Stetigkeit einer Funktion anhand der Definition nachweisen

Aufgabe 8.9 Für eine Funktion $f : \mathbb{R}^n \to \mathbb{R}$ gelte
$f(0, \dots, 0) = 0$ und

$$|f(x_1, \dots, x_n)| \le \left| g\left(\sqrt{x_1^2 + \cdots + x_n^2} \right) \right| |h(x_1, \dots, x_n)|.$$

Hierbei sei $g(t)$, $g : \mathbb{R} \to \mathbb{R}$, eine in $t = 0$ stetige Funktion
mit $g(0) = 0$ und $h(x_1, \dots, x_n)$, $h : \mathbb{R}^n \to \mathbb{R}$, eine beschränkte
Funktion.
Man zeige mit Hilfe der $\epsilon - \delta$-Definition, daß die Funktion f im
Nullpunkt stetig ist.

Lösung: Sei S eine Schranke für die Beträge von h: $|h(x_1, \dots, x_n)| \le S$.
Sei $\epsilon > 0$ vorgegeben. Da g stetig in $t = 0$ ist, gibt es ein δ mit: $|g(t)| < \dfrac{\epsilon}{S}$
falls $|t| \le \delta$. Nun bekommt man:

$$|f(x_1, \dots, x_n)| \le \left| g\left(\sqrt{x_1^2 + \cdots + x_n^2} \right) \right| |h(x_1, \dots, x_n)| < \epsilon$$

für alle $(x_1, \dots, x_n)$ mit $\sqrt{x_1^2 + \cdots + x_n^2} = \|(x_1, \dots, x_n)\| \le \delta$.

Grenzwert einer Funktion nachweisen

Aufgabe 8.10 Für $(x_1, x_2, \dots, x_n) \ne (0, 0, \dots, 0)$ sei:

$$f(x_1, x_2, \dots, x_n)$$
$$= \frac{x_1 \sin(x_1) + x_2 \sin(x_2) + \cdots + x_n \sin(x_n)}{x_1^2 + x_2^2 + \cdots + x_n^2}.$$

Man zeige, daß die Funktion f im Nullpunkt den Grenzwert 1
besitzt.

Lösung: Wir formen mit $r^2 = x_1^2 + x_2^2 + \cdots + x_n^2$ um und bekommen:

$$f(x_1, x_2, \dots, x_n) = \frac{x_1^2}{r^2} \frac{\sin(x_1)}{x_1} + \cdots + \frac{x_n^2}{r^2} \frac{\sin(x_1)}{x_n}$$

$$= \frac{\sin(x_1)}{x_1} + \frac{x_2^2}{r^2} \left(\frac{\sin(x_2)}{x_2} - \frac{\sin(x_1)}{x_1} \right)$$

$$+ \cdots + \frac{x_n^2}{r^2} \left(\frac{\sin(x_n)}{n_2} - \frac{\sin(x_1)}{x_1} \right).$$

Wegen $\dfrac{x_\nu^2}{r^2} \le 1$ und $\lim\limits_{x_\nu \to 0} \dfrac{\sin(x_\nu)}{x_\nu} = 1$ folgt nun die Behauptung.

Aufgabe 8.11 Für alle $(x_1, x_2) \neq (0, 0)$ sind folgende Funktionen erklärt:

$$f_1(x_1, x_2) = \frac{x_1^2 - x_2^2}{x_1^2 + x_2^2} \,, \quad f_2(x_1, x_2) = \frac{(x_1^2 - x_2^2)^2}{x_1^2 + x_2^2} \,,$$

$$f_3(x_1, x_2) = \sin\left(\frac{1}{x_1^2 + x_2^2}\right) \,, \quad f_4(x_1, x_2) = x_1 \sin\left(\frac{1}{x_1^2 + x_2^2}\right) \,.$$

Welche Funktionen besitzen im Nullpunkt einen Grenzwert.

Prüfen, ob im Nullpunkt ein Grenzwert vorliegt, Grenzwertsätze und Folgenkriterium benutzen

Lösung: Die Funktion f_1 besitzt keinen Grenzwert im Nullpunkt. Die Folgen $\{(x_k, 0)\}$ und $\{(0, x_k)\}$ konvergieren im $\mathbb{R}^2$ gegen den Nullpunkt, wenn x_k eine Nullfolge im $\mathbb{R}^1$ darstellt. Es gilt aber:

$$\lim_{k \to \infty} f_1((x_k, 0)) = 1 \,, \quad \lim_{k \to \infty} f_1((0, x_k)) = -1 \,.$$

Wir schreiben:

$$f_2(x_1, x_2) = (x_1^2 - x_2^2) \, \frac{x_1^2 - x_2^2}{x_1^2 + x_2^2} \,,$$

Offensichtlich gilt:

$$\left| \frac{x_1^2 - x_2^2}{x_1^2 + x_2^2} \right| \leq 1$$

und

$$\lim_{(x_1, x_2) \to (0,0)} (x_1^2 - x_2^2) = 0 \,.$$

Damit ergibt sich der Grenzwert:

$$\lim_{(x_1, x_2) \to (0,0)} f_2(x_1, x_2) = 0 \,.$$

Die Funktion f_3 besitzt keinen Grenzwert im Nullpunkt. Die Folge

$$\{(\sqrt{n\pi}, \sqrt{n\pi})\}$$

konvergiert im $\mathbb{R}^2$ gegen den Nullpunkt. Die Folge der Funktionswerte:

$$f_3(\sqrt{n\pi}, \sqrt{n\pi}) = \frac{k\,\pi}{2}$$

besitzt aber keinen Grenzwert, wenn k gegen Unendlich strebt.

Wegen $\left| \sin\left(\dfrac{1}{x_1^2 + x_2^2}\right) \right| \leq 1$ folgt: $\displaystyle\lim_{(x_1, x_2) \to (0,0)} f_4(x_1, x_2) = 0$.

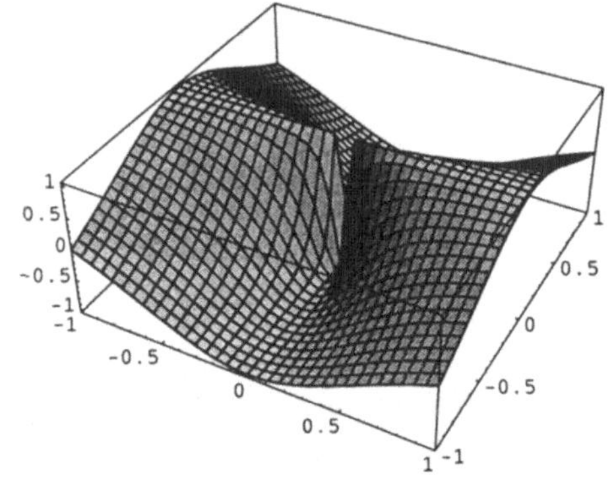

Die Funktion
$$f_1(x_1, x_2) = \frac{x_1^2 - x_2^2}{x_1^2 + x_2^2}.$$
(Näherungsweise Darstellung).

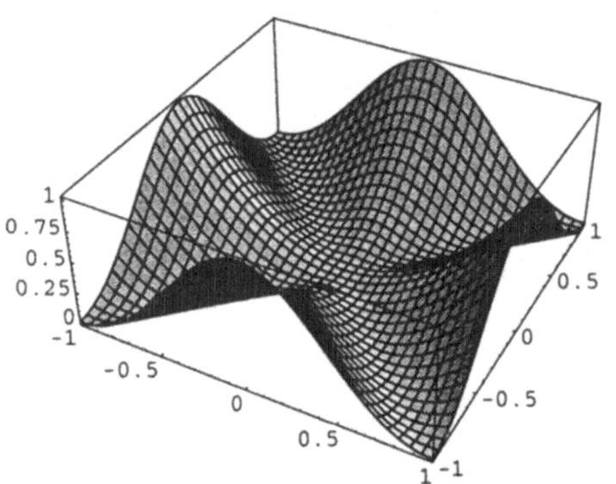

Die Funktion
$$f_2(x_1, x_2) = \frac{(x_1^2 - x_2^2)^2}{x_1^2 + x_2^2}$$

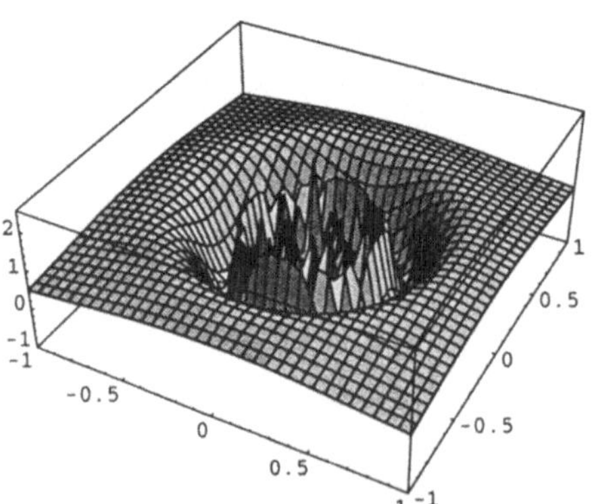

Die Funktion
$$f_3(x_1, x_2) = \sin\left(\frac{1}{x_1^2 + x_2^2}\right)$$
(Näherungsweise Darstellung).

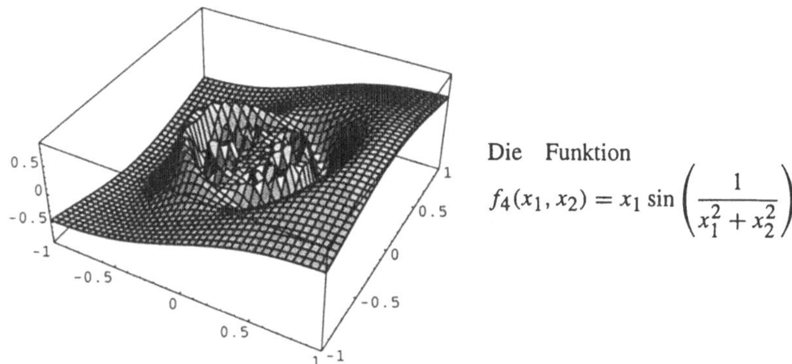

Die Funktion

$$f_4(x_1, x_2) = x_1 \sin\left(\frac{1}{x_1^2 + x_2^2}\right)$$

Aufgabe 8.12   In der Ebene werden Polarkoordinaten eingeführt durch: $x_1 = r \cos(\phi)$, $x_2 = r \sin(\phi)$. Man zeige:

(a) Die Abbildung $f(r, \phi) = (r \cos(\phi), r \sin(\phi))$ ist stetig in $\mathbb{R}^2$.

(b) Die für $(x_1, x_2) \neq (0, 0)$, $x_2 \geq 0$ durch

$$g(x_1, x_2) = \left(\sqrt{x_1^2 + x_2^2}, \arccos\left(\frac{x_1}{\sqrt{x_1^2 + x_2^2}}\right)\right)$$

und für $x_2 < 0$ durch

$$g(x_1, x_2) = \left(\sqrt{x_1^2 + x_2^2}, -\arccos\left(\frac{x_1}{\sqrt{x_1^2 + x_2^2}}\right)\right)$$

erklärte Abbildung ist stetig in $\mathbb{R}^2 \setminus \{(x_1, x_2) | x_1 \leq 0, x_2 = 0\}$.

(c) Für (x_1, x_2) aus $\mathbb{R}^2 \setminus \{(x_1, x_2) | x_1 \leq 0, x_2 = 0\}$ gilt: $f(g(x_1, x_2)) = (x_1, x_2)$.

Stetigkeit der Polarkoordinatenabbildung im $\mathbb{R}^2$ und ihrer Umkehrung nachweisen, Sätze über stetige Funktionen benutzen

Lösung: **(a)**   Die Funktionen $(r, \phi) \to r$ sowie $(r, \phi) \to \cos(\phi)$ und $(r, \phi) \to \sin(\phi)$ sind stetig. Damit setzen sich beide Komponenten von $f(r, \phi) = (r \cos(\phi), r \sin(\phi))$ multiplikativ aus stetigen Funktionen zusammen. Insgesamt ergibt sich eine stetige Funktion.

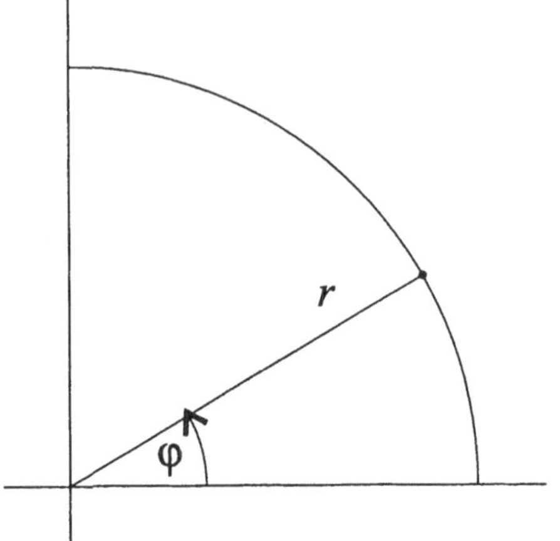

Polarkoordinaten im $\mathbb{R}^2$

(b) Die Funktionen

$$(x_1, x_2) \to \sqrt{x_1^2 + x_2^2} \quad \text{und} \quad (x_1, x_2) \to \frac{x_1}{\sqrt{x_1^2 + x_2^2}}$$

sind in $\mathbb{R}^2$ bzw. in $\mathbb{R}^2 \setminus (0, 0)$ stetig. Die Funktion

$$(x_1, x_2) \to \arccos\left(\frac{x_1}{\sqrt{x_1^2 + x_2^2}}\right)$$

ist ebenfalls in $\mathbb{R}^2 \setminus (0, 0)$ stetig. Hierbei wird wie in (a) die Regel über Produkt, Quotient und Verkettung stetiger Funktionen angewandt. Für die zweite Komponente g^2 von g gilt bei $x_1 > 0$: $\lim\limits_{h \to 0^+} g^2(x_1, h) = 0$ und $\lim\limits_{h \to 0^-} g^2(x_1, h) = 0$, während bei $x_1 < 0$ gilt: $\lim\limits_{h \to 0^+} g^2(x_1, h) = \pi$ und $\lim\limits_{h \to 0^-} g^2(x_1, h) = -\pi$. Mit diesem Grundgedanken ergibt sich die Stetigkeit von g in $\mathbb{R}^2 \setminus \{(x_1, x_2) | x_1 \leq 0, x_2 = 0\}$.

(c) Mit der Beziehung:

$$\cos\left(\pm \arccos\left(\frac{x_1}{\sqrt{x_1^2 + x_2^2}}\right)\right) = \frac{x_1}{\sqrt{x_1^2 + x_2^2}},$$

bekommen wir für die erste Komponente f^1 von f: $f^1(g(x_1, x_2)) = x_1$. Stets gilt $\sin(-\theta) = -\sin(\theta)$ und im Intervall $[0, \pi]$ können wir die Beziehung $\sin(\theta) = \sqrt{1 - (\cos(\theta))^2}$ benutzen, so daß sich für die zweite Komponente f^2 ergibt:

$$f^2(g(x_1, x_2)) = \pm\sqrt{x_1^2 + x_2^2}\sqrt{1 - \left(\frac{x_1}{\sqrt{x_1^2 + x_2^2}}\right)^2} = \pm|x_2| = x_2.$$

Aufgabe 8.13 Im $\mathbb{R}^3$ werden Zylinderkoordinaten bzw. Kugelkoordinaten eingeführt durch:

$$x_1 = r \cos(\phi)\,, x_2 = r \sin(\phi)\,, x_3 = x_3\,,$$
$$0 \le r\,, 0 \le \phi < 2\pi\,,$$

bzw.

$$x_1 = (r \cos(\phi) \sin(\theta)\,, x_2 = r \sin(\phi) \sin(\theta)\,, x_3 = r \cos(\theta))\,,$$
$$0 \le r\,, 0 \le \phi < 2\pi\,, 0 \le \theta \le \pi\,.$$

Man zeige, daß die Abbildungen

$$f_Z(r, \phi, x_3) = (r \cos(\phi), r \sin(\phi), x_3)$$

bzw.

$$f_K(r, \phi, \theta) = (r \cos(\phi) \sin(\theta), r \sin(\phi) \sin(\theta), r \cos(\theta))$$

stetig in $\mathbb{R}^3$ sind und bestimme Umkehrabbildungen auf einem geeigneten Gebiet.

Stetigkeit der Zylinder- und Kugelkoordinatenabbildung im $\mathbb{R}^3$ nachweisen, Sätze über stetige Funktionen benutzen

Lösung: Die Funktionen $(r, \phi, x_3) \to r$ sowie $(r, \phi, x_3) \to \cos(\phi)$, $(r, \phi, x_3) \to \sin(\phi)$ und $(r, \phi, x_3) \to x_3$ sind stetig. Damit setzen sich die drei Komponenten von $f_Z(r, \phi, x_3)$ aus stetigen Funktionen zusammen. Insgesamt ergibt sich eine stetige Funktion. Von den Polarkoordinaten in der Ebene übernehmen wir in $\mathbb{R}^3 \setminus \{(x_1, x_2, x_3)|x_1 \le 0, x_2 = 0\}$ die Umkehrabbildung:

$$g(x_1, x_2, x_3) = \left(\sqrt{x_1^2 + x_2^2}, \arccos\left(\frac{x_1}{\sqrt{x_1^2 + x_2^2}} \right), x_3 \right), x_2 \ge 0\,,$$

$$g(x_1, x_2, x_3) = \left(\sqrt{x_1^2 + x_2^2}, -\arccos\left(\frac{x_1}{\sqrt{x_1^2 + x_2^2}} \right), x_3 \right), x_2 < 0\,.$$

Die Funktionen $(r, \phi, \theta) \to r$ sowie $(r, \phi, \theta) \to \cos(\phi)$, $(r, \phi, \theta) \to \sin(\phi)$ und $(r, \phi, \theta) \to \cos(\theta)$, $(r, \phi, \theta) \to \sin(\theta)$ sind stetig. Damit setzen sich die drei Komponenten von $f_K(r, \phi, \theta)$ aus stetigen Funktionen zusammen. Insgesamt ergibt sich eine stetige Funktion. Indem man schreibt:

$$r = \sqrt{x_1^2 + x_2^2 + x_3^2}\,, \quad \theta = \arccos\left(\frac{x_3}{\sqrt{x_1^2 + x_2^2 + x_3^2}} \right),$$

ergibt sich die Umkehrfunktion insgesamt wieder mit Hilfe ebener Polarkoordinaten. Man muß nur noch ϕ aus folgenden Beziehungen bestimmen:

$$\frac{x_1}{\sin(\theta)} = r \cos(\phi)\,, \quad \frac{x_2}{\sin(\theta)} = r \sin(\phi)\,.$$

Dies ergibt:

$$\phi = \arccos\left(\frac{x_1}{r\,\sin(\theta)}\right),\ x_2 > 0,$$

$$\phi = \arccos\left(\frac{x_1}{r\,\sin(\theta)}\right),\ x_2 < 0.$$

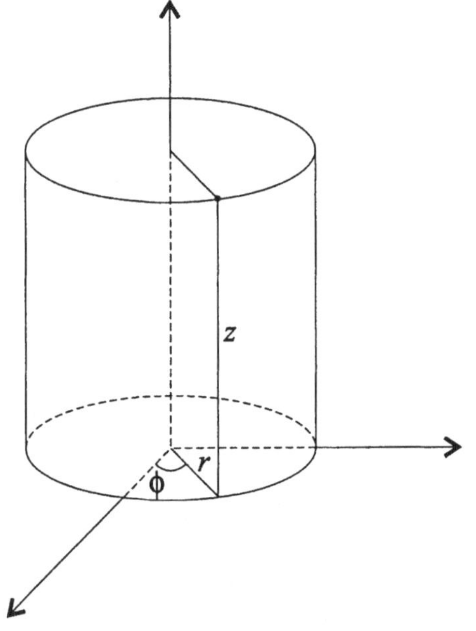

Zylinderkoordinaten im $\mathbb{R}^3$

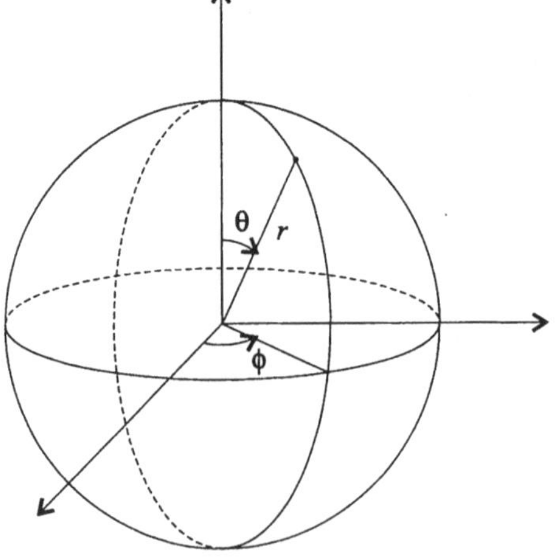

Kugelkoordinaten im $\mathbb{R}^3$

8.3 Partielle Ableitung

Wenn wir eine im $\mathbb{R}^n$ erklärte Funktion in einem inneren Punkt auf ein Geradenstück in Richtung eines achsenparallelen Einheitsvektors einschränken, entsteht eine reelle Funktion einer Variablen.

Sei $f : D \longrightarrow \mathbb{R}$, $D \subseteq \mathbb{R}^n$ eine Funktion und $x_0 \in D$ ein innerer Punkt. Wenn der Grenzwert

$$\lim_{h \to 0} \frac{f\left(x_0 + h\,\vec{e}_j{}^{(n)}\right) - f(x_0)}{h}$$

existiert, dann heißt f in x_0 partiell differenzierbar nach x_j. Man schreibt:

$$f_{x_j}(x_0) = \frac{\partial f}{\partial x_j}(x_0) = \lim_{h \to 0} \frac{f\left(x_0 + h\,\vec{e}_j{}^{(n)}\right) - f(x_0)}{h}$$

und bezeichnet $f_{x_j}(x_0)$ als die partielle Ableitung von f nach x_j im Punkt x_0.

Partielle Ableitung

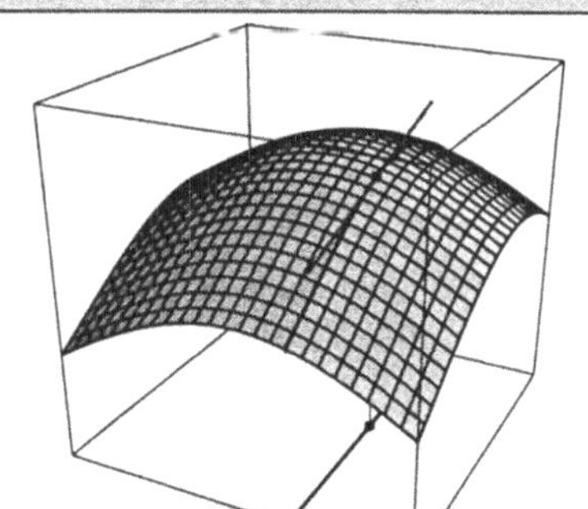

Partielle Ableitungen einer Funktion in zwei Variablen nach der ersten Variablen (links) und nach der zweiten Variablen (rechts)

Ist eine Funktion nach sämtlichen Variablen partiell differenzierbar, so können die partiellen Ableitungen zu einem Vektor zusammengefaßt werden.

Die Funktion $f : D \longrightarrow \mathbb{R}$, $D \subseteq \mathbb{R}^n$, sei im inneren Punkt $x_0 \in D$ nach allen Variablen x_j, $j = 1, \ldots, n$, partiell differenzierbar. Der Vektor

$$\mathrm{grad}\ f(x_0) = \frac{d f}{d x}(x_0) = (f_{x_1}(x_0), \ldots, f_{x_n}(x_0))$$

heißt Gradient von f im Punkt x_0.

Gradient

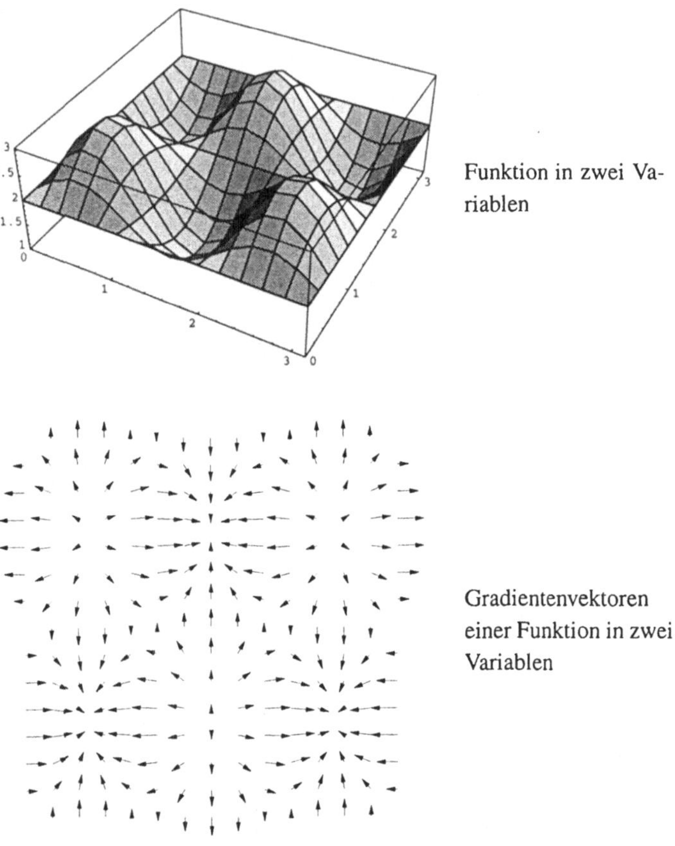

Funktion in zwei Variablen

Gradientenvektoren einer Funktion in zwei Variablen

Wir schränken nun allgemeiner eine gegebene Funktion auf eine Gerade in Richtung eines beliebigen Einheitsvektors ein.

Richtungsableitung

Sei $f : D \longrightarrow \mathbb{R}, D \subseteq \mathbb{R}^n$, eine Funktion, $x_0 \in D$ ein innerer Punkt und $\vec{e} \in \mathbb{R}^n$ ein Einheitsvektor. Wenn der Grenzwert

$$\lim_{h \to 0} \frac{f(x_0 + h\,\vec{e}) - f(x_0)}{h}$$

existiert, dann heißt f in x_0 differenzierbar in Richtung $\vec{e}$. Man bezeichnet:

$$\frac{\partial f}{\partial \vec{e}}(x_0) = \lim_{h \to 0} \frac{f(x_0 + h\,\vec{e}) - f(x_0)}{h}$$

als Richtungsableitung von f in Richtung $\vec{e}$ im Punkt x_0.

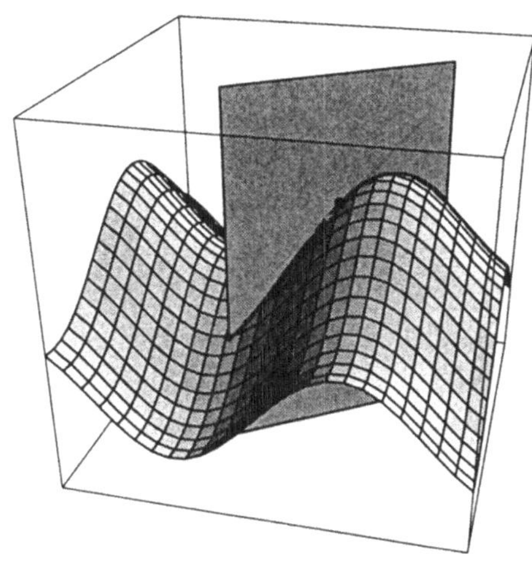

Richtungsableitung einer Funktion in zwei Variablen

Wir führen ähnlich wie bei Funktionen einer Variablen höhere partielle Ableitungen ein.

Die Funktion $f : D \longrightarrow \mathbb{R}$, sei in der offenen Teilmenge $D \subseteq \mathbb{R}^n$ nach der Variablen x_k partiell differenzierbar.
Im Punkt $x_0 \in D$ existiere die partielle Ableitung der Funktion $f_{x_k} : D \to \mathbb{R}$ nach x_j. Dann bezeichnet man

$$\frac{\partial f_{x_k}}{\partial x_j}(x_0) = f_{x_k x_j}(x_0) = \frac{\partial^2 f}{\partial x_j \partial x_k}(x_0)$$

Partielle Ableitungen höherer Ordnung

als partielle Ableitung zweiter Ordnung der Funktion f nach den Variablen x_k und x_j. Entsprechend werden partielle Ableitungen höherer Ordnung erklärt.

Wir betrachten noch die Ableitung parameterabhängiger Integrale.

Sei $f(x,t), a \leq x \leq b, \alpha \leq t \leq \beta$ eine stetige, reellwertige Funktion mit einer stetigen partiellen Ableitung $f_t(x,t)$. Dann ist für beliebiges $x_0 \in [a,b]$ die Funktion

$$F(y,t) = \int_{x_0}^{y} f(x,t)\,dx, \quad a \leq y \leq b, \quad \alpha \leq t \leq \beta$$

Parameterabhängige Integrale

stetig und besitzt stetige partielle Ableitungen:

$$F_y(y,t) = f(y,t), \quad F_t(y,t) = \int_{x_0}^{y} f_t(x,t)\,dx.$$

Partielle Ableitungen berechnen, Gradienten aufstellen

Aufgabe 8.14 Man berechne die partiellen Ableitungen folgender Funktionen:

$$f_1(x_1, x_2, x_3) = x_1^{x_2}, \quad x_1 > 0, x_2 > 0,$$
$$f_2(x_1, x_2, x_3) = x_3, \quad f_3(x_1, x_2) = \sin(x_1 \cos(x_2)),$$

und gebe jeweils den Gradienten an.

Lösung: Aus $f_1(x_1, x_2, x_3) = e^{\ln(x_1) x_2}$ ergibt sich:

$$\frac{\partial f_1}{\partial x_1}(x_1, x_2, x_3) = \frac{x_2}{x_1} e^{\ln(x_1) x_2} = \frac{x_2}{x_1} x_1^{x_2},$$
$$\frac{\partial f_1}{\partial x_2}(x_1, x_2, x_3) = \ln(x_1) e^{\ln(x_1) x_2} = \ln(x_1) x_1^{x_2},$$
$$\frac{\partial f_1}{\partial x_3}(x_1, x_2, x_3) = 0.$$

Offensichtlich gilt:

$$\frac{\partial f_2}{\partial x_1}(x_1, x_2, x_3) = 0, \quad \frac{\partial f_2}{\partial x_2}(x_1, x_2, x_3) = 0,$$
$$\frac{\partial f_2}{\partial x_2}(x_1, x_2, x_3) = 1,$$

und

$$\frac{\partial f_3}{\partial x_1}(x_1, x_2) = \cos(x_1 \cos(x_2)) \cos(x_2),$$
$$\frac{\partial f_3}{\partial x_2}(x_1, x_2) = -\cos(x_1 \cos(x_2)) x_1 \sin(x_2).$$

Damit ergeben sich folgende Gradienten

$$\operatorname{grad} f_1(x_1, x_2, x_3) = \left(\frac{x_2}{x_1} x_1^{x_2}, \ln(x_1) x_1^{x_2}, 0 \right),$$
$$\operatorname{grad} f_2(x_1, x_2, x_3) = (0, 0, 1),$$
$$\operatorname{grad} f_3(x_1, x_2) = (\cos(x_1 \cos(x_2)) \cos(x_2),$$
$$-\cos(x_1 \cos(x_2)) x_1 \sin(x_2)).$$

Mathematica: Zur partiellen Ableitung verwendet man D und gibt die Variable an, nach der partiell differenziert werden soll. Der Gradient wird mit einer selbstdefinierten Funktion ermittelt.

f1[x1_, x2_, x3_] := x1$^{\mathbf{x2}}$

$\partial_{\mathbf{x1}}$**f1[x1, x2, x3]**

x1$^{-1+\mathbf{x2}}$x2

$$\partial_{x2}\mathbf{f1}[x1, x2, x3]$$

$$x1^{x2}\log[x1]$$

$$\partial_{x3}\mathbf{f1}[x1, x2, x3]$$

$$0$$

$$\mathbf{grad} = \mathbf{Simplify}[(\partial_{\#1}\mathbf{f1}[x1, x2, x3]\&)/@\{x1, x2, x3\}]$$

$$\{x1^{-1+x2}x2, x1^{x2}\log[x1], 0\}$$

Maple: Zur partiellen Ableitung verwendet man Diff und gibt die Variable an, nach der partiell differenziert werden soll. Nachdem man das Paket Linalg geladen hat, kann der Gradient mit Grad berechnet werden. Man gibt die Variablen als Vektor in einer Option an.

```
diff
linalg
grad
```

```
> f1:=(x1,x2,x3)->x1^x2;
```

$$f1 := (x1, x2, x3) \to x1^{x2}$$

```
> diff(f1(x1,x2,x3),x1);
```

$$\frac{\partial}{\partial x1}x1^{x2} = \frac{x1^{x2}\,x2}{x1}$$

```
> diff(f1(x1,x2,x3),x2);
```

$$\frac{\partial}{\partial x2}x1^{x2} = x1^{x2}\ln(x1)$$

```
> diff(f1(x1,x2,x3),x3);
```

$$\frac{\partial}{\partial x3}x1^{x2} = 0$$

```
> with(linalg):
> grad(f1(x1,x2,x3),vector([x1,x2,x3]));
```

$$\left[\frac{x1^{x2}\,x2}{x1}, \; x1^{x2}\ln(x1), \; 0\right]$$

Aufgabe 8.15 Für $x_1 > 0$, $x_2 > 0$ seien die Funktionen f_1, f_2 erklärt durch:

$$f_1(x_1, x_2) = \left(x_1^{x_1}\right)^{x_2}, \quad f_2(x_1, x_2) = x_1^{\left(x_1^{x_2}\right)}.$$

Man berechne folgende partiellen Ableitungen:

$$\frac{\partial f_1}{\partial x_2}(1, x_2), \frac{\partial f_2}{\partial x_2}(1, x_2).$$

Partielle Ableitungen in bestimmten Punkten berechnen, nach Rechenregeln und nach Definition vorgehen

Lösung: Wir schreiben f_1 als: $f_1(x_1, x_2) = e^{x_1\,x_2\,\ln(x_1)}$ und berechnen:

$$\frac{\partial f_1}{\partial x_2}(x_1, x_2) = e^{x_1\,x_2\,\ln(x_1)}\,x_1\,\ln(x_1) = x_1\,\ln(x_1)\,x_1^{x_1^{x_2}}\,,$$

woraus sich ergibt: $\dfrac{\partial f_1}{\partial x_2}(1, x_2) = 0$.

Wir schreiben f_2 als: $f_2(x_1, x_2) = e^{\ln(x_1)\,e^{x_2\,\ln(x_1)}}$ und berechnen:

$$\frac{\partial f_2}{\partial x_2}(x_1, x_2) = e^{\ln(x_1)\,e^{x_2\,\ln(x_1)}}\,(\ln(x_1))^2\,e^{x_2\,\ln(x_1)} = x_1^{\left(x_1^{x_2}+x_2\right)}\,\ln(x_1)^2\,,$$

woraus sich ergibt: $\dfrac{\partial f_2}{\partial x_2}(1, x_2) = 0$.

Man kann einfacher nach der Definition der partiellen Ableitung vorgehen. Aus: $f_1(1, x_2) = 1$, $f_2(1, x_2) = 1$ für beliebige x_2 folgt sofort das angegebene Ergebnis.

Mathematica: Zuerst werden die partiellen Ableitungen berechnet und anschließend x_1 durch 1 ersetzt. Eine Variable wird durch einen Ausdruck ersetzt mit der Zeichenkombination

```
%/. ->
```

$$\partial_{\mathbf{x2}}(\mathbf{x1^{x1}})^{\mathbf{x2}}$$

$$(\mathbf{x1^{x1}})^{\mathbf{x2}}\,\log[\mathbf{x1^{x1}}]$$

$$\%/.\mathbf{x1} \to \mathbf{1}$$

$$0$$

$$\partial_{\mathbf{x2}}\mathbf{x1^{x1^{x2}}}$$

$$\mathbf{x1^{x1^{x2}+x2}}\log[\mathbf{x1}]^2$$

$$\%/.\mathbf{x1} \to \mathbf{1}$$

$$0$$

Maple: Mit Subs kann man eine Variable durch einen Ausdruck ersetzen.

subs

```
> diff((x1^x1)^x2,x2);
```

$$(x1^{x1})^{x2}\,\ln(x1^{x1})$$

```
> subs(x1=1,%);
```

$$\ln(1)$$

```
> diff(x1^(x1^x2),x2);
```

$$x1^{(x1^{x2})}\, x1^{x2} \ln(x1)^2$$

```
> subs(x1=1,%);
```

$$\ln(1)^2$$

Aufgabe 8.16 Man berechne die partiellen Ableitungen folgender Funktionen:

$$f_1(x_1, x_2) = h(x_1 - x_2)\,, \qquad f_2(x_1, x_2) = \int\limits_a^{x_1-x_2} h(t)\,dt\,,$$

$$f_3(x_1, x_2) = \int\limits_{x_1}^{x_2} h(t)\,dt$$

(mit einer differenzierbaren Funktion $h : \mathbb{R} \to \mathbb{R}$ und einer Konstanten a).

Lösung: Da die Funktion h nur von einer Variablen abhängt, gilt mit ihrer Ableitung h' nach der Kettenregel:

$$\frac{\partial f_1}{\partial x_1}(x_1, x_2) = h'(x_1 - x_2)\,, \qquad \frac{\partial f_1}{\partial x_2}(x_1, x_2) = -h'(x_1 - x_2)\,.$$

Unter Verwendung des Hauptsatzes folgt:

$$\frac{\partial f_2}{\partial x_1}(x_1, x_2) = h(x_1 - x_2)\,, \qquad \frac{\partial f_2}{\partial x_2}(x_1, x_2) = -h(x_1 - x_2)\,,$$

und mit:

$$f_3(x_1, x_2) = -\int\limits_a^{x_1} h(t)\,dt + \int\limits_a^{x_2} h(t)\,dt$$

ergibt sich:

$$\frac{\partial f_3}{\partial x_1}(x_1, x_2) = -h(x_1)\,, \qquad \frac{\partial f_3}{\partial x_2}(x_1, x_2) = h(x_2)\,.$$

Aufgabe 8.17 Man zeige, daß gilt:

$$\frac{d}{dt}\left(\int\limits_a^b e^{t\,x}\,dx\right) = \int\limits_a^b x\,e^{t\,x}\,dx\,,$$

indem man das Integral: $\int_a^b x e^{tx} dx$ durch partielle Integration berechnet und danach das Integral $\int_a^b e^{tx} dx$ nach t ableitet.

Partielle Ableitungen berechnen, Kettenregel und Hauptsatz anwenden

Satz über die Ableitung eines Integrals nach einem Parameter bestätigen

Lösung: Mit der Stammfunktion: $\int x\,e^{t\,x}\,dx = \dfrac{x\,e^{t\,x}}{t} - \dfrac{e^{t\,x}}{t^2}$ ergibt sich:

$$\int_{a}^{b} x\,e^{t\,x}\,dx = \frac{b\,t\,e^{b\,t} - e^{b\,t} - a\,t\,e^{a\,t} + e^{a\,t}}{t^2}\,.$$

Differenziert man nun: $\displaystyle\int_{a}^{b} e^{t\,x}\,dx = \frac{e^{b\,t} - e^{a\,t}}{t}$, so bekommt man:

$$\frac{d}{dt}\left(\int_{a}^{b} e^{t\,x}\,dx\right) = \frac{b\,t\,e^{b\,t} - e^{b\,t} - a\,t\,e^{a\,t} + e^{a\,t}}{t^2}\,.$$

Mathematica:

$$\mathbf{Simplify}\Big[\int_{\mathbf{a}}^{\mathbf{b}} \mathbf{x}\exp[\mathbf{tx}]\mathbf{dx}\Big]$$

$$\frac{-e^{at}\,(-1 + at) + e^{bt}\,(-1 + bt)}{t^2}$$

$$\mathbf{Simplify}\Big[\partial_{\mathbf{t}}\Big(\int_{\mathbf{a}}^{\mathbf{b}} \exp[\mathbf{tx}]\mathbf{dx}\Big)\Big]$$

$$\frac{e^{at} - e^{bt} - ae^{at}t + be^{bt}t}{t^2}$$

Maple:

```
> simplify(int(x*exp(t*x),x=a..b));
```

$$\int_{a}^{b} x\,e^{(t\,x)}\,dx = \frac{b\,t\,e^{(b\,t)} - e^{(b\,t)} - a\,t\,e^{(a\,t)} + e^{(a\,t)}}{t^2}$$

```
> simplify(diff(int(exp(t*x),x=a..b),t));
```

$$\frac{\partial}{\partial t}\int_{a}^{b} e^{(t\,x)}\,dx = \frac{b\,t\,e^{(b\,t)} - e^{(b\,t)} - a\,t\,e^{(a\,t)} + e^{(a\,t)}}{t^2}$$

Richtungsableitungen anhand der Definition berechnen

Aufgabe 8.18   Gegeben seien die Funktionen

$$f(x_1, x_2) = x_1^2 + x_2^2\,, \qquad g(x_1, x_2, x_3) = (x_1^2 + x_2^2)\,x_3\,.$$

Man berechne die Richtungsableitungen

$$\frac{\partial f}{\partial\,(\cos(\phi),\,\sin(\phi))}(x_1, x_2)\,,$$

$$\frac{\partial g}{\partial\,(\cos(\phi)\,\sin(\theta),\,\sin(\phi)\,\sin(\theta),\,\cos(\theta))}(x_1, x_2, x_3)\,,$$

$(\phi,\theta \in \mathbb{R})$.

Lösung: Wir schränken f auf eine Gerade durch den Punkt (x_1, x_2) in Richtung des Einheitsvektors $(\cos(\phi), \sin(\phi))$ ein:

$$
\begin{aligned}
f((x_1, x_2) &+ h\,(\cos(\phi), \sin(\phi))) \\
&= f(x_1 + h\,\cos(\phi), x_2 + \sin(\phi)) \\
&= (x_1 + h\,\cos(\phi))^2 + (x_2 + h\,\sin(\phi))^2 \\
&= x_1^2 + x_2^2 + 2x_1\,h\,\cos(\phi) + 2x_2\,h\,\sin(\phi)\,.
\end{aligned}
$$

Die Richtungsableitung der Funktion f im Punkt (x_1, x_2) ergibt sich somit durch Grenzwertbildung:

$$
\begin{aligned}
\frac{\partial f}{\partial\,(\cos(\phi), \sin(\phi))}&(x_1, x_2) \\
&= \lim_{h \to 0} \frac{f((x_1, x_2) + h\,(\cos(\phi), \sin(\phi))) - f(x_1, x_2)}{h} \\
&= \lim_{h \to 0} 2x_1\,\cos(\phi) + 2x_2\,\sin(\phi) \\
&= 2x_1\,\cos(\phi) + 2x_2\,\sin(\phi)\,.
\end{aligned}
$$

Man bekommt den Grenzwert genau so durch die Ableitung

$$
\frac{d}{dh} f((x_1, x_2) + h\,(\cos(\phi), \sin(\phi)))\Big|_{h=0}\,.
$$

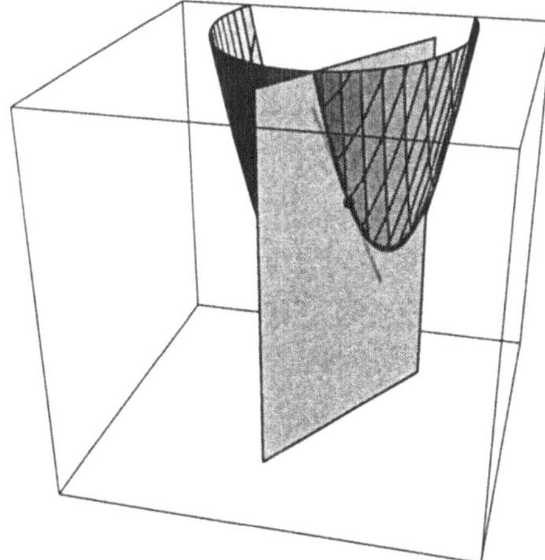

Richtungsableitung der Funktion $f(x_1, x_2) = x_1^2 + x_2^2$

Wir schränken nun g auf eine Gerade durch den Punkt (x_1, x_2, x_3) in Richtung des Einheitsvektors $(\cos(\phi)\,\sin(\theta), \sin(\phi)\,\sin(\theta), \cos(\theta))$ ein:

$$
\begin{aligned}
g((x_1, x_2, x_3) &+ h\,(\cos(\phi)\,\sin(\theta), \sin(\phi)\,\sin(\theta), \cos(\theta))) \\
&= g(x_1 + h\,\cos(\phi)\,\sin(\theta), x_2 + \sin(\phi)\,\sin(\theta), x_3 + h\,\cos(\theta)) \\
&= ((x_1 + h\,\cos(\phi)\,\sin(\theta))^2 + (x_2 + h\,\sin(\phi)\,\sin(\theta))^2) \\
&\quad (x_3 + h\,\cos(\theta))\,.
\end{aligned}
$$

Die Richtungsableitung ergibt sich durch:

$$\frac{\partial\, g}{\partial\, (\cos(\phi)\,\sin(\theta),\,\sin(\phi)\,\sin(\theta),\,\cos(\theta))}(x_1, x_2, x_3)$$

$$= \left.\frac{d}{dh} g((x_1, x_2, x_2) + h\,(\cos(\phi)\,\sin(\theta),\,\sin(\phi)\,\sin(\theta),\,\cos(\theta)))\right|_{h=0}$$

$$= (x_1^2 + x_2^2)\,\cos(\theta) + 2\,x_3\,\sin(\theta)\,(x_1\,\cos(\phi) + x_2\,\sin(\phi)).$$

Mathematica:

$$\mathbf{f[x1\_, x2\_] := x1^2 + x2^2}$$

$$\mathbf{Simplify[f[x1 + h\cos[\phi], x2 + h\sin[\phi]]]}$$

$$\mathbf{(x1 + h\cos[\phi])^2 + (x2 + h\sin[\phi])^2}$$

$$\mathbf{Limit\Big[\frac{f[x1 + h\cos[\phi], x2 + h\sin[\phi]] - f[x1, x2]}{h}, h \to 0\Big]}$$

$$\mathbf{2x1\cos[\phi] + 2x2\sin[\phi]}$$

Maple:

```
> f:=(x1,x2)->x1^2+x2^2;
> simplify(f(x1+h*cos(phi),x2+h*sin(phi)));
```

$$\mathrm{Simplify}((x1 + h\cos(\phi))^2 + (x2 + h\sin(\phi))^2)$$
$$= x1^2 + 2\,x1\,h\cos(\phi) + x2^2 + 2\,x2\,h\sin(\phi) + h^2$$

```
> limit((f(x1+h*cos(phi),x2+h*sin(phi))-f(x1,x2))/h,h=0);
```

$$\lim_{h\to 0}\frac{(x1 + h\cos(\phi))^2 + (x2 + h\sin(\phi))^2 - x1^2 - x2^2}{h}$$
$$= 2\,x1\cos(\phi) + 2\,x2\sin(\phi)$$

Höhere partielle Ableitungen berechnen	**Aufgabe 8.19** Man berechne die partiellen Ableitungen $f_{x_1}(x_1, x_2, x_3)$, $f_{x_1x_2}(x_1, x_2, x_3)$, $f_{x_1x_2x_3}(x_1, x_2, x_3)$ der Funktion: $$f(x_1\, x_2\, x_3) = x_1^2\, x_3^2\,\sin(x_1^2\, x_2^2).$$

Lösung: Wir bilden zunächst die partielle Ableitung nach x_1:

$$f_{x_1}(x_1, x_2, x_3) = 2\,x_1\,x_3^2\,\sin(x_1^2\, x_2^2) + 2\,x_1^3\,x_2^2\,x_3^2\,\cos(x_1^2\, x_2^2).$$

Durch Ableiten nach x_2 erhält man daraus:

$$f_{x_1x_2}(x_1, x_2, x_3) = -4\,x_1^5\,x_2^3\,x_3^2\,\sin(x_1^2\, x_2^2) + 8\,x_1^3\,x_2\,x_3^2\,\cos(x_1^2\, x_2^2).$$

Leitet man nun noch nach x_3 ab, so bekommt man:

$$f_{x_1x_2x_3}(x_1, x_2, x_3) = -8\,x_1^5\,x_2^3\,x_3\,\sin(x_1^2\, x_2^2) + 16\,x_1^5\,x_2\,x_3\,\cos(x_1^2\, x_2^2).$$

Mathematica: Höhere partielle Ableitungen werden mit D berechnet. Man gibt nacheinander die Variablen an, nach denen differenziert werden soll.

$$\mathbf{f[x1\_, x2\_, x3\_] := x1^2 x3^2 \sin[x1^2 x2^2]}$$

D

$$\partial_{\mathbf{x1}}\mathbf{f[x1, x2, x3]}$$
$$\mathbf{2x1^3 x2^2 x3^2 \cos[x1^2 x2^2] + 2x1 x3^2 \sin[x1^2 x2^2]}$$

$$\partial_{\mathbf{x1,x2}}\mathbf{f[x1, x2, x3]}$$
$$\mathbf{8x1^3 x2 x3^2 \cos[x1^2 x2^2] - 4x1^5 x2^3 x3^2 \sin[x1^2 x2^2]}$$

$$\partial_{\mathbf{x1,x2,x3}}\mathbf{f[x1, x2, x3]}$$
$$\mathbf{16x1^3 x2 x3 \cos[x1^2 x2^2] - 8x1^5 x2^3 x3 \sin[x1^2 x2^2]}$$

Maple: Höhere partielle Ableitungen werden mit Diff berechnet. Man gibt nacheinander die Variablen an, nach denen differenziert werden soll.

diff

```
> f:=(x1,x2,x3)->x1^2*x3^2*sin(x1^2*x2^2);
```

$$f := (x1, x2, x3) \rightarrow x1^2 x3^2 \sin(x1^2 x2^2)$$

```
> diff(f(x1,x2,x3),x1);
```

$$\frac{\partial}{\partial x1} x1^2 x3^2 \sin(x1^2 x2^2)$$
$$= 2 x1 x3^2 \sin(x1^2 x2^2) + 2 x1^3 x3^2 \cos(x1^2 x2^2) x2^2$$

```
> simplify(diff(f(x1,x2,x3),x1,x2));
```

$$\frac{\partial^2}{\partial x2\, \partial x1} x1^2 x3^2 \sin(x1^2 x2^2)$$
$$= 8 x1^3 x3^2 \cos(x1^2 x2^2) x2 - 4 x1^5 x3^2 \sin(x1^2 x2^2) x2^3$$

```
> simplify(diff(f(x1,x2,x3),x1,x2,x3));
```

$$\frac{\partial^3}{\partial x3\, \partial x2\, \partial x1} x1^2 x3^2 \sin(x1^2 x2^2)$$
$$= 16 x1^3 x3 \cos(x1^2 x2^2) x2 - 8 x1^5 x3 \sin(x1^2 x2^2) x2^3$$

9 Differenzierbare Funktionen im $\mathbb{R}^n$

9.1 Der Differenzierbarkeitsbegriff im $\mathbb{R}^n$

Die Differenzierbarkeit von Funktionen mehrerer Veränderlicher kann analog zum Fall einer Veränderlichen vorgenommen werden.

Differenzierbarkeit im $\mathbb{R}^n$

> Sei $f : D \longrightarrow \mathbb{R}, D \subseteq \mathbb{R}^n$, eine Funktion und $x_0 \in D$ ein innerer Punkt. f heißt differenzierbar im Punkt x_0, wenn es ein $c \in \mathbb{R}^n$ und eine auf einer ϵ-Umgebung $U_\epsilon(x_0) \subset D$ erklärte Funktion $r : U_\epsilon(x_0) \to \mathbb{R}$ gibt, so daß gilt:
>
> $$\lim_{x \to x_0} r(x) = 0 \text{ und } f(x) = f(x_0) + c\,(x - x_0) + r(x)\,||x - x_0||.$$

Die Differenzierbarkeit im Punkt x_0 zieht wieder die Stetigkeit nach sich.

Stetigkeit und Differenzierbarkeit im $\mathbb{R}^n$

> Wenn eine Funktion $f : D \longrightarrow \mathbb{R}$, $D \subseteq \mathbb{R}^n$ in einem inneren Punkt $x_0 \in D$ differenzierbar ist, dann ist sie dort auch stetig.

Zwischen der Differenzierbarkeit und der partiellen Differenzierbarkeit besteht ein enger Zusammenhang. Die Existenz sämtlicher partieller Ableitungen in einem Punkt x_0 reicht aber noch nicht für die Differenzierbarkeit in diesem Punkt aus.

Differenzierbarkeit und partielle Differenzierbarkeit

> Sei $f : D \longrightarrow \mathbb{R}$ eine Funktion und $x_0 \in D \subseteq \mathbb{R}^n$ ein innerer Punkt.
> Wenn f in x_0 differenzierbar ist, dann existieren alle partiellen Ableitungen $f_j(x_0)$, und es gilt:
>
> $$c = \operatorname{grad} f(x_0).$$
>
> Wenn alle partiellen Ableitungen $f_j(x)$ in einer ϵ-Umgebung von x_0 existieren und in x_0 stetig sind, dann ist f in x_0 differenzierbar.

Wie im Fall einer Funktion einer Variablen kommt es im n-dimensionalen Fall zu einer Berührung der Funktion durch eine Hyperebene.

Wenn eine Funktion $f : D \to \mathbb{R}$, $D \subseteq \mathbb{R}^n$, in x_0 differenzierbar ist, dann erfüllt die Funktion

$$t(x) = f(x_0) + \operatorname{grad} f(x_0)(x - x_0)$$

in x_0 die Berührungsbedingung:

$$\lim_{x \to x_0} \frac{f(x) - t(x)}{\|x - x_0\|} = 0.$$

Berührung

Ist $n = 2$, so stellt $t(x)$ eine Ebene im $\mathbb{R}^3$ dar.

Die Tangentialebene:

$$x_3 = f(x_0) + f_{x_1}(x_0)\,(x_1 - x_{0,1}) + f_{x_2}(x_0)\,(x_2 - x_{0,2})$$

berührt den Graphen $(x_1, x_2, f(x_1, x_2))$ im Punkt $(x_{0,1}, x_{0,2}, f(x_{0,1}, x_{0,2}))$. Der Vektor

$$\vec{n} = (f_{x_1}(x_0), f_{x_2}(x_0), -1)$$

stellt einen Normalenvektor der Tangentialebene dar. Wir können sie in Parameterform darstellen durch

$$\begin{aligned}(x_1, x_2, x_3) \;=\;& (x_{0,1}, x_{0,2}, f(x_{0,1}, x_{0,2})) + \lambda\,(1, 0, f_{x_1}(x_0)) \\ &+ \mu\,(0, 1, f_{x_2}(x_0)).\end{aligned}$$

Tangentialebene

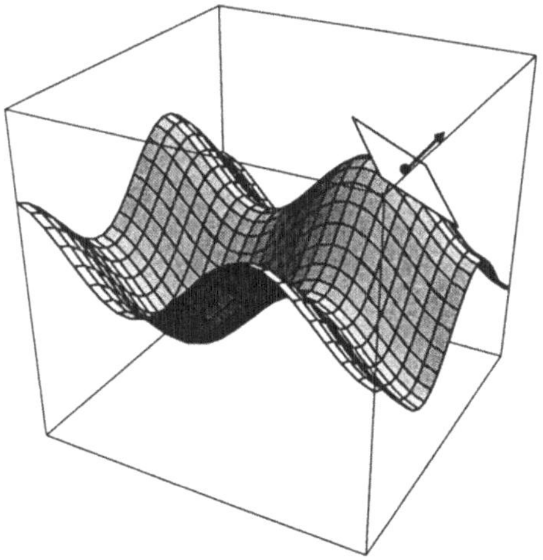

Tangentialebene mit Normalenvektor

Die Differenzierbarkeit von Funktionen mit Werten im $\mathbb{R}^m$ wird wie die Stetigkeit komponentenweise erklärt.

Funktionalmatrix

Sei $f : D \longrightarrow \mathbb{R}^m$, $D \subseteq \mathbb{R}^n$, eine Funktion und $x_0 \in D$ ein innerer Punkt. f heißt differenzierbar im Punkt x_0, wenn jede Komponente $f^k, k = 1, \ldots, m$ in x_0 differenzierbar ist. Die Matrix

$$\frac{d\,f}{d\,x}(x_0) = \begin{pmatrix} \mathrm{grad}\ f^1(x_0) \\ \vdots \\ \mathrm{grad}\ f^m(x_0) \end{pmatrix} = \left(f^k_{x_j}(x_0) \right)_{\substack{k=1,\ldots,m \\ j=1,\ldots,n}}$$

heißt Funktionalmatrix (oder Jacobi-Matrix) von f in x_0. Die Gradienten der Komponentenfunktionen von f bilden gerade die Zeilenvektoren der Funktionalmatrix.

Beim Beweis der Kettenregel können wir wieder wie bei Funktionen einer Veränderlicher vorgehen.

Kettenregel

Sei
$$f : D \longrightarrow \mathbb{R}^m, \quad D \subseteq \mathbb{R}^n,$$
$$g : f(D) \longrightarrow \mathbb{R}^p,$$

$x_0 \in D$ ein innerer Punkt von D und $f(x_0) \in f(D)$ ein innerer Punkt von $f(D)$.
Wenn f in x_0 und g in $f(x_0)$ differenzierbar ist, dann ist die Verkettung $g \circ f$ in x_0 differenzierbar, und es gilt:

$$\frac{d\,(g \circ f)}{d\,x}(x_0) = \frac{d\,g}{d\,y}(f(x_0)) \, \frac{d\,f}{d\,x}(x_0).$$

Mit Hilfe der Kettenregel läßt sich ein einfacher Zusammenhang zwischen der Richtungsableitung und dem Gradienten herstellen.

Richtungsableitung und Gradient

Die Funktion $f : D \longrightarrow \mathbb{R}$, $D \subseteq \mathbb{R}^n$, sei im inneren Punkt x_0 von D differenzierbar, und $\vec{e} \in \mathbb{R}^n$ sei ein Einheitsvektor.
Dann existiert die Richtungsableitung von f in Richtung $\vec{e}$, und es gilt:

$$\frac{\partial f}{\partial \vec{e}}(x_0) = \mathrm{grad}\ f(x_0)\,\vec{e}^{\,T}.$$

Der Betrag der Richtungsableitung ist durch $\|\,\mathrm{grad}\ f(x_0)\|$ nach oben beschränkt. Der Gradient zeigt in die Richtung, in der die Funktionswerte $f(x)$ in größtmöglicher Weise zunehmen.

Nimmt man bei grad $f(x_0) \neq \vec{0}$ den Einheitsvektor:

$$\vec{e}_m = \frac{1}{\|\operatorname{grad}\, f(x_0)\|}\,\operatorname{grad}\, f(x_0),$$

so ergibt sich $\dfrac{\partial f}{\partial \vec{e}_m}(x_0) = \|\operatorname{grad}\, f(x_0)\|$. Damit besitzt die Funktion $h \longrightarrow f(x_0 + h\,\vec{e})$ dann den betragsmäßig größtmöglichen Anstieg in $h = 0$, wenn die Richtung $\vec{e} = \vec{e}_m$ gewählt wird. (In diesem Fall ist der Anstieg echt positiv und die Funktion $f(x_0 + h\,\vec{e}_m)$ ist nahe bei $h = 0$ monoton wachsend).

Maximalitätseigenschaft des Gradienten

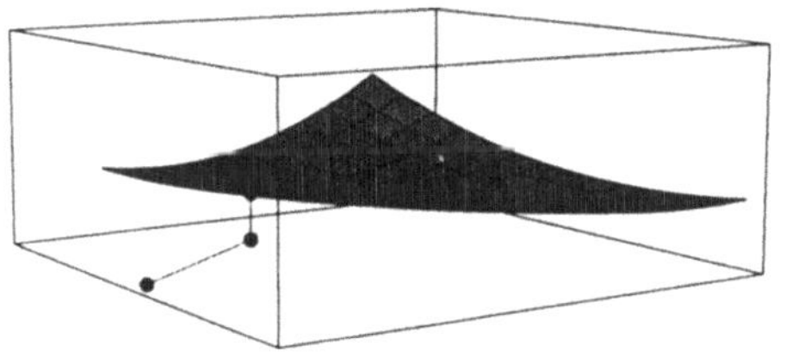

Maximalitätseigenschaft des Gradienten

Wir führen noch Differenzierbarkeitsklassen ein.

Sei $D \subseteq \mathbb{R}^n$ eine offene Menge und $f : D \longrightarrow \mathbb{R}$. Die Funktion f gehört zur Klasse $C^j(D)$, $j \geq 1$, wenn sämtliche partiellen Ableitungen bis zur j-ten Ordnung existieren und stetig sind.

Differenzierbarkeitsklassen

Bei der Bildung der partiellen Ableitungen muß man keine Rücksicht auf die Reihenfolge nehmen.

Sei $D \subseteq \mathbb{R}^n$ eine offene Menge und $f : D \longrightarrow \mathbb{R}$ gehöre zur Klasse $f \in C^j(D)$, $j \geq 2$. Sei $f_{x_{k_1} x_{k_2} \dots x_{k_j}}$ irgend eine partielle Ableitung j-ter Ordnung. Dann gilt für jede Permutation π der Indizes:

$$f_{x_{\pi(k_1)} x_{\pi(k_2)} \dots x_{\pi(k_j)}} = f_{x_{k_1} x_{k_2} \dots x_{k_j}}.$$

Vertauschbarkeit der partiellen Ableitungen

Aufgabe 9.1 Die Funktion $f : \mathbb{R}^n \to \mathbb{R}$ erfülle die Ungleichung

$$|f(x)| \leq \|x\|^2.$$

Man zeige, daß f dann im Nullpunkt differenzierbar ist.

Mit der Definition der Differenzierbarkeit einer Funktion von n Variablen umgehen

Lösung: Aus $|f(0, \dots, 0)| \leq \|(0, \dots, 0)\|^2$ folgt, $f(0, \dots, 0) = 0$. Wählen wir $c = (0, \dots, 0) \in \mathbb{R}^n$ und $r(x) = \dfrac{f(x)}{\|x\|}$, dann gilt offenbar:

$$f(x) = f(0, \dots, 0) + c\,x + r(x)\,\|x\|.$$

Wegen

$$|r(x)| = \left| \frac{f(x)}{\|x\|} \right| \leq \|x\|$$

folgt schließlich: $\displaystyle\lim_{x \to (0,\dots,0)} r(x) = 0$.

<table>
<tr><td>

Differenzierbarkeitbegriff und
Zusammenhang zwischen
Differenzierbarkeit und
partieller Differenzierbarkeit
benutzen

</td><td>

Aufgabe 9.2 Man zeige, daß die Funktion:

$$f(x_1, x_2) = \frac{x_1 \, |x_2|}{\sqrt{x_1^2 + x_2^2}}$$

im Nullpunkt nicht differenzierbar ist.

</td></tr>
</table>

Lösung: Offensichtlich besitzt f wegen

$$\left| x_1 \, \frac{|x_2|}{\sqrt{x_1^2 + x_2^2}} \right| \leq |x_1|$$

im Nullpunkt den Grenzwert 0. Aus:

$$\frac{f(h, 0) - f(0, 0)}{h} = 0,$$

$$\frac{f(0, h) - f(0, 0)}{h} = 0$$

ergibt sich die Existenz der partiellen Ableitungen im Nullpunkt und

$$\mathrm{grad} \; f(0, 0) = (0, 0).$$

Wäre f nun im Nullpunkt differenzierbar, so müßte

$$r(x_1, x_2) = \frac{f(x_1, x_2)}{\sqrt{x_1^2 + x_2^2}} = \frac{x_1 \, |x_2|}{x_1^2 + x_2^2}$$

dort den Grenzwert 0 besitzen. Ist x_{n1} eine Nullfolge, so gilt aber:

$$\lim_{n \to \infty} \frac{f(x_{n1}, 0)}{\sqrt{x_{n1}^2}} = 0 \quad \text{und} \quad \lim_{n \to \infty} \frac{f(x_{n1}, x_{n1})}{\sqrt{x_{n1}^2 + x_{n1}^2}} = \frac{1}{2}.$$

<table>
<tr><td>

Partielle Ableitung
zusammengesetzter Funktionen
mit der Kettenregel berechnen

</td><td>

Aufgabe 9.3 Man berechne die partiellen Ableitungen folgender
Funktionen:

$$\begin{aligned}
f_1(x_1, x_2) &= g_1(h_1(x_1)\, k_1(x_2), h_1(x_1) + k_1(x_2)), \\
f_2(x_1, x_2, x_3) &= g_2(h_1(x_1, x_2), k_1(x_1 + x_3)),
\end{aligned}$$

(mit differenzierbaren Funktionen $f_1, f_2 : \mathbb{R}^2 \to \mathbb{R}$, $h_1, k_1 : \mathbb{R} \to \mathbb{R}$, $h_2 : \mathbb{R}^2 \to \mathbb{R}$, $k_2 : \mathbb{R} \to \mathbb{R}$).

</td></tr>
</table>

Lösung: Wir führen die Funktion $q_1 : \mathbb{R}^2 \to \mathbb{R}^2$ ein:

$$q_1(x_1, x_2) = (h_1(x_1)\, k_1(x_2),\, h_1(x_1) + k_1(x_2))$$

und bekommen nach der Kettenregel:

$$\frac{\partial f_1}{\partial x_1}(x_1, x_2)$$

$$= \frac{\partial g_1}{\partial y_1}(q_1(x_1, x_2))\, \frac{\partial q_1^1}{\partial x_1}(x_1, x_2)$$

$$+ \frac{\partial g_1}{\partial y_2}(q_1(x_1, x_2))\, \frac{\partial q_1^2}{\partial x_1}(x_1, x_2)$$

$$= \frac{\partial g_1}{\partial y_1}(h_1(x_1)\, k_1(x_2),\, h_1(x_1) + k_1(x_2))\, h_1'(x_1)\, k_1(x_2)$$

$$+ \frac{\partial g_1}{\partial y_1}(h_1(x_1)\, k_1(x_2),\, h_1(x_1) + k_1(x_2))\, h_1'(x_1)\,,$$

$$\frac{\partial f_1}{\partial x_2}(x_1, x_2)$$

$$= \frac{\partial g_1}{\partial y_1}(q_1(x_1, x_2))\, \frac{\partial q_1^1}{\partial x_2}(x_1, x_2)$$

$$+ \frac{\partial g_1}{\partial y_2}(q_1(x_1, x_2))\, \frac{\partial q_1^2}{\partial x_2}(x_1, x_2)$$

$$= \frac{\partial g_1}{\partial y_1}(h_1(x_1)\, k_1(x_2),\, h_1(x_1) + k_1(x_2))\, h_1(x_1)\, k_1'(x_2)$$

$$+ \frac{\partial g_1}{\partial y_1}(h_1(x_1)\, k_1(x_2),\, h_1(x_1) + k_1(x_2))\, k_1'(x_2)\,.$$

Wir führen die Funktion $q_2 : \mathbb{R}^3 \to \mathbb{R}^2$ ein:

$$q_2(x_1, x_2, x_3) = (h_2(x_1, x_2),\, k_2(x_2 + x_3))$$

und bekommen nach der Kettenregel:

$$\frac{\partial f_2}{\partial x_1}(x_1, x_2, x_3)$$

$$= \frac{\partial g_2}{\partial y_1}(q_2(x_1, x_2, x_3)\, \frac{\partial q_2^1}{\partial x_1}(x_1, x_2, x_3)$$

$$+ \frac{\partial g_2}{\partial y_2}(q_2(x_1, x_2, x_3)\, \frac{\partial q_2^2}{\partial x_1}(x_1, x_2, x_3)$$

$$= \frac{\partial g_2}{\partial y_1}(h_2(x_1, x_2),\, k_2(x_2 + x_3))\, \frac{\partial h_2}{\partial x_1}(x_1, x_2)$$

$$+ \frac{\partial g_2}{\partial y_1}(h_2(x_1, x_2),\, k_2(x_2 + x_3))\, k_2'(x_1 + x_3)\,,$$

$$\frac{\partial f_2}{\partial x_2}(x_1, x_2, x_3)$$

$$= \frac{\partial g_2}{\partial y_1}(q_2(x_1, x_2, x_3)\,\frac{\partial q_2^1}{\partial x_2}(x_1, x_2, x_3)$$

$$+\frac{\partial g_2}{\partial y_2}(q_2(x_1, x_2, x_3)\,\frac{\partial q_2^2}{\partial x_2}(x_1, x_2, x_3)$$

$$= \frac{\partial g_2}{\partial y_1}(h_2(x_1, x_2), k_2(x_2 + x_3))\,\frac{\partial h_2}{\partial x_2}(x_1, x_2),$$

$$\frac{\partial f_2}{\partial x_3}(x_1, x_2, x_3)$$

$$= \frac{\partial g_2}{\partial y_1}(q_2(x_1, x_2, x_3)\,\frac{\partial q_2^1}{\partial x_3}(x_1, x_2, x_3)$$

$$+\frac{\partial g_2}{\partial y_2}(q_2(x_1, x_2, x_3)\,\frac{\partial q_2^2}{\partial x_3}(x_1, x_2, x_3)$$

$$= \frac{\partial g_2}{\partial y_2}(h_2(x_1, x_2), k_2(x_2 + x_3))\,k_2'(x_1 + x_3).$$

Mathematica:

f1[x1_, x2_] := g1[h1[x1]k1[x2], h1[x1] + k1[x2]]

$$\partial_{\mathbf{x1}}\mathbf{f1[x1, x2]}$$

h1′[x1]g1$^{(0,1)}$[h1[x1]k1[x2], h1[x1] + k1[x2]]+

k1[x2]h1′[x1]g1$^{(1,0)}$[h1[x1]k1[x2], h1[x1] + k1[x2]]

$$\partial_{\mathbf{x2}}\mathbf{f1[x1, x2]}$$

k1′[x2]g1$^{(0,1)}$[h1[x1]k1[x2], h1[x1] + k1[x2]]+

h1[x1]k1′[x2]g1$^{(1,0)}$[h1[x1]k1[x2], h1[x1] + k1[x2]]

Maple:

```
> f1:=(x1,x2)->g1(h1(x1)*k1(x2),h1(x1)+k1(x2));
```

$$f1 := (x1, x2) \rightarrow g1(h1(x1)\,k1(x2),\ h1(x1) + k1(x2))$$

```
> diff(f1(x1,x2),x1);
```

$$\frac{\partial}{\partial x1}\,g1(h1(x1)\,k1(x2),\ h1(x1) + k1(x2)) =$$

$$D_1(g1)(h1(x1)\,k1(x2),\ h1(x1) + k1(x2))\,(\frac{\partial}{\partial x1}\,h1(x1))\,k1(x2)$$

$$+ D_2(g1)(h1(x1)\,k1(x2),\ h1(x1) + k1(x2))\,(\frac{\partial}{\partial x1}\,h1(x1))$$

```
> diff(f1(x1,x2),x2);
```

$$\frac{\partial}{\partial x2}\, \mathrm{g}1(\mathrm{h}1(x1)\,\mathrm{k}1(x2),\ \mathrm{h}1(x1) + \mathrm{k}1(x2)) =$$

$$D_1(g1)(\mathrm{h}1(x1)\,\mathrm{k}1(x2),\ \mathrm{h}1(x1) + \mathrm{k}1(x2))\,\mathrm{h}1(x1)\,(\frac{\partial}{\partial x2}\,\mathrm{k}1(x2))$$

$$+\, D_2(g1)(\mathrm{h}1(x1)\,\mathrm{k}1(x2),\ \mathrm{h}1(x1) + \mathrm{k}1(x2))\,(\frac{\partial}{\partial x2}\,\mathrm{k}1(x2))$$

Aufgabe 9.4 Man zeige, daß in $\mathbb{R}^2 \setminus (0,0)$ gilt:

$$\left(\frac{\partial^2}{\partial x_1^2} + \frac{\partial^2}{\partial x_2^2}\right)\left(\ln\left(\sqrt{x_1^2 + x_2^2}\right)\right) = 0\,.$$

und in $\mathbb{R}^3 \setminus (0,0,0)$:

$$\left(\frac{\partial^2}{\partial x_1^2} + \frac{\partial^2}{\partial x_2^2} + \frac{\partial^2}{\partial x_3^2}\right)\left(\frac{1}{\sqrt{x_1^2 + x_2^2 + x_3^2}}\right) = 0\,.$$

Zweite partielle Ableitungen bilden, in Potentialgleichung einsetzen

Lösung: Für die ersten partiellen Ableitungen erhält man:

$$\frac{\partial}{\partial x_j}\left(\ln\left(\sqrt{x_1^2 + x_2^2}\right)\right) = \frac{1}{\sqrt{x_1^2 + x_2^2}}\,\frac{x_j}{\sqrt{x_1^2 + x_2^2}} = \frac{x_j}{x_1^2 + x_2^2}$$

und daraus:

$$\frac{\partial^2}{\partial x_j^2}\left(\ln\left(\sqrt{x_1^2 + x_2^2}\right)\right) = \frac{1}{x_1^2 + x_2^2} - \frac{2\,x_j^2}{(x_1^2 + x_2^2)^2}\,.$$

Bilden wir nun die Summe, so folgt:

$$\left(\frac{\partial^2}{\partial x_1^2} + \frac{\partial^2}{\partial x_2^2}\right)\left(\ln\left(\sqrt{x_1^2 + x_2^2}\right)\right) = \frac{2}{x_1^2 + x_2^2} - \frac{2\,(x_1^2 + x_2^2)}{(x_1^2 + x_2^2)^2} = 0\,.$$

Für die ersten partiellen Ableitungen erhält man:

$$\frac{\partial}{\partial x_j}\left(\frac{1}{\sqrt{x_1^2 + x_2^2 + x_3^2}}\right) = -\frac{x_j}{\sqrt{(x_1^2 + x_2^2 + x_3^2)^3}}$$

und daraus:

$$\frac{\partial^2}{\partial x_j^2}\left(\frac{1}{\sqrt{x_1^2 + x_2^2 + x_3^2}}\right) = -\frac{1}{\sqrt{(x_1^2 + x_2^2 + x_3^2)^3}} + \frac{3\,x_j^2}{\sqrt{(x_1^2 + x_2^2 + x_3^2)^5}}\,.$$

Bilden wir nun die Summe, so folgt:

$$\left(\frac{\partial^2}{\partial x_1^2} + \frac{\partial^2}{\partial x_2^2} + \frac{\partial^2}{\partial x_3^2}\right)\left(\frac{1}{\sqrt{x_1^2 + x_2^2 + x_3^2}}\right)$$

$$= -\frac{3}{\sqrt{(x_1^2 + x_2^2 + x_3^2)^3}} + \frac{3\,(x_1^2 + x_2^2 + x_3^2)}{\sqrt{(x_1^2 + x_2^2 + x_3^2)^5}} = 0\,.$$

Mathematica:

$$d1 = \partial_{x1,x1}\frac{1}{\sqrt{x1^2 + x2^2 + x3^2}}$$

$$\frac{3x1^2}{(x1^2 + x2^2 + x3^2)^{5/2}} - \frac{1}{(x1^2 + x2^2 + x3^2)^{3/2}}$$

$$d2 = \partial_{x2,x2}\frac{1}{\sqrt{x1^2 + x2^2 + x3^2}}$$

$$\frac{3x2^2}{(x1^2 + x2^2 + x3^2)^{5/2}} - \frac{1}{(x1^2 + x2^2 + x3^2)^{3/2}}$$

$$d3 = \partial_{x3,x3}\frac{1}{\sqrt{x1^2 + x2^2 + x3^2}}$$

$$\frac{3x3^2}{(x1^2 + x2^2 + x3^2)^{5/2}} - \frac{1}{(x1^2 + x2^2 + x3^2)^{3/2}}$$

Simplify[d1 + d2 + d3]

$$0$$

Maple:

```
> diff(1/sqrt(x1^2+x2^2+x3^2),x1,x1);
```

$$\frac{\partial^2}{\partial x1^2}\frac{1}{\sqrt{x1^2 + x2^2 + x3^2}} = 3\frac{x1^2}{(x1^2 + x2^2 + x3^2)^{5/2}} - \frac{1}{(x1^2 + x2^2 + x3^2)^{3/2}}$$

```
> diff(1/sqrt(x1^2+x2^2+x3^2),x2,x2);
```

$$\frac{\partial^2}{\partial x2^2}\frac{1}{\sqrt{x1^2 + x2^2 + x3^2}} = 3\frac{x2^2}{(x1^2 + x2^2 + x3^2)^{5/2}} - \frac{1}{(x1^2 + x2^2 + x3^2)^{3/2}}$$

```
> diff(1/sqrt(x1^2+x2^2+x3^2),x3,x3);
```

$$\frac{\partial^2}{\partial x3^2}\frac{1}{\sqrt{x1^2 + x2^2 + x3^2}} = 3\frac{x3^2}{(x1^2 + x2^2 + x3^2)^{5/2}} - \frac{1}{(x1^2 + x2^2 + x3^2)^{3/2}}$$

```
> simplify(diff(1/sqrt(x1^2+x2^2+x3^2),x1,x1)
> +diff(1/sqrt(x1^2+x2^2+x3^2),x2,x2)
> +diff(1/sqrt(x1^2+x2^2+x3^2),x3,x3));
```

$$\mathrm{Simplify}\left(\left(\frac{\partial^2}{\partial x1^2}\frac{1}{\sqrt{x1^2 + x2^2 + x3^2}}\right) + \left(\frac{\partial^2}{\partial x2^2}\frac{1}{\sqrt{x1^2 + x2^2 + x3^2}}\right) + \left(\frac{\partial^2}{\partial x3^2}\frac{1}{\sqrt{x1^2 + x2^2 + x3^2}}\right)\right) = 0$$

Aufgabe 9.5 Die Funktionen f und F seien zweimal stetig differenzierbar. Für $x_1 > 0$, $x_2 > 0$ gelte:

$$f(x_1, x_2) = F(r(x_1, x_2), \phi(x_1, x_2))$$

mit ebenen Polarkoordinaten

$$r(x_1, x_2) = \sqrt{x_1^2 + x_2^2}, \quad \phi(x_1, x_2) = \arccos\left(\frac{x_1}{r(x_1, x_2)}\right).$$

Man zeige für den Laplaceoperator:

$$f_{x_1 x_1}(x_1, x_2) + f_{x_2 x_2}(x_1, x_2)$$

$$= F_{rr}(r(x_1, x_2), \phi(x_1, x_2)) + \frac{1}{r(x_1, x_2)} F_r(r(x_1, x_2), \phi(x_1, x_2))$$

$$+ \frac{1}{r(x_1, x_2)^2} F_{\phi\phi}(r(x_1, x_2), \phi(x_1, x_2))$$

Laplaceoperator in Polarkoordinaten ausdrücken, Kettenregel anwenden

Lösung: In den folgenden Rechnungen mit der Kettenregel werden die Argumente (x_1, x_2) und $(r(x_1, x_2), \phi(x_1, x_2))$ der Kürze halber unterdrückt.

Offenbar gilt zunächst:

$$r_{x_1} = \frac{x_1}{r}, \quad r_{x_2} = \frac{x_2}{r}.$$

Damit bekommen wir auch:

$$r_{x_1 x_1} = \frac{1}{r} - \frac{x_1^2}{r^3}, \quad r_{x_2 x_2} = \frac{1}{r} - \frac{x_2^2}{r^3}.$$

Wegen $r_{x_1} = \dfrac{x_1}{r}$ und $x_2 > 0$ ergibt sich:

$$\phi_{x_1} = -\frac{1}{\sqrt{1 - \frac{x_1^2}{r^2}}} r_{x_1 x_1} = -\frac{x_2}{r^2}$$

und analog

$$\phi_{x_2} = \frac{x_1}{r^2}.$$

Hiermit folgt nun sofort:

$$\phi_{x_1 x_1} = \frac{2 x_1 x_2}{r^4}, \quad \phi_{x_2 x_2} = -\frac{2 x_1 x_2}{r^4}, .$$

Nun berechnet man

$$f_{x_1} = F_r r_{x_1} + F_\phi \phi_{x_1}, \quad f_{x_2} = F_r r_{x_2} + F_\phi \phi_{x_2}$$

und schließlich:

$$\begin{aligned}
f_{x_1 x_1} &= (F_{rr} r_{x_1} + F_{r\phi} \phi_{x_1}) r_{x_1} + F_r r_{x_1 x_1}\\
&\quad + (F_{\phi r} r_{x_1} + F_{\phi\phi} \phi_{x_1}) \phi_{x_1} + F_\phi \phi_{x_1 x_1}\\
f_{x_2 x_2} &= (F_{rr} r_{x_2} + F_{r\phi} \phi_{x_2}) r_{x_2} + F_r r_{x_2 x_2}\\
&\quad + (F_{\phi r} r_{x_2} + F_{\phi\phi} \phi_{x_2}) \phi_{x_2} + F_\phi \phi_{x_2 x_2}.
\end{aligned}$$

Setzt man die Ableitungen von r und ϕ ein und addiert, so bekommt man:

$$f_{x_1 x_2} + f_{x_2 x_2} = F_{rr}\left(\frac{x_1^2}{r^2} + \frac{x_2^2}{r^2}\right) + F_r\left(\frac{2}{r} - \frac{x_1^2}{r^3} - \frac{x_2^2}{r^3}\right)$$

$$+ F_{\phi\phi}\left(\frac{x_1^2}{r^4} + \frac{x_2^2}{r^4}\right).$$

Eine Eigenschaft homogener Funktionen nachweisen, Kettenregel anwenden

Aufgabe 9.6 Eine differenzierbare Funktion $f : \mathbb{R}^n \to \mathbb{R}$ heißt homogen vom Grad m, wenn für alle $t \in \mathbb{R}$ und $x \in \mathbb{R}^n$ gilt:

$$f(t\,x) = t^m\,f(x).$$

Man zeige: $f(t\,x) = \sum_{j=1}^{n} x_j\,f_{x_j}(x) = m\,f(x).$

Lösung: Wir betrachten bei festem $x \in \mathbb{R}^n$ die Funktion:

$$g(t) = t^m\,f(x).$$

Mit der Kettenregel ergibt sich:

$$g'(t) = (f_{x_1}(t\,x), \dots, f_{x_n}(t\,x))\begin{pmatrix} x_1 \\ \vdots \\ x_n \end{pmatrix}$$

und hieraus $g'(1) = \sum_{j=1}^{n} x_j\,f_{x_j}(x)$. Andererseits bekommt man mit der Voraussetzung der Homogenität:

$$g't) = m\,t^{m-1}\,f(x)$$

und $g'(1) = m\,f(x)$.

Mathematica:

$$\mathbf{g[t] := f[tx1,\ tx2,\ tx3]}$$
$$\partial_t \mathbf{g[t]}$$
$$\mathbf{x3}f^{(0,0,1)}[t\mathbf{x1},t\mathbf{x2},t\mathbf{x3}] + \mathbf{x2}f^{(0,1,0)}[t\mathbf{x1},t\mathbf{x2},t\mathbf{x3}]+$$
$$\mathbf{x1}f^{(1,0,0)}[t\mathbf{x1},t\mathbf{x2},t\mathbf{x3}]$$

Maple:

```
> g:=t->f(t*x1,t*x2,t*x3);
```

$$g := t \to \mathrm{f}(t\,x1,\ t\,x2,\ t\,x3)$$

```
> diff(g(t),t);
```

$$\frac{\partial}{\partial t}\,\mathrm{f}(t\,x1,\ t\,x2,\ t\,x3) =$$
$$D_1(f)(t\,x1,\ t\,x2,\ t\,x3)\,x1 + D_2(f)(t\,x1,\ t\,x2,\ t\,x3)\,x2$$
$$+D_3(f)(t\,x1,\ t\,x2,\ t\,x3)\,x3$$

Aufgabe 9.7 Gegeben sei die Funktion:

$$f(x_1, x_2) = \frac{(1 + x_2)^2}{1 + x_1^2 + x_2^2} - x_1 \,.$$

Man zeige, daß die Funktion

$$g(\phi) = \left. \frac{\partial}{\partial h} f(h \cos(\phi), h \sin(\phi)) \right|_{h=0}$$

genau dann ein absolutes Maximum besitzt, wenn gilt:

$$(\cos(\phi), \sin(\phi)) = \frac{\operatorname{grad} f(0, 0)}{\|\operatorname{grad} f(0, 0)\|} \,.$$

Man interpretiere dieses Resultat.

Lösung: Durch Einsetzen bekommt man:

$$f(h \cos(\phi), h \sin(\phi)) = \frac{(1 + h \sin(\phi))^2}{1 + h^2} - h \cos(\phi) \,.$$

Damit wird die Funktion f (bei festem ϕ) auf eine Gerade durch den Nullpunkt $(0, 0)$ mit dem Richtungsvektor $(\cos(\phi), \sin(\phi))$ eingeschränkt. Wir berechnen die Ableitung der eingeschränkten Funktion für $h = 0$ zu:

$$g(\phi) = \left. \frac{\partial}{\partial h} f(h \cos(\phi), h \sin(\phi)) \right|_{h=0} = 2 \sin(\phi) - \cos(\phi) \,.$$

Diskutiert man die Kurve $g(\phi)$, so sieht man, daß bei

$$\phi_0 = \arccos\left(-\frac{1}{\sqrt{5}}\right)$$

ein absolutes Maximum vorliegt mit $g(\phi_0) = \sqrt{5}$. Das heißt, der Winkel ϕ_0 liefert die Richtung mit dem maximalen Anstieg der eingeschränkten Funktion.

Wir berechnen nun die partiellen Ableitungen:

$$f_{x_1}(x_1, x_2) = -\frac{2 x_1 (1 + x_2)^2}{(1 + x_1^2 + x_2^2)^2} - 1 \,,$$

$$f_{x_2}(x_1, x_2) = \frac{2 (1 + x_2)^2 (1 + x_1^2 - x_2)}{(1 + x_1^2 + x_2^2)^2}$$

und erhalten den Gradienten im Nullpunkt: $\operatorname{grad} f(0, 0) = (-1, 2)$. Dies ergibt folgenden Einheitsvektor in Richtung des Gradienten: $\dfrac{(-1, 2)}{\sqrt{5}} = (\cos(\phi_0), \sin(\phi_0))$. Nach dem Satz über die Maximalitätseigenschaft des Gradienten erreicht man genau dann den maximalen Wert der Richtungsableitung, wenn man in Richtung des Gradienten ableitet:

$$\frac{\partial}{\partial\,\vec{e}_m}\,f(0,0) = \text{grad } f(0,0)\,\vec{e}_m = (-1,2)\,\frac{(-1,2)}{\sqrt{5}} = \sqrt{5}\,.$$

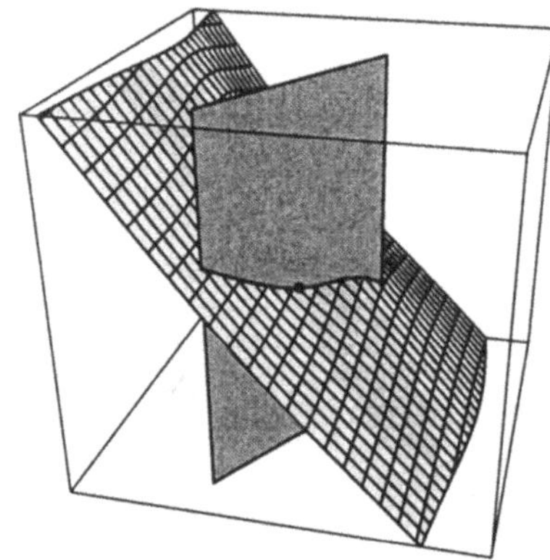

Die   Funktion
$$f(x_1,x_2) = \frac{(1+x_2)^2}{1+x_1^2+x_2^2} - x_1$$
und die Einschränkung
$f(h\,\cos(\phi), h\,\sin(\phi))$

9.2 Der Satz von Taylor im $\mathbb{R}^n$

Der Satz von Taylor für Funktionen einer Variablen besitzt eine unmittelbare Verallgemeinerung auf den n-dimensionalen Fall. Wir notieren zunächst den.

Mittelwertsatz im $\mathbb{R}^n$

Sei $D \subseteq \mathbb{R}^n$ eine offene, konvexe Menge und $f : D \longrightarrow \mathbb{R}$ differenzierbar. Sei x_0 ein fester Punkt aus D. Dann gibt es zu jedem Punkt $x \in D$ ein $\theta_x \in (0,1)$, so daß gilt:

$$f(x) = f(x_0) + \sum_{j=1}^{n} f_{x_j}(x_0 + \theta_x\,(x - x_0))\,(x_j - x_{0,j})\,.$$

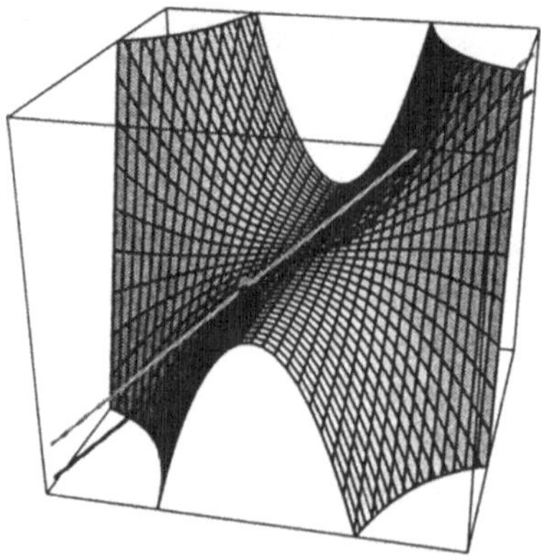

Mittelwertsatz im $\mathbb{R}^n$

Wie im $\mathbb{R}^1$ erlaubt der Mittelwertsatz die Charakterisierung konstanter Funktionen.

Ist $D \subseteq \mathbb{R}^n$ eine offene, konvexe Menge und $f : D \longrightarrow \mathbb{R}$ differenzierbar mit grad $f(x) = \vec{0}$ für alle $x \in D$. Sei $x_0 \in D$ ein beliebiger Punkt aus D, dann gilt für alle $x \in D$:

$$f(x) = f(x_0) .$$

Konstante Funktion im $\mathbb{R}^n$

Im folgenden verwenden wir die Operatorschreibweise für höhere Ableitungen.

Mit $a \in \mathbb{R}^n$ führen wir den Operator ein:

$$(a \, \mathrm{grad})^k f(x) = \sum_{j_1, \dots, j_k = 1}^{n} a_{j_1} \cdots a_{j_k} \, f_{x_{j_1} \dots x_{j_k}}(x) .$$

Operatorschreibweise für höhere Ableitungen

Damit notieren wir den.

Sei $D \subseteq \mathbb{R}^n$ eine offene, konvexe Menge und $f : D \longrightarrow \mathbb{R}$ gehöre zur Klasse $C^{m+1}(D)$, $m \geq 1$. Sei x_0 ein fester Punkt aus D. Dann gibt es zu jedem Punkt $x \in D$ ein $\theta_x \in (0, 1)$, so daß gilt:

$$f(x) = f(x_0) + \sum_{\nu=1}^{m} \frac{1}{\nu!} \left((x - x_0) \, \mathrm{grad} \right)^\nu f(x_0)$$

$$+ \frac{1}{(m+1)!} \left((x - x_0) \, \mathrm{grad} \right)^{m+1} f(x_0 + \theta_x (x - x_0)) .$$

Satz von Taylor im $\mathbb{R}^n$

Der Taylorsche Satz gestattet die Darstellung einer Funktion als Summe aus einem Mehrfachpolynom und einem Restglied.

Das Polynom:

$$T_m(f, x, x_0) = f(x_0) + \sum_{\nu=1}^{m} \frac{1}{\nu!} \left((x - x_0) \, \mathrm{grad} \right)^\nu f(x_0)$$

Taylorpolynom im $\mathbb{R}^n$

heißt Taylorpolynom der Funktion f vom Grad m um den Entwicklungspunkt x_0.

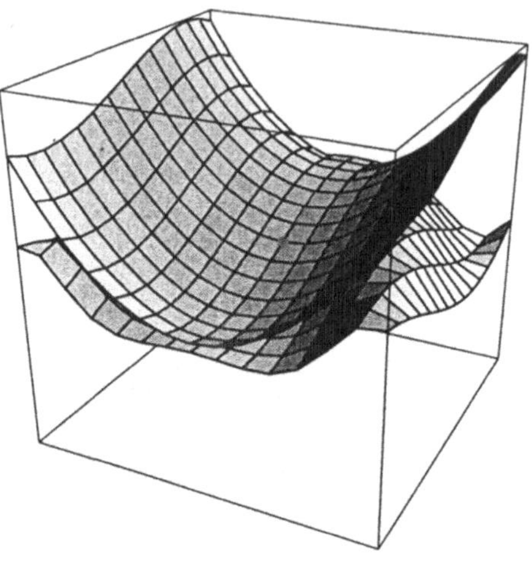

Funktion von zwei Variablen mit Taylorpolynom

Vom Taylorpolynom gehen wir zur Taylorreihe über.

Taylorreihe im $\mathbb{R}^n$

Die Mehrfachreihe:

$$f(x_0) + \sum_{\nu=1}^{\infty} \frac{1}{\nu!} \left((x - x_0)\,\mathrm{grad}\right)^{\nu} f(x_0)$$

heißt Taylorreihe von f um den Entwicklungspunkt x_0.

Wie im eindimensionalen Fall liefert der Satz von Taylor Bedingungen für das Vorliegen von Extremalstellen.

Notwendige Bedingung für Extremalstellen

Sei $D \subseteq \mathbb{R}^n$ eine offene Menge und $f : D \longrightarrow \mathbb{R}$ gehöre zur Klasse $C^1(D)$. Im Punkt x_0 liege eine Extremalstelle vor. Dann gilt: $\mathrm{grad}\ f(x_0) = \vec{0}$.

Um hinreichende Bedingungen zu bekommen, ziehen wir die zweiten Ableitungen heran.

Hessematrix

Die Matrix der zweiten partiellen Ableitungen wird als Hessematrix bezeichnet:

$$\left(f_{x_j x_k}(x)\right)_{j,k=1,\dots,n} = \begin{pmatrix} f_{x_1 x_1}(x) & \cdots & f_{x_1 x_n}(x) \\ \vdots & \cdots & \vdots \\ f_{x_n x_1}(x) & \cdots & f_{x_n x_n}(x) \end{pmatrix}.$$

Mit einer symmetrischen $n \times n$-Matrix A verbinden wir eine quadratische Form.

Eine quadratische Form:

$$Q_A : \mathbb{R}^n \to \mathbb{R}, \qquad Q_A(x) = x\,A\,x^T .$$

ist genau dann positiv definit (negativ definit), d.h. $Q_A(x) > 0$ ($Q_A(x) < 0$) für alle $x \in \mathbb{R}^n$, $x \neq \vec{0}$, wenn alle Eigenwerte echt positiv (echt negativ) sind.
Die Form Q_A ist genau dann indefinit, d.h. es gibt ein $x \in \mathbb{R}^n$ mit $Q_A(x) > 0$ und ein $y \in \mathbb{R}^n$ mit $Q_A(y) < 0$, wenn es einen Eigenwert $\lambda > 0$ und einen Eigenwert $\mu < 0$ von A gibt.
(Eine quadratische Form ist nicht indefinit, wenn $Q_A(x) \geq 0$ oder $Q_A(x) \leq 0$ für alle $x \in \mathbb{R}^n$ gilt).

Quadratische Form

Damit können hinreichende Bedingungen für Extremalstellen angegeben werden.

Sei $D \subseteq \mathbb{R}^n$ offene und $f : D \longrightarrow \mathbb{R}$ gehöre zur Klasse $C^2(D)$. Im Punkt x_0 gelte grad $f(x_0) = \vec{0}$. Dann besitzt f in x_0 ein relatives Maximum (relatives Minimum), falls die Hessematrix $H(x_0) = (f_{x_j x_k}(x_0))_{j,k=1,\dots,n}$ negativ definit (positiv definit) ist.
Ist die Hessematrix $H(x_0)$ indefinit, so kann die Funktion f in x_0 keine Extremalstelle besitzen.

Hinreichende Bedingungen für Extremalstellen

Der zweidimensionale Fall ist von besonderem Interesse.

Sei $D \subset \mathbb{R}^2$ und grad $f(x_0) = \vec{0}$.
Die Größe $d = f_{x_1 x_1}(x_0)\, f_{x_2 x_2}(x_0) - f_{x_1 x_2}(x_0)^2$ entscheidet über die Definitheit der Hessematix:

$$H(x_0) = \begin{pmatrix} f_{x_1 x_1}(x_0) & f_{x_1 x_2}(x_0) \\ f_{x_1 x_2}(x_0) & f_{x_2 x_2}(x_0) \end{pmatrix}$$

Ist $d < 0$, so ist $H(x_0)$ indefinit und f besitzt in x_0 keine Extremalstelle.
Ist $d > 0$ und $f_{x_1 x_1}(x_0) < 0$, so ist $H(x_0)$ negativ definit und f besitzt in x_0 ein relatives Maximum.
Ist $d > 0$ und $f_{x_1 x_1}(x_0) > 0$, so ist $H(x_0)$ positiv definit und f besitzt in x_0 ein relatives Minimum.
(Ist $d = 0$, so können wir keine allgemeine Aussage treffen).

Hinreichende Bedingungen für Extremalstellen im zweidimensionalen Fall

Aufgabe 9.8 Für ν-mal stetig differenzierbare Funktionen $f(x) = f(x_1, x_2)$ zeige man:

$$((a_1, a_2)\, \text{grad})^\nu f(x) = \sum_{\substack{j_1,j_2=0 \\ j_1+j_2=\nu}} \frac{\nu!}{j_1!\,j_2!}\, a_1^{j_1} a_2^{j_2} \frac{\partial^\nu}{\partial x_1^{j_1} \partial x_2^{j_2}} f(x) .$$

Mit der Operatorschreibweise für höhere Ableitungen umgehen

Lösung: Es gilt zunächst nach Definition der Gradientenoperation $((a_1, a_2)\,\mathrm{grad})^\nu\, f(x)$:

$$((a_1, a_2)\,\mathrm{grad})^\nu\, f(x) \;=\; \sum_{j_1,\dots,j_\nu=1}^{2} a_{j_1}\cdots a_{j_\nu}\, \frac{\partial^\nu}{\partial x_{j_1}\cdots\partial x_{j_\nu}}\, f(x)$$

$$=\; \sum_{j_1,\dots,j_\nu=1}^{2} \left(a_{j_1}\frac{\partial}{\partial x_{j_1}}\cdots a_{j_\nu}\frac{\partial}{\partial x_{j_\nu}}\right)(f(x))\,.$$

Da die partiellen Ableitungen vertauschbar sind, können die auftretenden Ableitungen nur von folgender Art sein:

$$\frac{\partial^\nu}{\partial x_1^{k_1}\partial x_2^{k_2}}\, f(x)\,,\quad k_1 \ge 0,\, k_2 \ge 0,\, k_1 + k_2 = \nu\,.$$

Ein solcher Summand erscheint in der Summe $\dfrac{\nu!}{k_1!\,k_2!}$ mal. Hieraus folgt die Behauptung.

Taylorpolynom einer Funktion in zwei Variablen berechnen

Aufgabe 9.9 Man berechne das Taylorpolynom $T_m(x_1, x_2, x_{01}, x_{02})$ vom Grad m um den Punkt $x_0 = (x_{01}, x_{02})$ der Funktion:

$$f(x_1, x_2) = e^{x_1 x_2}\,.$$

Lösung: Die einzelnen Summanden des Taylorpolynoms ergeben sich zu:

$$\frac{1}{\nu!}\,((x - x_0)\,\mathrm{grad})^\nu\, f(x_0)$$

$$=\; \sum_{\substack{j_1,j_2=0 \\ j_1+j_2=\nu}}^{\nu} \frac{1}{j_1!\,j_2!}(x_1 - x_{01})^{j_1}(x_2 - x_{02})^{j_1}\, \frac{\partial^\nu}{\partial x_1^{j_1}\partial x_2^{j_2}}\, f(x_{01}, x_{02})\,.$$

Wir berechnen:

$$\frac{\partial^{j_2}}{\partial x_2^{j_2}}\, e^{x_1 x_2} = x_1^{j_2}\, e^{x_1 x_2}$$

und

$$\frac{\partial^{j_1}}{\partial x_1^{j_1}}\left(\frac{\partial^{j_2}}{\partial x_2^{j_2}}\, e^{x_1 x_2}\right)$$

$$=\; \sum_{l=0}^{\max(j_1,j_2)} \binom{j_1}{l}\, j_2(j_2 - 1)\cdots(j_2 - l + 1)\, x_1^{j_2 - l}\, x_2^{j_1 - l}\, e^{x_1 x_2}$$

$$=\; \left(\sum_{l=0}^{\max(j_1,j_2)} \frac{1}{l!}\binom{j_1}{l}\binom{j_2}{l}\, x_1^{j_2 - l}\, x_2^{j_1 - l}\right) e^{x_1 x_2}$$

$$=\; g_{j_1 j_2}(x_1, x_2)\, e^{x_1, x_2}\,.$$

Damit ergibt sich folgendes Taylorpolynom:

$$T_m(f, x, x_0)$$

$$= \left(\sum_{\nu=0}^{m} \sum_{\substack{j_1,j_2=0 \\ j_1+j_2=\nu}}^{\nu} \frac{1}{j_1!\,j_2!} g_{j_1 j_2}(x_{01}, x_{02})(x_1 - x_{01})^{j_1}(x_2 - x_{02})^{j_1} \right) e^{x_{01} x_{02}}.$$

Aufgabe 9.10 Man berechne das Taylorpolynom $T_m(x_1, x_2, 0, 0)$ vom Grad m der Funktion:

$$f(x_1, x_2) = \frac{1 + x_1}{1 + x_2}$$

um den Nullpunkt. Mit Hilfe der geometrischen Reihe bestimme man dasjenige Teilgebiet von $\mathbb{R}^2$, in welchem gilt:

$$\lim_{m \to \infty} T_m(f, x_1, x_2, 0, 0) = f(x_1, x_2)$$

Taylorpolynom einer Funktion in zwei Variablen berechnen, Konvergenzgebiet bestimmen

Lösung: Wir berechnen folgende partiellen Ableitungen:

$$f_{x_1}(x_1, x_2) = \frac{1}{1 + x_2},$$

$$f_{x_2}(x_1, x_2) = -\frac{1 + x_1}{(1 + x_2)^2},$$

$$f_{x_1 x_2}(x_1, x_2) = -\frac{1}{(1 + x_2)^2},$$

$$f_{x_2 x_2}(x_1, x_2) = 2\frac{1 + x_1}{(1 + x_2)^3},$$

$$f_{x_1 x_2 x_2}(x_1, x_2) = 2\frac{1}{(1 + x_2)^3},$$

$$f_{x_2 x_2 x_2}(x_1, x_2) = -6\frac{1 + x_1}{(1 + x_2)^4},$$

$$\vdots$$

$$f_{x_1 \underbrace{x_2 \ldots x_2}_{\nu}}(x_1, x_2) = (-1)^{\nu}\,\nu!\,\frac{1}{(1 + x_2)^{\nu+1}},$$

$$f_{x_2 \underbrace{x_2 \ldots x_2}_{\nu}}(x_1, x_2) = (-1)^{\nu+1}\,(\nu + 1)!\,\frac{1 + x_1}{(1 + x_2)^{\nu+2}}.$$

Alle anderen partiellen Ableitungen verschwinden. Die partiellen Ableitungen lassen sich nun leicht im Nullpunkt auswerten, und wir bekommen:

$$T_m(f, x_1, x_2, 0, 0) = 1 + x_1 - x_2 - x_1 x_2 + x_2^2 + \cdots$$
$$+ (-1)^{m-1} x_1 x_2^{m-1} + (-1)^m x_2^m.$$

Mit der geometrischen Reihe:

$$\frac{1}{1+x_2} = \sum_{\nu=0}^{\infty} (-1)^{\nu} x_2^{\nu}, \quad |x_2| < 1$$

erhält man für: $x_1 \in \mathbb{R}$, $|x_2| < 1$:

$$f(x_1, x_2) = (1 + x_1) \sum_{\nu=0}^{\infty} (-1)^{\nu} x_2^{\nu}$$

bzw. $\lim\limits_{m \to \infty} T_m(f, x_1, x_2, 0, 0) = f(x_1, x_2)$.

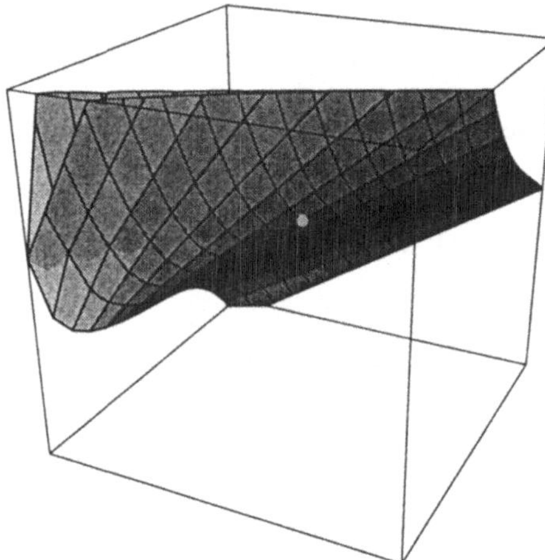

Die Funktion
$$f(x_1, x_2) = \frac{1+x_1}{1+x_2}$$
und das Taylorpolynom $T_5(x_1, x_2, 0, 0)$

Series

Normal

Mathematica: Mit Series kann man Taylorenpolynome bis zu einem bestimmten Grad um einen gegebenen Entwicklungpunkt berechnen. Die Augabe des O-Termes wird mit Normal unterdrückt.

$$\mathbf{Normal}\Big[\mathbf{Series}\Big[\frac{\mathbf{1+x1}}{\mathbf{1+x2}}, \{\mathbf{x1, 0, 5}\}, \{\mathbf{x2, 0, 5}\}\Big]\Big]$$

$$1 + \mathbf{x1} + (-1 - \mathbf{x1})\mathbf{x2} + (1 + \mathbf{x1})\mathbf{x2}^2 + (-1 - \mathbf{x1})\mathbf{x2}^3 + (1 + \mathbf{x1})\mathbf{x2}^4 +$$
$$(-1 - \mathbf{x1})\mathbf{x2}^5$$

$$\mathbf{Expand}\Big[(1 + \mathbf{x1})\mathbf{Normal}\Big[\mathbf{Series}\Big[\frac{\mathbf{1}}{\mathbf{1+x2}}, \{\mathbf{x2, 0, 5}\}\Big]\Big]\Big]$$

$$1 + \mathbf{x1} - \mathbf{x2} - \mathbf{x1x2} + \mathbf{x2}^2 + \mathbf{x1x2}^2 - \mathbf{x2}^3 - \mathbf{x1x2}^3 + \mathbf{x2}^4 + \mathbf{x1x2}^4 -$$
$$\mathbf{x2}^5 - \mathbf{x1x2}^5$$

mtaylor

Maple: Nachdem das Paket Mtaylor geladen wurde, kann man Taylorenpolynome bis zu einem bestimmten Grad um einen gegebenen Entwicklungpunkt berechnen.

```
> readlib(mtaylor);
> mtaylor((1+x1)/(1+x2),[x1=0,x2=0],6);
```

$$1 + x1 - x2 - x1\,x2 + x2^2 + x1\,x2^2 - x2^3 - x1\,x2^3 + x2^4 + x1\,x2^4 - x2^5$$

```
> expand((1+x1)*convert(taylor(1/(1+x2),x2,6),polynom));
```

$$1-x2+x2^2-x2^3+x2^4-x2^5+x1-x1\,x2+x1\,x2^2-x1\,x2^3+x1\,x2^4-x1\,x2^5$$

Aufgabe 9.11 Gegeben seien drei Punkte $A = (a_1, a_2, a_3)$, $B = (b_1, b_2, b_2)$ und $C = (c_1, c_2, c_3)$ im $\mathbb{R}^3$. Man bestimme einen weiteren Punkt $P = (x_{01}, x_{02}, x_{03})$ so, daß die Summe der Quadrate der Abstände von den drei gegebenen Punkten minimal wird.

> Minimalstelle einer Funktion von drei Variablen bestimmen

Lösung: Die Summe der Abstandsquadrate eines Punktes $P = (x_1, x_2, x_3)$ wird gegeben durch:

$$f(x_1, x_2, x_3) = \sum_{k=1}^{3} \left((x_k - a_k)^2 + (x_k - b_k)^2 + (x_k - c_k)^2 \right).$$

Die ersten partiellen Ableitungen von f ergeben sich zu:

$$f_{x_j} = 2\,(x_j - a_j) + 2\,(x_j - b_j) + 2\,(x_j - c_j).$$

Damit verschwindet der Gradient von f, im Punkt P_0 mit den Koordinaten:

$$x_{0j} = \frac{a_j + b_j + c_j}{3}.$$

Die Hessematrix im Punkt P_0 lautet:

$$\left(f_{x_k, x_l}\right)_{k,l=1,2,3} (x_{01}, x_{02}, x_{03}) = \begin{pmatrix} 6 & 0 & 0 \\ 0 & 6 & 0 \\ 0 & 0 & 6 \end{pmatrix}$$

und ist offensichtlich positiv definit. Damit stellt P_0 ein Minimum dar.

Abstände eines Punktes von drei gegebenen Punkten

Mathematica: Die Hessematrix wird mit einer selbst definierten Funktion berechnet.

$$f[\mathbf{x1\_}, \mathbf{x2\_}, \mathbf{x3\_}] := (\mathbf{x1} - \mathbf{a1})^2 + (\mathbf{x2} - \mathbf{a2})^2 + (\mathbf{x3} - \mathbf{a3})^2 + (\mathbf{x1} - \mathbf{b1})^2 +$$
$$(\mathbf{x2} - \mathbf{b2})^2 + (\mathbf{x3} - \mathbf{b3})^2 + (\mathbf{x1} - \mathbf{c1})^2 + (\mathbf{x2} - \mathbf{c2})^2 + (\mathbf{x3} - \mathbf{c3})^2$$

grad = Simplify[$(\partial_{\#1}$f[x1, x2, x3]&)/@{x1, x2, x3}]

$\{-2(\mathbf{a1} + \mathbf{b1} + \mathbf{c1} - 3\mathbf{x1}), -2(\mathbf{a2} + \mathbf{b2} + \mathbf{c2} - 3\mathbf{x2}),$

$-2(\mathbf{a3} + \mathbf{b3} + \mathbf{c3} - 3\mathbf{x3})\}$

hessematrix = MatrixForm[Transpose[$(\partial_{\#1}$grad&)/@{x1, x2, x3}]]

$$\begin{pmatrix} 6 & 0 & 0 \\ 0 & 6 & 0 \\ 0 & 0 & 6 \end{pmatrix}$$

hessian

Maple: Die Hessematrix kann mit Hessian berechnet werden. Man gibt die Funktion und die Variablen als Vektor ein. Zuvor muß das Paket Linalg geladen werden.

```
> with(linalg);
> f:=(x1,x2,x3)->(x1-a1)^2+(x2-a2)^2+(x3-a3)^2+
(x1-b1)^2+(x2-b2)^2+(x3-b3)^2+(x1-c1)^2+(x2-c2)^2+(x3-c3)^2
```

$$f := (x1, x2, x3) \rightarrow (x1 - a1)^2 + (x2 - a2)^2 + (x3 - a3)^2 + (x1 - b1)^2$$
$$+ (x2 - b2)^2 + (x3 - b3)^2 + (x1 - c1)^2 + (x2 - c2)^2 + (x3 - c3)^2$$

```
> grad(f(x1,x2,x3),vector([x1,x2,x3]));
```

$$[6\,x1 - 2\,a1 - 2\,b1 - 2\,c1, \; 6\,x2 - 2\,a2 - 2\,b2 - 2\,c2, \; 6\,x3 - 2\,a3 - 2\,b3 - 2\,c3]$$

```
> hessian(f(x1,x2,x3),[x1,x2,x3]);
```

$$\begin{bmatrix} 6 & 0 & 0 \\ 0 & 6 & 0 \\ 0 & 0 & 6 \end{bmatrix}$$

Prüfen, ob eine Extremalstelle vorliegt, wenn die hinreichenden Bedingungen nicht erfüllt sind

Aufgabe 9.12   Besitzt die Funktion:

$$f(x_1, x_2) = (x_1^2 + x_2^2)\,(x_1^2 - x_2^2)$$

im Nullpunkt eine lokale Extremalstelle?

Lösung: Die ersten partiellen Ableitungen ergeben sich zu:

$$f_{x_1}(x_1, x_2) = 2\,x_1\,(x_1^2 - x_2^2) + (x_1^2 - x_2^2)\,2\,x_1 = 4\,x_1^3,$$

$$f_{x_2}(x_1, x_2) = 2\,x_2\,(x_1^2 - x_2^2) - (x_1^2 - x_2^2)\,2\,x_2 = -4\,x_2^3.$$

Hieraus bekommen wir:

$$f_{x_1 x_1}(x_1, x_2) = 12\,x_1^2, \; f_{x_2 x_2}(x_1, x_2) = -12\,x_2^2, \; f_{x_1 x_2}(x_1, x_2) = 0,$$

so daß die Hessematrix im Nullpunkt identisch mit der Nullmatrix wird. Betrachtet man die Funktion auf Ursprungsgeraden:

$$f(x_1, \alpha\,x_1) = (1 + \alpha^2)\,(1 - \alpha^2)\,x_1^4,$$

so zeigt sich, daß man für $\alpha < 1$ positive Werte und für $\alpha > 1$ negative Werte erhält. Die Funktion kann somit keine Extremalstelle besitzen.

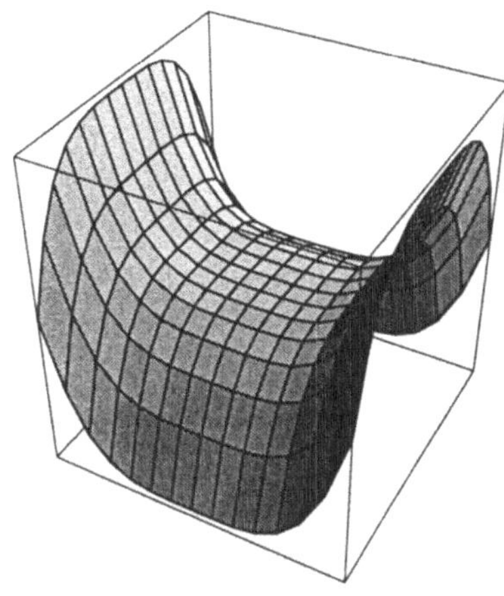

Die Funktion
$$f(x_1, x_2) = (x_1^2 + x_2^2)\,(x_1^2 - x_2^2)$$

Aufgabe 9.13 Sei $a_1 > 0$, $a_2 > 0$, $a_3 > 0$. Gesucht ist eine Ebene, die den Punkt (a_1, a_2, a_3) enthält und mit den Koordinatenebenen einen Tetraeder möglichst kleinen Inhalts einschließt.

Einen Teraeder minimalen Inhalts bestimmen

Lösung: Wir beschreiben zunächst eine Ebene durch (a_1, a_2, a_3) mit dem Normalenvektor (n_1, n_2, n_3):

$$(n_1, n_2, n_3)\,(x_1 - a_1, x_2 - a_2, x_3 - a_3) = (0, 0, 0)\,.$$

Sie schneidet die Koordinatenachsen jeweils im Punkt:

$$(x_1, x_2, x_3) = \frac{1}{n_1}\,(n_1\,a_1 + n_2\,a_2 + n_3\,a_3, 0, 0)\,,$$

$$(x_1, x_2, x_3) = \frac{1}{n_2}\,(0, n_1\,a_1 + n_2\,a_2 + n_3\,a_3, 0)\,,$$

$$(x_1, x_2, x_3) = \frac{1}{n_3}\,(0, 0, n_1\,a_1 + n_2\,a_2 + n_3\,a_3)\,.$$

(Offenbar genügt es $n_1 \neq 0$, $n_2 \neq 0$ und $n_3 \neq 0$, zu betrachten. Verschwindet eine Komponente des Normalenvektors, wird kein Tetraeder eingeschlossen). Das eingeschlossene Volumen beträgt:

$$V(n_1, n_2, n_3) = \frac{1}{6}\,\frac{1}{n_1\,n_2\,n_3}\,(n_1\,a_1 + n_2\,a_2 + n_3\,a_3)^3\,.$$

Die partielle Ableitung nach n_j ergibt:

$$\frac{\partial V}{\partial n_j}(n_1, n_2, n_3)$$

$$= \frac{1}{6}\left(-\frac{1}{n_j\,n_1\,n_2\,n_3}\,(n_1\,a_1 + n_2\,a_2 + n_3\,a_3)^3\right.$$

$$\left. + \frac{3\,a_j}{n_1\,n_2\,n_3}\,(n_1\,a_1 + n_2\,a_2 + n_3\,a_3)^2\right)\,.$$

Somit wird der Gradient von V genau dann gleich dem Nullvektor, wenn für $j = 1, 2, 3$ gilt:

$$3\,a_j - \frac{1}{n_j}\,(n_1\,a_1 + n_2\,a_2 + n_3\,a_3) = 0\,.$$

Das bedeutet für $j = 1, 2, 3$: $a_j\,n_j = c > 0$, bzw.

$$(n_1, n_2, n_3) = c\,\left(\frac{1}{a_1}, \frac{1}{a_2}, \frac{1}{a_3}\right).$$

Wir überlegen uns nun, daß

$$V\left(\frac{c}{a_1}, \frac{c}{a_2}, \frac{c}{a_3}\right) = \frac{27}{6}\,a_1\,a_2\,a_3$$

das kleinstmögliche Volumen darstellt. Die Auswertung der Hessematrix in den Punkten $(n_1, n_2, n_3) = c\,\left(\dfrac{1}{a_1}, \dfrac{1}{a_2}, \dfrac{1}{a_3}\right)$ ergibt:

$$\begin{pmatrix} 3\,\dfrac{a_1^3\,a_2\,a_3}{c^2} & -\dfrac{3}{2}\,\dfrac{a_1^2\,a_2^2\,a_3}{c^2} & -\dfrac{3}{2}\,\dfrac{a_1^2\,a_2\,a_3^2}{c^2} \\[2ex] -\dfrac{3}{2}\,\dfrac{a_1^2\,a_2^2\,a_3}{c^2} & 3\,\dfrac{a_1\,a_2^3\,a_3}{c^2} & -\dfrac{3}{2}\,\dfrac{a_1\,a_2^2\,a_3^2}{c^2} \\[2ex] -\dfrac{3}{2}\,\dfrac{a_1^2\,a_2\,a_3^2}{c^2} & -\dfrac{3}{2}\,\dfrac{a_1\,a_2^2\,a_3^2}{c^2} & 3\,\dfrac{a_1\,a_2\,a_3^3}{c^2} \end{pmatrix}.$$

Man rechnet leicht nach, daß die Determinante dieser Hessematrix verschwindet, so daß ein Eigenwert Null lautet, und keine Definitheit vorliegt.

Offenbar ist die Ungleichung: $V(n_1, n_2, n_3) - \dfrac{27}{6}\,a_1\,a_2\,a_3 \geq 0$ gleichbedeutend mit:

$$(n_1\,a_1 + n_2\,a_2 + n_3\,a_3)^3 \geq 27\,n_1\,a_1\,n_2\,a_2\,n_3\,a_3\,.$$

Die letzte Ungleichung ergibt sich aus:

$$\left(\frac{y_1 + y_2 + y_3}{3}\right)^3 \geq y_1\,y_2\,y_3\,, \quad \text{für} \quad y_1 > 0, y_2 > 0, y_3 > 0\,.$$

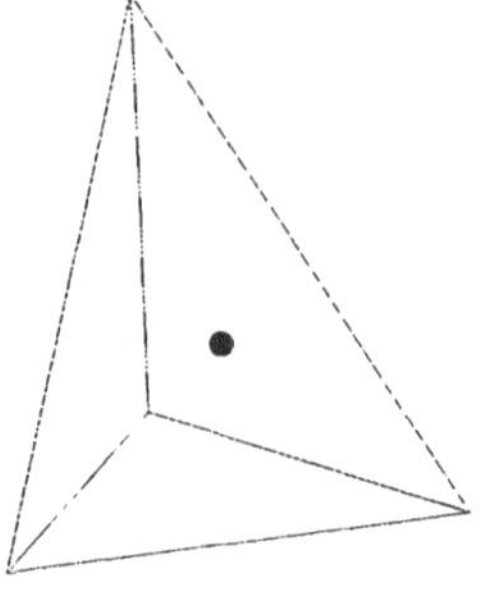

Ein durch einen Punkt und die Koordinatenebenen bestimmter Tetraeder

Mathematica:

$$V[n1\_, n2\_, n3\_] := \frac{n1a1 + n2a2 + n3a3}{6(n1n2n3)}$$

$$grad = Simplify[(\partial_{\#1} V[n1, n2, n3]\&)/@\{n1, n2, n3\}];$$

$$MatrixForm[Transpose[(\partial_{\#1} grad\&)/@\{n1, n2, n3\}]]/.n1 \to \tfrac{c}{a1}/.$$

$$n2 \to \tfrac{c}{a2}/.n3 \to \tfrac{c}{a3}$$

$$\begin{pmatrix} \dfrac{2a1^3a2a3}{3c^4} & \dfrac{a1^2a2^2a3}{6c^4} & \dfrac{a1^2a2a3^2}{6c^4} \\[2mm] \dfrac{a1^2a2^2a3}{6c^4} & \dfrac{2a1a2^3a3}{3c^4} & \dfrac{a1a2^2a3^2}{6c^4} \\[2mm] \dfrac{a1^2a2a3^2}{6c^4} & \dfrac{a1a2^2a3^2}{6c^4} & \dfrac{2a1a2a3^3}{3c^4} \end{pmatrix}$$

Maple:

```
> with(linalg);
> V:=(n1,n2,n3)->(1/6)*(1/(n1*n2*n3))*
> (n1*a1+n2*a2+n3*a3)^3;
```

$$V := (n1,\ n2,\ n3) \to \frac{1}{6}\,\frac{(n1\,a1 + n2\,a2 + n3\,a3)^3}{n1\,n2\,n3}$$

```
> H:=subs(n1=c/a1,n2=c/a2,n3=c/a3,hessian(V(n1,n2,n3),
> [n1,n2,n3]));
```

$$H := \begin{bmatrix} 3\dfrac{a1^3\,a2\,a3}{c^2} & -\dfrac{3}{2}\dfrac{a1^2\,a2^2\,a3}{c^2} & -\dfrac{3}{2}\dfrac{a1^2\,a2\,a3^2}{c^2} \\[3mm] -\dfrac{3}{2}\dfrac{a1^2\,a2^2\,a3}{c^2} & 3\dfrac{a1\,a2^3\,a3}{c^2} & -\dfrac{3}{2}\dfrac{a1\,a2^2\,a3^2}{c^2} \\[3mm] -\dfrac{3}{2}\dfrac{a1^2\,a2\,a3^2}{c^2} & -\dfrac{3}{2}\dfrac{a1\,a2^2\,a3^2}{c^2} & 3\dfrac{a1\,a2\,a3^3}{c^2} \end{bmatrix}$$

Aufgabe 9.14 Man zeige, daß für $a > 0$, $b > 0$, $c > 0$ die folgende Ungleichung gilt:

Eine Ungleichung nachweisen, hinreichende Bedingung im Fall von zwei Variablen benutzen

$$\left(\frac{a+b+c}{3}\right)^3 \geq abc.$$

Lösung: Wir schreiben die Ungleichung als:

$$(a+b+c)^3 \geq 27\,abc$$

und dividieren durch c^3:

$$\left(\frac{a}{c} + \frac{b}{c} + 1\right)^3 \geq 27\,\frac{ab}{c^2}.$$

Ersetzen wir $\dfrac{a}{c}$ durch x_1 und $\dfrac{b}{c}$ durch x_2, so bleibt zu zeigen:

$$(x_1 + x_2 + 1)^3 - 27\,x_1 x_2 \geq 0$$

$x_1 > 0$, $x_2 > 0$. Die partiellen Ableitungen der Funktion:

$$f(x_1, x_2) = (x_1 + x_2 + 1)^3 - 27\, x_1 x_2$$

ergeben sich zu:

$$f_{x_1}(x_1, x_2) = 3\,(x_1 + x_2 + 1)^2 - 27\, x_2\,,$$

$$f_{x_2}(x_1, x_2) = 3\,(x_1 + x_2 + 1)^2 - 27\, x_1\,.$$

Zur Lösung des Systems:

$$3\,(x_1 + x_2 + 1)^2 - 27\, x_2 = 0\,,$$

$$3\,(x_1 + x_2 + 1)^2 - 27\, x_1 = 0\,,$$

addieren und subtrahieren wir die Gleichungen und bekommen:

$$6\,(x_1 + x_2 + 1)^2 - 27\,(x_1 + x_2) = 0\,,$$

$$27\, x_1 - 27\, x_2 = 0\,.$$

Aus der zweiten Gleichung folgt: $x_1 = x_2$ und aus der ersten:

$$(2\, x_1 + 1)^2 - 9\, x_1 = 0\,.$$

Die quadratische Gleichung besitzt die Lösungen: $x_1 = \dfrac{1}{4},\, 1$. Berechnen wir nun die Hesse-Matrix:

$$H(x_1, x_2) = \begin{pmatrix} 6\,(x_1 + x_2 + 1) & 6\,(x_1 + x_2 + 1) - 27 \\ 6\,(x_1 + x_2 + 1) - 27 & 6\,(x_1 + x_2 + 1) \end{pmatrix}.$$

Im Punkt $\left(\dfrac{1}{4}, \dfrac{1}{4}\right)$ bekommt man:

$$H\left(\frac{1}{4}, \frac{1}{4}\right) = \begin{pmatrix} 9 & -18 \\ -18 & 9 \end{pmatrix}$$

und im Punkt $(1, 1)$ bekommt man:

$$H(1, 1) = \begin{pmatrix} 18 & -9 \\ -9 & 18 \end{pmatrix}.$$

Im ersten Punkt kann keine Extremalstelle vorliegen, während im zweiten Punkt eine Minimalstelle mit dem Funktionswert 0 vorliegt.

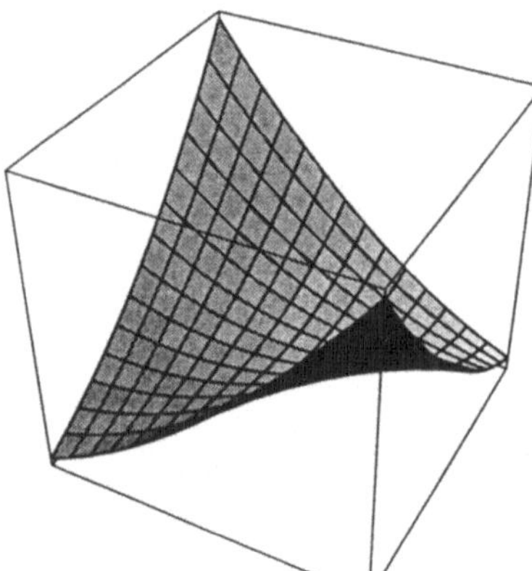

Die Funktion
$f(x_1, x_2) = (x_1 + x_2 + 1)^3 - 27\, x_1 x_2$
in einer Umgebung des Punktes $\left(\dfrac{1}{4}, \dfrac{1}{4}\right)$

Mathematica:

$$\mathbf{f[x1\_, x2\_] := (x1 + x2 + 1)^3 - 27x1x2}$$

$$\mathbf{grad = Simplify[(\partial_{\#1}f[x1, x2]\&)/@\{x1, x2\}]}$$
$$\{-27x2 + 3(1 + x1 + x2)^2, -27x1 + 3(1 + x1 + x2)^2\}$$

$$\mathbf{Solve[\{grad[[1]] == 0, grad[[2]] == 0\}]}$$
$$\left\{\left\{x1 \to \frac{1}{4}, x2 \to \frac{1}{4}\right\}, \{x1 \to 1, x2 \to 1\}\right\}$$

$$\mathbf{MatrixForm[Transpose[(\partial_{\#1}\,grad\&)/@\{x1, x2\}]]/.x1 \to \tfrac{1}{4}/.}$$
$$\mathbf{x2 \to \tfrac{1}{4}}$$

$$\begin{pmatrix} 9 & -18 \\ -18 & 9 \end{pmatrix}$$

$$\mathbf{MatrixForm[Transpose[(\partial_{\#1}grad\&)/@\{x1, x2\}]]/.x1 \to 1/.x2 \to 1}$$

$$\begin{pmatrix} 18 & -9 \\ 9 & 18 \end{pmatrix}$$

Maple:

```
> with(linalg);
> f:=(x1,x2)->(x1+x2+1)^3-27*x1*x2;
```
$$f := (x1, x2) \to (x1 + x2 + 1)^3 - 27\,x1\,x2$$

```
> g:=grad(f(x1,x2),vector([x1,x2]));
```
$$g := \left[3\,(x1 + x2 + 1)^2 - 27\,x2,\ 3\,(x1 + x2 + 1)^2 - 27\,x1\right]$$

```
> s:=solve({g[1]=0,g[2]=0});
```
$$s := \{x2 = \frac{1}{4},\ x1 = \frac{1}{4}\},\ \{x2 = 1,\ x1 = 1\}$$

```
> H:=(x1,x2)->hessian(f(x1,x2),[x1,x2]);
```
$$H := (x1, x2) \to \text{hessian}(\mathrm{f}(x1, x2), [x1, x2])$$

```
> H(x1,x2);
```
$$\begin{bmatrix} 6\,x1 + 6\,x2 + 6 & 6\,x1 + 6\,x2 - 21 \\ 6\,x1 + 6\,x2 - 21 & 6\,x1 + 6\,x2 + 6 \end{bmatrix}$$

```
> subs(x1=1/4,x2=1/4,H(x1,x2));
```
$$\begin{bmatrix} 9 & -18 \\ -18 & 9 \end{bmatrix}$$

```
> subs(x1=1,x2=1,H(x1,x2));
```
$$\begin{bmatrix} 18 & -9 \\ -9 & 18 \end{bmatrix}$$

9.3   Implizite Funktionen

Der noch ausstehende Satz über die Ableitung der Umkehrfunktion, ist etwas schwieriger als im eindimensionalen Fall zu bekommen.

Satz über inverse Funktionen

> Sei $D \subseteq \mathbb{R}^n$ eine offene Menge. Die Funktion $f : D \longrightarrow \mathbb{R}^n$ gehöre der Klasse $C^1(D)$ an. Im Punkt x_0 gelte:
>
> $$\det\left(\frac{d f}{d x}(x_0)\right) \neq 0.$$
>
> Dann gibt es eine offene Umgebung $U_\epsilon(x_0)$ mit offener Bildmenge $f(U_\epsilon(x_0))$, so daß die Funktion $f : U_\epsilon(x_0) \longrightarrow f(U_\epsilon(x_0))$ eine inverse Funktion $f^{-1} \in C^1(f(U_\epsilon(x_0)))$ besitzt. Ferner gilt für alle $y \in f(U_\epsilon(x_0))$:
>
> $$\frac{d f^{-1}}{d y}(y) = \left(\frac{d f}{d x}(f^{-1}(y))\right)^{-1}.$$

Der Satz über inverse Funktionen gestattet es uns, Gleichungen der Gestalt $f(x) = y$ bzw. $f(x) - y = 0$ aufzulösen. Im folgenden befassen wir uns allgemeiner mit der Auflösbarkeit von Gleichungen vom Typ $f(x, y) = 0$.

Satz über implizite Funktionen

> Seien $D_n \subseteq \mathbb{R}^n$ und $D_m \subseteq \mathbb{R}^m$ offene Mengen. Die Funktion
>
> $$f : D_n \times D_m \longrightarrow \mathbb{R}^m$$
>
> gehöre der Klasse $C^1(D_n \times D_m)$ an. Sei $(x_0, y_0) \in D_n \times D_m$ ein Punkt mit
>
> $$f(x_0, y_0) = 0 \quad \text{und} \quad \det\left(\left(f_{y_j}^k(x_0, y_0)\right)_{k,j=1,\dots m}\right) \neq 0.$$
>
> Dann gibt es offene Umgebungen $U_{\epsilon_n}(x_0)$ und $U_{\epsilon_m}(y_0)$, so daß zu jedem Punkt $x \in U_{\epsilon_n}(x_0)$ genau ein Punkt $g(x) \in U_{\epsilon_m}(y_0)$ existiert mit $f(x, g(x)) = 0$. Die Funktion
>
> $$g : U_{\epsilon_n}(x_0) \longrightarrow U_{\epsilon_m}(y_0)$$
>
> gehört der Klasse $C^1(U_{\epsilon_n}(x_0))$ an.

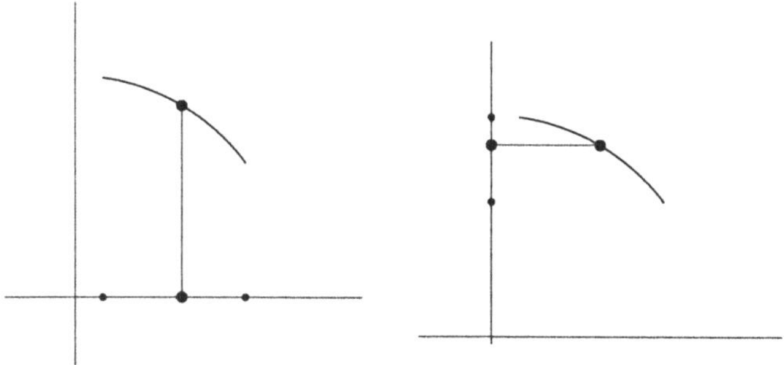

Auflösungen von $f(x, y) = 0$ nach y (links) bzw. x (rechts)

Die Funktionalmatrix einer implizit gegebenen Funktion läßt sich aus einem linearen Gleichungssystem gewinnen.

Aus der Bedingung $f(x, g(x)) = 0$ ergibt sich mit Hilfe der Kettenregel für $k = 1, \ldots m, l = 1, \ldots n$:

$$f_{x_l}^k(x, g(x)) + \sum_{j=1}^{m} f_{y_j}^k(x, g(x)) \, g_{x_l}^j(x) = 0.$$

Da für x nahe bei x_0 gilt: $\det((f_{y_j}^k(x, g(x)))_{k,j=1,\ldots m}) \neq 0$ kann die gesuchte Funktionalmatrix berechnet werden.
Wir betrachten die Fälle $n = 2$ mit $f(x, y)$ und $n = 3$ mit $f(x_1, x_2, y)$ noch etwas näher: Die obige Gleichung kann jeweils geschrieben werden als:

$$\operatorname{grad}\ f(x, g(x))\ (1, g'(x)) = 0,$$
$$\operatorname{grad}\ f(x_1, x_2, g(x_1, x_2))\ (1, 0, g_{x_1}(x_1, x_2)) = 0,$$
$$\operatorname{grad}\ f(x_1, x_2, g(x_1, x_2))\ (0, 1, g_{x_2}(x_1, x_2)) = 0.$$

Funktionalmatrizen implizit gegebener Funktionen

Damit kann man zeigen, daß der Gradient immer senkrecht auf Äquipotentialflächen steht.

Man bezeichnet Kurven mit $f(x, g(x)) = c$ auch als Niveaulinien und Flächen mit $f(x_1, x_2, g(x_1, x_2)) = c$ als Niveauflächen. Das heißt, im Fall $n = 2$ steht der Gradient von f in jedem Punkt $(x, g(x))$ senkrecht auf der Tangente der Funktion $g(x)$ und im Fall $n = 3$ steht der Gradient von f in jedem Punkt $(x_1, x_2, g(x_1, x_2))$ senkrecht auf der Tangentialebene der Funktion $g(x_1, x_2)$.

Niveaulinien und Niveauflächen

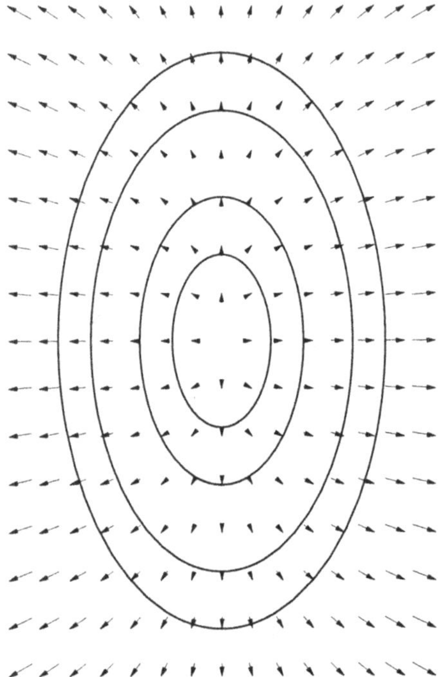

Niveaulinien einer Funktion $f(x_1, x_2)$ und Gradientenrichtung

Bei einer reellwertigen, im $\mathbb{R}^n$ erklärten Funktion erhebt sich zusätzlich zu dem Problem der relativen Extrema noch die Frage nach Extrema, die gewisse Nebenbedingungen berücksichtigen.

Extremwerte unter Nebenbedingungen

Sei $D \subseteq \mathbb{R}^n$ eine offene Menge. Die Funktionen

$$f : D \longrightarrow \mathbb{R} \quad \text{und} \quad g : D \longrightarrow \mathbb{R}^l, \quad l < n,$$

seien aus der Klasse $C^1(D)$. Sei $x_0 \in D$ ein Punkt mit

$$g(x_0) = 0 \quad \text{und} \quad Rg\left(\frac{dg}{dx}(x_0)\right) = l.$$

Ferner sei $f(x_0)$ ein relatives Extremum der Funktionswerte:

$$\{f(x) \mid x \in D, \, g(x) = 0\}.$$

Dann gibt es l Lagrange-Multiplikatoren $\lambda_1, \ldots, \lambda_l \in \mathbb{R}$, so daß für alle $k = 1, \ldots, n$ gilt:

$$f_{x_k}(x_0) + \sum_{j=1}^{l} \lambda_j \, g_{x_k}^j(x_0) = 0.$$

Wenn man die Extremalstellen einer Funktion f unter den Nebenbedingungen $g(x) = 0$ bestimmen will, geht man folgendermaßen
vor.

Man sucht Punkte, welche die Nebenbedingungen $g(x) = 0$
erfüllen und die lineare Abhängigkeit

$$\text{grad } f(x) + \sum_{j=1}^{l} \lambda_j \text{ grad } g^j(x) = \vec{0}$$

gewährleisten. Im Fall einer Nebenbedingung bedeutet letzteres
gerade, daß die Gradienten parallel sein müssen:

$$\text{grad } f(x) + \lambda \text{ grad } g(x) = \vec{0}.$$

Schließlich kann im Sonderfall $l = n - 1$ die lineare Abhängigkeit des Gradienten der Funktion f von den Gradienten der Nebenbedingungen g^j mit Hilfe der Determinante festgestellt werden. Man erhält dann als Bedingung für Extremalstellen:

$$\det \begin{pmatrix} \text{grad } f(x) \\ \text{grad } g^1(x) \\ \vdots \\ \text{grad } g^{n-1}(x) \end{pmatrix} = 0.$$

**Bestimmung von Extremalstellen
unter Nebenbedingungen**

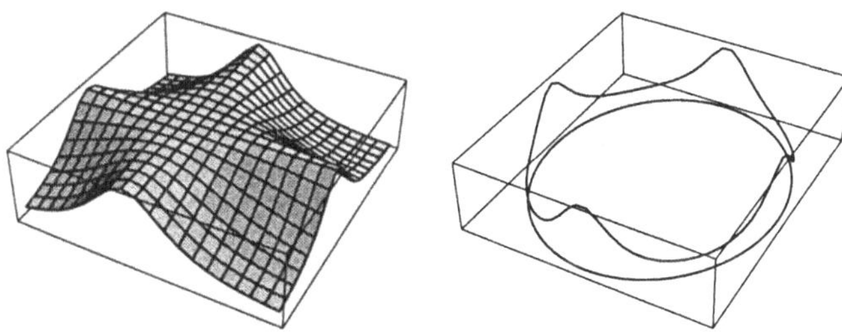

Extremwerte der Funktion $f(x_1, x_2)$ unter der Nebenbedingung
$g(x_1, x_2) = 0$

Eine Kurve bestimmen, die im Schnitt zweier Flächen im $\mathbb{R}^3$ liegt. Ableitungen der Kurve durch implizites Differenzieren bestimmen

Aufgabe 9.15 Der Punkt

$$(x_{01}, x_{02}, x_{03}) = \left(\frac{3 - \sqrt{10}}{2}, -\sqrt{-3(3 - \sqrt{10})}, \sqrt{\frac{21}{4} - 3\sqrt{\frac{5}{2}}} \right)$$

liegt sowohl auf der Kugeloberfläche

$$f^1(x_1, x_2, x_3) = x_1^2 + x_2^2 + x_3^2 = 1$$

als auch auf der Oberfläche des Ellipsoids

$$f^2(x_1, x_2, x_3) = \frac{(x_1 - 1)^2}{2} + \frac{x_2^2}{3} + \frac{x_3^2}{2} = 1 \, .$$

Man weise nach, daß durch den Punkt (x_{01}, x_{02}, x_{03}) genau eine Kurve $(x, g^1(x), g^2(x))$ mit $f^1(x, g^1(x), g^2(x)) = 1$ und $f^2(x, g^1(x), g^2(x)) = 1$ geht. Man berechne die Ableitungen $\frac{d}{dx} g^1(x)$ und $\frac{d}{dx} g^2(x)$ auf direktem Wege und implizit.

Lösung: Auf der Kugeloberfläche gilt:

$$x_2^2 = 1 - x_1^2 - x_3^2$$

und hiermit auf der Oberfläche des Ellipsoids

$$x_3^2 = -x_1^2 + 6 x_1 + 1 \, .$$

Ersetzt man diesen Ausdruck für x_3^2 auf der Kugeloberfläche, so folgt:

$$x_2^2 = -6 x_1 \, .$$

Damit ein Punkt (x_1, x_2, x_3) auf beiden Flächen liegen kann, muß demnach gelten

$$3 - \sqrt{10} \le x_1 \le 3 + \sqrt{10} \quad \text{und} \quad x_1 \le 0 \, .$$

Schließlich bekommen wir folgende auf beiden Flächen verlaufende Kurve durch den gegebenen Punkt:

$$(x, g^1(x), g^2(x)) = (x, -\sqrt{-6x}, \sqrt{-x^2 + 6x + 1}) \, , 3 - \sqrt{10} < x < 0 \, .$$

Diese Kurve verläuft in der Teilmenge des $\mathbb{R}^3$, in der gilt:

$$\det \begin{pmatrix} \frac{\partial f^1}{\partial x_2}(x_1, x_2, x_3) & \frac{\partial f^1}{\partial x_3}(x_1, x_2, x_3) \\ \frac{\partial f^2}{\partial x_2}(x_1, x_2, x_3) & \frac{\partial f^2}{\partial x_3}(x_1, x_2, x_3) \end{pmatrix} = \frac{2}{3} x_2 x_3 \ne 0 \, .$$

Der Satz über implizite Funktionen gewährleistet somit eine eindeutige Auflösung nach den Variablen x_2, x_3. In den Punkt $\left(3 - \sqrt{10}, -\sqrt{-6(3 - \sqrt{10})}, \right.$ münden zwei Auflösungen:

$$(x, -\sqrt{-6x}, \pm\sqrt{-x^2 + 6x + 1}), \quad 3 - \sqrt{10} < x < 0 \, ,$$

und in den Punkt $(0, 0, 1)$ münden ebenfalls zwei Auflösungen:

$$(x, \pm\sqrt{-6x}, \sqrt{-x^2 + 6x + 1}), \quad 3 - \sqrt{10} < x < 0.$$

Direkte Berechnung der Ableitungen ergibt:

$$\frac{d}{dx}g^1(x) = \frac{3}{\sqrt{-6x}}, \frac{d}{dx}g^2(x) = \frac{3 - x}{\sqrt{-x^2 + 6x + 1}}.$$

Aus $f^1(x, g^1(x), g^2(x)) = f^2(x, g^1(x), g^2(x)) = 1$ folgt durch implizites Ableiten:

$$2x + 2g^1(x)\frac{d}{dx}g^1(x) + 2g^2(x)\frac{d}{dx}g^2(x) = 0,$$

$$2(x - 1) + \frac{2}{3}g^1(x)\frac{d}{dx}g^1(x) + g^2(x)\frac{d}{dx}g^2(x) = 0.$$

Auflösen ergibt:

$$\frac{d}{dx}g^1(x) = -\frac{3}{g^1(x)}, \frac{d}{dx}g^2(x) = \frac{3 - x}{g^2(x)}.$$

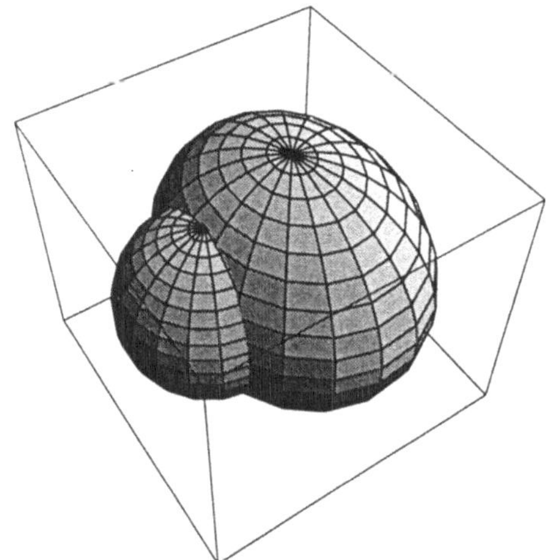

Schnitt der Kugeloberfläche $x_1^2 + x_2^2 + x_3^2 = 1$ mit der Oberfläche des Ellipsoids
$$\frac{(x_1 - 1)^2}{2} + \frac{x_2^2}{3} + \frac{x_3^2}{2} = 1$$

Aufgabe 9.16 Mit Hilfe des Gradienten bestimme man die Gleichung der Tangente im Punkt (x_{01}, x_{02}) an die Ellipse

$$\frac{x_1^2}{a^2} + \frac{x_2^2}{b^2} = 1$$

bzw. der Tangentialebene im Punkt (x_{01}, x_{02}, x_{03}) an die Oberfläche des Ellipsoids

$$\frac{x_1^2}{a^2} + \frac{x_2^2}{b^2} + \frac{x_3^2}{c^2} = 1.$$

Tangente bzw. Tangentialebene an Niveaulinie bzw. Niveaufläche bestimmen

Lösung: Wir fassen die Ellipse als Niveaulinie der Funktion

$$f(x_1, x_2) = \frac{x_1^2}{a^2} + \frac{x_2^2}{b^2}$$

und die Oberfläche des Ellipsoids als Niveaufläche der Funktion

$$F(x_1, x_2, x_3) = \frac{x_1^2}{a^2} + \frac{x_2^2}{b^2} + \frac{x_3^2}{c^2}$$

auf.

Da der Gradient senkrecht auf Niveaulinien bzw. Niveauflächen steht, bekommt die Gleichung der Tangente:

$$\left(\frac{2\,x_{01}}{a^2}, \frac{2\,x_{02}}{b^2} \right) (x_1 - x_{01}, x_2 - x_{02}) = 0$$

und die Gleichung der Tangentialebene:

$$\left(\frac{2\,x_{01}}{a^2}, \frac{2\,x_{02}}{b^2}, \frac{2\,x_{03}}{c^2} \right) (x_1 - x_{01}, x_2 - x_{02}, x_3 - x_{03}) = 0 \,.$$

Dafür können wir auch schreiben:

$$\frac{x_{01}\,(x_1 - x_{01})}{a^2} + \frac{x_{02}\,(x_2 - x_{02})}{b^2} = 0$$

und

$$\frac{x_{01}\,(x_1 - x_{01})}{a^2} + \frac{x_{02}\,(x_2 - x_{02})}{b^2} + \frac{x_{03}\,(x_3 - x_{03})}{c^2} = 0$$

bzw.

$$\frac{x_{01}\,x_1}{a^2} + \frac{x_{02}\,x_2}{b^2} = 1$$

und

$$\frac{x_{01}\,x_1}{a^2} + \frac{x_{02}\,x_2}{b^2} + \frac{x_{03}\,x_3}{c^2} = 1 \,.$$

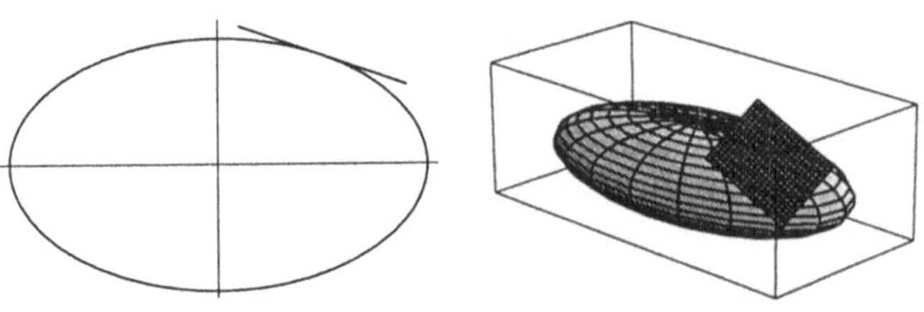

Tangente an eine Ellipse und Tangentialebene an die Oberfläche eines Ellipsoids

Aufgabe 9.17   Welcher Punkt auf der Kugelfläche

$$\|x - x_0\| = \sqrt{(x_1 - x_{M1})^2 + (x_2 - x_{M2})^2 + (x_3 - x_{M3})^2} = r$$

($x_M \neq (0, 0, 0)$) hat vom Nullpunkt maximalen bzw. minimalen Abstand. Man interpretiere das Ergebnis mit dem Satz über Extrema unter Nebenbedingungen.

Lösung: Die Punkte mit extremalem Abstand erhält man, indem man die Schnittpunkte der Ursprungsgerade durch den Kugelmittelpunkt mit der Kugeloberfläche schneidet. Dies ergibt die Bedingung:

$$x = t\, x_M\,, \quad t \in \mathbb{R}, \quad \|x - x_M\| = r\,.$$

Hieraus folgt:

$$(t - 1)^2 \|x_M\|^2 = r^2\,,$$

also

$$t = 1 \pm \frac{r}{\|x_M\|}\,.$$

Je nach Lage des Mittelpunktes erhält man nun mit

$$x_{1,2} = \left(1 \pm \frac{r}{\|x_M\|}\right) x_M \text{ die Punkte mit extremalem Abstand.}$$

Wir können nun auch die Abstandsfunktion

$$f(x) = \|x\| = \sqrt{x_1^2 + x_2^2 + x_3^2}$$

vom Nullpunkt unter der Nebenbedingung $g(x) = \|x - x_M\| = r$ betrachten. In den beiden Punkten $x_{1,2}$ sind gerade die Gradienten grad $f(x) = \dfrac{x}{\|x\|}$

und grad $g(x) = \dfrac{x - x_M}{\|x - x_M\|}$ parallel.

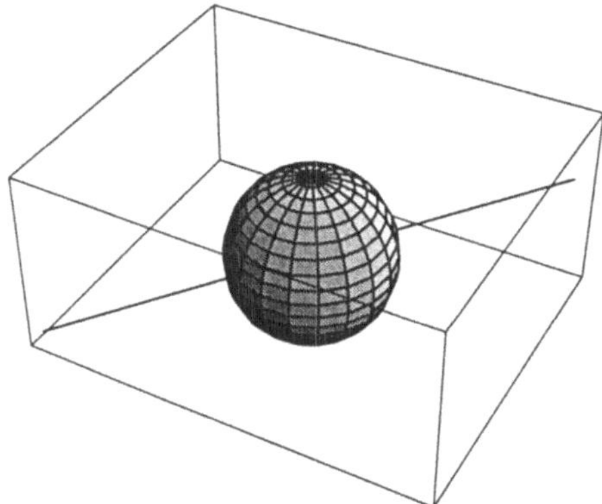

Punkte auf einer Kugeloberfläche mit extremalem Abstand vom Nullpunkt

Aufgabe 9.18   Welcher Punkt auf der Ebene $n\,x = d$, $n = (n_1, n_2, n_3) \neq 0$, $d > 0$, hat vom Nullpunkt minimalen Abstand. Man interpretiere das Ergebnis mit dem Satz über Extrema unter Nebenbedingungen.

Einen geometrischen Sachverhalt als Extremwert unter Nebenbedingungen interpretieren

Lösung: Wenn man vom Nullpunkt das Lot

$$x = t\,n\,, \quad t \in \mathbb{R}\,,$$

auf die Ebene fällt und den Fußpunkt des Lots auf der Ebene bestimmt, so ergibt sich:

$$n\,(t\,n) = d\,,$$

also

$$t = \frac{d}{n\,n}\,.$$

Der Fußpunkt lautet damit

$$x_F = \frac{d}{n\,n}\,n\,.$$

Der Fußpunkt minimiert den Abstand

$$f(x) = \|x\| = \sqrt{x_1^2 + x_2^2 + x_3^2}$$

vom Nullpunkt unter Nebenbedingung $g(x) = n\,x - d = 0$. Offensichtlich sind die Gradienten $\operatorname{grad}\ f(x) = \dfrac{x}{\|x\|}$ und $\operatorname{grad}\ g(x) = n$ im Fußpunkt parallel.

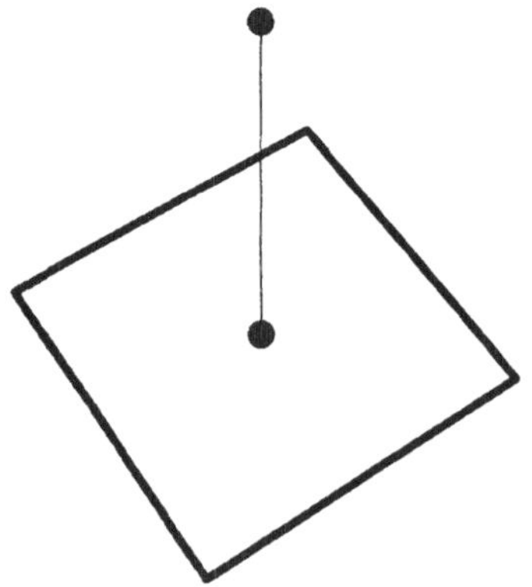

Punkt auf einer Ebene mit minimalem Abstand vom Nullpunkt

Einen Punkt auf einer Ebene mit minimalem Abstand von einem gegebenen Punkt finden

Aufgabe 9.19 Gegeben seien $v = (v_1, v_2, v_3), n = (n_1, n_2, n_3) \in \mathbb{R}^3$ mit $v\,n \neq 0$. Man bestimme die Minimalstelle der Funktion

$$f(x) = \|x - v\| = \sqrt{(x_1 - v_1)^2 + (x_2 - v_2)^2 + (x_3 - v_3)^2}$$

unter der Nebenbedingung:

$$g(x) = x\,n = 0\,.$$

Man interpretiere das Ergebnis geometrisch.

Lösung: Als Extremalstellen kommen alle Lösungen des Gleichungssystems:

$$g(x_1, x_2) = 0,$$

$$\text{grad } f(x_1, x_2) + \lambda \text{ grad } g(x_1, x_2) = (0, 0),$$

in Frage. Mit den partiellen Ableitungen

$$f_{x_j}(x) = \frac{x_j - v_j}{\sqrt{(x_1 - v_1)^2 + (x_2 - v_2)^2 + (x_3 - v_3)^2}}$$

und

$$g_{x_j}(x) = n_j$$

ergeben sich die Bedingungen:

$$x\,n = 0, \quad (x - v) - \lambda\,n = 0.$$

Multipliziert man die zweite Gleichung skalar mit n, so folgt

$$x\,n - v\,n - \lambda\,n\,n = -v\,n - \lambda\,n\,n = 0.$$

Hieraus bekommt man

$$\lambda = \frac{v\,n}{n\,n}$$

und als mögliche Extremalstelle:

$$x_0 = v - \frac{v\,n}{n\,n}\,n.$$

Die Nebenbedingung besagt gerade, daß eine Extremalstelle auf der Ebene $n\,x = 0$ gesucht werden soll. Der Vektor x_0 stellt die Projektion des Vektors v auf die Ebene $n\,x = 0$ dar und bildet damit ein Minimum der Funktion f unter der Nebenbedingung g.

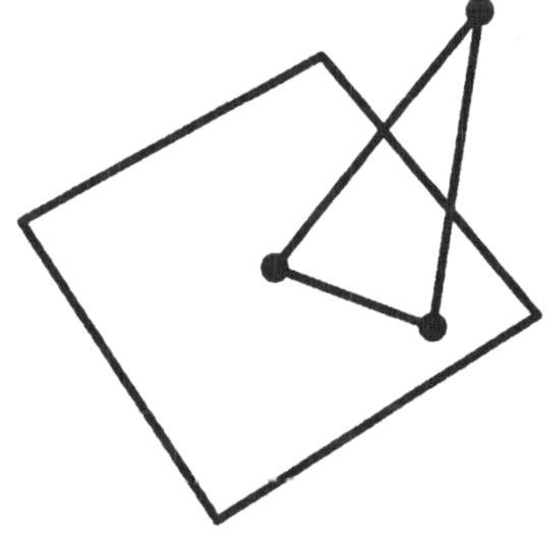

Punkt auf einer Ebene mit minimalem Abstand von einem gegebenen Punkt, Projektion

Kandidaten für Extremalstellen einer Funktion unter einer Nebenbedingung ermitteln

Aufgabe 9.20 Gegeben sei die Funktion:

$$f(x_1, x_2) = x_1^2 \, x_2 \,.$$

Welche Punkte kommen als Extremalstellen von f unter der folgenden Nebenbedingung in Frage:

$$g(x_1, x_2) = \frac{x_1^2}{3} + \frac{x_2^2}{4} - 1 = 0 \,.$$

Lösung: Als Extremalstellen kommen alle Lösungen des Gleichungssystems:

$$g(x_1, x_2) = 0 \,,$$
$$\text{grad } f(x_1, x_2) + \lambda \text{ grad } g(x_1, x_2) = (0, 0) \,,$$

in Frage. Die zweite Gleichung schreiben wir mit

$$\text{grad } f(x_1, x_2) = (2x_1 x_2, x_1^2) \quad \text{und} \quad \text{grad } g(x_1, x_2) = \left(\frac{2}{3} x_1, \frac{1}{2} x_2 \right)$$

in Komponenten:

$$2 x_1 x_2 + \lambda \frac{2}{3} x_1 = 0 \,, \quad x_1^2 + \lambda \frac{1}{3} x_2 = 0 \,.$$

Wir unterscheiden nun zwei Fälle: $x_1 = 0$ und $x_1 \neq 0$. Im ersten Fall wird mit $\lambda = 0$ die Multiplikatorbedingung erfüllt und aus der Nebenbedingung ergibt sich $x_2^2 = 4$. Im zweiten Fall wird die Multiplikatorbedingung erfüllt mit $\lambda = -3x_2$ und $x_1^2 = \frac{3}{2} x_2^2$, und die Nebenbedingung liefert $x_2^2 = \frac{4}{3}$. Somit kommen folgende Punkte als Extremalstellen in Frage:

$$(0, 2) \,, (0, -2) \,,$$
$$\left(\sqrt{2}, \frac{2}{\sqrt{3}} \right) , \left(\sqrt{2}, -\frac{2}{\sqrt{3}} \right) , \left(-\sqrt{2}, \frac{2}{\sqrt{3}} \right) , \left(-\sqrt{2}, -\frac{2}{\sqrt{3}} \right) .$$

Wir können auch direkt vorgehen, ohne den Lagrange-Multiplikator zu benützen. Die Bedingung $g(x_1, x_2) = 0$ lösen wir nach x_1 auf und bekommen

$$g(h(x_2), x_2) = 0$$

mit:

$$h(x_2) = \begin{cases} \sqrt{3} \sqrt{1 - \frac{1}{4} x_2} \,, & x_1 > 0 \,, \\ -\sqrt{3} \sqrt{1 - \frac{1}{4} x_2} \,, & x_1 < 0 \,, \end{cases}$$

für $2 < x_2 < 2$. Damit ergibt sich in beiden Fällen:

$$f(h(x_2), x_2) = f_N(x_2) = 3 x_2 - \frac{3}{4} x_2^3 \,.$$

Aus $f_N'(x_2) = 3 - \frac{9}{4} x_2^2$ ergeben sich Nullstellen bei $x_2 = \pm \frac{2}{\sqrt{3}}$. Ferner besitzt f_N Extremalstellen am Rand des Definitionsintervalls $x_2 = \pm 2$. Dies führt uns auf die obigen möglichen Extremalpunkte von f unter g. Die Ellipse $g(x_1, x_2) = 0$ kann auch leicht parametrisiert werden durch:

$$x_1 = \sqrt{3}\cos(\phi)\,, \quad x_2 = 2\sin(\phi)\,.$$

Damit ergibt sich:

$$f(\sqrt{3}\cos(\phi)\,, 2\sin(\phi)) = f_N(\phi) = 6\,(\cos(\phi))^2\sin(\phi)\,.$$

Aus $f_N'(\phi) = 6\cos(\phi)((\cos(\phi))^2 - 2\,(\sin(\phi))^2)$ bekommt man Nullstellen bei $\cos(\phi) = 0$ und $(\tan(\phi))^2 = \dfrac{1}{2}$. Insgesamt erhalten wir wieder die obigen Möglichkeiten.

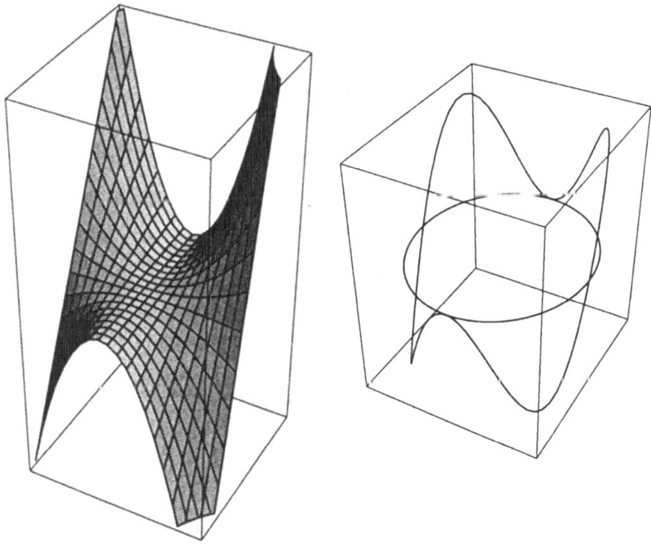

Die Funktion $f(x_1, x_2) = x_1^2 x_2$ unter der Nebenbedingung

$$g(x_1, x_2) = \frac{x_1^2}{3} + \frac{x_2^2}{4} - 1 = 0$$

Aufgabe 9.21 Man bestimme die Extremalstellen der Funktion:

$$f(x_1, x_2, x_3) = x_1\, x_2\, x_3^2$$

unter den Nebenbedingungen:

$$\begin{aligned}
g^1(x_1, x_2, x_3) &= x_1^2 + x_2^2 + x_3^2 - 4 = 0\,,\\
g^2(x_1, x_2, x_3) &= x_1 + x_2 + x_3 = 0\,.
\end{aligned}$$

Extremalstellen einer Funktion unter zwei Nebenbedingung bestimmen

Lösung: Nach dem Satz über Extremwerte unter Nebenbedingungen kommen als Extremalstellen alle Lösungen des folgenden Gleichungssystems in Frage:

$$g^1(x_1, x_2, x_3) = 0\,, \quad g^2(x_1, x_2, x_3) = 0\,,$$

$$\text{grad } f(x_1, x_2, x_3) + \lambda_1 \text{ grad } g^1(x_1, x_2, x_3) + \lambda_2 \text{ grad } g^2(x_1, x_2, x_3)$$
$$= (0, 0, 0)\,.$$

Dies ergibt folgendes System von fünf Gleichungen:

$$\begin{aligned}
x_1^1 + x_2^2 + x_3^2 - 4 &= 0, \\
x_1 + x_2 + x_3 &= 0, \\
x_2 x_3^2 + 2\lambda_1 x_1 + \lambda_2 &= 0, \\
x_1 x_3^2 + 2\lambda_1 x_2 + \lambda_2 &= 0, \\
2 x_1 x_2 x_3 + 2\lambda_1 x_3 + \lambda_2 &= 0.
\end{aligned}$$

Auf dem Kreis, der als Schnittmenge der Kugelfläche
$g^1(x_1, x_2, x_3) = 0$ und der Ebene $g^2(x_1, x_2, x_3) = 0$ entsteht, ist der
Gradient von g^1 und der Gradient von g^2 stets linear unabhängig. Denn
grad $g^1(x_1, x_2, x_3) = 2(x_1, x_2, x_3)$ liegt in der Ebene, während

$$\text{grad } g^2(x_1, x_2, x_3) = (1, 1, 1)$$

senkrecht auf der Ebene steht. Es kann aber auf dem Schnittkreis der Fall
$x_1 = x_2$ eintreten. Wir unterscheiden nun die Fälle: 1.) $x_1 = x_2$ und 2.)
$x_1 \neq x_2$.

1.) Mit $x_1 = x_2$ folgt aus der zweiten Gleichung: $x_3 = -2 x_1$ und aus der
ersten $x_1 = \pm\sqrt{\dfrac{2}{3}}$. Dies läßt folgende beiden Punkte auf dem Schnittkreis
zu:

$$\left(\pm\sqrt{\frac{2}{3}}, \pm\sqrt{\frac{2}{3}}, \mp 2\sqrt{\frac{2}{3}} \right).$$

Diese Punkte kommen aber auch als Extremalstellen in Frage. Die vierte
und die fünfte Gleichung kann nämlich als lineares Gleichungssystem mit
nichtsingulärer Systemmatrix zur Bestimmung der Multiplikatoren λ_1, λ_2
betrachtet werden. Die dritte Gleichung ist von der vierten linear abhängig
und wird mitgelöst.

2.) Mit $x_1 \neq x_2$ folgt aus der dritten und vierten Gleichung:

$$\lambda_1 = \frac{x_3^2}{2}, \; \lambda_2 = -(x_1 + x_2) x_3^2.$$

Einsetzen in die fünfte Gleichung liefert:

$$x_3 (2 x_1 x_2 - x_1 x_3 - x_2 x_3 + x_3^2) = 0.$$

Nun müssen zwei Unterfälle unterschieden werden: a) $x_3 = 0$ und b) $x_3 \neq$
0. a) Aus den ersten beiden Gleichungen folgt mit $x_3 = 0$ zunächst $x_1 +$
$x_2 = 0$ und $2x_1^2 = 4$. Damit kommen folgende beiden Punkte als Extremalstellen in Frage:

$$(\pm\sqrt{2}, \mp\sqrt{2}, 0).$$

b) Aus der zweiten Gleichung eliminieren wir $x_3 = -x_1 - x_2$. Einsetzen in
die erste Gleichung ergibt:

$$2 (x_1^2 + x_1 x_2 + x_2^2 - 2) = 0,$$

während aus $2 x_1 x_2 - x_1 x_3 - x_2 x_3 + x_3^2 = 0$ folgt:

$$2 (x_1^2 + 3 x_1 x_2 + x_2^2) = 0.$$

Dies bedeutet $x_1 x_2 = -1$ bzw. $x_2 = \dfrac{1}{x_1}$ und

$$x_1^4 - 3 x_1^2 + 1 = 0\,.$$

Diese biquadratische Gleichung besitzt die folgenden vier Lösungen:

$$\frac{1 \pm \sqrt{5}}{2}\,, \frac{-1 \pm \sqrt{5}}{2}\,.$$

Damit kommen folgende vier Punkte als Extremalstellen in Frage:

$$\left(\frac{1 \pm \sqrt{5}}{2}, \frac{1 \mp \sqrt{5}}{2}, -1\right)\,, \left(\frac{-1 \pm \sqrt{5}}{2}, \frac{-1 \mp \sqrt{5}}{2}, 1\right)\,.$$

Der Schnittkreis kann parametrisiert werden mit Hilfe von Kugelkoordinaten:

$$(x_1, x_2, x_3) = (r\,\cos(\phi)\,\sin(\theta), r\,\sin(\phi)\,\sin(\theta), r\,\cos(\theta))\,,$$

$$0 \le \phi < 2\pi\,, 0 \le \theta \le \pi\,.$$

Für Punkte auf dem Schnittkreis bekommen wir:

$$\cos(\phi) + \sin(\phi) = -\frac{\cos(\theta)}{\sin(\theta)}$$

und

$$\theta = -\operatorname{arccot}(\cos(\phi) + \sin(\phi))\,.$$

Durch trigonometrische Umformung erhält man schließlich die Funktionswerte von f auf dem Schnittkreis in Abhängigkeit von ϕ:

$$
\begin{aligned}
f_N(\phi) &= f(r\,\cos(\phi)\,\sin(\theta), r\,\sin(\phi)\,\sin(\theta), r\,\cos(\theta)) \\
&= \frac{4(\cos(\phi) + \sin(\phi))^2 \sin(2\phi)}{(2 + \sin(2\phi))^2}\,.
\end{aligned}
$$

Diskutiert man die Funktion f_N, so ergeben sich folgende Maxima

$$\left(\pm\sqrt{\frac{2}{3}}, \pm\sqrt{\frac{2}{3}}, \mp 2\sqrt{\frac{2}{3}}\right)\,, (\pm\sqrt{2}, \mp\sqrt{2}, 0)\,,$$

und folgende Minima

$$\left(\frac{1 \pm \sqrt{5}}{2}, \frac{1 \mp \sqrt{5}}{2}, -1\right)\,, \left(\frac{-1 \pm \sqrt{5}}{2}, \frac{-1 \mp \sqrt{5}}{2}, 1\right)\,,$$

von f unter den Nebenbedingungen $g^1 = g^2 = 0$.

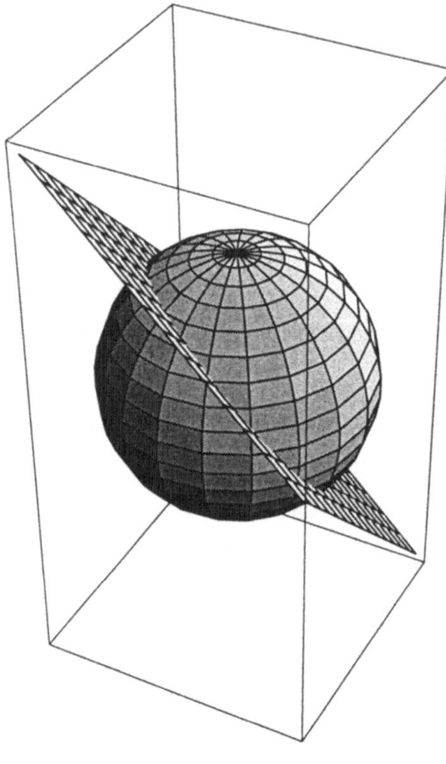

Schnitt der Kugelober-
fläche
$$x_1^2 + x_2^2 + x_3^2 - 4 = 0$$
mit der Ebene
$$x_1 + x_2 + x_3 = 0$$

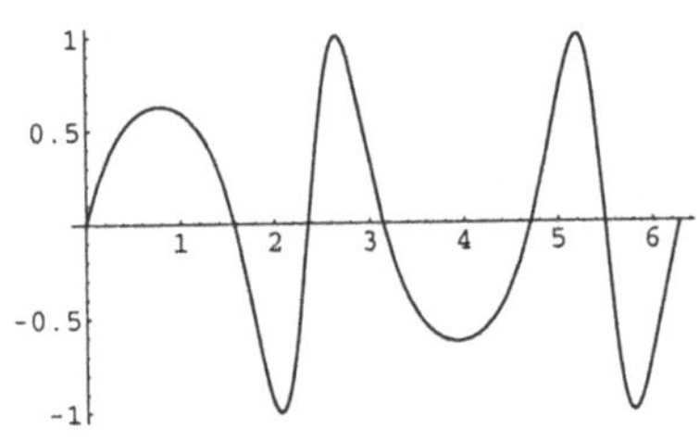

Die Funktion
$$f_N(\phi) = \frac{4(\cos(\phi) + \sin(\phi))^2 \sin(2\phi)}{(2 + \sin(2\phi))^2}$$

Extremalstellen einer Funktion
in einer abgeschlossenen
Kreisscheibe berechnen,
Extremalstellen im Inneren und
auf dem Rand suchen

Aufgabe 9.22   Man bestimme das Maximum und das Minimum der Funktionswerte:

$$f(x_1, x_2) = \frac{2}{1 + (x_1 - x_2)^2} - x_1 x_2$$

in der Kreisscheibe: $x_1^2 + x_2^2 \leq 4$.

Lösung: Die Extremalstellen von f im Inneren der Kreisscheibe, also in $x_1^2 + x_2^2 < 4$, unterliegen der notwendigen Bedingung grad $f(x_1, x_2) = (0, 0)$. Aus

$$f_{x_1}(x_1, x_2) = -\frac{4(x_1 - x_2)}{(1 + (x_1 - x_2)^2)^2} - x_2 = 0,$$

$$f_{x_2}(x_1, x_2) = \frac{4\,(x_1 - x_2)}{(1 + (x_1 - x_2)^2)^2} - x_1 = 0$$

folgt zunächst $x_2 = -x_1$ und $-\dfrac{8\,x_1}{(1 + 4\,x_1^2)^2} + x_1 = 0$. Hieraus ergibt sich

$x_1 = 0$ oder $x_1 = \pm\dfrac{1}{2}\sqrt{2\sqrt{2} - 1}$. Als Extremalstellen im Inneren der Kreisscheibe kommen somit die Punkte

$$(0, 0)\,, \left(\pm\frac{1}{2}\sqrt{2\sqrt{2} - 1}\,,\, \mp\frac{1}{2}\sqrt{2\sqrt{2} - 1}\right)$$

in Frage. Wir berechnen die zweiten partiellen Ableitungen und bekommen:

$$
\begin{aligned}
f_{x_1 x_1}(x_1, x_2) &= -\frac{4}{(1 + (x_1 - x_2)^2)^2} + \frac{16\,(x_1 - x_2)^2}{(1 + (x_1 - x_2)^2)^3}\,, \\
f_{x_1 x_2}(x_1, x_2) &= -f_{x_1 x_1}(x_1, x_2) - 1\,, \\
f_{x_2 x_2}(x_1, x_2) &= f_{x_1 x_1}(x_1, x_2)\,.
\end{aligned}
$$

Im Punkt $(0, 0)$ lautet die Hessematrix:

$$\begin{pmatrix} -4 & 3 \\ 3 & -4 \end{pmatrix}$$

und in den Punkten $\left(\pm\dfrac{1}{2}\sqrt{2\sqrt{2} - 1}\,,\, \mp\dfrac{1}{2}\sqrt{2\sqrt{2} - 1}\right)$ ergibt sich jeweils

$$\begin{pmatrix} \frac{3-\sqrt{2}}{2} & \frac{-5+\sqrt{2}}{2} \\ \frac{-5+\sqrt{2}}{2} & \frac{3-\sqrt{2}}{2} \end{pmatrix}\,.$$

Im ersten Fall besitzt die Hessematrix die Determinante 7 und $(0, 0)$ stellt eine Maximalstelle mit dem Funktionswert $f(0, 0) = 2$ dar. In den beiden anderen Fällen besitzt die Hessematrix die Determinante $-4 + \sqrt{2} < 0$, und es liegt keine Extremalstelle vor.

Nun muß geklärt werden, ob sich weitere Extremalstellen auf dem Rand der Kreisscheibe befinden. Es stellt sich also die Frage nach Extremwerten von f unter der Nebenbedingung $g(x_1, x_2) = x_1^2 + x_2^2 = 4$. Als notwendige Bedingung für solche Extremalstellen ergeben sich die Gleichungen:

$$
\begin{aligned}
x_1^2 + x_2^2 &= 4\,, \\
-\frac{4\,(x_1 - x_2)}{(5 - 2\,x_1\,x_2)^2} - x_2 + 2\lambda\,x_1 &= 0\,, \\
\frac{4\,(x_1 - x_2)}{(5 - 2\,x_1\,x_2)^2} - x_1 + 2\lambda\,x_2 &= 0\,.
\end{aligned}
$$

Wir unterscheiden zwei Fälle: 1) $x_1 + x_2 = 0$ und 2) $x_1 + x_2 \neq 0$.

1) Wegen $x_2 = -x_1$ ist die dritte Gleichung mit der zweiten identisch und kann zur Bestimmung von λ benutzt werden. Aus der ersten Gleichung folgt $x_1^2 = 2$, so daß folgende beiden Punkte als Extremalstellen in Frage kommen:

$$(\pm\sqrt{2}, \mp\sqrt{2})\,.$$

2) Durch Addition der zweiten und dritten Gleichung ergibt sich $\lambda = \dfrac{1}{2}$. Setzt man dies in die zweite Gleichung ein, so folgt:

$$(x_1 - x_2)\,(2\,x_1\,x_2 - 7)\,(2\,x_1\,x_2 - 3) = 0\,.$$

Dies läßt folgende Möglichkeiten zu: a) $x_2 = x_1$, b) $x_2 = \dfrac{7}{2x_1}$, c) $x_2 = \dfrac{3}{2x_1}$.

a) Aus der ersten Gleichung bekommen wir die beiden folgenden möglichen Extremalstellen

$$(\pm\sqrt{2},\ \pm\sqrt{2})\,.$$

b) Setzt man $x_2 = \dfrac{7}{2x_1}$ in die erste Gleichung ein, so folgt die Beziehung:

$$(x_1^2 - 2)^2 = 4 - \left(\frac{7}{2}\right)^2,$$

die keine reelle Lösung zuläst. c) Setzt man $x_2 = \dfrac{3}{2x_1}$ in die erste Gleichung ein, so folgt die Beziehung:

$$(x_1^2 - 2)^2 = 4 - \left(\frac{3}{2}\right)^2$$

mit vier reellen Lösungen

$$\frac{1 \pm \sqrt{7}}{2},\ \frac{-1 \pm \sqrt{7}}{2}\,.$$

Dies ergibt die vier folgenden möglichen Extremalstellen

$$\left(\frac{1 \pm \sqrt{7}}{2},\ \frac{-1 \pm \sqrt{7}}{2}\right),$$

$$\left(\frac{-1 \pm \sqrt{7}}{2},\ \frac{1 \pm \sqrt{7}}{2}\right).$$

Gehen wir die Funktionswerte

$$f(0,0) = 2,\ f(\pm\sqrt{2}, \mp\sqrt{2}) = \frac{20}{9},\ f(\pm\sqrt{2}, \pm\sqrt{2}) = 0,$$

$$f\left(\frac{1 \pm \sqrt{7}}{2},\ \frac{-1 \pm \sqrt{7}}{2}\right) = -\frac{1}{2},\ f\left(-\frac{1 \pm \sqrt{7}}{2},\ \frac{1 \pm \sqrt{7}}{2}\right) = -\frac{1}{2},$$

durch, so ergibt sich sofort das Maximum der Funktionswerte zu $\dfrac{20}{9}$, während sich das Minimum zu $-\dfrac{1}{2}$ ergibt.

Zur Bestimmung der Extremalstellen auf dem Rand der Kreisscheibe, hätte man natürlich auch die Kurve

$$f_N(\phi) = f(2\cos(\phi), 2\sin(\phi)) = \frac{2}{5 - 4\sin(2\phi)} - 2\sin(2\phi)$$

diskutieren können.

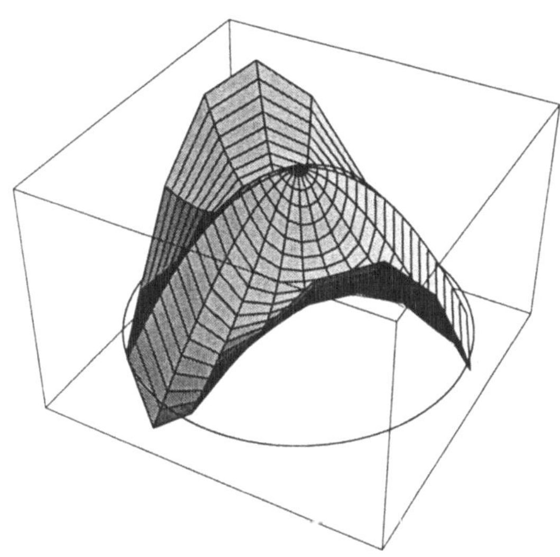

Die Funktion $f(x_1, x_2) = \dfrac{2}{1 + (x_1 - x_2)^2} - x_1 \, x_2$ in der Kreisscheibe:
$x_1^2 + x_2^2 \leq 4$

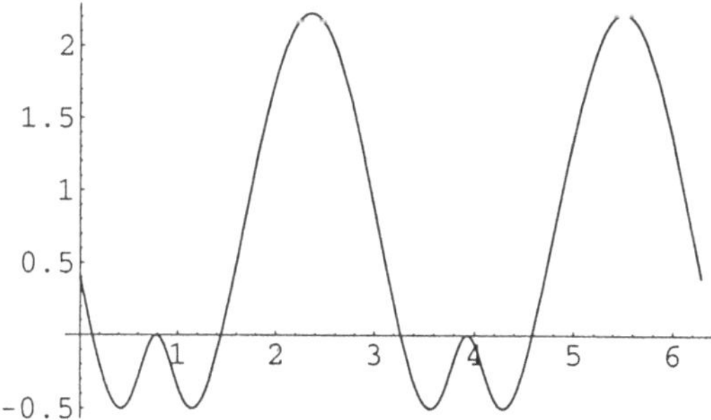

Die Funktion $f_N(\phi) = \dfrac{2}{5 - 4 \, \sin(2\,\phi)} - 2 \, \sin(2\,\phi)$

10 Integration im $\mathbb{R}^n$

10.1 Riemann-Integrale über Intervalle

Bei der Einführung des Riemannschen Integrals im $\mathbb{R}^n$ müssen wir zuerst die Begriffe Intervall, Partition und Feinheit übertragen.

n-dimensionale Intervalle

> Seien $a_j \in \mathbb{R}$, $b_j \in \mathbb{R}$ mit $a_j < b_j$, $j = 1, \dots, n$. Die Menge
> $$I = \{x \in \mathbb{R}^n \mid a_j \le x_j \le b_j, \ j = 1, \dots, n\}$$
> heißt (abgeschlossenes) n-dimensionales Intervall. Wir bezeichnen $V(I) = \prod_{j=1}^{n} (b_j - a_j)$ als Volumen von I und
> $$L(I) = \sum_{j=1}^{n} \sqrt{(b_j - a_j)^2} \text{ als Durchmesser von } I.$$

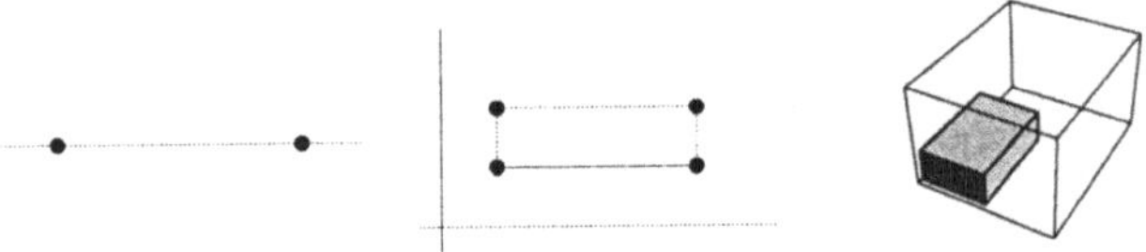

Intervalle im $\mathbb{R}^1$, $\mathbb{R}^2$ und $\mathbb{R}^3$

Die folgende Definition einer Partition beinhaltet den Fall $n = 1$ als Sonderfall.

Partition und Feinheit eines n-dimensionalen Intervalls

> Sei I ein n-dimensionales Intervall und $I_k \subseteq I$, $k = 1, \dots, m$ n-dimensionale Intervalle mit der Eigenschaft: $\cup_{k=1}^{m} I_k = I$. Außerdem soll der Durchschnitt $I_{k_1} \cap I_{k_2}$ zweier verschiedener Intervalle nur solche Punkte enthalten können, die sowohl Randpunkte von I_{k_1} als auch von I_{k_2} sind.
> Dann bildet die Menge $P = \{I_k\}_{k=1,\dots,m}$ eine Partition von I und $\|P\| = \sup_{k=1,\dots,m} L(I_k)$ heißt Feinheit von P.

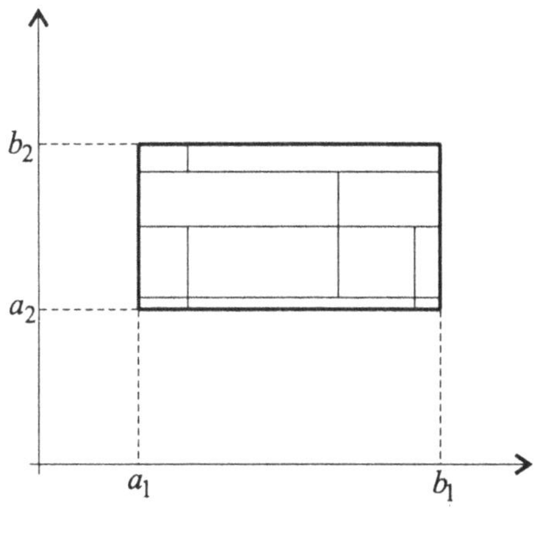

Partition eines Intervalls im $\mathbb{R}^2$

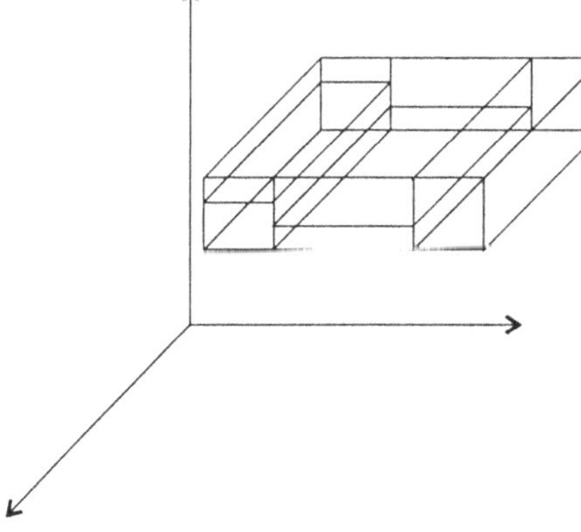

Partition eines Intervalls im $\mathbb{R}^3$

Wir führen nun Riemannsche Summen im $\mathbb{R}^n$ ein.

Sei $f : I \longrightarrow \mathbb{R}$ eine beschränkte Funktion. Sei $P = \{I_k\}_{k=1,\ldots,m}$ eine Partition von I und

$$\xi = \{\xi_1, \ldots, \xi_n\}, \quad \xi_k \in I_k$$

eine Menge aus Zwischenpunkten. Dann heißt

$$S(f, P, \xi) = \sum_{k=1}^{n} f(\xi_k)\, V(I_k)$$

Riemannsche Summe zur Partition P.

Riemannsche Summe im $\mathbb{R}^n$

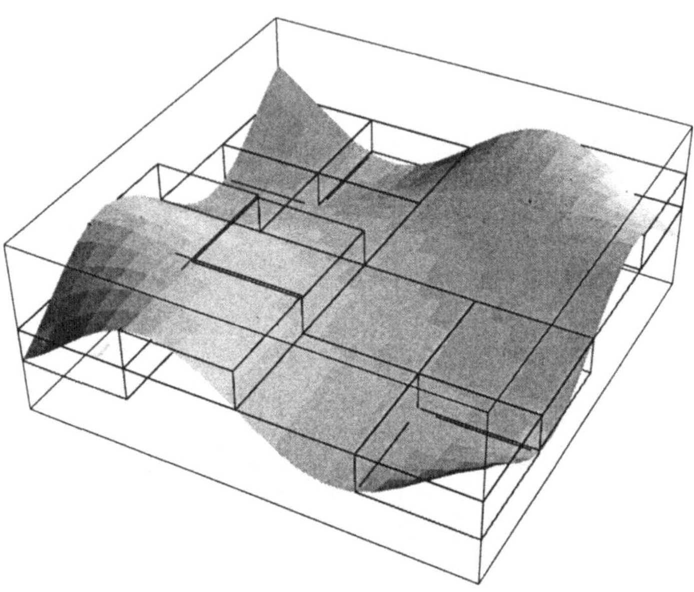

Riemannsche Summe einer im $\mathbb{R}^2$ erklärten Funktion

Grenzwerte Riemannscher Summen bei gegen Null strebender Feinheit und damit das Riemannsche Integral werden genau wie im $\mathbb{R}^1$ erklärt.

Riemannsches Integral im $\mathbb{R}^n$

Eine beschränkte Funktion $f : I \longrightarrow \mathbb{R}$ heißt auf dem n-dimensionalen Intervall I Riemann-integrierbar, wenn der Grenzwert $\lim\limits_{\|P\|\to 0} S(f, P, \xi)$ existiert:

$$\lim_{\|P\|\to 0} S(f, P, \xi) = \int_I f(x)\, dx\,.$$

Für Integrale über Intervalle im $\mathbb{R}^n$ wird folgende Schreibweise verwendet:

Schreibweise für Riemann-Integrale im $\mathbb{R}^n$

$$\int_I f(x)\, dx = \int_I f(x_1, \dots, x_n)\, d(x_1, \dots, x_n)\,.$$

Im $\mathbb{R}^1$ wird die Vorstellung der Fläche unter einer Kurve mit dem Integral verknüpft. Dies läßt sich sofort auf Volumen unter Flächen übertragen.

> Ist $f(x) \geq 0$ in
>
> $$I = \{(x_1, x_2) \in \mathbb{R}^2 \mid a_1 \leq x_1 \leq b_1 , a_2 \leq x_2 \leq b_2\} ,$$
>
> so stellt $\displaystyle\int_I f(x)\,dx$ das Volumen des Körpers dar, der von den
> Ebenen $x_1 = a_1$, $x_1 = b_1$, $x_2 = a_2$, $x_2 = b_2$ und von der Fläche $x_3 = f(x_1, x_2)$ im $\mathbb{R}^3$ begrenzt wird.

Volumen unter einer Fläche

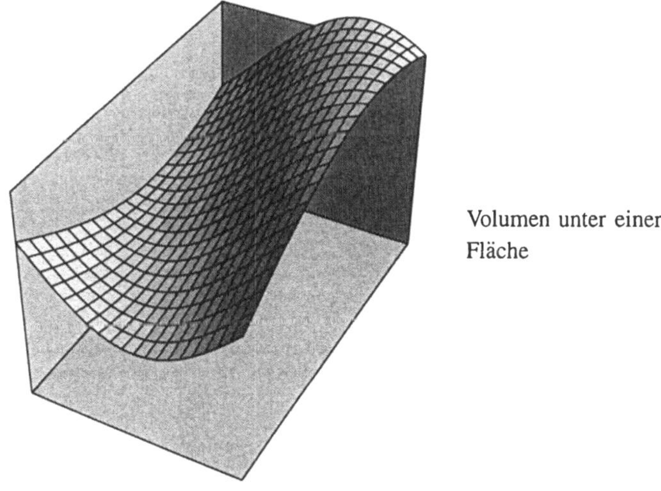

Volumen unter einer
Fläche

Ein Integral über ein n-dimensionales Intervall kann in n Schritten berechnet und in Integrale über eindimensionale Intervalle aufgelöst werden.

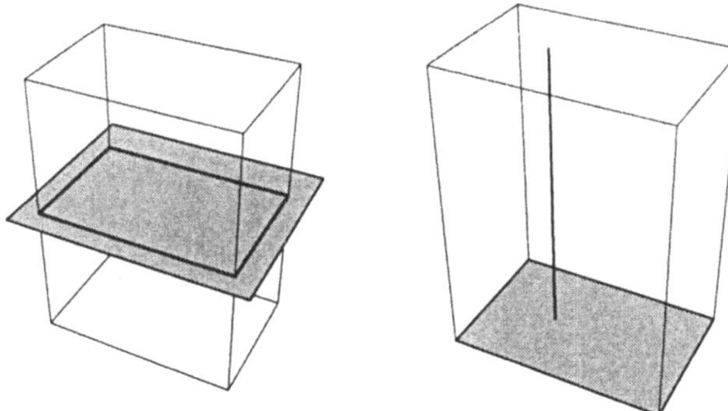

Schnittflächendarstellung und Grundflächendarstellung eines Intervalls im $\mathbb{R}^3$

Sei $I = \{x \in \mathbb{R}^n \mid a_j \leq x_j \leq b_j, j = 1, \ldots, n\}$ ein n-dimensionales Intervall. Für $\nu \in \{1, \ldots, n\}$, bezeichne I_ν das $n - 1$-dimensionale Intervall:

$$I_\nu = \{(x_1, \ldots, x_{\nu-1}, x_{\nu+1}, \ldots, x_n) \in \mathbb{R}^{n-1} \mid$$
$$a_j \leq x_j \leq b_j, j = 1, \ldots, \nu - 1, \nu + 1, \ldots, n\}.$$

Dann gilt für stetiges $f : I \longrightarrow \mathbb{R}$:

$$\int_I f(x)\,d(x) =$$

$$\int_{a_\nu}^{b_\nu} \left(\int_{I_\nu} f(x_1, \ldots, x_{\nu-1}, x_\nu, x_{\nu+1}, \ldots, x_n) \right.$$

$$\left. d(x_1, \ldots, x_{\nu-1}, x_{\nu+1}, \ldots, x_n) \right) dx_\nu$$

Satz von Fubini über iterierte Integrale

(Schnittflächendarstellung) und

$$\int_I f(x)\,d(x) =$$

$$\int_{I_\nu} \left(\int_{a_\nu}^{b_\nu} f(x_1, \ldots, x_{\nu-1}, x_\nu, x_{\nu+1}, \ldots, x_n)\,dx_\nu \right)$$

$$d(x_1, \ldots, x_{\nu-1}, x_{\nu+1}, \ldots, x_n).$$

(Grundflächendarstellung).

Im Fall $n = 2$ gibt uns der Satz von Fubini folgende Möglichkeiten.

Der Satz von Fubini für Intervalle im $\mathbb{R}^2$

$$\int_I f(x)\,dx = \int_{a_1}^{b_1} \left(\int_{a_2}^{b_2} f(x_1, x_2)\,dx_2 \right) dx_1$$

$$= \int_{a_2}^{b_2} \left(\int_{a_1}^{b_1} f(x_1, x_2)\,dx_1 \right) dx_2.$$

Im Fall $n = 3$ gibt uns der Satz von Fubini folgende Möglichkeiten.

$$\int_I f(x)\,dx = \int_{a_1}^{b_1} \left(\int_{I_1} f(x_1, x_2, x_3)\,d(x_2, x_3) \right) dx_1$$

$$= \int_{I_1} \left(\int_{a_1}^{b_1} f(x_1, x_2, x_3)\,dx_1 \right) d(x_2, x_3),$$

$$\int_I f(x)\,dx = \int_{a_2}^{b_2} \left(\int_{I_2} f(x_1, x_2, x_3)\,d(x_1, x_3) \right) dx_2$$

$$= \int_{I_2} \left(\int_{a_2}^{b_2} f(x_1, x_2, x_3)\,dx_2 \right) d(x_1, x_3),$$

$$\int_I f(x)\,dx = \int_{a_3}^{b_3} \left(\int_{I_3} f(x_1, x_2, x_3)\,d(x_1, x_2) \right) dx_3$$

$$= \int_{I_3} \left(\int_{a_3}^{b_3} f(x_1, x_2, x_3)\,dx_3 \right) d(x_1, x_2).$$

Der Satz von Fubini für Intervalle im $\mathbb{R}^3$

Aufgabe 10.1 Sei $f(x) = f(x_1, x_2) = x_1$ und

$$I = \{(x_1, x_2) \in \mathbb{R}^2 \mid 0 \le a_1 \le x_1 \le b_1,\ 0 \le a_2 \le x_2 \le b_2\}$$

ein zweidimensionales Intervall. Man berechne $\int_I f(x)\,dx$ mit Hilfe Riemannscher Summen und bestätige das Ergebnis durch eine geometrische Überlegung.

Riemannsche Summen für eine im $\mathbb{R}^2$ erklärte Funktion bilden

Lösung: Wir können auf einfache Weise eine Partition von I in m^2 Teilintervalle vornehmen, wenn wir $[a_1, b_1]$ in m äquidistante Teilintervalle

$$J_{k_1,1} = \left[a_1 + (k_1 - 1)\,\frac{b_1 - a_1}{m}\,,\ a_1 + k_1\,\frac{b_1 - a_1}{m} \right]$$

und $[a_2, b_2]$ in m äquidistante Teilintervalle

$$J_{k_2,2} = \left[a_2 + (k_2 - 1)\,\frac{b_2 - a_2}{m}\,,\ a_2 + k_2\,\frac{b_2 - a_2}{m} \right]$$

$k_1, k_2 = 1, \ldots, m$, zerlegen und dann

$$I_{k_1,k_2} = J_{k_1,1} \times J_{k_2,2}$$

setzen. Offenbar stellt die Menge $\{I_{k_1,k_2}\}_{\substack{k_1=1,\ldots,m_1 \\ k_2=1,\ldots,m_2}}$ eine Partition P_{m^2} von I dar.

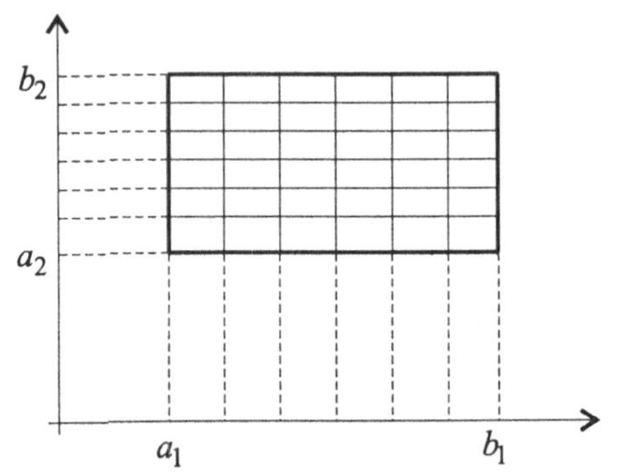

Partition P_{m^2} des Intervalls

$0 \leq a_1 \leq x_1 \leq b_1$,

$0 \leq a_2 \leq x_2 \leq b_2$

Mit $\xi_{k_1,1} \in J_{k_1,1}$ und $\xi_{k_2,2} \in J_{k_2,2}$ bekommen wir zunächst folgende Riemannsche Summen:

$$S(f, P_{m^2}, \xi_{m^2}) = \frac{(b_1 - a_1)(b_2 - a_2)}{m^2} \sum_{k_1=1}^{m} \sum_{k_2=1}^{m} \xi_{k_1,1} \cdot$$

Nehmen wir noch den Eckpunkt $\xi_{m^2} = \left(a_1 + k_1 \dfrac{b_1 - a_1}{m}, a_2 + k_2 \dfrac{b_2 - a_2}{m} \right)$ des Intervalls I_{k_1,k_2} als Zwischenpunkt, so ergibt sich folgende Riemannsche Summe:

$$
\begin{aligned}
S(f, P_{m^2}, \xi_{m^2}) &= \frac{(b_1 - a_1)(b_2 - a_2)}{m^2} \sum_{k_1=1}^{m} \sum_{k_2=1}^{m} \left(a_1 + k_1 \frac{b_1 - a_1}{m} \right) \\
&= \frac{(b_1 - a_1)(b_2 - a_2)}{m} \sum_{k_1=1}^{m} \left(a_1 + k_1 \frac{b_1 - a_1}{m} \right) \\
&= \frac{(b_1 - a_1)(b_2 - a_2)}{m} \left(m\, a_1 + \frac{1}{2} \frac{b_1 - a_1}{m} m\, (m + 1) \right) \\
&= (b_1 - a_1)(b_2 - a_2) \left(a_1 + \frac{1}{2}(b_1 - a_1)\left(1 + \frac{1}{m} \right) \right).
\end{aligned}
$$

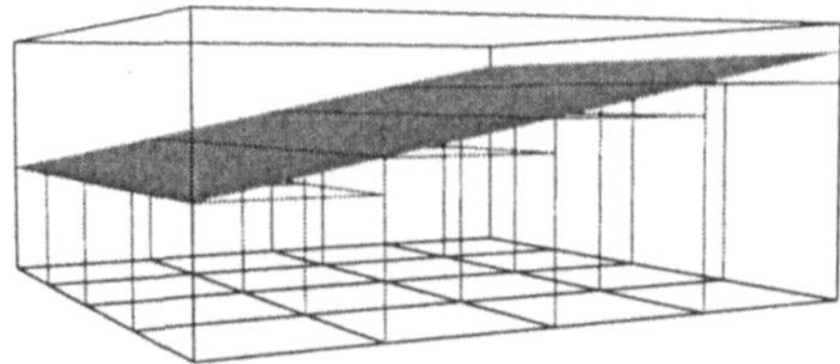

Riemannsche Summe der Funktion $f(x_1, x_2) = x_1$

Offenbar geht die Feinheit der Partition $\|P_{m^2}\|$ gegen Null, wenn m gegen Unendlich strebt, so daß gilt:

$$\int\limits_{I} f(x)\,dx \;=\; \lim_{m\to\infty} S(f, P_{m^2}, \xi_{m^2})$$

$$=\; \frac{1}{2}\,(b_1^2 - a_1^2)\,(b_2 - a_2)\,.$$

Das Integral $\int\limits_{I} f(x)\,dx$ stellt offenbar das Volumen des Körpers unter der durch $f(x_1, x_2) = x_1$ gegebenen Fläche dar. Dieses Volumen setzt sich zusammen aus einem Quader mit den Kantenlängen $b_1 - a_1$, $b_2 - a_2$, a_1 und einem Prisma mit der Grundfläche $\frac{1}{2}\,(b_1 - a_1)^2$ und der Höhe $b_2 - a_2$.

Aufgabe 10.2   Sei $f(x) = f(x_1, x_2) = x_1\,x_2$ und

$$I = \{(x_1, x_2) \in \mathbb{R}^2 \mid 0 \le x_1 \le 1\,,\, 0 \le x_2 \le 1\}\,.$$

Man berechne $\int\limits_{I} f(x)\,dx$ mit Hilfe Riemannscher Summen.

Riemannsche Summen für eine im $\mathbb{R}^2$ erklärte Funktion bilden

Lösung: Wir können eine Partition von I in m^2 Teilintervalle vornehmen, indem wir das Intervall $[0, 1]$ in m äquidistante Teilintervalle

$$J_k = \left[(k - 1)\,\frac{1}{m}\,,\, k\,\frac{1}{m}\right]$$

zerlegen und dann $I_{k_1, k_2} = J_{k_1} \times J_{k_2}$ setzen. Offenbar stellt die Menge $\{I_{k_1, k_2}\}_{\substack{k_1 = 1,\dots,m_1 \\ k_2 = 1,\dots,m_2}}$ eine Partition P_{m^2} von I dar.

Mit $\xi_{k_1} \in J_{k_1}$ und $\xi_{k_2} \in J_{k_2}$ bekommen wir zunächst folgende Riemannsche Summen:

$$S(f, P_{m^2}, \xi_{m^2}) = \frac{1}{m^2} \sum_{k_1=1}^{m} \sum_{k_2=1}^{m} \xi_{k_1}\,\xi_{k_2}\,.$$

Wählen wir den Eckpunkt $\xi_{m^2} = \left(k_1\,\frac{1}{m}, k_2\,\frac{1}{m}\right)$ des Intervalls I_{k_1, k_2} als Zwischenpunkt, so ergibt sich folgende Riemannsche Summe:

$$S(f, P_{m^2}, \xi_{m^2}) \;=\; \frac{1}{m^2} \sum_{k_1=1}^{m} \sum_{k_2=1}^{m} \frac{k_1}{m}\,\frac{k_2}{m}$$

$$=\; \frac{1}{m^4} \sum_{k_1=1}^{m} \sum_{k_2=1}^{m} k_1\,k_2$$

$$=\; \frac{1}{m^4} \left(\sum_{k_1=1}^{m} k_1\right)\left(\sum_{k_2=1}^{m} k_2\right)$$

$$=\; \frac{1}{m^4} \left(\frac{1}{2}\,m(m + 1)\right)^2$$

$$=\; \frac{1}{4}\left(1 + \frac{1}{m^2}\right)^2\,.$$

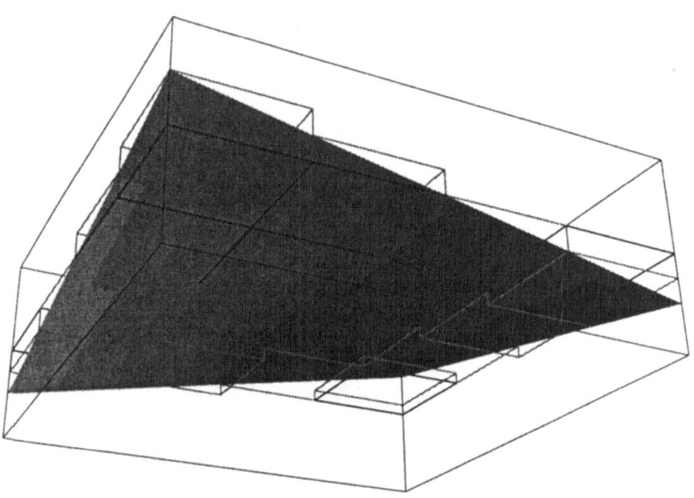

Riemannsche Summe der Funktion $f(x_1, x_2) = x_1\, x_2$

Offenbar geht die Feinheit der Partition $\|P_{m^2}\|$ gegen Null, wenn m gegen Unendlich strebt, so daß gilt:

$$\int\limits_I f(x)\,dx = \lim_{m\to\infty} S(f, P_{m^2}, \xi_{m^2}) = \frac{1}{4}.$$

Mathematica:

$$\mathbf{Limit}\Big[\frac{\sum_{k1=1}^{m} \sum_{k2=1}^{m} \frac{k1k2}{mm}}{m^2}, m \to \infty\Big]$$

$$\frac{1}{4}$$

Maple:

```
> limit((1/m^2)*sum(sum((k1/m)*(k2/m),k1=1..m),k2=1..m),
> m=infinity);
```

$$\lim_{m\to\infty} \frac{\sum\limits_{k2=1}^{m}\left(\sum\limits_{k1=1}^{m} \frac{k1\,k2}{m^2}\right)}{m^2} = \frac{1}{4}$$

Satz von Fubini bestätigen

Aufgabe 10.3 Durch Nachrechnen überzeuge man sich davon, daß gilt:

$$\int\limits_{a_2}^{b_2}\left(\int\limits_{a_1}^{b_1} \sin(x_1 + x_2)dx_1\right) dx_2 = \int\limits_{a_1}^{b_1}\left(\int\limits_{a_2}^{b_2} \sin(x_1 + x_2)dx_2\right) dx_1.$$

Lösung: Für die Integrationsreihenfolge auf der linken Seite gilt:

$$
\int_{a_2}^{b_2} \left(\int_{a_1}^{b_1} \sin(x_1 + x_2)dx_1 \right) dx_2
$$

$$
= \int_{a_2}^{b_2} \left(-\cos(x_1 + x_2)\big|_{x_1=a_1}^{x_1=b_1} \right) dx_2
$$

$$
= \int_{a_2}^{b_2} (-\cos(b_1 + x_2) + \cos(a_1 + x_2))\, dx_2
$$

$$
= (-\sin(b_1 + x_2) + \sin(a_1 + x_2))\big|_{x_2=a_2}^{x_2=b_2}
$$

$$
= -\sin(b_1 + b_2) + \sin(a_2 + b_1) + \sin(a_1 + b_2) - \sin(a_1 + a_2)\,,
$$

während auf der rechten Seite gilt:

$$
\int_{a_1}^{b_1} \left(\int_{a_2}^{b_2} \sin(x_1 + x_2)dx_2 \right) dx_1
$$

$$
= \int_{a_1}^{b_1} \left(-\cos(x_1 + x_2)\big|_{x_2=a_2}^{x_2=b_2} \right) dx_1
$$

$$
= \int_{a_1}^{b_1} (-\cos(x_1 + b_2) + \cos(x_1 + a_2))\, dx_1
$$

$$
= (-\sin(x_1 + b_2) + \sin(x_1 + a_2))\big|_{x_1=a_1}^{x_1=b_1}
$$

$$
= -\sin(b_1 + b_2) + \sin(a_1 + b_2) + \sin(a_2 + b_1) - \sin(a_1 + a_2)\,.
$$

Mathematica: Mit Integrate können auch Mehrfachintegrale berechnet werden, indem man mehrere Variablen mit Integrationsgrenzen angibt. Man muß die Integrationen dabei in der Reihenfolge von außen nach innen eingeben.

Integrate

$$
\int_{a_2}^{b_2}\int_{a_1}^{b_1} \sin[x_1 + x_2]dx_1 dx_2
$$

$$
-\sin[a_1 + a_2] + \sin[a_2 + b_1] + \sin[a_1 + b_2] - \sin[b_1 + b_2]
$$

$$
\int_{a_1}^{b_1}\int_{a_2}^{b_2} \sin[x_1 + x_2]dx_2 dx_1
$$

$$
-\sin[a_1 + a_2] + \sin[a_2 + b_1] + \sin[a_1 + b_2] - \sin[b_1 + h_2]
$$

Maple: Mit Int kann man Integralberechnungen ineinanderschachteln und iterierte Integrale berechnen.

int

```
> int(int(sin(x1+x2),x1=a1..b1),x2=a2..b2);
```

$$\int\limits_{a2}^{b2}\int\limits_{a1}^{b1} \sin(x1+x2)\,dx1\,dx2 = -\sin(b1+b2)+\sin(a1+b2)+\sin(b1+a2)-\sin(a1+$$

```
> int(int(sin(x1+x2),x2=a2..b2),x1=a1..b1);
```

$$\int\limits_{a1}^{b1}\int\limits_{a2}^{b2} \sin(x1+x2)\,dx2\,dx1 = -\sin(b1+b2)+\sin(a1+b2)+\sin(b1+a2)-\sin(a1+$$

Satz von Fubini bestätigen

Aufgabe 10.4   Man bestätige durch Nachrechnen:

$$\int\limits_{-1}^{1}\left(\int\limits_{-1}^{1}\int\limits_{-1}^{1}(x_1^2 + x_2^2)\,dx_1\,dx_2\right)dx_3$$

$$= \int\limits_{-1}^{1}\int\limits_{-1}^{1}\left(\int\limits_{-1}^{1}(x_1^2 + x_2^2)\,dx_3\right)dx_1\,dx_2.$$

Lösung: Für die Integrationsreihenfolge auf der linken Seite gilt:

$$\int\limits_{-1}^{1}\left(\int\limits_{-1}^{1}\int\limits_{-1}^{1}(x_1^2 + x_2^2)\,dx_1\,dx_2\right)dx_3$$

$$= \int\limits_{-1}^{1}\left(\int\limits_{-1}^{1}\left(\frac{x_1^3}{3} + x_2^2\,x_3\right)\Big|_{x_1=-1}^{x_1=1}\,dx_2\right)dx_3$$

$$= \int\limits_{-1}^{1}\left(\int\limits_{-1}^{1}\left(\frac{2}{3} + 2\,x_2^2\right)dx_2\right)dx_3$$

$$= \int\limits_{-1}^{1}\left(\frac{2\,x_2}{3} + \frac{2x_2^3}{3}\right)\Big|_{x_2=-1}^{x_2=1}\,dx_3$$

$$= \int\limits_{-1}^{1}\frac{8}{3}\,dx_3$$

$$= \frac{16}{3},$$

während auf der rechten Seite gilt:

$$\int\limits_{-1}^{1}\int\limits_{-1}^{1}\left(\int\limits_{-1}^{1}(x_1^2 + x_2^2)\,dx_3\right)dx_1\,dx_2$$

$$=\int\limits_{-1}^{1}\int\limits_{-1}^{1}(x_1^2 x_3 + x_2^2 x_3)\Big|_{x_3=-1}^{x_3=1}\,dx_1\,dx_2$$

$$=\int\limits_{-1}^{1}\int\limits_{-1}^{1}(2\,x_1^2 + 2\,x_2^2)\,dx_1\,dx_2$$

$$=\int\limits_{-1}^{1}\left(\frac{2\,x_1^3}{3} + 2\,x_2^2 x_3\right)\Big|_{x_1=-1}^{x_1=1}\,dx_2$$

$$=\int\limits_{-1}^{1}\left(\frac{4}{3} + 4\,x_2^2\right)\,dx_2$$

$$=\left(\frac{4\,x_2}{3} + \frac{4\,x_2^3}{3}\right)\Big|_{x_2=-1}^{x_2=1}$$

$$=\frac{16}{3}\,.$$

Mathematica:

$$\int\limits_{-1}^{1}\int\limits_{-1}^{1}\int\limits_{-1}^{1}(\mathbf{x1}^2 + \mathbf{x2}^2)\mathbf{dx1dx2dx3}$$

$$\frac{16}{3}$$

$$\int\limits_{-1}^{1}\int\limits_{-1}^{1}\int\limits_{-1}^{1}(\mathbf{x1}^2 + \mathbf{x2}^2)\mathbf{dx3dx1dx2}$$

$$\frac{16}{3}$$

Maple:

```
> int(int(int(x1^2+x2^2,x1=-1..1),x2=-1..1),x3=-1..1);
```

$$\int\limits_{-1}^{1}\int\limits_{-1}^{1}\int\limits_{-1}^{1} x1^2 + x2^2\,dx1\,dx2\,dx3 = \frac{16}{3}$$

```
> int(int(int(x1^2+x2^2,x3=-1..1),x1=-1..1),x2=-1..1);
```

$$\int\limits_{-1}^{1}\int\limits_{-1}^{1}\int\limits_{-1}^{1} x1^2 + x2^2\,dx3\,dx1\,dx2 = \frac{16}{3}$$

Integral einer Funktion über ein Intervall im $\mathbb{R}^3$ berechnen, Satz von Fubini anwenden

Aufgabe 10.5   Sei

$$
I = \left\{ (x_1, x_2, x_3) \in \mathbb{R}^3 \;\middle|\; -1 \le x_1 \le 1,\, 0 \le x_1 \le 2,\, 0 \le x_3 \le \frac{\pi}{2} \right\}
$$

und $f(x) = f(x_1, x_2, x_3) = x_2 \sin(x_1 + x_3)$.

Man berechne $\int_I f(x)\, dx$ auf zwei verschiedene Weisen, indem man von der Schnittflächen- und von der Grundflächendarstellung ausgeht.

Lösung: Wir wählen Schnittflächen parallel zur $x_1 - x_2$-Ebene und bekommen:

$$
\int_I f(x)\, dx = \int_0^{\frac{\pi}{2}} \left(\int_{I_3} x_2 \sin(x_1 + x_3)\, d(x_1, x_2) \right) dx_3
$$

mit $I_3 = \{(x_1, x_2) \in \mathbb{R}^2 \mid -1 \le x_1 \le 1,\, 0 \le x_1 \le 2\}$. Wenden wir den Satz von Fubini noch auf das innere Integral an, so folgt:

$$
\int_I f(x)\, dx
$$

$$
= \int_0^{\frac{\pi}{2}} \left(\int_0^2 \int_{-1}^1 x_2 \sin(x_1 + x_3)\, dx_1\, dx_2 \right) dx_3
$$

$$
= \int_0^{\frac{\pi}{2}} \left(\int_0^2 \left(\int_{-1}^1 x_2 \sin(x_1 + x_3)\, dx_1 \right) dx_2 \right) dx_3
$$

$$
= \int_0^{\frac{\pi}{2}} \left(\int_0^2 x_2 \left(-\cos(x_3 + 1) + \cos(x_3 - 1) \right) dx_2 \right) dx_3
$$

$$
= \int_0^{\frac{\pi}{2}} 2 \left(-\cos(x_3 + 1) + \cos(x_3 - 1) \right) dx_3
$$

$$
= 2 \left(-\sin\left(\frac{\pi}{2} + 1\right) + \sin\left(\frac{\pi}{2} - 1\right) \right) - 2 \left(-\sin(1) + \sin(-1) \right)
$$

$$
= 4 \sin(1).
$$

Wählen wir nun als Grundfläche das Intervall $-1 \le x_1 \le 1,\, 0 \le x_1 \le 2$ in der $x_1 - x_2$-Ebene, so ergibt sich:

$$
\int_I f(x)\, dx = \int_{I_3} \left(\int_0^{\frac{\pi}{2}} x_2 \sin(x_1 + x_3)\, dx_3 \right) d(x_1, x_2).
$$

Wenden wir den Satz von Fubini noch auf das äußere Integral an, so folgt:

$$\int_I f(x)\,dx$$

$$= \int_0^2 \int_{-1}^1 \left(\int_0^{\frac{\pi}{2}} x_2\,\sin(x_1 + x_3)dx_3 \right) dx_1\,dx_2$$

$$= \int_0^2 \left(\int_{-1}^1 \left(\int_0^{\frac{\pi}{2}} x_2\,\sin(x_1 + x_3)dx_3 \right) dx_1 \right) dx_2$$

$$= \int_0^2 \left(\int_{-1}^1 x_2\,(-\cos(x_1 + \frac{\pi}{2}) + \cos(x_1))\,dx_1 \right) dx_2$$

$$= \int_0^2 x_2 \left(-\sin\left(\frac{\pi}{2} + 1\right) + \sin\left(\frac{\pi}{2} - 1\right) + \sin(1) - \sin(-1) \right) dx_2$$

$$= \int_0^2 2\,x_2\,\sin(1)\,dx_2$$

$$= 4\sin(1)\,.$$

Mathematica:

$$\int_0^{\frac{\pi}{2}} \int_0^2 \int_{-1}^1 \mathbf{x2}\,\sin[\mathbf{x1} + \mathbf{x3}]d\mathbf{x1}d\mathbf{x2}d\mathbf{x3}$$

$$4\sin[1]$$

Maple:

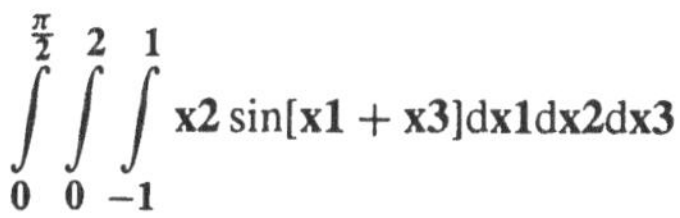

```
> int(int(int(x2*sin(x1+x3),x1=-1..1),x2=0..2),x3=0..Pi/2);
```

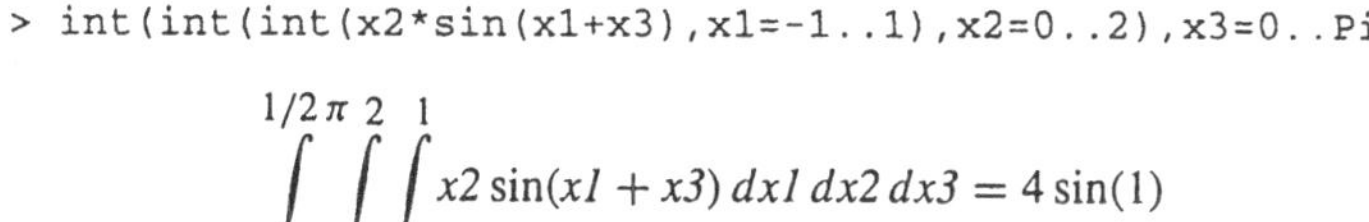

$$\int_0^{1/2\,\pi} \int_0^2 \int_{-1}^1 x2\,\sin(x1 + x3)\,dx1\,dx2\,dx3 = 4\sin(1)$$

10.2 Riemann-Integrale über beschränkte Mengen

Wir erweitern den Integralbegriff noch so, daß wir auch über beschränkte Mengen integrieren können.

Riemannsches Integral über beschränkte Mengen

> Sei $D \subset \mathbb{R}^n$ eine beschränkte Menge und $f : D \longrightarrow \mathbb{R}$ eine beschränkte Funktion. Sei I ein n-dimensionales Intervall mit $D \subset I$, und es existiere $\int_I f_I(x)\,dx$ mit
>
> $$f_I(x) = \begin{cases} f(x) & , \quad x \in D \\ 0 & , \quad x \in I \backslash D \end{cases}.$$
>
> Dann heißt $\displaystyle \int_D f(x)\,dx = \int_I f_I(x)\,dx$ Riemannsche Integral von f über D.

Damit kann auch der Volumenbegriff auf beschränkte Mengen ausgedehnt werden.

Volumen einer Menge

> Sei $D \subset \mathbb{R}^n$ eine beschränkte Menge. Es existiere $\int_D 1\,dx = \int_D dx$. Dann heißt
>
> $$V(D) = \int_D dx$$
>
> das Volumen der Menge D.

Analog zum eindimensionalen Fall gilt.

Integrierbarkeit stetiger Funktionen im $\mathbb{R}^n$

> Sei I ein n-dimensionales Intervall und $f : I \longrightarrow \mathbb{R}$ eine stetige Funktion. Dann ist f Riemann-integrierbar.

Analog zum eindimensionalen Fall werden folgende Eigenschaften hergeleitet.

Eigenschaften des Integrals im $\mathbb{R}^n$

> Seien $f : D \to \mathbb{R}$ und $g : D \to \mathbb{R}$ Riemann-integrierbare Funktionen. Dann gilt:
>
> 1.) $\displaystyle \int_D (\alpha\, f(x) + \beta\, g(x))\,dx = \alpha \int_D f(x)\,dx + \beta \int_D g(x)\,dx$,
> (für beliebige $\alpha, \beta \in \mathbb{R}$),
>
> 2.) bei $f(x) \leq g(x)$ für alle $x \in D$: $\displaystyle \int_D f(x)\,dx \leq \int_D g(x)\,dx$.
>
> 3.) $\displaystyle \left| \int_D f(x)\,dx \right| \leq \int_D |f(x)|\,dx$.

Die Intervalladditivität des eindimensionalen Integrals besitzt folgendes Analogon.

> Sei $D_1 \subset \mathbb{R}^n$, $D_2 \subset \mathbb{R}^n$, $D_1 \cap D_2 = \emptyset$ und $f : D_1 \cup D_2 \longrightarrow \mathbb{R}$ eine Funktion. Sei $f : D_1 \to \mathbb{R}$ und $f : D_2 \to \mathbb{R}$ Riemann-integrierbar. Dann ist die Funktion $f : D_1 \cup D_2 \to \mathbb{R}$ Riemann-integrierbar, und es gilt:
>
> $$\int\limits_{D_1 \cup D_2} f(x)\,dx = \int\limits_{D_1} f(x)\,dx + \int\limits_{D_2} f(x)\,dx\,.$$

Mengenadditivität des Integrals im $\mathbb{R}^n$

Integrationstechniken wie der Satz von Fubini können für beschränkte Mengen übernommen werden, insbesondere gilt folgende Grundflächendarstellung.

> Sei $D_{n-1} \subset \mathbb{R}^{n-1}$ eine Menge und die beschränkte, abgeschlossene Menge D habe die Gestalt:
>
> $$D = \{(x_1,\ldots,x_n)|(x_1,\ldots,x_{\nu-1},x_{\nu+1},\ldots,x_n) \in D_{n-1},$$
> $$\underline{g}(x_1,\ldots,x_{\nu-1},x_{\nu+1},\ldots,x_n) \leq x_\nu$$
> $$x_\nu \leq \overline{g}(x_1,\ldots,x_{\nu-1},x_{\nu+1},\ldots,x_n)\}$$
>
> mit stetigen Funktionen $\underline{g} : D_{n-1} \longrightarrow \mathbb{R}$ und $\overline{g} : D_{n-1} \longrightarrow \mathbb{R}$. Sei $f : D \longrightarrow \mathbb{R}$ stetig, dann gilt:
>
> $$\int\limits_D f(x_1,\ldots,x_n)d(x_1,\ldots,x_n) =$$
>
> $$\int\limits_{D_{n-1}} \int\limits_{\underline{g}(x_1,\ldots,x_{\nu-1},x_{\nu+1},\ldots,x_n)}^{\overline{g}(x_1,\ldots,x_{\nu-1},x_{\nu+1},\ldots,x_n)} f(x_1,\ldots,x_\nu,\ldots,x_n)dx_\nu$$
>
> $$d(x_1,\ldots,x_{\nu-1},x_{\nu+1},\ldots,x_n)\,.$$

Iterierte Integrale über beschränkte Mengen

Die Fälle $n = 2, 3$ treten besonders häufig auf.

Iterierte Intergale über beschränkte Mengen im $\mathbb{R}^2$

Wird eine Teilmenge D des $\mathbb{R}^2$ durch

$$D = \{(x_1, x_2)\,|\, a \le x_1 \le b\,, \underline{g}(x_1) \le x_2 \le \overline{g}(x_1)\}$$

beschrieben, so gilt für stetiges f:

$$\int_D f(x_1, x_2)\,d(x_1, x_2) = \int_a^b \int_{\underline{g}(x_1)}^{\overline{g}(x_1)} f(x_1, x_2)\,dx_2\,dx_1\,.$$

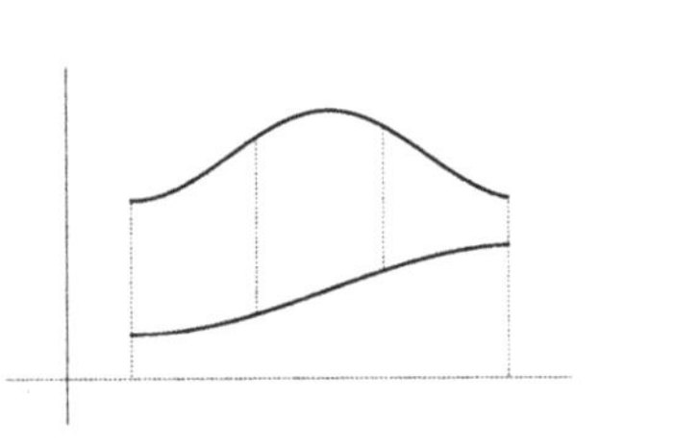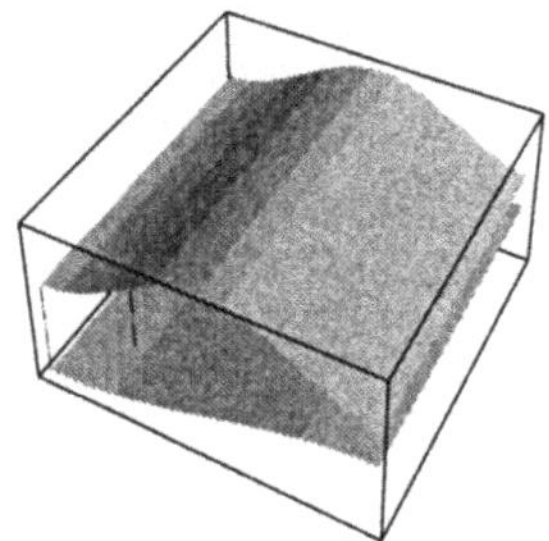

Grundflächendarstellung einer beschränkten Menge im $\mathbb{R}^2$ und $\mathbb{R}^3$

Iterierte Intergale über beschränkte Mengen $\mathbb{R}^3$

Wird eine Teilmenge D des $\mathbb{R}^3$ durch

$$\begin{aligned}
D = \{(x_1, x_2, x_3)\,|\, & a \le x_1 \le b\,, \underline{g}_2(x_1) \le x_2 \le \overline{g}_2(x_1)\,, \\
& \underline{g}_3(x_1, x_2) \le x_3 \le \overline{g}_3(x_1, x_2)\}
\end{aligned}$$

beschrieben, so gilt für stetiges f:

$$\int_D f(x_1, x_2, x_3)\,d(x_1, x_2, x_3)$$

$$= \int_a^b \int_{\underline{g}_2(x_1)}^{\overline{g}_2(x_1)} \int_{\underline{g}_3(x_1,x_2)}^{\overline{g}_3(x_1,x_2)} f(x_1, x_2, x_3)\,dx_3\,dx_2\,dx_1\,.$$

Die Substitutionsformel nimmt im n-dimensionalen Fall folgende Gestalt an.

Sei $D \subset \mathbb{R}^n$ eine beschränkte, abgeschlossene Menge, und es existiere $V(D)$. Sei I ein Intervall mit $D \subset I$. Sei $g : I \longrightarrow \mathbb{R}^n$ eine stetig differenzierbare, auf D umkehrbare Funktion, und für alle $x \in D$ sei: $\det((dg/dx)(x)) \neq 0$.
Dann gilt für jede stetige Funktion $f : g(D) \cup \partial(g(D)) \longrightarrow \mathbb{R}$:

$$\int\limits_{g(D)} f(y)\,dy = \int\limits_{D} f(g(x)) \left| \det\left(\frac{d\,g}{d\,x}(x) \right) \right| dx\,.$$

Substitutionsregel im $\mathbb{R}^n$

Als eine wichtige Anwendung geben wir das Volumen eines Rotationskörpers D.

Das Volumen des durch:

$$D = \{(x_1, x_2, x_3) \in \mathbb{R}^3 \mid 0 \le x_1^2 + x_2^2 \le \rho(x_3),\ H_1 \le x_3 \le H_2\}$$

mit einer stetig differenzierbaren Funktion ρ, $\rho(x_3) \ge 0$, beschriebenen Rotationskörpers lautet:

$$V = \pi \int\limits_{H_1}^{H_2} (\rho(x_3))^2\,dx_3\,.$$

Volumen eines Rotationskörpers

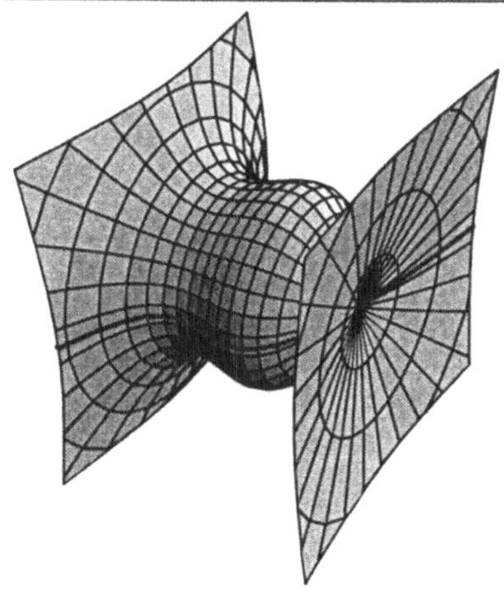

Rotationskörper

Volumen eines Prismas durch iterierte Integration bestimmen

Aufgabe 10.6 Die Vektoren $(a, 0, 0)$, $(0, b, 0)$ und $(0, 0, c)$ mit $a > 0$, $b > 0$, $c > 0$ spannen ein Prisma P im $\mathbb{R}^3$ auf. Man beschreibe die Grundfläche des Prismas in der $x_1 - x_2$-Ebene durch zwei Ungleichungen. Mit Hilfe der Integralrechnung bestimme man sodann das Volumen des Prismas und überprüfe das Ergebnis durch eine geometrische Überlegung.

Lösung: Die Grundfläche in der $x_1 - x_2$-Ebene beschreiben wir durch:

$$0 \le x_1 \le a - \frac{a}{b} x_2, \quad 0 \le x_2 \le b$$

und berechnen das Volumen als:

$$\int_P d(x_1, x_2, x_3) = \int_0^b \int_0^{a - \frac{a}{b} x_2} \int_0^c dx_3 \, dx_1 \, dx_2$$

$$= c \int_0^b \int_0^{a - \frac{a}{b} x_2} dx_1 \, dx_2$$

$$= c \int_0^b \left(a - \frac{a}{b} x_2 \right) dx_2$$

$$= c \left(a x_2 - \frac{a}{b} \frac{x_2^2}{2} \right) \Big|_0^b$$

$$= \frac{a b c}{2}.$$

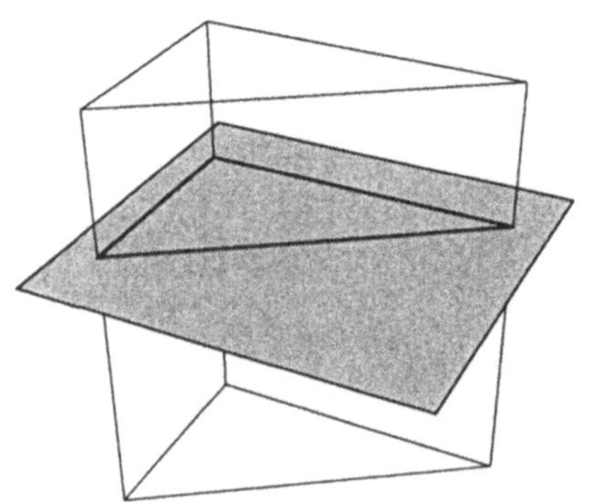

Aufteilung des Integrals über ein Prisma, Schnittflächendarstellung

Das Prisma entsteht, indem man den von $(a, 0, 0)$, $(0, b, 0)$ und $(0, 0, c)$ aufgespannten Quader in zwei gleich große Teile zerlegt. Da das Volumen des Quaders abc beträgt, ergibt sich für das Volumen des Prismas $\frac{abc}{2}$.

Aufgabe 10.7 Man berechne das Integral der Funktion:

$$f(x_1, x_2) = x_1^2 \, x_2$$

über den Teil D der Ellipsenscheibe

$$\frac{x_1^2}{a^2} + \frac{x_2^2}{b^2} \leq 1, \quad a > 0, b > 0,$$

der im ersten Quadranten liegt.

Lösung: Wir beschreiben D wie folgt:

$$D = \left\{ (x_1, x_2) \in \mathbb{R}^2 \ \Big| \ 0 \leq x_1 \leq a, 0 \leq x_2 \leq b\sqrt{1 - \frac{x_1^2}{a^2}} \right\}$$

und bekommen:

$$
\begin{aligned}
\int_D f(x_1, x_2) \, d(x_1, x_2) &= \int_0^a \int_0^{b\sqrt{1-\frac{x_1^2}{a^2}}} x_1^2 \, x_2 \, dx_2 \, dx_1 \\[2mm]
&= \int_0^a x_1^2 \, \frac{x_2^2}{2} \Big|_{x_2=0}^{x_1=b\sqrt{1-\frac{x_1^2}{a^2}}} \, dx_1 \\[2mm]
&= \int_0^a x_1^2 \, \frac{b^2}{2} \left(1 - \frac{x_1^2}{a^2} \right) dx_1 \\[2mm]
&= \frac{b^2}{2} \int_0^a \left(x_1^2 - \frac{x_1^4}{a^2} \right) dx_1 \\[2mm]
&= \frac{b^2}{2} \left(\frac{x_1^3}{3} - \frac{x_1^5}{5\,a^2} \right) \Big|_{x_1=0}^{x_2=b} \\[2mm]
&= \frac{1}{15} \, a^3 \, b^2 \, .
\end{aligned}
$$

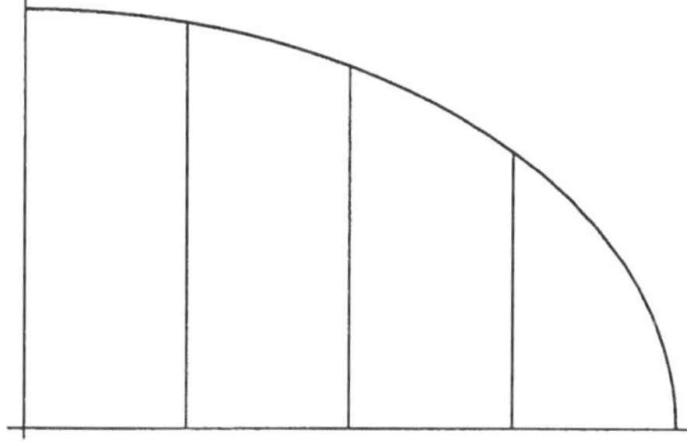

Aufteilung des Integrals über einen Teil einer Ellipsenscheibe
$$\frac{x_1^2}{a^2} + \frac{x_2^2}{b^2} \leq 1$$

Geeignete Beschreibung der Integrationsmenge angeben, Iterierte Integration anwenden

Mathematica:

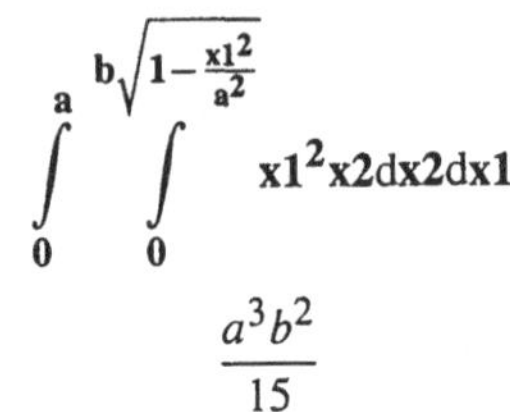

$$\int\limits_{0}^{a} \int\limits_{0}^{b\sqrt{1-\frac{x1^2}{a^2}}} x1^2 x2\,dx2\,dx1$$

$$\frac{a^3 b^2}{15}$$

Maple:

```
> int(int(x1^2*x2,x2=0..b*sqrt(1-x1^2/a^2)),x1=0..a);
```

$$\int\limits_{0}^{a} \int\limits_{0}^{b\sqrt{1-\frac{x1^2}{a^2}}} x1^2\, x2\,dx2\,dx1 = \frac{1}{15}\, a^3\, b^2$$

Integrationsmenge auf zwei Arten beschreiben, Integrationsreihenfolge vertauschen

Aufgabe 10.8   Man vertausche die Integrationsreihenfolge beim Integral:

$$\int\limits_{-1}^{1} \int\limits_{x_2}^{1} (x_2^2 + x_1 x_2)\,dx_1\,dx_2$$

und berechne seinen Wert.

Lösung: Offensichtlich wird die Funktion $f(x_1, x_2) = x_2^2 + x_1 x_2$ über

$$D = \{(x_1, x_2) \in \mathbb{R}^2 \mid x_2 \le x_1 \le 1,\, -1 \le x_2 \le 1\}$$

integriert. Man kann D auch folgendermaßen beschreiben:

$$D = \{(x_1, x_2) \in \mathbb{R}^2 \mid -1 \le x_1 \le 1,\, -1 \le x_2 \le x_1\}.$$

Hieraus ergibt sich:

$$\int\limits_{-1}^{1} \int\limits_{x_2}^{1} (x_2^2 + x_1 x_2)\,dx_1\,dx_2$$

$$= \int\limits_{-1}^{1} \left(x_2^2 x_1 + \frac{x_1^2}{2} x_2 \right)\Bigg|_{x_1=x_2}^{x_1=1} dx_2$$

$$= \int\limits_{-1}^{1} \left(x_2^2 + \frac{x_2}{2} - \frac{3}{2} x_2^3 \right) dx_2$$

$$= \left(\frac{1}{3} x_2^3 + \frac{1}{4} x_2^2 - \frac{3}{8} x_2^4 \right)\Bigg|_{x_2=-1}^{x_2=1}$$

$$= \frac{2}{3}$$

und

$$\int\limits_{-1}^{1}\int\limits_{-1}^{x_1} (x_2^2 + x_1\,x_2)\,dx_2\,dx_1$$

$$= \int\limits_{-1}^{1} \left(\frac{x_2^3}{3} + x_1\,\frac{x_2^2}{2}\right)\Bigg|_{x_2=-1}^{x_2=x_1} dx_1$$

$$= \int\limits_{-1}^{1} \left(\frac{5}{6}\,x_1^3 - \frac{1}{2}\,x_1 - \frac{1}{3}\right) dx_1$$

$$= \left(\frac{5}{24}\,x_1^4 - \frac{1}{4}\,x_1^2 - \frac{1}{3}\,x_1\right)\Bigg|_{x_1=-1}^{x_1=1}$$

$$= \frac{2}{3}\,.$$

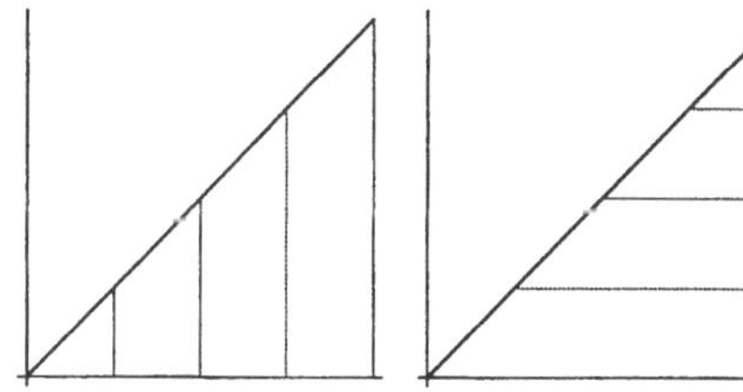

Aufteilung der Integrationsmenge
$-1 \leq x_1 \leq 1$,
$-1 \leq x_2 \leq x_1$
auf verschiedene Arten

Mathematica:

$$\int\limits_{-1}^{1}\int\limits_{x2}^{1} (\mathbf{x2}^2 + \mathbf{x1x2})\mathrm{dx1dx2}$$

$$\frac{2}{3}$$

$$\int\limits_{-1}^{1}\int\limits_{-1}^{x1} (\mathbf{x2}^2 + \mathbf{x1x2})\mathrm{dx2dx1}$$

$$\frac{2}{3}$$

Maple:

```
> int(int(x2^2+x1*x2,x1=x2..1),x2=-1..1);
```

$$\int\limits_{-1}^{1}\int\limits_{x2}^{1} x2^2 + x1\,x2\,dx1\,dx2 = \frac{2}{3}$$

```
> int(int(x2^2+x1*x2,x2=-1..x1),x1=-1..1);
```

$$\int\limits_{-1}^{1}\int\limits_{x2}^{1} x2^2 + x1\,x2\,dx1\,dx2 = \frac{2}{3}$$

Integrationsmenge auf zwei
Arten beschreiben,
Integrationsreihenfolge
vertauschen

Aufgabe 10.9 Man vertausche die Integrationsreihenfolge beim Integral:

$$\int\limits_{0}^{1}\int\limits_{\frac{x_2^2}{2}}^{\sqrt{3-x_2^2}} x_1\,x_2^2\,dx_1\,dx_2$$

und berechne seinen Wert.

Lösung: Zunächst gilt:

$$
\begin{aligned}
\int\limits_{0}^{1}\int\limits_{\frac{x_2^2}{2}}^{\sqrt{3-x_2^2}} x_1\,x_2^2\,dx_1\,dx_2
&= \int\limits_{0}^{1} x_2^2 \left(\int\limits_{\frac{x_2^2}{2}}^{\sqrt{3-x_2^2}} x_1\,dx_1 \right) dx_2 \\[2ex]
&= \int\limits_{0}^{1} x_2^2 \left(\frac{x_1^2}{2} \right) \Bigg|_{x_1=\frac{x_2^2}{2}}^{\sqrt{3-x_2^2}} dx_2 \\[2ex]
&= \int\limits_{0}^{1} \left(\frac{3}{2} x_2^2 - \frac{1}{2} x_2^4 - \frac{1}{8} x_2^6 \right) dx_2 \\[2ex]
&= \frac{107}{280}.
\end{aligned}
$$

Offensichtlich wird die Funktion $f(x_1, x_2) = x_1 x_2^2$ dabei über einen Bereich D integriert, der durch die Parabel $x_1 = \dfrac{x_2^2}{2}$, die Gerade $x_2 = 1$, den Kreis $x_1^2 + x_2^2 = 3$ und die Gerade $x_2 = 0$ begrenzt wird. Man kann D auch folgendermaßen beschreiben:

$$
\begin{aligned}
D = \;& \left\{ (x_1, x_2) \in \mathbb{R}^2 \;\Big|\; 0 \leq x_1 \leq \frac{1}{2}, 0 \leq x_2 \leq \sqrt{2 x_1} \right\} \\[1ex]
\cup\;& \left\{ (x_1, x_2) \in \mathbb{R}^2 \;\Big|\; \frac{1}{2} \leq x_1 \leq \sqrt{2}, 0 \leq x_2 \leq 1 \right\} \\[1ex]
\cup\;& \left\{ (x_1, x_2) \in \mathbb{R}^2 \;\Big|\; \sqrt{2} \leq x_1 \leq \sqrt{3}, 0 \leq x_2 \leq \sqrt{3 - x_1^2} \right\}.
\end{aligned}
$$

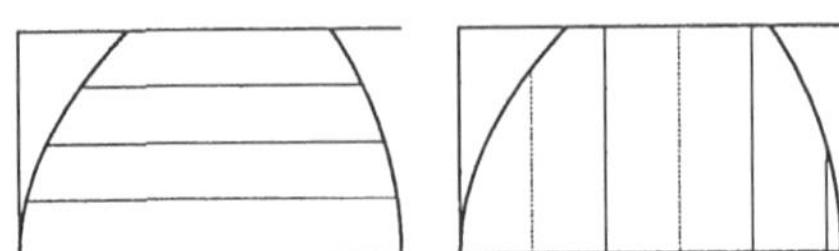

Aufteilung der Integrationsmenge
$0 \leq x_2 \leq 1$,
$\dfrac{x_2^2}{2} \leq x_1 \leq \sqrt{3 - x_2^2}$
auf verschieden Arten

Hieraus ergibt sich:

$$\int_0^1 \int_{\frac{x_2^2}{2}}^{\sqrt{3-x_2^2}} x_1\, x_2^2\, dx_1\, dx_2$$

$$= \int_0^{\frac{1}{2}} \int_0^{\sqrt{2x_1}} x1\, x_2^2\, dx_2\, dx_1 + \int_{\frac{1}{2}}^{\sqrt{2}} \int_0^1 x1\, x_2^2\, dx_2\, dx_1$$

$$+ \int_{\sqrt{2}}^{\sqrt{3}} \int_0^{\sqrt{3-x_1^2}} x1\, x_2^2\, dx_2\, dx_1$$

$$- \int_0^{\frac{1}{2}} x_1 \left(\int_0^{\sqrt{2x_1}} x_2^2\, dx_2 \right) dx_1 + \int_{\frac{1}{2}}^{\sqrt{2}} x_1 \left(\int_0^1 x_2^2\, dx_2 \right) dx_1$$

$$+ \int_{\sqrt{2}}^{\sqrt{3}} x_1 \left(\int_0^{\sqrt{3-x_1^2}} x_2^2\, dx_2 \right) dx_1$$

$$= \frac{107}{208}.$$

Mathematica:

$$\int_0^1 \int_{\frac{x2^2}{2}}^{\sqrt{3-x2^2}} \mathbf{x1x2^2 dx1dx2}$$

$$\frac{107}{280}$$

$$\int_0^{\frac{1}{2}} \int_0^{\sqrt{2x1}} \mathbf{x1x2^2 dx2dx1} + \int_{\frac{1}{2}}^{\sqrt{2}} \int_0^1 \mathbf{x1x2^2 dx2dx1} +$$

$$\int_{\sqrt{2}}^{\sqrt{3}} \int_0^{\sqrt{3-x1^2}} \mathbf{x1x2^2 dx2dx1}$$

$$\frac{107}{280}$$

Maple:

```
> int(int(x1*x2^2,x1=x2^2/2..sqrt(3-x2^2)),x2=-0..1);
```

$$\int_0^1 \int_{1/2\,x2^2}^{\sqrt{3-x2^2}} x1\, x2^2\, dx1\, dx2 = \frac{107}{280}$$

```
> int(int(x1*x2^2,x2=0..sqrt(2*x1)),x1=0..1/2)+
> int(int(x1*x2^2,x2=0..1),x1=1/2..sqrt(2))+
> int(int(x1*x2^2,x2=0..sqrt(3-x1^2)),x1=sqrt(2)..sqrt(3));
```

$$\int_0^{1/2\sqrt{2}} \int_0^{\sqrt{x1}} x1\,x2^2\,dx2\,dx1 + \int_{1/2}^{\sqrt{2}} \int_0^1 x1\,x2^2\,dx2\,dx1$$

$$+ \int_{\sqrt{2}}^{\sqrt{3}} \int_0^{\sqrt{3-x1^2}} x1\,x2^2\,dx2\,dx1 = \frac{107}{280}$$

Substitutionsregel und Polarkoordinaten benutzen

Aufgabe 10.10   Sei

$$D = \left\{ (x_1, x_2) \in \mathbb{R}^2 \ \middle|\ x_1^2 + x_2^2 \le 1\, ,\, x_1 \ge \frac{\sqrt{2}}{2}\, ,\, x_2 \ge \frac{\sqrt{2}}{2} \right\}\ .$$

Man berechne das Integral

$$\int_D x_1\, d(x_1, x_2)\ .$$

Lösung: Offenbar entsteht D dadurch, daß man das Quadrat

$$0 \le x_1 \le \frac{\sqrt{2}}{2}\, ,\quad 0 \le x_2 \le \frac{\sqrt{2}}{2}\, ,$$

aus dem Viertelkreis $x_1^2 + x_2^2 \le 1, x_1, x_2 \ge 0$, herausnimmt.

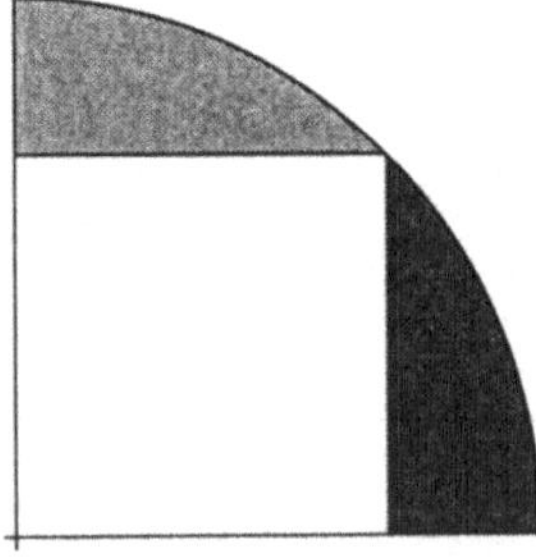

Der Viertelkreis
$x_1^2 + x_2^2 \le 1, x_1, x_2 \ge 0$,
vermindert um das Quadrat
$0 \le x_1 \le \dfrac{\sqrt{2}}{2}, 0 \le x_2 \le \dfrac{\sqrt{2}}{2}$

Durch die Polarkoordinatenabbildung

$$x_1 = r\,\cos(\phi)\, ,\ x_2 = r\,\sin(\phi)\, ,$$

wird die Menge

$$D_P = \left\{ (r, \phi) \in \mathbb{R}^2 \ \middle|\ \frac{1}{\sqrt{2}\,\cos(\phi)} \le r \le 1\, ,\, 0 \le \phi \le \frac{\pi}{4} \right\}$$

$$\cup \left\{ (r, \phi) \in \mathbb{R}^2 \ \middle|\ \frac{1}{\sqrt{2}\,\sin(\phi)} \le r \le 1\, ,\, \frac{\pi}{4} \le \phi \le \frac{\pi}{2} \right\}$$

auf D abgebildet. Mit der Substitutionsregel und der Funktionaldeterminante $\left| \det\left(\dfrac{d(x_1, x_2)}{d(r, \phi)} \right) \right| = r$ ergibt sich nun:

$$\int\limits_{D} x_1\, d(x_1, x_2) \;=\; \int\limits_{0}^{\frac{\pi}{4}} \int\limits_{\frac{1}{\sqrt{2}\,\cos(\phi)}}^{1} r\,\cos(\phi)\, r\, dr\, d\phi$$

$$+ \int\limits_{\frac{\pi}{4}}^{\frac{\pi}{2}} \int\limits_{\frac{1}{\sqrt{2}\,\sin(\phi)}}^{1} r\,\cos(\phi)\, r\, dr\, d\phi$$

$$= \int\limits_{0}^{\frac{\pi}{4}} \frac{\cos(\phi)}{3} \left(1 - \frac{1}{2\sqrt{2}\,(\cos(\phi))^3} \right) d\phi$$

$$+ \int\limits_{\frac{\pi}{4}}^{\frac{\pi}{2}} \frac{\cos(\phi)}{3} \left(1 - \frac{1}{2\sqrt{2}\,(\sin(\phi))^3} \right) d\phi$$

$$= \frac{1}{3} \int\limits_{0}^{\frac{\pi}{4}} \left(\cos(\phi) - \frac{1}{2\sqrt{2}\,(\cos(\phi))^2} \right) d\phi$$

$$+ \frac{1}{3} \int\limits_{\frac{\pi}{4}}^{\frac{\pi}{2}} \left(\cos(\phi) - \frac{\cos(\phi)}{2\sqrt{2}\,(\sin(\phi))^3} \right) d\phi \, .$$

Mit den Stammfunktionen $\displaystyle \int \frac{1}{(\cos(\phi))^2}\, d\phi = \tan(\phi)$ und

$\displaystyle \int \frac{\cos(\phi)}{(\sin(\phi))^3}\, d\phi = - \frac{1}{2\,(\sin(\phi))^2}$ erhalten wir:

$$\int\limits_{D} x_1\, d(x_1, x_2) = \frac{1}{3} - \frac{\sqrt{2}}{8} \, .$$

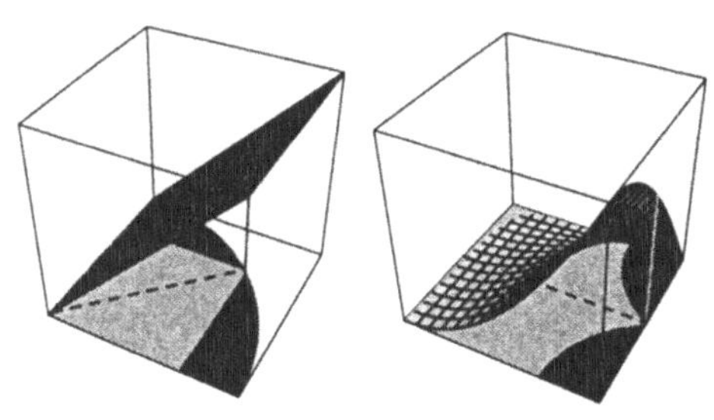

Das Integral
$\int_D x_1\, d(x_1, x_2)$ in
cartesischen Ko-
ordinaten (links)
und in Polarkoor-
dinaten (rechts)

Mathematica:

$$\int_0^{\frac{\pi}{4}} \int_{\frac{1}{\sqrt{2}\cos[\phi]}}^{1} \mathbf{r}^2 \cos[\phi]\,\mathrm{drd}\phi + \int_{\frac{\pi}{4}}^{\frac{\pi}{2}} \int_{\frac{1}{\sqrt{2}\sin[\phi]}}^{1} \mathbf{r}^2 \cos[\phi]\,\mathrm{drd}\phi$$

$$\frac{1}{3} - \frac{1}{8}\sqrt{2}$$

Maple:

```
> int(int(r^2*cos(phi),r=1/(sqrt(2)*cos(phi))..1),
> phi=0..Pi/4)+
> int(int(r^2*cos(phi),r=1/(sqrt(2)*sin(phi))..1),
> phi=Pi/4..Pi/2);
```

$$\int_0^{1/4\,\pi} \int_{1/2\frac{\sqrt{2}}{\cos(\phi)}}^{1} r^2 \cos(\phi)\,dr\,d\phi + \int_{1/4\,\pi}^{1/2\,\pi} \int_{1/2\frac{\sqrt{2}}{\sin(\phi)}}^{1} r^2 \cos(\phi)\,dr\,d\phi$$

$$= \frac{1}{3} - \frac{1}{8}\sqrt{2}$$

Iterierte Integration und ebene Polarkoordinaten benutzen

Aufgabe 10.11   Sei

$$K = \{(x_1, x_2, x_3) \in \mathbb{R}^3 \mid 0 \le x_1^2 + x_2^2 \le 1\,,\, 0 \le x_3 \le -x_1\}\,.$$

Man berechne das Integral

$$\int_D x_2^2\, d(x_1, x_2, x_3)\,.$$

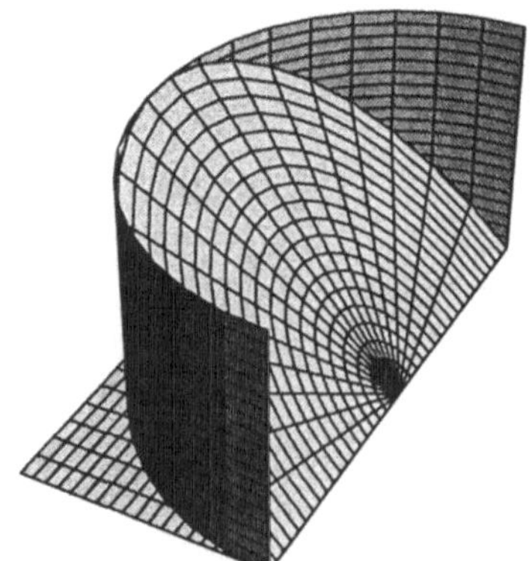

Der Körper
$0 \le x_1^2 + x_2^2 \le 1$,
$0 \le x_3 \le -x_1$

Lösung: Mit der vorgegebenen Grundflächendarstellung und

$$G = \{(x_1, x_2) \in \mathbb{R}^2 \mid 0 \le x_1^2 + x_2^2 \le 1\,,\, -1 \le x_1 \le 0\}$$

ergibt sich folgende Integrationsreihenfolge:

$$\int\limits_K x_2^2\, d(x_1, x_2, x_3) \;=\; \int\limits_G \left(\int\limits_0^{-x_1} x_2^2\, dx_3 \right) d(x_1, x_2)$$

$$=\; \int\limits_G (-x_1\, x_2^2)\, d(x_1, x_2)\,.$$

Mit Hilfe von ebenen Polarkoordinaten bekommt man:

$$\int\limits_K x_2^2\, d(x_1, x_2, x_3) \;=\; \int\limits_0^1 \int\limits_{\frac{\pi}{2}}^{\frac{3\pi}{2}} (-r^4\, \cos(\phi)\, (\sin(\phi))^2)\, dr\, d\phi$$

$$=\; -\frac{1}{5}\left(\frac{1}{3}(\sin(\phi))^3 \right)\Bigg|_{\frac{\pi}{2}}^{\frac{3\pi}{2}}$$

$$=\; \frac{2}{15}\,.$$

Aufgabe 10.12　Die Vektoren $(a, 0, 0)$ und $(0, 0, a)$ mit $a > 0$ spannen ein Dreieck in der $x_1 - x_3$-Ebene im $\mathbb{R}^3$ auf. Durch Rotation dieses Dreiecks um die x_3-Achse entsteht ein Kegel K. Man berechne das Integral

$$\int\limits_K (x_1^2 + x_2^2)\, d(x_1, x_2, x_3)\,.$$

Substitutionsregel und
Zylinderkoordinaten benutzen

Lösung:　Wir verwenden Zylinderkoordinaten:

$$x_1 = r\, \cos(\phi)\,,\ x_2 = r\, \sin(\phi)\,,\ x_3 = x_3\,.$$

Offensichtlich wird der folgende (r, ϕ, x_3)-Bereich:

$$K_Z = \left\{ (r, \phi, x_3) \in \mathbb{R}^3 \mid 0 \le r \le a\,, 0 \le \phi \le 2\pi\,, 0 \le x_3 \le a - r \right\}$$

durch die Zylinderkoordinatenabbildung auf K abgebildet.
　Nun wenden wir die Substitutionsregel mit

$$\left| \det\left(\frac{d(x_1, x_2, x_3)}{d(r, \phi, x_3)} \right) \right| = r$$

an und bekommen:

$$
\int_K (x_1^2 + x_2^2)\, d(x_1, x_2, x_3) \;=\; \int_0^{2\pi}\!\int_0^{a}\!\int_0^{a-r} r^2\, r\, dx_3\, dr\, d\phi
$$

$$
=\; \int_0^{2\pi}\!\int_0^{a} r^3\, (a - r)\, dr\, d\phi
$$

$$
=\; \int_0^{2\pi} \left(a\,\frac{r^4}{4} - \frac{r^5}{5} \right)\Bigg|_{r=0}^{r=a} d\phi
$$

$$
=\; a^5 \left(\frac{1}{4} - \frac{1}{5} \right) 2\pi
$$

$$
=\; \frac{a^5\,\pi}{10}\,.
$$

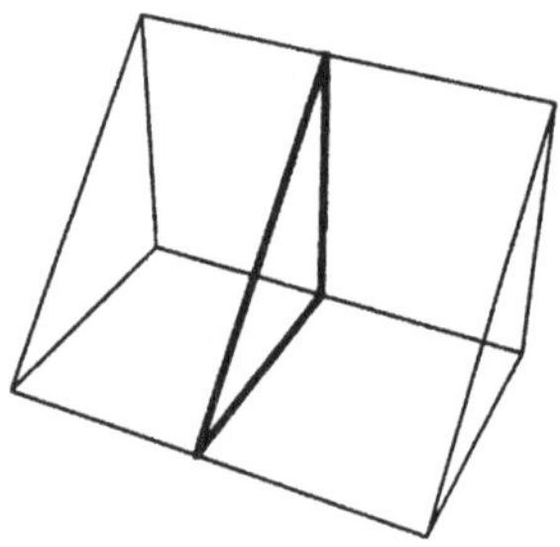
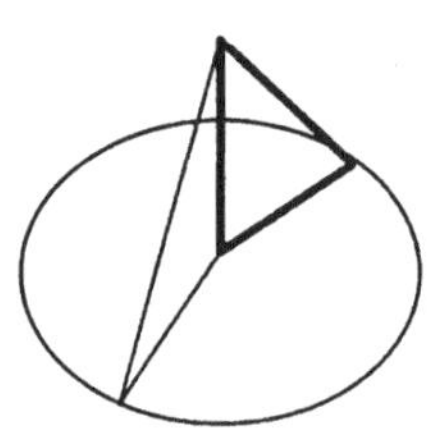

Zylinderkoordinatenabbildung eines Prismas auf einen Kegel

Mathematica:

$$
\int_0^{2\pi}\!\int_0^{a}\!\int_0^{a-r} r^3\, dx3\, dr\, d\phi
$$

$$
\frac{a^5\pi}{10}
$$

Maple:

```
> int(int(int(r^3,x3=0..a-r),r=0..a),phi=0..2*Pi);
```

$$
\int_0^{2\pi}\!\int_0^{a}\!\int_0^{a-r} r^3\, dx3\, dr\, d\phi = \frac{1}{10}\,\pi\, a^5
$$

Aufgabe 10.13 Sei K ein gerader Kreiskegel mit der Spitze im Punkt $(0, 0, H)$, $H > 0$ und der x_3-Achse als Mittelachse. Der Radius des Grundkreises in der $x_1 - x_2$-Ebene sei R. Man berechne das Integral:

$$\int_K (x_1^2 + x_2^2 + x_3^2)\, d(x_1, x_2, x_3)\,.$$

Substitutionsregel und Zylinderkoordinaten benutzen

Lösung: Wir verwenden Zylinderkoordinaten:

$$x_1 = r\,\cos(\phi)\,, x_2 = r\,\sin(\phi)\,, x_3 = x_3\,.$$

Offensichtlich wird der folgende (r, ϕ, x_3)-Bereich:

$$K_Z = \left\{ (r, \phi, x_3) \in \mathbb{R}^3 \,\middle|\, 0 \le r \le R\left(1 - \frac{x_3}{H}\right),\, 0 \le \phi \le 2\pi,\, 0 \le x_3 \le H \right\}$$

durch die Zylinderkoordinatenabbildung auf den Kegel K' abgebildet.

Nun wenden wir die Substitutionsregel mit

$$\left| \det\left(\frac{d(x_1, x_2, x_3)}{d(r, \phi, x_3)} \right) \right| = r$$

an und bekommen:

$$\int_K (x_1^2 + x_2^2 + x_3^2)\, d(x_1, x_2, x_3)$$

$$= \int_0^{2\pi} \int_0^H \int_0^{R(1-\frac{x_3}{H})} (r^2 + x_3^2)\, r\, dr\, dx_3\, d\phi$$

$$= 2\pi \int_0^H \int_0^{R(1-\frac{x_3}{H})} (r^2 + x_3^2)\, r\, dr\, dx_3\, d\phi\,.$$

Wir werten zunächst das innere Integral aus:

$$\int_0^{R(1-\frac{x_3}{H})} (r^2 + x_3^2)\, r\, dr$$

$$= \left. \left(\frac{r^4}{4} + x_3^2 \frac{r^2}{2} \right) \right|_0^{R(1-\frac{x_3}{H})}$$

$$= \frac{R^4}{4} \left(1 - \frac{x_3}{H}\right)^4 + \frac{R^2}{2} x_3^2 \left(1 - \frac{x_3}{H}\right)^2\,.$$

In zwei weiteren Schritten:

$$\int_0^H \frac{R^4}{4} \left(1 - \frac{x_3}{H}\right)^4 dx_3 = \left. \frac{R^4}{4} \left(1 - \frac{x_3}{H}\right)^5 \frac{-H}{5} \right|_0^H = \frac{R^4 H}{20}\,,$$

$$\int_0^H \frac{R^2}{2} x_3 \left(1 - \frac{x_3}{H}\right)^2 dx_3$$

$$= \frac{R^2}{2} \int_0^H \left(x_3^2 - \frac{2}{H} x_3^3 + \frac{1}{H^2} x_3^4\right)^2 dx_3$$

$$= \frac{R^2}{2} \left(\frac{x_3^3}{3} - \frac{2}{4H} x_3^4 + \frac{1}{5H^2} x_3^5\right)^2 \Bigg|_0^H$$

$$= \frac{R^2 H^3}{60}$$

ergibt sich:

$$\int_K (x_1^2 + x_2^2 + x_3^2) d(x_1, x_2, x_3) = \frac{\pi R^2 H}{30} (3R^2 + H^2).$$

Mathematica:

$$\int_0^{2\pi} \int_0^H \int_0^{R\left(1-\frac{x3}{H}\right)} (\mathbf{r}^2 + \mathbf{x3}^2)\,\mathrm{rdrdx3d}\phi$$

$$\frac{1}{30} H^3 \pi R^2 + \frac{1}{10} H \pi R^4$$

Maple:

```
> int(int(int((r^2+x3^2)*r,r=0..R*(1-x3/H)),x3=0..H),
> phi=0..2*Pi);
```

$$\int_0^{2\pi} \int_0^H \int_0^{R(1-\frac{x3}{H})} (r^2 + x3^2)\,r\,dr\,dx3\,d\phi = \frac{1}{10} \pi R^4 H + \frac{1}{30} \pi H^3 R^2$$

<table>
<tr><td style="vertical-align:top; width:30%; text-align:right; padding-right:1em; border-right:1px solid black;">Schnittkörper einer Kugel mit einem Zylinder in Grundflächendarstellung beschreiben, Iterierte Integration anwenden</td>
<td style="vertical-align:top; padding-left:1em;">

Aufgabe 10.14   Man berechne das Volumen S des Schnittkörpers der Kugel

$$\{(x_1, x_2, x_3) \in \mathbb{R}^3 \mid x_1^2 + x_2^2 + x_3^3 \le R\}$$

und des Zylinders

$$\left\{(x_1, x_2, x_3) \in \mathbb{R}^3 \,\left|\, \left(x_1 - \frac{R}{2}\right)^2 + x_2^2 \le \frac{R^2}{4}\right.\right\}.$$

Lösung: Wir beschreiben den Schnittkörper durch die Ungleichung:

$$-\sqrt{R^2 - x_1^2 - x_2^2} \le x_3 \le \sqrt{R^2 - x_1^2 - x_2^2},$$

</td></tr>
</table>

wobei

$$(x_1, x_2) \in G = \left\{ (x_1, x_2) \in \mathbb{R}^2 \; \middle| \; \left(x_1 - \frac{R}{2}\right)^2 + x_2^2 \le \frac{R^2}{4} \right\}.$$

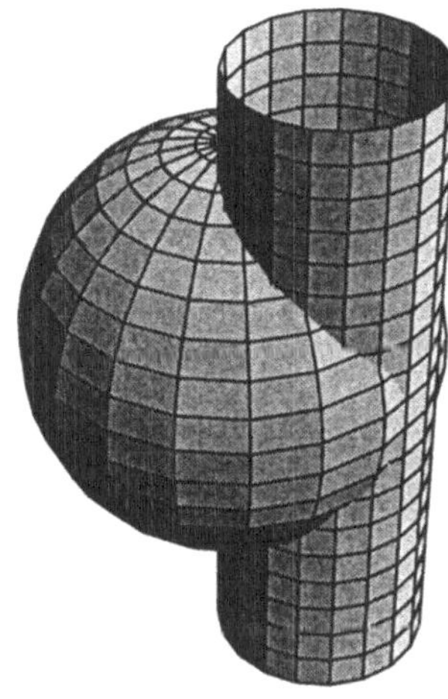

Schnitt der Kugel
$x_1^2 + x_2^2 + x_3^3 \le R$
mit dem Zylinder
$$\left(x_1 - \frac{R}{2}\right)^2 + x_2^2 \le \frac{R^2}{4}$$

Dies ergibt:

$$S = 2 \int_G \int_0^{\sqrt{R^2 - x_1^2 - x_2^2}} dx_3 \, d(x_1, x_2)$$

bzw., wenn die innere Integration ausgeführt wird,

$$S = 2 \int_G \sqrt{R^2 - x_1^2 - x_2^2} \, d(x_1, x_2).$$

Mit Polarkoordinaten in der Ebene

$$x_1 = r \cos(\phi), \quad x_2 = r \sin(\phi),$$

nimmt S die Gestalt an:

$$S = 4 \int_0^{\frac{\pi}{2}} \int_0^{r \cos(\phi)} \sqrt{R^2 - r^2} \, r \, dr \, d\phi.$$

Das innere Integral kann sofort berechnet werden:

$$S = \frac{4}{3} R^{\frac{3}{4}} \int_0^{\frac{\pi}{2}} \left(1 - (1 - (\cos(\phi))^2)^{\frac{3}{2}}\right) d\phi.$$

Mit Hilfe der Stammfunktion

$$\int (1 - (\cos(\phi))^2)^{\frac{3}{2}}\, d\phi = \frac{\sqrt{4}}{6} \frac{(\cos(\phi) - 2)(1 - (\cos(\phi))^2)^{\frac{3}{2}} \sin(\phi)}{1 - 2\cos(\phi) + (\cos(\phi))^2}$$

bekommen wir schließlich:

$$S = \frac{4}{3} R^3 \left(\frac{\pi}{2} - \frac{2}{3} \right).$$

Mathematica:

$$\int_0^{R\cos[\phi]} \sqrt{R^2 - r^2}\, r\, dr$$

$$\frac{1}{3}(R^2)^{3/2} - \frac{1}{3}(R^2 \sin[\phi]^2)^{3/2}$$

$$\int \left(1 - \cos[\phi]^2\right)^{3/2} d\phi$$

$$\frac{1}{12}(1 - \cos[\phi]^2)^{3/2}(-9\cos[\phi] + \cos[3\phi])\csc[\phi]^3$$

$$4\int_0^{\frac{\pi}{2}} \int_0^{R\cos[\phi]} \sqrt{R^2 - r^2}\, r\, dr\, d\phi$$

$$4\left(-\frac{2}{9}(R^2)^{3/2} + \frac{1}{6}\pi (R^2)^{3/2}\right)$$

Maple:

```
> int(sqrt(R^2-r^2)*r,r=0..R*cos(phi));
```

$$\int_0^{R\cos(\phi)} \sqrt{R^2 - r^2}\, r\, dr = -\frac{1}{3}(R^2 - R^2 \cos(\phi)^2)^{3/2} + \frac{1}{3}(R^2)^{3/2}$$

```
> int((1-cos(phi)^2)^(3/2),phi);
```

$$\int (1 - \cos(\phi)^2)^{3/2}\, d\phi = \frac{1}{6} \frac{(\cos(\phi) - 2)\sqrt{4}(1 - \cos(\phi)^2)^{3/2} \sin(\phi)}{1 - 2\cos(\phi) + \cos(\phi)^2}$$

```
> simplify(4*int(int(sqrt(R^2-r^2)*r,r=0..R*cos(phi)),
> phi=0..Pi/2));
```

$$4\int_0^{1/2\,\pi} \int_0^{R\cos(\phi)} \sqrt{R^2 - r^2}\, r\, dr\, d\phi = -\frac{8}{9}\operatorname{csgn}(R) R^3 + \frac{2}{3}\operatorname{csgn}(R) R^3 \pi$$

Aufgabe 10.15   Man berechne das Integral

$$\int_T (x_2^2 + x_3^2)\, d(x_1, x_2, x_3)$$

über den Torus $T \subset \mathbb{R}^3$, der durch folgende Ungleichungen beschrieben wird:

$$-a \le x_3 \le a\,,$$

$$d - \sqrt{a^2 - x_3^2} \le \sqrt{x_1^2 + x_2^2} \le d + \sqrt{a^2 - x_3^2}\,,$$

$(d > a)$.

Lösung: Durch die zweite Ungleichung wird offenbar eine Schnittfläche $D_{x_3} \subset \mathbb{R}^2$ dargestellt, und wir bekommen zunächst:

$$\int_T (x_2^2 + x_3^2)\, d(x_1, x_2, x_3) = \int_{-a}^{a} \int_{D_{x_3}} (x_2^2 + x_3^2)\, d(x_1, x_2)\, dx_3\,.$$

Einen Torus in Schittflächendarstellung beschreiben, Iterierte Integration anwenden

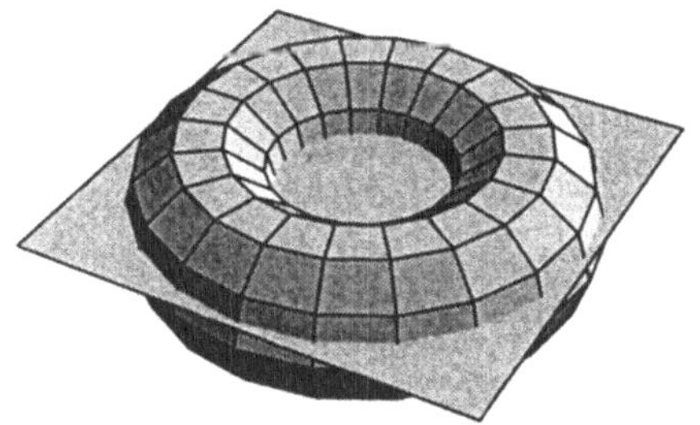

Ebener Schnitt durch einen Torus

Mit ebenen Polarkoordinaten

$$x_1 = r\,\cos(\phi)\,, \quad x_2 = r\,\sin(\phi)\,,$$

folgt für das innere Integral:

$$\int_{D_{x_3}} (x_2^2 + x_3^2)\, d(x_1, x_2)$$

$$= \int_0^{2\pi} \int_{d-\sqrt{a^2-x_3^2}}^{d+\sqrt{a^2-x_3^2}} (r^2\,(\sin(\phi))^2 + x_3^2)\, r\, d\phi\, dr\,.$$

Mit $\int_0^{2\pi} (\sin(\phi))^2 d\phi = \pi$ ergibt sich:

$$\int\limits_{T} (x_2^2 + x_3^2)\, d(x_1, x_2, x_3)$$

$$= \int\limits_{-a}^{a} \int\limits_{d-\sqrt{a^2-x_3^2}}^{d+\sqrt{a^2-x_3^2}} (r^2\pi + 2\pi r\, x_3^2)\, dr\, dx_3$$

$$= \int\limits_{-a}^{a} \left(\pi\, \frac{r^4}{4} + \pi\, x_3^2\, r^2 \right)\Bigg|_{r=d-\sqrt{a^2-x_3^2}}^{r=d+\sqrt{a^2-x_3^2}} dx_3$$

$$= \frac{\pi^2 a^2 d}{4}\,(4\,d^2 + 5\,a^2)\,.$$

Mathematica:

$$\int\limits_{-a}^{a} \int\limits_{d-\sqrt{a^2-x3^2}}^{d+\sqrt{a^2-x3^2}} \int\limits_{0}^{2\pi} \left(\mathbf{r}^2\sin[\phi]^2 + \mathbf{x3}^2 \right) \mathbf{r}\, \mathrm{d}\phi\, \mathrm{d}r\, \mathrm{d}x3$$

$$\frac{a^2 d(5a^2 + 4d^2)\pi^2\mathbf{Sign}[a]}{8\sqrt{\mathbf{Sign}[a]^2}} + \frac{a^2 d(5a^2 + 4d^2)\pi^2\sqrt{\mathbf{Sign}[a]^2}}{8\mathbf{Sign}[a]}$$

Integrate$\big[(r^2\sin[\phi]^2 + \mathbf{x3}^2)r, \{\mathbf{x3}, -a, a\},$

$\{r, d - \sqrt{a^2 - \mathbf{x3}^2}, d + \sqrt{a^2 - \mathbf{x3}^2}\}, \{\phi, 0, 2\pi\},$

Assumptions $\rightarrow \{a > 0, d > a\}\big]$

$$\frac{5}{4}a^4 d\pi^2 + a^2 d^3\pi^2$$

Maple:

```
> int(int(int((r^2*sin(phi)^2+x3^2)*r,phi=0..2*Pi),
> r=d-sqrt(a^2-x3^2)..d+sqrt(a^2-x3^2)),x3=-a..a);
```

$$\int\limits_{-a}^{a} \int\limits_{d-\sqrt{a^2-x3^2}}^{d+\sqrt{a^2-x3^2}} \int\limits_{0}^{2\pi} (r^2 \sin(\phi)^2 + x3^2)\, r\, d\phi\, dr\, dx3 = \frac{5}{4}\,\pi^2\, d\, a^4 + \pi^2\, d^3\, a^2$$

Substitutionsregel und
Kugelkoordinaten benutzen

Aufgabe 10.16   Man berechne das Integral:

$$\int\limits_{HK} x_3\, d(x_1, x_2, x_3)$$

über die Halbkugel

$$HK = \{(x_1, x_2, x_3) \in \mathbb{R}^3 \mid 0 \le x_1^2 + x_2^2 + x_3^2 \le R\,,\; x_3 \ge 0\}\,.$$

Lösung: Wir verwenden Kugelkoordinaten:

$$x_1 = r\,\cos(\phi)\,\sin(\theta)\,,\; x_2 = r\,\sin(\phi)\,\sin(\theta)\,,\; x_3 = r\,\cos(\theta)\,.$$

Offenbar wird der (r, ϕ, θ)-Bereich

$$HK_K = \left\{ (r, \phi, \theta) \in \mathbb{R}^3 \;\middle|\; 0 \le r \le R\,,\; 0 \le \phi \le 2\pi\,,\; 0 \le \theta \le \frac{\pi}{2} \right\}$$

durch die Kugelkoordinatenabbildung in die Halbkugel HK überführt.

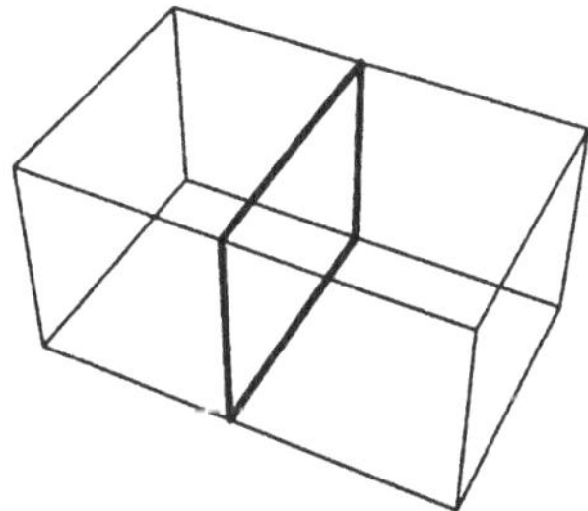
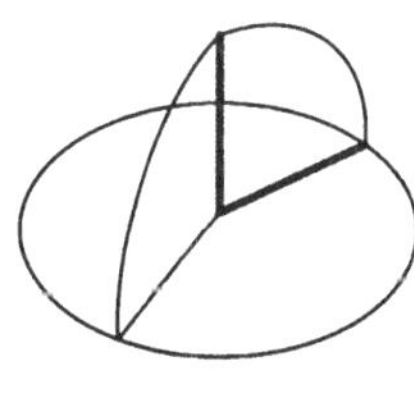

Kugelkoordinatenabbildung eines Quaders auf eine Halbkugel

Mit der Funktionaldeterminante:

$$\left| \det \frac{d(x_1, x_2, x_3)}{d(r, \phi, \theta)} \right|$$

$$= \left| \det \begin{pmatrix} \cos(\phi)\,\sin(\theta) & -r\,\sin(\phi)\,\sin(\theta) & r\,\cos(\phi)\,\cos(\theta) \\ \sin(\phi)\,\sin(\theta) & r\,\cos(\phi)\,\sin(\theta) & r\,\sin(\phi)\,\cos(\theta) \\ \cos(\theta) & 0 & -r\,\sin(\theta) \end{pmatrix} \right|$$

$$= r^2\,\sin(\theta)\,.$$

bekommen wir:

$$\int\limits_{HK} x_3\,d(x_1, x_2, x_3) = \int\limits_0^{2\pi} \int\limits_0^{\frac{\pi}{2}} \int\limits_0^R r\,\cos(\theta)\,r^2\,\sin(\theta)\,dr\,d\theta\,d\phi$$

$$= \int\limits_0^{\frac{\pi}{2}} \int\limits_0^{2\pi} \int\limits_0^R r\,\cos(\theta)\,r^2\,\sin(\theta)\,dr\,d\phi\,d\theta$$

$$= \int\limits_0^{\frac{\pi}{2}} \int\limits_0^{2\pi} \frac{R^4}{4}\,\sin(\theta)\,\cos(\theta)\,d\phi\,d\theta$$

$$= 2\pi\,\frac{R^4}{4} \int\limits_0^{\frac{\pi}{2}} \sin(\theta)\,\cos(\theta)\,d\theta$$

$$= \pi\,\frac{R^4}{4}\,.$$

Substitutionsregel und
Kugelkoordinaten benutzen

Aufgabe 10.17   Man berechne das Integral:

$$\int\limits_{KA} (x_1^2 + x_2^2 + x_3^2)\, d(x_1, x_2, x_3)$$

über den Kugelabschnitt:

$$KA = \{(x_1, x_2, x_3) \in \mathbb{R}^3 \mid 0 \le x_1^2 + x_2^2 + x_3^2 \le R^2,\, 0 < R_0 \le x_3 \le R$$

Lösung: Wir verwenden Kugelkoordinaten:

$$x_1 = r\,\cos(\phi)\,\sin(\theta)\,,\ x_2 = r\,\sin(\phi)\,\sin(\theta)\,,\ x_3 = r\,\cos(\theta)\,.$$

Offenbar wird der (r, ϕ, θ)-Bereich

$$KA_K = \left\{(r, \phi, \theta) \in \mathbb{R}^3 \ \middle|\ R_0 \le r \le R,\, 0 \le \phi \le 2\pi,\, 0 \le \theta \le \arccos\left(\frac{R_0}{r}\right)\right\}$$

durch die Kugelkoordinatenabbildung in den Kugelabschnitt KA überführt.

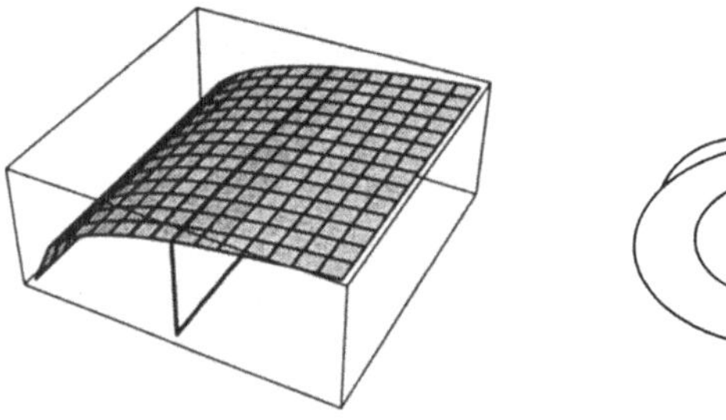

Überführung des (r, ϕ, θ)-Bereichs $R_0 \le r \le R$, $0 \le \phi \le 2\pi$,
$0 \le \theta \le \arccos\left(\frac{R_0}{r}\right)$ in einen Kugelabschnitt

Mit der Funktionaldeterminante:

$$\left|\det \frac{d(x_1, x_2, x_3)}{d(r, \phi, \theta)}\right| = r^2\,\sin(\theta)$$

erhalten wir:

$$\int\limits_{KA} (x_1^2 + x_2^2 + x_3^2)\, d(x_1, x_2, x_3) = \int\limits_0^{2\pi} \int\limits_{R_0}^{R} \int\limits_0^{\arccos(\frac{R_0}{r})} r^4\,\sin(\theta)\, d\theta\, dr\, d\phi$$

$$= 2\pi \int\limits_{R_0}^{R} r^4\, \left(-\cos(\theta)\big|_0^{\arccos(\frac{R_0}{r})}\right)\, dr$$

$$= 2\pi \int\limits_{R_0}^{R} r^4\, \left(1 - \frac{R_0}{r}\right)\, dr$$

$$= \pi \left(\frac{2\,R^5}{5} - \frac{R_0}{2}\,R^4 + \frac{R_0^5}{10}\right)\,.$$

Aufgabe 10.18 Man bestätige die Formel

$$V = \pi \int\limits_{H_1}^{H_2} (\rho(x_3))^2 \, dx_3$$

Volumen eines
Rotationskörpers berechnen

für das Volumen eines Rotationskörpers, der von der Funktion $\rho(x_3)$, $H_1 \leq x_3 \leq H_2$, erzeugt wird. Man gebe das Volumen für $\rho(x_3) = \sin(x_3)$, $0 \leq x_3 \leq 2\pi$, an.

Lösung: Der Körper D, der durch Rotation der Funktion $\rho(x_3)$ um die x_3-Achse entsteht, kann folgendermaßen beschrieben werden:

$$D = \{(x_1, x_2, x_3) \in \mathbb{R}^3 \mid 0 \leq x_1^2 + x_2^2 \leq \rho(x_3), H_1 \leq x_3 \leq H_2\}.$$

Nun fassen wir D als Bild der Menge

$$D_Z = \{(r, \phi, x_3) \in \mathbb{R}^3 \mid 0 \leq r \leq \rho(x_3), 0 \leq \phi \leq 2\pi, H_1 \leq x_3 \leq H_2\}$$

unter der Zylinderkoordinatenabbildung

$$x_1 = r \cos(\phi), \, x_2 = r \sin(\phi), \, x_3 = x_3,$$

auf. Mit der Funktionaldeterminante $\left| \det \left(\dfrac{d(x_1, x_2, x_3)}{d(r, \phi, x_3)} \right) \right| = r$ erhalten wir:

$$\begin{aligned}
V &= \int\limits_{D} d(x_1, x_2, x_3) \\[2mm]
&= \int\limits_{H_1}^{H_2} \int\limits_{0}^{2\pi} \int\limits_{0}^{\rho(x_3)} r \, dr \, d\phi \, dx_3 \\[2mm]
&= \pi \int\limits_{H_1}^{H_2} (\rho(x_3))^2 \, dx_3.
\end{aligned}$$

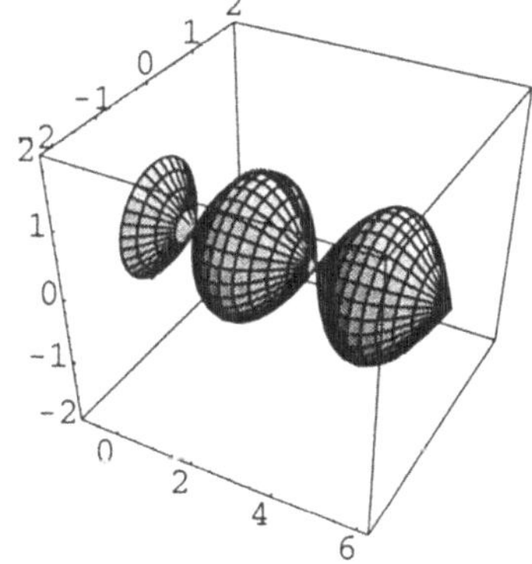

Volumen des durch die Funktion
$\rho(x_3) = \sin(x_3)$
erzeugten Rotationskörpers.
Es   gilt:

$$V = \pi \int\limits_{0}^{2\pi} (\sin(x_3))^2 \, dx_3 = \pi^2$$

Sachwortverzeichnis

Mathematica-Befehle

Maple-Befehle

abs, 22
assume, 154, 160

binomial, 13

combine(...,trig), 73
convert(...,parfrac), 69

diff, 123, 124, 243, 249

evalf, 30, 198
exp, 84
expand, 5, 15

factor, 27

grad, 243

hessian, 270

int, 148, 158, 168, 198, 303

limit, 40, 103, 154, 227
limit(,left), 104
limit(,right), 104
linalg, 243
ln, 83

mtaylor, 268

plot, 53
prem, 67
proc, 34

seq, 30
simplify, 5, 19, 67
simplify(...,symbolic), 76
simplify(...,trig), 75
solve, 8, 20, 98
subs, 244
sum, 11, 47, 181

taylor, 188

Grundlagenstoff mit moderner Computeralgebra

Höhere Mathematik mit Mathematica

Neu an dieser vierteiligen Höheren Mathematik ist die Kombination von Lehrstoff, wie ihn jeder Student in seiner Mathematik-Grundausbildung benötigt, und Computeralgebra, die ihm die Rechenarbeit abnimmt. Statt Taschenrechner und Formelsammlung also Mathematica. Die Befehle aus der Mathematica-Version können ohne Probleme auch in neueren Programmversionen verwendet werden.

Walter Strampp
Band 1:
Grundlagen, Lineare Algebra
1997. VIII, 313 S. mit 164 Beisp. mit
Mathematica. Br. DM 48,00
ISBN 3-528-06788-8

Walter Strampp
Band 2: Analysis
1997. VIII, 328 S. mit 161 Beisp. mit
Mathematica. Br. DM 48,00
ISBN 3-528-06789-6

Walter Strampp, Victor Ganzha und
V. E. Vorozhtsov
Band 3: Differentialgleichungen
und Numerik
1997. VIII, 321 S. mit 145 Beisp. mit
Mathematica. Br. DM 48,00
ISBN 3-528-06790-X

Walter Strampp, Victor Ganzha und
V. E. Vorozhtsov
Band 4: Funktionentheorie,
Fourier- und
Laplacetransformationen
1997. VIII, 288 S. mit 134 Beisp. mit
Mathematica. Br. DM 48,00
ISBN 3-528-06791-8

Abraham-Lincoln-Straße 46
D-65173 Wiesbaden
Fax (0611) 78 78-420
www.vieweg.de

vieweg

Stand 1.6.99
Änderungen vorbehalten.
Erhältlich im Buchhandel oder beim Verlag.